谨以此书献给我的儿子：沐然、沐橦

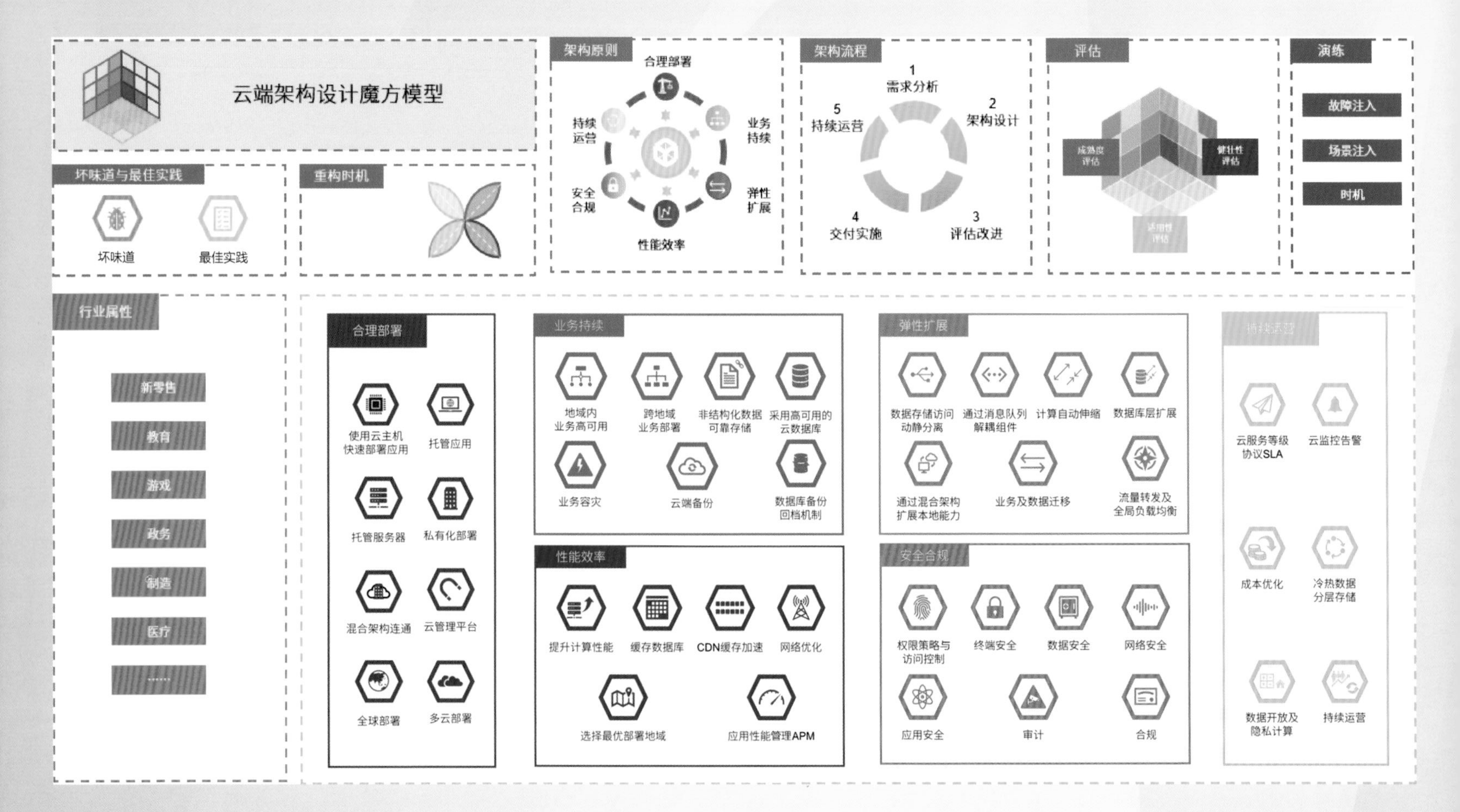
云端架构设计魔方模型
坏味道与最佳实践
坏味道
最佳实践
重构时机
架构原则
合理部署
业务
持续
弹性
扩展
性能效率
安全
合规
持续
运营
架构流程
1
需求分析
2
架构设计
3
评估改进
4
交付实施
5
持续运营
评估
成熟度
评估
健壮性
评估
演练
故障注入
场景注入
时机
行业属性
新零售
教育
游戏
政务
制造
医疗
……
合理部署
使用云主机
快速部署应用
托管应用
托管服务器
私有化部署
混合架构连通
云管理平台
全球部署
多云部署
业务持续
地域内
业务高可用
跨地域
业务部署
非结构化数据
可靠存储
采用高可用的
云数据库
业务容灾
云端备份
数据库备份
回档机制
性能效率
提升计算性能
缓存数据库
CDN缓存加速
网络优化
选择最优部署地域
应用性能管理APM
弹性扩展
数据存储访问
动静分离
通过消息队列
解耦组件
计算自动伸缩
数据库层扩展
通过混合架构
扩展本地能力
业务及数据迁移
流量转发及
全局负载均衡
安全合规
权限策略与
访问控制
终端安全
数据安全
网络安全
应用安全
审计
合规
云服务等级
协议SLA
云监控告警
成本优化
冷热数据
分层存储
数据开放及
隐私计算
持续运营

全书概览

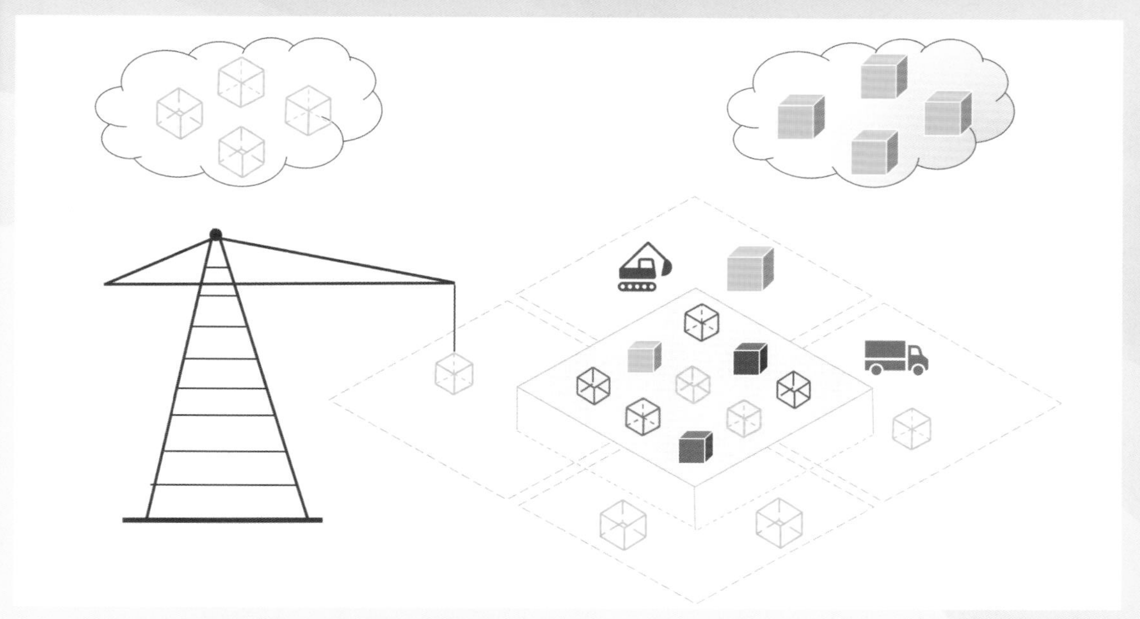

图 1-1　通过模块化的设计模式构建云业务解决方案

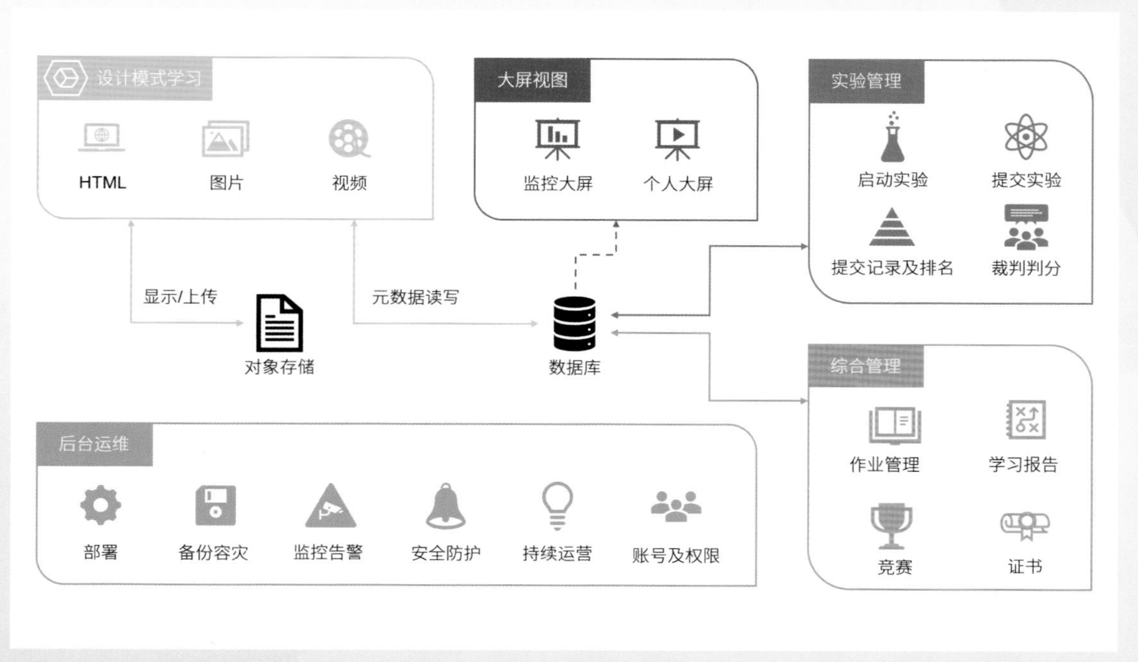

图 2-1　MumuLab 概览

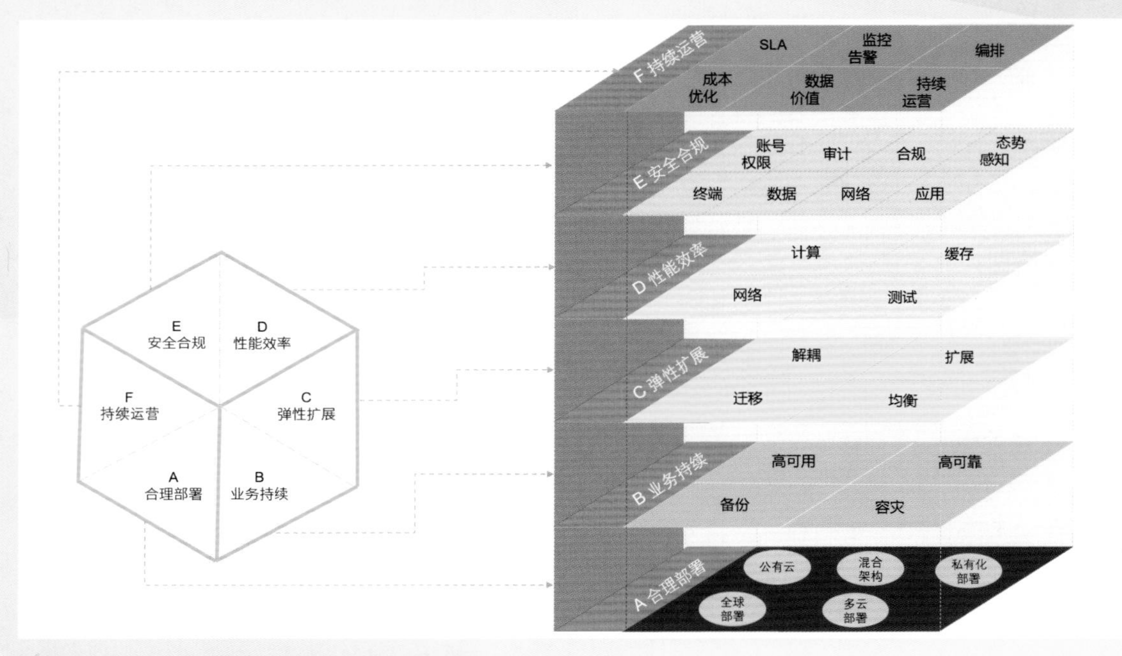

图 3-1　设计原则与设计模式模型

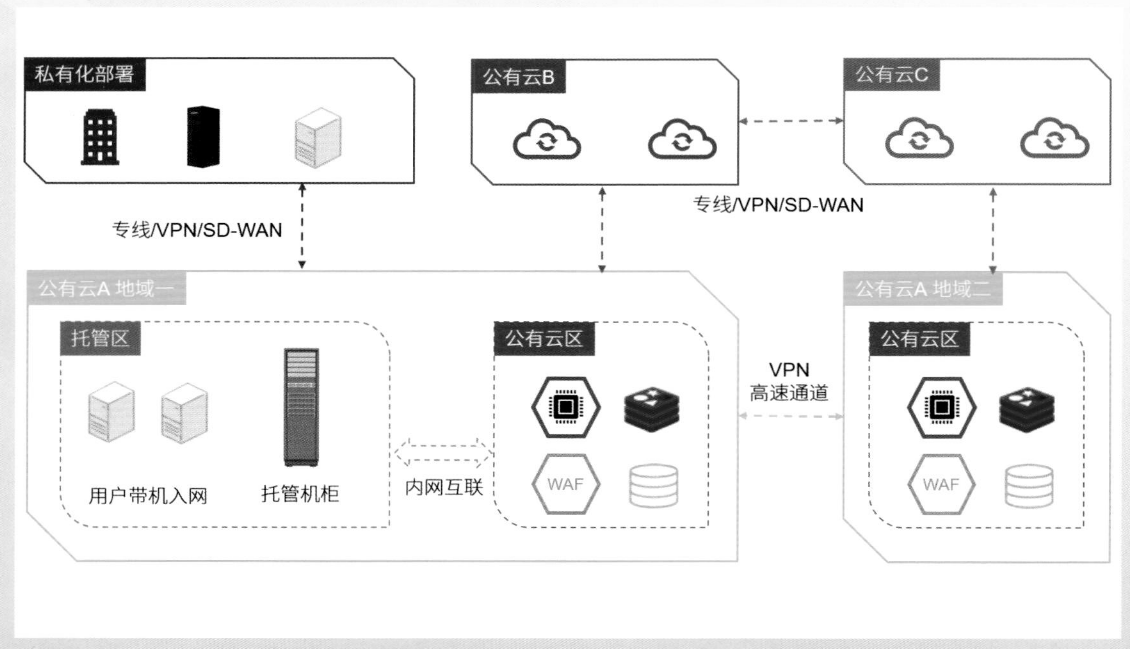

图 4-1　云端部署架构设计模式全景图

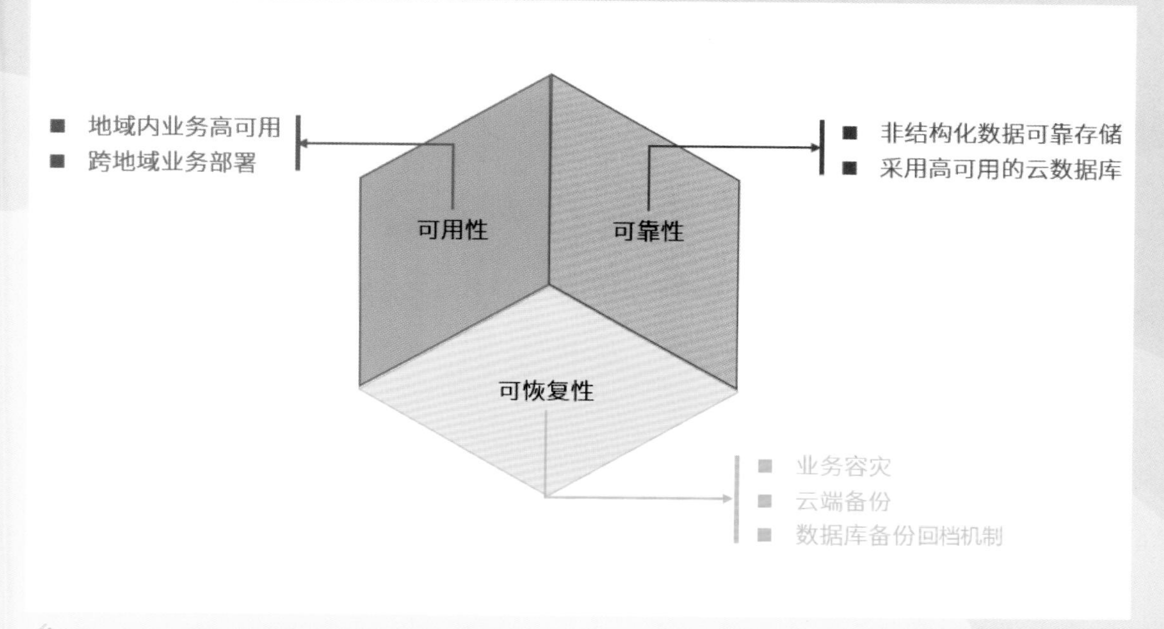

图 5-1　业务持续架构设计模式全景图

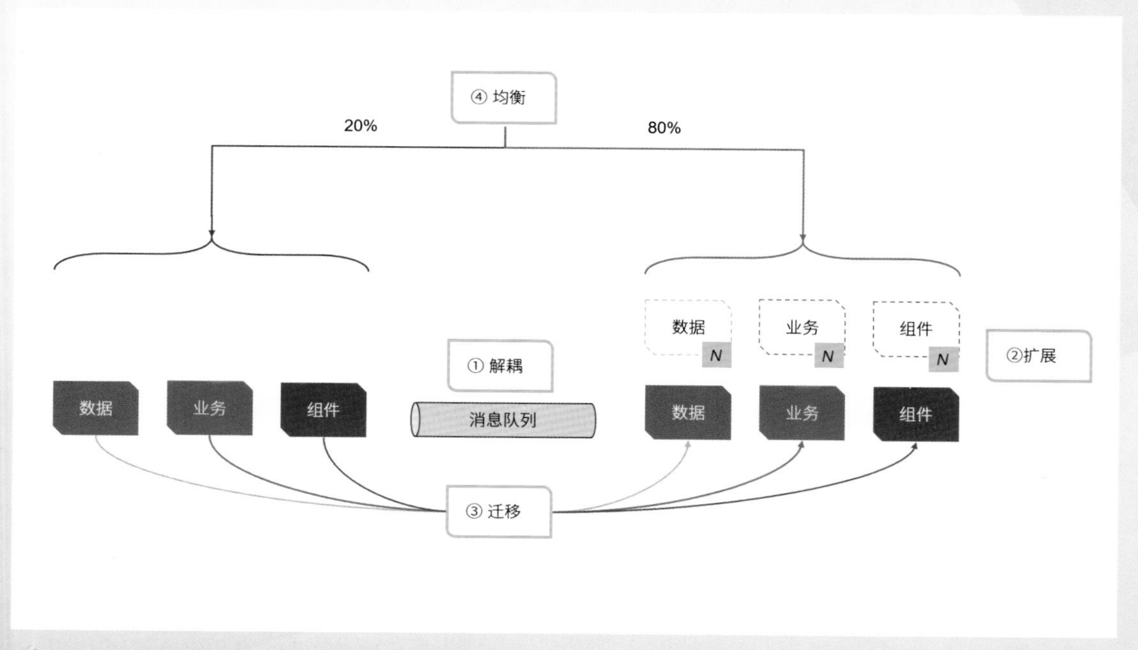

图 6-1　弹性扩展架构设计模式全景图

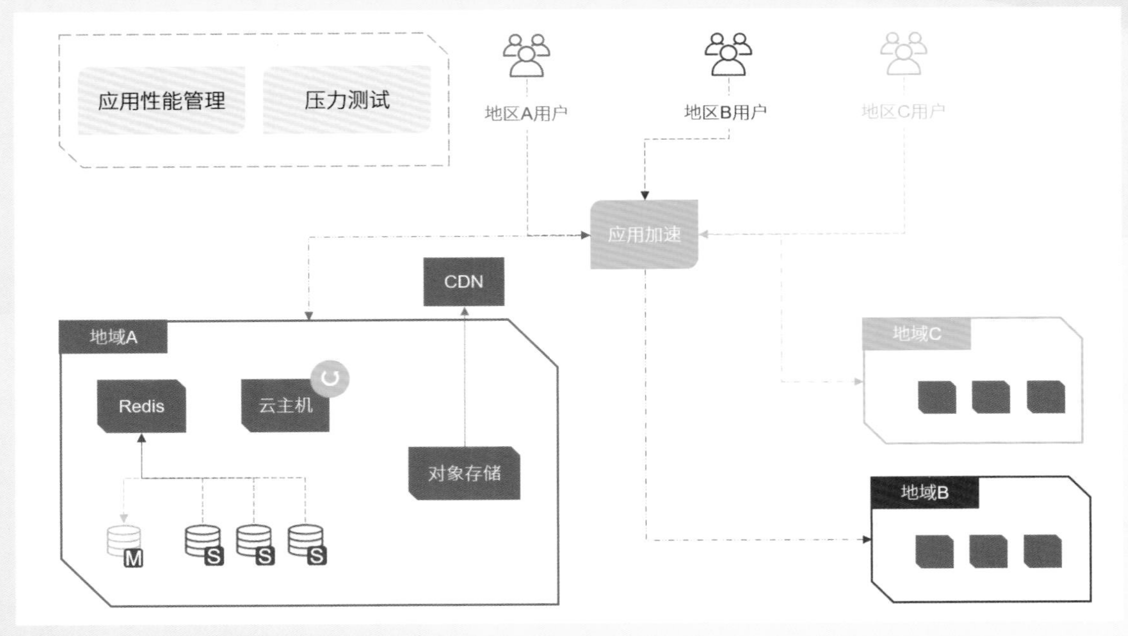

图 7-1　性能效率设计模式全景图

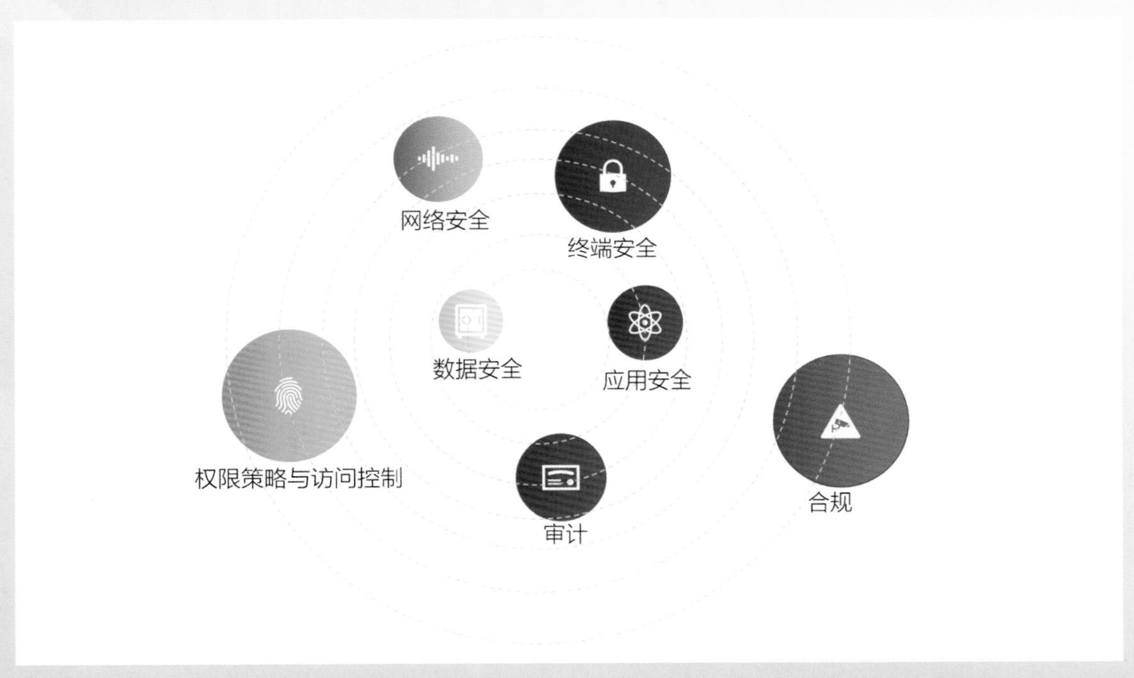

图 8-1　安全合规体系图

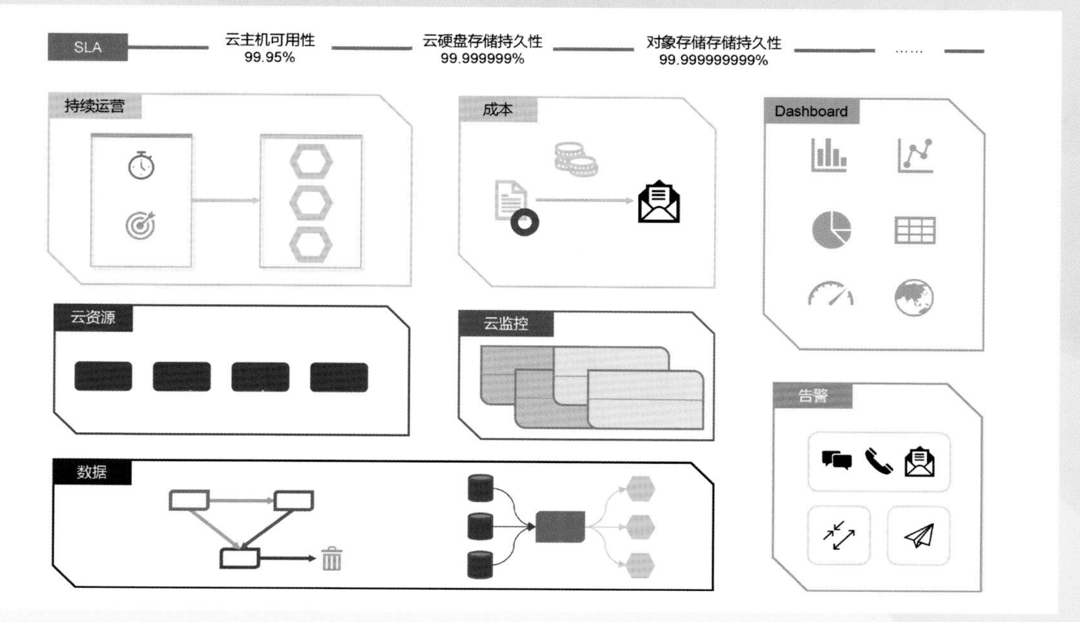

图 9-1　持续运营设计模式

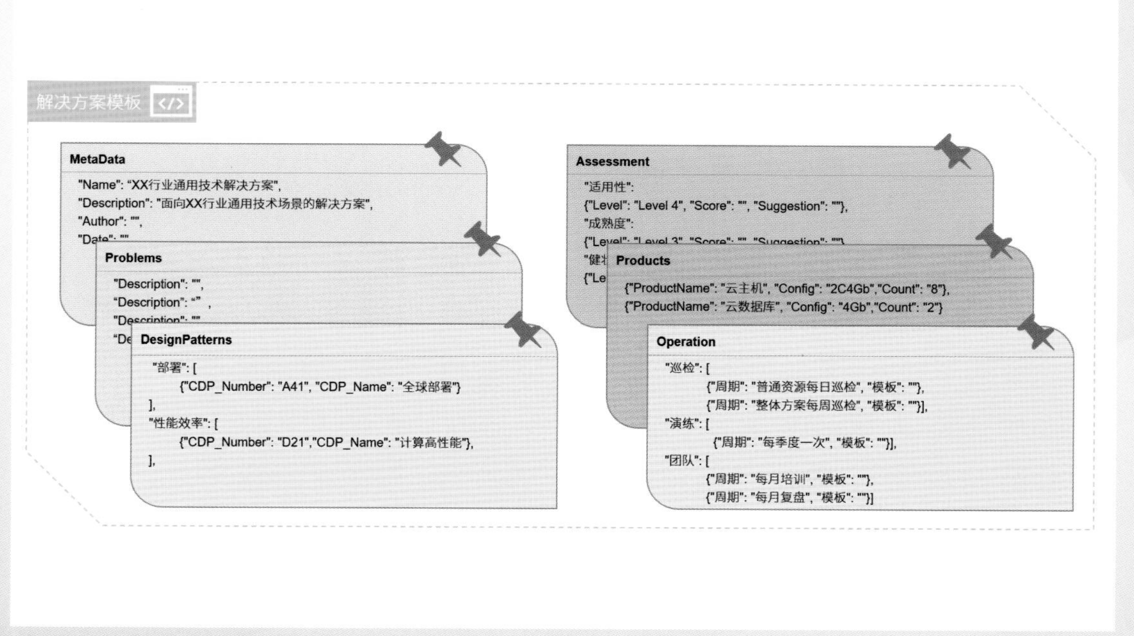

图 10-1　千变万化的业务系统和可复用的解决方案

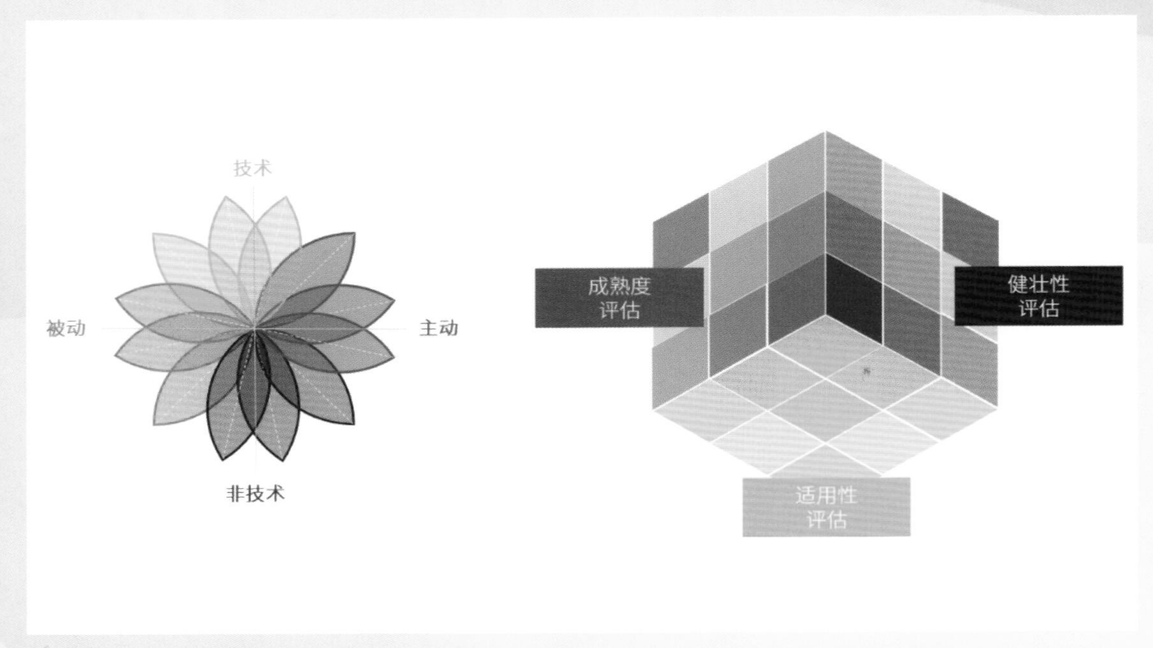

图 11-1　时机与评估模型

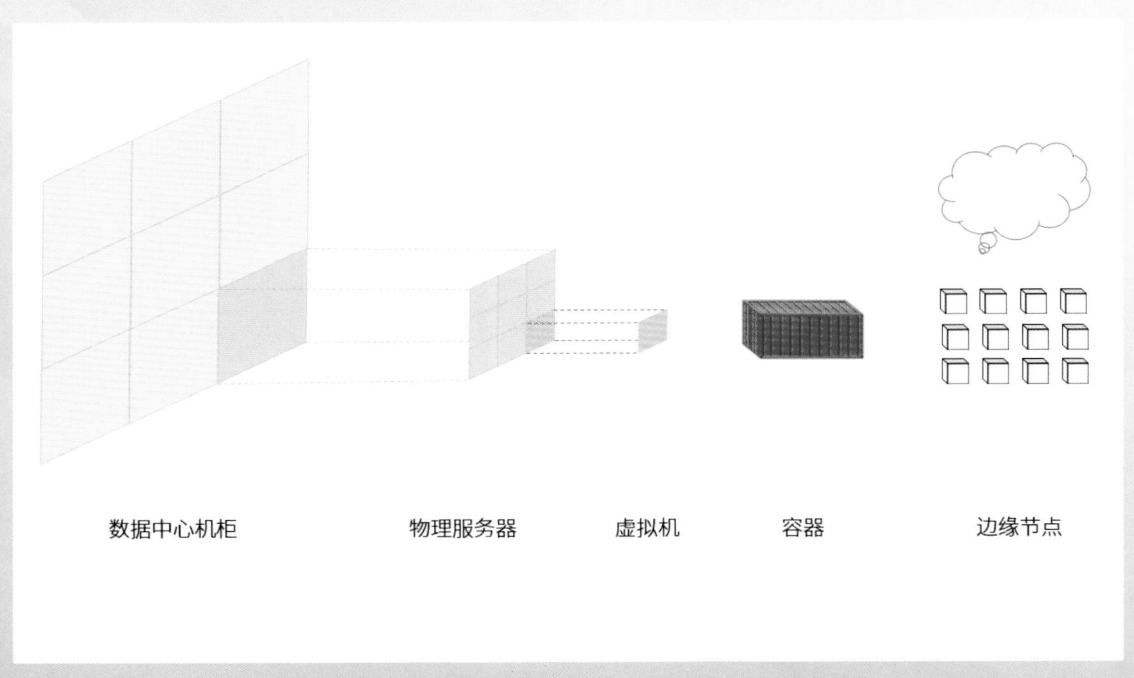

图 12-1　云计算提供的计算能力粒度更细

云端架构

基于云平台的41种可复用的架构最佳实践

吕昭波◎著

電子工業出版社
Publishing House of Electronics Industry
北京•BEIJING

内 容 简 介

云计算发展多年，应用领域变得越来越广泛，通过整理云计算解决方案与应用案例，将总结的“在云端构建业务的通用架构模式”整理为本书。本书围绕云计算架构设计的合理部署、业务持续、弹性扩展、性能效率、安全合规、持续运营这 6 大原则提炼了 41 种架构设计模式，每种设计模式相对独立，将多种设计模式组合又能构建解决方案。

本书描述了架构设计的流程、架构设计量化模型、架构设计中需要避免的“坏味道”和需要参考的最佳实践。通过书中的架构设计模式，还可以形成架构师进行云端业务架构设计的清单，以便衡量和评估架构方案的完整性及合理性。

本书提供示例项目 MumuLab 用于动手实践，MumuLab 是一个完整的云端架构设计模式学习平台，也是对架构成熟度进行评估的平台，该项目贯穿全书多个章节，保证了案例的完整性和连续性。同时给读者提供可以自行下载和运行的系统代码，以便学练结合，通过动手实践来验证书中的架构设计模式和最佳实践。

本书适合云计算解决方案架构师、销售和市场运营人员、对云计算有初步认识且需要进阶学习的技术人员，也可作为素材帮助在校大学生学习云计算解决方案的架构设计。

图书在版编目（CIP）数据

云端架构：基于云平台的 41 种可复用的架构最佳实践 / 吕昭波著. —北京：电子工业出版社，2022.3

ISBN 978-7-121-42820-3

Ⅰ. ①云… Ⅱ. ①吕… Ⅲ. ①云计算－架构 Ⅳ. ①TP393.027

中国版本图书馆 CIP 数据核字（2022）第 018345 号

责任编辑：董　英　　　　特约编辑：田学清
印　　刷：三河市良远印务有限公司
装　　订：三河市良远印务有限公司
出版发行：电子工业出版社
　　　　　北京市海淀区万寿路 173 信箱　　　邮编：100036
开　　本：787×980　1/16　印张：22.5　字数：502 千字　彩插：4
版　　次：2022 年 3 月第 1 版
印　　次：2022 年 3 月第 1 次印刷
定　　价：108.00 元

凡所购买电子工业出版社图书有缺损问题，请向购买书店调换。若书店售缺，请与本社发行部联系，联系及邮购电话：（010）88254888，88258888。

质量投诉请发邮件至 zlts@phei.com.cn，盗版侵权举报请发邮件至 dbqq@phei.com.cn。

本书咨询联系方式：010-51260888-819，faq@phei.com.cn。

推荐序 1
Foreword

17 年前，当我刚刚加入腾讯公司时，正值 PC 互联网对人们的生活通过即时通信、新闻网站、电子商务等应用开始产生深远影响的时候。我记得腾讯当时的使命是希望互联网像水和电一样渗透到人们的生活中，这点深深地吸引了我。今天腾讯等中国互联网先驱无疑已经很好地践行了这个使命。

10 年前，我和两位腾讯的老同事季昕华、莫显峰怀揣梦想共同创立了 UCloud，我们成立这家公司的愿景是希望云计算也能够像水和电一样渗透到各行各业中，因为当时我们看到了云计算给初创公司带来的巨大便利，通过极低的成本和门槛就可以方便地获取以往只有大型互联网公司才拥有的基础架构能力，这是让我们感到兴奋的地方。

我们公司很幸运地成为中国最早进入云计算领域的公司之一，10 年前，包括大中型互联网公司在内的很多企业还都只是在讨论云计算的概念，离真正上云的实际行动比较遥远，显然当时大家对新技术的成熟度心存疑虑。到了今天，我们可以欣喜地看到，云计算的概念和上云的理念已经完全普及，大部分互联网公司已经上云，并且将云运用得非常娴熟。

同时我们可以清晰地看到，云计算更广阔的市场是在互联网之外的各行各业。细心观察的朋友可以发现，云计算、大数据、人工智能、物联网、区块链等新技术正在以比我们预期更快的速度在各行各业普及，互联网的商业模式和技术也在被各行各业所接纳、尝试并应用。例如汽车行业，过去我们看汽车是“四个轮子加一个沙发”，而今天，新能源汽车行业已经重新定义汽车为“手机加四个轮子”。他们正在招聘大量的互联网研发工程师，未来的汽车行业需要大量的计算、存储、网络及各类算法。我们再看商业零售领域，由于出现了抖音、快手、B

站、小程序、公众号等新型推广获客渠道，品牌商、零售商的营销团队每天都要做大量的线上活动来获取、维系客户，而这些商业动作的背后其实需要非常灵活的互联网模式的研发架构，传统的应用架构已经没有办法满足业务日益更新迭代的速度要求，于是基础架构上云的要求应运而生。

昭波在云计算行业实践探索多年，之前做过研发工程师，在 UCloud 历经解决方案架构师、培训负责人等岗位，一手组建了 UCloud 的培训学院，设计了云计算的系列课程，给大批的内部员工、外部用户及合作伙伴做过数百场深入浅出的培训，有着丰富的理论知识与实战经验。他历时两年，把平时工作当中的知识要点、实践心得沉淀下来，并且结合具体的案例和动手实操，一并整理到本书中，希望能普及给更多人。

相信这本书能对各行各业有志于学习和掌握云计算知识并遇到实际上云需求的技术人员有比较大的帮助，同时能对云计算行业为企业上云提供服务的乙方售前、售后工程师及商务团队有很大的价值。希望更多的朋友能够通过本书更高效地学习和掌握云计算的要素要点与实践知识，更多的企业能够运用云计算的先进技术提升效率、降低成本，推动业务更快、更好地发展！

UCloud 联合创始人&COO　华琨

2021 年 12 月

推荐序 2

Foreword

1946 年，世界上第一台现代电子数字计算机 ENIAC（Electronic Numerical Integrator And Computer）诞生，人类自此进入了通用可编程计算机的新时代。50 年前，Intel 发布了 4004 处理器，其尺寸仅为 3mm×4mm，集成了 2300 个晶体管，其性能与 ENIAC 相似。Intel 4004 是世界上第一个商用微处理器，为现代计算机的发展奠定了基础。此后在摩尔定律的驱动下，计算机从昂贵的庞然大物转变成人人可以获得的生产力工具，走进企业和千家万户，推动信息技术高速发展。在这个过程中，互联网产业诞生并成为信息技术最重要的使用者和推动者之一。2006 年，亚马逊正式推出了 S3（Simple Storage Service）简单存储服务、EC2（Elastic Compute Cloud）弹性云计算服务，拉开了云计算的序幕，人们进入了"云"的时代。

云计算的发展和使用给信息技术及其相关产业带来了深刻的影响，同时改变了每个人的生活和工作方式。云计算技术的应用大大降低了计算资源获取和软件开发应用的门槛，企业不再需要花费巨资从头搭建硬件资源平台，也不需要聘用大量技术人员运维数据中心并开发大量基础软件和应用软件，而是可以聚焦于业务发展和创新。近 10 年来，我们看到很多诞生于"云"上的互联网企业只用了短短几年的时间就从几十人的创业团队发展成造福千家万户的跨国大型企业，这些企业无一不是很好地利用了云计算技术。我们也看到更多新兴技术的突破，包括 5G、物联网、边缘计算、自动驾驶、人工智能和大数据分析技术、云游戏、新一代多媒体处理技术与实时音视频技术等，这些都离不开云计算的支撑与协作。Intel 新一任 CEO 帕特・基辛格（Pat Gelsinger）将企业数字化转型的核心归结为 4 种"超能力"：普适计算、普遍连接、从云到边缘的基础设施、人工智能，每种"超能力"都与云计算息息相关。

放眼望去，中国互联网和云计算产业在全球越来越占有举足轻重的地位。近 10 年来，中国公司的云计算研发能力与应用能力已经从跟随发展到超越。我所在的 Intel 行业解决方案事业部战略互联网团队多年来一直与包括 UCloud 在内的众多国内互联网公司进行深度合作，涉及从底层处理器、网络和存储设备硬件选型到云软件、上层应用软件的解决方案研发与优化，支持中国企业打造世界一流云平台。下面我也总结一下我所看到的互联网行业云计算技术的发展趋势。

1．应用程序大量采用微服务构建，云计算平台采用云原生容器技术和服务网格，在公有云中也支持基于虚拟机和物理机提供容器解决方案。

2．多媒体技术高速发展推动技术创新和业务创新。企业更注重应用视频图像和信号处理算法，支持最新的视频图片编码格式，提升视频的图像质量，降低码率。CDN 中使用 QUIC 协议支持弱网下的视频传输，RTC 让实时通信场景落地，RTC 有望成为下一代 CDN，在工作和娱乐场景下发挥重要作用。VR、AR 技术会加速发展，尤其是在元宇宙等新型应用场景的驱动下。

3．随着数据量增加和算法改进，人工智能需要大规模分布式训练，并使用异构加速器。Intel 的 CPU 中也在不断增加人工智能指令和加速引擎，支持 AI 训练和推理的加速。随着 AI 模型的体积越来越大，对大容量内存的需求持续增加，会更多地采用 Intel 傲腾持久内存支撑训练和推理场景。

4．计算力的增加进一步促进了存储和网络的升级。基于全闪的分布式存储被广泛使用，为了进一步提升性能和容量、降低成本，则考虑使用傲腾技术和 QLC 固态盘。基于内存的 KV 存储在互联网被广泛使用以提升业务处理性能，很多客户基于 Intel 傲腾持久内存来满足大容量、高性能、低成本和数据持久化的需求。

5．在网络方面，大型互联网公司已经完成 10Gbps 网卡到 25Gbps 网卡的升级，100Gbps 网卡被广泛应用于网关、负载均衡和训练场景，未来随着计算密度的增加，100Gbps 网卡和 200Gbps 网卡会被大量应用于计算节点。IPU 和智能网卡在其中扮演了重要角色，将成为数据中心中重要的处理单元，成为每台服务器的标准配置。

6．数据安全越来越受重视，数据和密钥在存储、传输和计算中需要得到保护，企业将加速推进可信计算、机密计算等安全方案的实施与部署。

7．随着国家对碳达峰、碳中和目标的制定与实施，数据中心由于耗能巨大将面临挑战与机遇。对于大型云计算公司，数据中心规模大，发展速度快，资源利用率高，通过技术创新可以大幅度降低 PUE，数据中心的散热方式将在未来几年从风冷向液冷转变。

随着云计算技术不断升级和完善，必然有越来越多的企业选择在云上构建企业 IT 和业务系统，并对外提供数字化服务。如何利用好云计算技术、最大化发挥云平台的能力则成为重大挑战之一。本书的作者来自国内领先的云服务提供商 UCloud，多年从事云计算解决方案设计、客户支持与培训等相关工作，具有丰富的一线云计算架构经验。作者在书中提出了云架构设计的 6 大设计原则：合理部署、业务持续、弹性扩展、性能效率、安全合规、持续运营，并围绕这 6 大设计原则，通过总结大量云端落地案例和解决方案，提炼了 41 种架构设计模式，为企业业务系统高效利用云计算能力、顺利落地云计算平台实践提供了有力的支持。相信本书一定会对企业上云、用云起到重要的指导作用，对云计算产业的发展起到巨大的推动作用！

高明

Intel 行业解决方案事业部互联网行业技术总监

2021 年 11 月

前言

Preface

0.1 关于梦想

笔者在大学生涯刚开始的第二天就策划创建学校英语社团，并起了一个有梦想的名字——“梦想之星”英语社，到现在已经过去 15 年了。然后便通过一次次 ACM 竞赛和活动来追逐自己心中的梦想。

大学毕业后刚开始工作时，笔者就梦想着通过代码来改变世界，当时也正赶上“千团大战”，再加上 Facebook 和六度空间理论，也尝试了基于大学校园、基于三四线城市的本地社交平台。再往后笔者拼命地转型学习云计算，并推出了云计算在线动手实验平台“梦想学院”，正是因为这些，笔者拿到了 UCloud 的 Offer，虽然还没有通过代码改变世界，但改变了自己的认知。

笔者历经解决方案架构师、培训师等岗位，通过培训、动手实验来为技术布道，通过架构设计来解决用户项目中的技术问题。这要求笔者不断学习新的技术、新的行业场景、新的架构设计方法论并提炼云计算最佳实践，为用户、开发者、大学生及内部员工普及技术，为 IT 行业的知识传播、技术演进贡献自己的力量，他们有所收获便是笔者的梦想。

接下来笔者还需要继续学习，不断提升自己，提炼总结，再进行分享。

0.2 关于云计算架构

提及云，想必大家已不陌生，云已在各行各业中落地。在分析不同行业业务场景的案例和解决方案时，可以发现在技术痛点、业务需求、技术解决方案上很多都大同小异。纵观云服务商的解决方案，一般分为行业解决方案、技术或通用解决方案，行业解决方案会按照新零售、金融、政务、医疗健康、教育等行业进行划分，每个行业中又分为不同的子行业或场景，这些是带有行业属性的。例如，新零售行业遇到的经典场景是“双 11”等大促带来的业务流量高峰，需要保证业务持续可用；游戏行业业务重点考虑服务器与玩家之间的网络质量及体验友好度。业务连续性、数据可靠性、系统可扩展性、数据安全是系统架构设计永恒的话题，这些技术解决方案结合业务场景就是行业解决方案。

在缤纷的行业场景和案例中，我们抽丝剥茧探究通用的技术解决方案，其中并非无章可循，云架构设计围绕 6 大原则：合理部署、业务持续、弹性扩展、性能效率、安全合规、持续运营。这 6 大原则适用于传统业务架构，也适用于互联网等各个行业。在云端如何围绕这些设计原则展开架构设计呢？我们通过整理各行业在云端的落地案例、解决方案，提炼了 41 种架构设计模式。

从另一个角度，我们有了架构设计模式，就可以像积木模块一样将其灵活组合成架构的“拼图”，就像一味味中草药可以组成大夫的药单来医治百病。因此，在本书中将会用大量篇幅来介绍这 41 种架构设计模式，当然这些架构设计模式也是围绕云架构设计的 6 大原则展开的。

设计模式这个词广泛应用于 IT 领域，其更早的来源是建筑领域的通用设计方法论的总结。其实重要的不是设计模式的名称，而是提出的对同一领域的问题提供可复用的解决方案的设计思路。本书提供了架构设计模式，也希望读者能结合自己的学习、工作场景来总结适合自己的可复用的架构设计模式。

0.3 本书的内容组成

本书共三篇。

第一篇重点介绍云计算体系、设计模式及架构设计方法，引入 MumuLab 作为示例项目来实践。

第 1 章从 5 层架构的云计算架构体系开始介绍云计算，从云计算的优势来分析其给我们带来的思维变革，最后介绍云计算架构的设计流程和 6 大设计原则。

第 2 章介绍本书中配套的实践项目 MumuLab，我们可以通过这个平台在线学习架构设计模式，还可以将其作为动手练习的项目，因此有必要了解 MumuLab 平台的功能和设计初衷。

第二篇包括开篇的设计模式全景图及围绕 6 大设计原则展开的 41 种架构设计模式。

第 3 章介绍了设计模式之间的关系并构建了设计模式全景图，提出了架构设计过程中的最佳实践与坏味道。

第 4 章介绍合理部署，包括公有云、私有化、混合架构、全球部署、多云部署 5 种类型。

第 5 章介绍业务持续的设计中需要考虑可用性、可靠性，以及业务与数据的可恢复性。

第 6 章围绕弹性扩展展开介绍，介绍如何实现数据访问与存储的动静分离、组件之间的解耦，介绍云主机、数据库、私有化部署的扩展能力，也介绍了通过迁移实现扩展的方案，最后通过流量转发及全局负载均衡将业务负载分发到各个解耦的组件中。

第 7 章围绕提升性能效率展开介绍，包括提升计算性能，通过 Redis、CDN 等缓存技术实现访问加速、网络优化，选择最优部署地域拉近最终用户与业务之间的距离、降低网络延迟，通过应用性能管理对当前业务系统进行性能检测。

第 8 章围绕安全合规展开介绍，介绍了不可忽略的账号与权限的管理、对应用和资源的访问控制，在架构设计之初就考虑等保测评、满足合规要求等会事半功倍，还从终端安全、数据安全、网络安全、应用安全、审计合规等模块逐一介绍如何应对不同类型的安全风险。

第 9 章围绕持续运营展开介绍，汇总了云服务等级协议 SLA、云监控告警、成本优化等内容，也包含了对冷热数据分层处理和数据开放及隐私计算的介绍，通过持续运营定期巡检、评估、复盘来保证业务架构持续满足变化的业务需求，保持良好的架构设计。

第三篇包括应用、评估、总结与展望。

第 10 章从新零售行业、游戏行业、传统行业介绍了三类应用场景，并尝试通过设计模式灵活组合的方式来构建解决方案。

第 11 章介绍了架构评估与重构的时机，随后展开介绍了如何进行适用性评估、成熟度评估、健壮性评估。

第 12 章对本书进行概要总结，从个人角度对云计算的发展进行展望。

0.4 阅读指引

本书涵盖 41 种架构设计模式、MumuLab 平台完整案例、3 个行业解决方案案例，读者可以根据需要选择不同的阅读顺序。

本书介绍了公有云部署、具备可扩展性、实现基础高可用及数据备份、缓存加速、性能优化及高并发、存储周期及分析、安全、高可用进阶、私有+混合、全球化、持续运营优化。

路径一：对云计算产品、场景还不太熟悉，建议按照章节顺序阅读，先了解云业务架构设计的概况，再通过真实案例分析 MumuLab 有哪些需求，在云平台中如何解决，第 4 章至第 9 章将会详细介绍每种设计模式，在第 10 章的行业场景案例中进行练习，将设计模式应用到实际工作的不同行业场景中。

路径二：对云计算产品已经比较熟悉，建议从第 3 章开始阅读，先全览设计模式，再详细阅读第 4 章至第 9 章的每种设计模式，最后阅读第 2 章的完整案例和第 10 章的行业延伸案例。

路径三：如果你打算从行业切入，则可以选择新零售等互联网应用、游戏等跨地区的业务、传统业务数字化转型、创新创业平台，找到比较接近的行业和方案，直接跳转到第 10 章的具体行业场景案例进行阅读，每个行业的需求和痛点不同，提供的解决方案也不同，之后再通过浏览 MumuLab 完整案例进行设计模式全景图的补充。

路径四：按照业务系统部署、设计阶段，先考虑如何部署系统，再考虑可用性、扩展性、性能、安全、可持续运营等，按照阶段进行架构的迭代设计和螺旋式架构演进。

0.5 使用 MumuLab 项目进行练习与实践

完成实验

如前面所述，MumuLab 平台项目会贯穿全书，每章节中的应用案例都来自该项目。在应用案例和动手实验环节中，重点是实践解决方案的实现过程，可以忽略不同云平台的差异及项目中的代码语言和框架。每章节中的动手实验环节均可实际操作，如有问题，可以通过平台进行留言或通过邮箱进行交流。

在实现具体实验时可能会遇到问题，这时可以回顾一下设计模式全景图，从全局角度上概览整个项目所涉及的业务痛点及解决方案的演变过程。

“刷题”式练习

如果是用碎片化的时间阅读本书，可以逐个完成实验并在 MumuLab 平台中进行提交，提交后可以获得实验积分。通过积分可以兑换一些礼品，通过这些方式让你与其他读者一起进步，带给你“陪伴式”学习的感受。

MumuLab 平台不仅是贯穿本书的实践项目，还是用来承载本书实验、解答、提交实验结果、竞赛的平台，这也使得平时训练的项目就是正在运行的线上平台，不至于模拟一个只可看不可练的示例平台。

MumuLab 链接：请通过“读者服务”获取。

0.6 致谢及联系我们

每一位当下的梦想者都在信息化与数字化浪潮中推动技术创新、技术应用、知识普及，笔者能够在这创新时代的浪潮中追逐梦想，深感荣幸。感谢 UCloud 提供了良好的学习与锻炼的平台，感谢 UCloud 启云学院的各位讲师、学员在多次培训交流过程中的灵感碰撞、经验沉淀、最佳实践的提炼。感谢身边的朋友一直以来的帮助和鼓励，笔者受益匪浅。

感谢刘华、张悦兰、王彬、何梦君、郭凯、王威武、李诗萌、黄玲利、赵娜、张薇、左冬冬、魏宾宾、刘坚君、高亮、周恭元、薛翎军、沈晓勇等同事和朋友参与本书内容的讨论和修订，经过多次沟通与修订，尽可能让书稿中的错误更少。

感谢妻子刘宁对笔者梦想的理解和支持，在笔者编写本书的过程中细心照顾家庭，为笔者挤出了大量时间，在整个过程中不厌其烦地聆听书稿一点一滴的进展和一次次编写思路的优化更新，同时参与了部分公式的设计和部分章节的文字核对。还要感谢宝贝儿子沐然、沐橦，他们的每个微笑和可爱瞬间都让笔者的疲劳瞬间消散，也是笔者努力的动力所在。感谢父母的养育之恩，无论是“千里之行始于足下”的理念熏陶，还是无条件的信任、关心、鼓励，都让笔者能够勇敢追梦。有了你们的支持，笔者追逐梦想的信念更加坚定、脚步更加踏实！

笔者尽力修订了书中的内容，但难免有疏漏之处，烦请读者批评指正，谢谢！

微信订阅号：沐然云计算。

目录

Content

第一篇　概述

第 1 章　云计算架构设计 2

1.1　云计算架构体系 3

1.1.1　基础设施 4

1.1.2　云计算操作系统 5

1.1.3　产品体系 5

1.1.4　解决方案体系 6

1.1.5　服务体系 6

1.2　云计算带来的思维变化 7

1.2.1　面向服务而非资源 7

1.2.2　快速部署 8

1.2.3　弹性及快速扩展 8

1.2.4　便捷地满足安全与合规性要求 9

1.2.5　用户自主管理 9

1.2.6　按需计费 10

1.3　架构设计流程 10

1.4 架构设计原则 12
1.4.1 合理部署 13
1.4.2 业务持续 14
1.4.3 弹性扩展 14
1.4.4 性能效率 15
1.4.5 安全合规 15
1.4.6 持续运营 16
第 2 章 实践项目：MumuLab 18
2.1 系统概述 19
2.1.1 MumuLab 概述 19
2.1.2 代码结构及技术栈 20
2.1.3 需求及架构设计目标 20
2.1.4 MumuLab 的三个版本 21
2.2 模块一：云设计模式 CDP 界面 22
2.2.1 页面显示 23
2.2.2 增删改操作 23
2.3 模块二：实验管理 24
2.3.1 选择并启动实验 25
2.3.2 实验判分 25
2.3.3 Ranklist 及 Timeline 26
2.3.4 面向全球用户的竞赛模块 26
2.4 模块三：统计分析 27
2.4.1 数据分析报告及可视化 27
2.4.2 用户及权限 28
2.5 模块四：后端运维管理 29
2.5.1 数据备份及周期管理 29
2.5.2 监控及告警 30
2.5.3 安全防护 30
2.5.4 运营优化 30

第二篇　设计模式

第 3 章　可复用的设计模式 34

3.1　什么是架构设计模式 35

3.1.1　设计模式的来源 35

3.1.2　设计模式是可复用的经验模块 36

3.1.3　将可复用的经验总结为设计模式 37

3.2　设计模式的逻辑关系 37

3.2.1　按照架构原则分类 37

3.2.2　按照部署场景分类 39

3.3　最佳实践与坏味道 42

第 4 章　合理部署 44

4.1　公有云——使用云主机快速部署业务 45

4.1.1　概要信息 45

4.1.2　公有云第一步——使用云主机 46

4.1.3　云主机的生命周期 50

4.1.4　产品规格族及配置 51

4.1.5　专属云主机 53

4.1.6　应用案例——在云主机中部署 MumuLab 54

4.2　公有云——托管应用 56

4.2.1　概要信息 56

4.2.2　采用托管应用部署业务 57

4.2.3　通过对象存储实现托管静态网站 58

4.2.4　静态网站作为高可用降级备用服务 59

4.2.5　应用案例——将 MumuLab 托管到对象存储中 60

4.3　公有云——托管服务器 61

4.3.1　概要信息 61

4.3.2　采用托管服务器部署业务 61

4.3.3　可视化监控与混合架构 63

4.4 私有化——私有化部署 64
4.4.1 概要信息 64
4.4.2 解决方案——云计算操作系统 65
4.4.3 私有化部署交付 67
4.4.4 上下游国产化适配 69
4.5 混合架构——混合架构连通 69
4.5.1 概要信息 69
4.5.2 解决方案——构建混合架构 70
4.5.3 通过专线连通混合架构 72
4.5.4 通过 VPN 连通混合架构 73
4.6 混合架构——云管理平台 75
4.6.1 概要信息 76
4.6.2 统一资源纳管 76
4.6.3 统一访问门户 77
4.6.4 统一运维管理 77
4.6.5 统一分析运营 78
4.7 全球部署——全球部署 79
4.7.1 概要信息 79
4.7.2 全球部署的核心概念 80
4.7.3 业务跨地域迁移及用户就近接入 80
4.7.4 全球单地域提供服务 81
4.7.5 核心业务区及非核心业务区（一写多读） 82
4.7.6 Global Zone（强一致性） 83
4.7.7 总结 83
4.8 多云部署——多云部署 84
4.8.1 概要信息 85
4.8.2 多云部署实现业务高可用及数据高可靠 85
4.8.3 全球资源补充 87
4.8.4 多云部署实现成本优化 88
4.8.5 避免厂商锁定 89
4.8.6 多云部署的复杂度 90

第 5 章　业务持续 91
5.1　可用性——地域内业务高可用 92
5.1.1　概要信息 93
5.1.2　地域及可用区的概念 93
5.1.3　可用区级别高可用 97
5.1.4　负载均衡 99
5.1.5　无状态 101
5.1.6　应用案例——MumuLab 在单地域多可用区部署 102
5.2　可用性——跨地域业务部署 103
5.2.1　概要信息 103
5.2.2　业务单元化 103
5.2.3　数据跨地域同步 104
5.2.4　网络打通 105
5.2.5　实现跨地域业务部署 106
5.2.6　应用案例——MumuLab 温备份到第二个地域 108
5.3　可靠性——非结构化数据可靠存储 108
5.3.1　概要信息 109
5.3.2　高可靠的对象存储 109
5.3.3　对象存储的扩展原理 111
5.3.4　解决方案——高可靠的块存储 114
5.3.5　应用案例 116
5.4　可靠性——采用高可用的云数据库 117
5.4.1　概要信息 117
5.4.2　解决方案——采用高可用的云数据库 118
5.4.3　应用案例 120
5.5　可恢复性——业务容灾 121
5.5.1　概要信息 121
5.5.2　解决方案——实现业务容灾 122
5.5.3　解决方案——进行容灾演练 125
5.6　可恢复性——云端备份 126
5.6.1　概要信息 126

5.6.2 解决方案——通过镜像及快照对云主机进行备份 127
5.6.3 解决方案——通过数据方舟对云硬盘进行备份 128
5.6.4 解决方案——对象存储备份 129
5.6.5 应用案例 130
5.7 可恢复性——数据库备份回档机制 131
5.7.1 概要信息 132
5.7.2 解决方案——云数据库备份回档机制 132
5.7.3 解决方案——流式实时备份数据 135
5.7.4 应用案例——对 MumuLab 数据库进行备份 137
第6章 弹性扩展 138
6.1 解耦——数据存储访问动静分离 139
6.1.1 概要信息 139
6.1.2 实现静态文件读写分离 140
6.1.3 对视频流数据进行分离 141
6.1.4 应用案例——将 MumuLab 实现动静分离 142
6.2 解耦——通过消息队列解耦组件 142
6.2.1 概要信息 143
6.2.2 生产-消费原理 144
6.2.3 实现异步解耦 144
6.2.4 实现削峰填谷 145
6.2.5 订阅型、队列型消息队列 146
6.3 扩展——计算自动伸缩 147
6.3.1 概要信息 148
6.3.2 横向扩展 148
6.3.3 自动伸缩 149
6.3.4 应用案例——MumuLab 根据 CPU 负载实现自动伸缩 151
6.4 扩展——数据库层扩展 152
6.4.1 概要信息 153
6.4.2 纵向扩展云数据库实例配置 154
6.4.3 云数据库创建从库实例 154

6.4.4 数据库读写分离 155
6.4.5 应用案例——MumuLab 云数据库的主从库设置 156
6.5 扩展——通过混合架构扩展本地能力 157
6.5.1 概要信息 157
6.5.2 解决方案——概述 158
6.5.3 通过混合架构扩展计算能力 158
6.5.4 通过混合架构扩展存储备份能力 159
6.5.5 通过混合架构扩展安全防护能力 160
6.5.6 通过混合架构扩展产品服务能力 162
6.5.7 应用案例——通过混合架构扩展计算能力 163
6.6 迁移——业务及数据迁移 164
6.6.1 概要信息 164
6.6.2 迁移 6R 理论与基础概念 164
6.6.3 迁移应用与数据 167
6.6.4 通过混合架构实现业务平滑迁移 171
6.6.5 迁移项目管理 172
6.6.6 应用案例——实现 MumuLab 跨云平台的数据库迁移 176
6.7 均衡——流量转发及全局负载均衡 176
6.7.1 概要信息 177
6.7.2 通过域名 DNS 解析进行流量转发 177
6.7.3 通过核心转发层进行流量转发 179
6.7.4 应用案例 182
第 7 章 性能效率 184
7.1 计算——提升计算性能 185
7.1.1 概要信息 185
7.1.2 纵向升级云主机 186
7.1.3 选用具有增强特性的云主机 187
7.1.4 通过解耦及扩展提升整体性能 188
7.2 缓存——缓存数据库 188
7.2.1 概要信息 188

7.2.2 Redis实例版本及可靠性保障 189
7.2.3 Redis存储共享状态数据 189
7.2.4 Redis缓存热点数据 190
7.2.5 Redis存储抢占性ID 191
7.3 缓存——CDN缓存加速 192
7.3.1 概要信息 192
7.3.2 CDN原理 192
7.3.3 通过CDN减轻源站的访问压力 194
7.3.4 开启HTTPS访问 194
7.3.5 应用案例——MumuLab通过CDN实现加速 195
7.4 网络——网络优化 197
7.4.1 概要信息 197
7.4.2 网络加速基础环境 198
7.4.3 全球应用加速 199
7.4.4 应用案例——MumuLab实现应用访问加速 201
7.5 网络——选择最优部署地域 202
7.5.1 概要信息 202
7.5.2 选择最优部署地域 202
7.6 性能测试——应用性能管理APM 205
7.6.1 概要信息 205
7.6.2 链路追踪及应用性能分析 206
7.6.3 通过APM分析应用拓扑结构 206
7.6.4 通过APM实现链路追踪 207
7.6.5 通过APM实现应用性能分析 207
第8章 安全合规 210
8.1 权限——权限策略与访问控制 211
8.1.1 概要信息 211
8.1.2 账号及授权 212
8.1.3 安全组 217
8.1.4 网络访问控制ACL 217

8.1.5 应用案例——为 MumuLab 平台设置子账号和对应权限 218
8.2 安全防护——终端安全 219
8.2.1 概要信息 219
8.2.2 主机入侵检测概述 220
8.2.3 基础安全检查 221
8.2.4 主机安全检查 221
8.2.5 木马检查 221
8.2.6 登录安全 222
8.2.7 应用案例——检测主机漏洞和木马文件 222
8.3 安全防护——数据安全 224
8.3.1 概要信息 224
8.3.2 数据的可靠性及安全性保障方案 224
8.3.3 数据脱敏处理 225
8.3.4 SSL 证书加密传输 225
8.3.5 应用案例——申请 SSL 证书并提供 HTTPS 服务 227
8.4 安全防护——网络安全 229
8.4.1 概要信息 229
8.4.2 DDoS 防护综合方案 229
8.4.3 基础防护 231
8.4.4 流量清洗 231
8.4.5 高防 IP 232
8.4.6 AnyCast EIP 233
8.4.7 避免云主机被控制 234
8.5 安全防护——应用安全 235
8.5.1 概要信息 235
8.5.2 WAF 部署及接入模式 235
8.5.3 WAF 中的攻击日志处理及误报处理 236
8.5.4 WAF 报表及告警 237
8.5.5 应用案例——通过混合架构扩展安全防护能力 238
8.6 审计合规——审计 240
8.6.1 概要信息 240

8.6.2 堡垒机 240
8.6.3 数据库审计 242
8.6.4 日志审计 242
8.7 审计合规——合规 243
8.7.1 概要信息 243
8.7.2 等级保护 243
8.7.3 域名备案 246
8.7.4 应用案例——实现域名备案 248
第9章 持续运营 249
9.1 服务标准——云服务等级协议SLA 250
9.1.1 概要信息 250
9.1.2 解决方案 250
9.1.3 云服务SLA 251
9.1.4 基于SLA进行架构设计 252
9.1.5 SLA未达标的处理机制 253
9.1.6 从用户角度看自身业务的SLA 253
9.2 监控告警——云监控告警 254
9.2.1 概要信息 254
9.2.2 监控告警概述 255
9.2.3 资源监控 255
9.2.4 事件监控 256
9.2.5 自定义监控 257
9.2.6 告警通知 258
9.2.7 应用案例——监控MumuLab所在的云主机 259
9.3 成本——成本优化 261
9.3.1 概要信息 261
9.3.2 费用预算 261
9.3.3 费用监控统计 263
9.3.4 费用告警 265
9.3.5 成本控制与优化 265

9.3.6 欠费处理 266
9.3.7 更多考虑 267
9.3.8 应用案例——对 MumuLab 平台所需的云资源费用进行分析 267
9.4 数据——冷热数据分层存储 268
9.4.1 概要信息 268
9.4.2 数据冷热度分层维度 269
9.4.3 数据冷热度的定义 270
9.4.4 转换数据存储类型 270
9.4.5 应用案例——对 MumuLab 对象数据设置自动降级存储 271
9.5 数据——数据开放及隐私计算 272
9.5.1 概要信息 272
9.5.2 核心概念 272
9.5.3 计算原理 273
9.5.4 应用场景 274
9.6 运营——持续运营 275
9.6.1 概要信息 275
9.6.2 时机 276
9.6.3 评估 276
9.6.4 巡检 277
9.6.5 团队复盘与提升 277

第三篇 应用与评估

第 10 章 行业场景案例 280
10.1 引言 281
10.2 新零售行业的架构设计 281
10.2.1 项目背景 281
10.2.2 需求及痛点 282
10.2.3 解决方案 283
10.2.4 跨地域业务部署 283
10.2.5 数据备份 283
10.2.6 自动伸缩 284

10.2.7 所需的产品 284
10.3 游戏行业的架构设计 284
10.3.1 项目背景 284
10.3.2 需求及痛点 285
10.3.3 解决方案 285
10.3.4 全球部署 286
10.3.5 网络优化 287
10.3.6 应对高并发 287
10.3.7 DDoS 安全防护 288
10.3.8 所需的产品配置 288
10.4 传统行业的架构设计 289
10.4.1 项目背景 289
10.4.2 需求及痛点 289
10.4.3 解决方案 290
10.4.4 私有化部署 290
10.4.5 混合架构 291
10.4.6 迁移到私有化部署平台 291
10.4.7 所需的产品 292

第11章 评估与重构 293

11.1 评估与重构的时机 294
11.1.1 为什么要评估与重构 294
11.1.2 评估框架 294
11.1.3 时机 296
11.2 适用性评估 298
11.2.1 模型概述 298
11.2.2 评估工具与评分模型 299
11.2.3 评估问题 301
11.3 成熟度评估 301
11.3.1 模型概述 301
11.3.2 评估工具与评分模型 303

11.3.3 评估问题 304
11.4 健壮性评估 310
11.4.1 模型概述 310
11.4.2 评估工具与评分模型 311
11.4.3 评估问题 312
第 12 章 总结与展望 313
12.1 云的变化与趋势 314
12.1.1 边缘化 314
12.1.2 精细化 315
12.1.3 集成能力 315
12.2 经验的提炼与能力的复用 316
12.3 构建自己的浪潮之巅 317
附录 A 云架构设计模式列表 318
附录 B 云服务名称对应表 327
附录 C 基于设计模式的解决方案编排模板 329
附录 D Advisor 巡检问题 331

第一篇

概　述

1

第 1 章 云计算架构设计

云计算经过十几年时间的发展，已经在各行各业中落地应用，纵观不同的应用场景，却有相似的技术解决方案。我们在众多解决方案、应用案例中提炼出可复用的设计模式，以模块化组合的方式来构建新的解决方案，如图 1-1 所示。

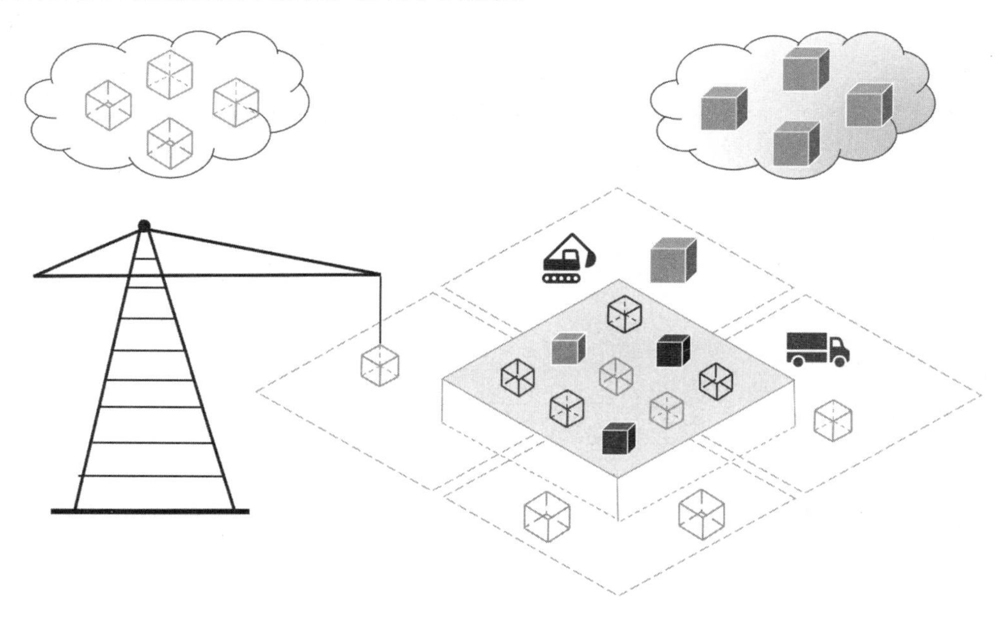

图 1-1　通过模块化的设计模式构建云业务解决方案

本章包括以下内容：

- 云计算架构体系。
- 云计算带来的思维变化。
- 架构设计流程。
- 架构设计原则。

1.1　云计算架构体系

2006 年，第一个云计算（Cloud Computing）产品诞生，云计算的概念也被提出，现在云计算几乎已经渗入所有的行业和应用场景中。我们不一定能直接感受到云计算对日常生活、工作、学习的影响，但作为 IT 基础设施，它却悄然支撑着我们正在使用的各个应用。

很多书中、云服务商官方文档中都介绍过云计算的概念、发展历史、产品体系，我们不再赘述。我们可以从另一个角度去认识云计算的整体架构和服务能力，也就是云计算架构体系，如图 1-2 所示，其中概括了云计算从下到上的组成结构，包括基础设施、云计算操作系统、产品体系（包含安全与合规、监控与管理）、解决方案体系、服务体系。

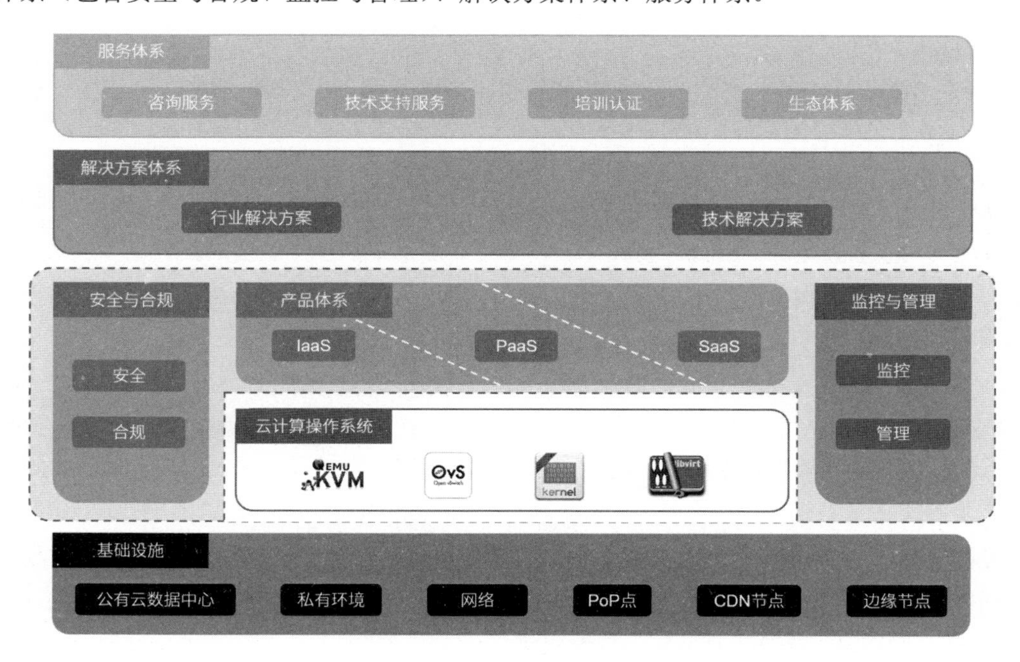

图 1-2　云计算架构体系

1.1.1 基础设施

最底层是基础设施，云计算产品和服务都部署在数据中心的基础设施上，遍布全球范围的数据中心及数据中心的服务器、交换机、存储集群之间连接的网络共同组成了基础设施，如图 1-3 所示，多个数据中心通过网络互联，数据中心内部有服务器、交换机、存储集群等资源。

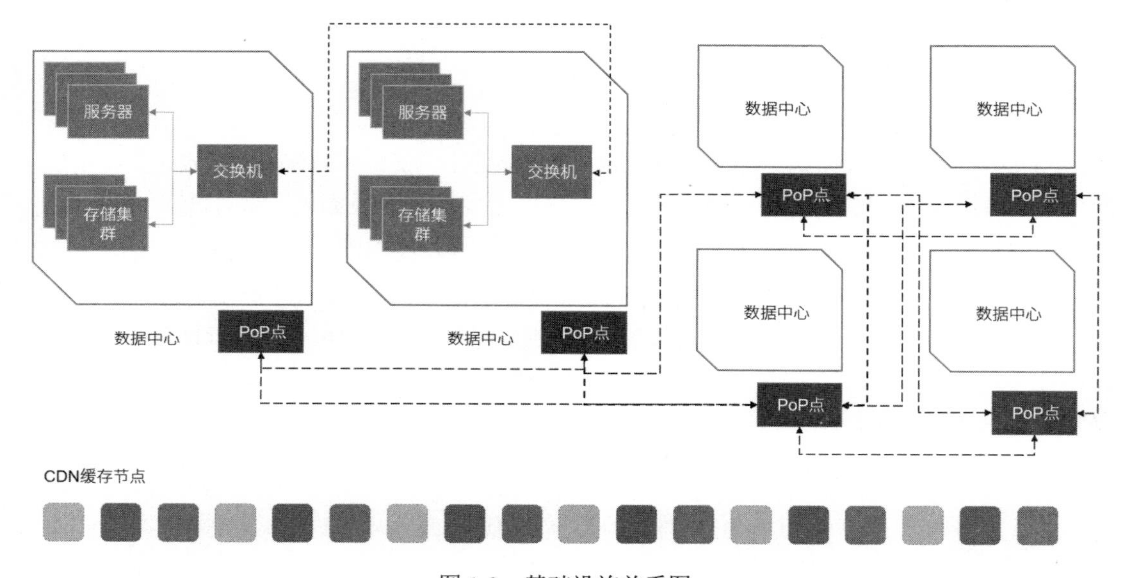

图 1-3　基础设施关系图

为什么要在全球范围建设这么多数据中心呢？一方面是因为云平台的所有最终用户遍布在全球各地，为了获得更好的性能和访问体验，就需要靠近用户在全球范围部署尽可能多的数据中心；另一方面是因为单个数据中心会有一定概率出现故障，为了提升业务的持续性，需同城或跨城部署业务。

CDN 缓存节点是遍布在全球各地的内容缓存服务器，这些服务器也位于物理数据中心，仅提供数据缓存加速的功能，并不像地域和可用区的云主机那样可以提供各类计算服务。CDN 缓存节点的缓存数据来源于对象存储等源站，遍布全球的用户就近通过 CDN 缓存节点请求数据，实现加速效果。

PoP 点是云服务商在每个地域中对用户提供的网络连接入口，用户通过专线连接云服务商的数据中心时，需要连接到指定的 PoP 点中，PoP 点与后端的云服务商数据中心直接连通。PoP 点提供 BGP 的网络，能够支持多家运营商线路。

1.1.2　云计算操作系统

云计算操作系统是云平台的核心，其中常见的开源版本是 OpenStack，当一些企业需要对大量服务器进行虚拟化时会选择它。但是它能够管理的服务器的数量有限，满足企业定制化需求的能力弱，需要一支专业技术团队来维护，因此在主流云计算厂商中鲜有选用 OpenStack 来架构的。

大多数云平台采用基于 Linux 内核提供核心资源虚拟化方案的 KVM 技术，KVM 的核心工作就是提供计算资源的虚拟化支持，上层通过 libvirt 来管理 KVM 虚拟化后的资源，与用户触发的操作 API 进行对接。在 KVM 之上再增加分布式存储虚拟化、网络虚拟化和资源调度管理的功能，逐步形成稳定可靠的云计算操作系统。

提示

云计算操作系统（Cloud Computing OS）应具备以下三种功能：

1. 基于基础设施对服务器进行虚拟化、分布式存储虚拟化、网络虚拟化；
2. 为上层应用提供标准统一的访问接口；
3. 对资源与服务进行统一调度、对资源与服务进行监控、提供安全管理的能力。

在云计算中将基础设施的数据中心封装成了可用区（Available Zone，AZ），部署云计算操作系统并进行统一资源调度的一个或多个数据中心称为一个可用区。同一个城市或相距几十公里以内的一个或多个可用区共同组成了地域（Region）。反过来说，云服务商一般在全球能提供几十个地域（通常每个地域对应一个城市），每个地域中包含 1 个或多个可用区（用户创建云资源时的最小可选范围），每个可用区由一个或多个物理数据中心构成（物理数据中心是物理概念，对普通用户不可见，托管服务器等场景的用户则对其有部分管理权限）。

同地域的不同可用区采用独立的“风火水电”，防止因为电力、空调降温、网络出口等因素造成可用区级别的单点故障，可用区内的风险都会被隔离在有限的范围内。同地域的可用区之间的物理距离在几十公里以内，并且默认通过光纤连通，具有较低的网络延迟（约 1～2ms）。通过可用区既隔离了风险，又降低了数据连通的延迟。

1.1.3　产品体系

云计算 IaaS 和 PaaS 中包含上百款产品，SaaS 类的应用数量就更多了，这些服务与应用都基于云计算提供的计算、存储、网络三大核心能力。

- 计算，包括云主机、物理云主机、虚拟专区等计算服务能力；在此基础之上提供容器、Serverless 等 PaaS 层服务。
- 存储，提供块存储的能力，并针对不同文件类型提供对象存储、文件存储、关系型数据库、文档型数据库等 PaaS 层存储服务。
- 网络，将物理设施、云产品、系统组件进行连通，并且提供隔离、访问、控制等能力。

1.1.4 解决方案体系

云服务商会展示产品能力和技术实力，与用户沟通业务需求，解决业务架构痛点，提供整体的解决方案。在解决业务痛点时很少有用户仅选用单个云产品，更多的用户会选用云服务商或集成商提供的整体行业或技术解决方案。用户需求各异，云服务商难以为所有用户提供定制化的解决方案，云服务商会根据用户的行业场景、技术场景准备一些现成的解决方案，以现成的解决方案为基础，再结合用户的业务场景进行调整落地，“打通最后一公里”。

- 行业解决方案：结合行业场景需求制定的解决方案，如在线教育解决方案、新零售解决方案、政务云解决方案、智慧园区解决方案等。
- 通用解决方案：和行业无关的技术解决方案，如业务迁移方案、数据备份方案、业务容灾方案、全球网络加速方案等。

通用解决方案和本书中的设计模式类似，解决了具体的技术问题，能够在架构设计时进行参考。方案中还会包含一些从用户案例中提取出来的最佳实践经验，是使用产品、解决特定问题的技巧。从云服务商的官网上能够看到很多行业解决方案，这些方案仅仅展示了一些行业的核心痛点，提出了基于自家云平台的产品或第三方合作伙伴的方案，不过这些还不够，真正的用户在自己的行业中摸索了很多年，还需要用户深度挖掘行业场景中的痛点来提供解决方案，除了底层的云计算解决方案，还要包含应用级别的方案，即便选用的是第三方合作伙伴的产品。在这个角度上看，云服务商做了越来越多的“集成商”的角色。

云服务商将一些典型的、有良好交互体验的解决方案和案例整合到了“可体验的解决方案”中，可以通过更直观的方式了解云计算在各个行业中的应用及架构设计参考的可复用的“最佳实践”。

1.1.5 服务体系

云服务商应面向用户提供售前咨询服务，帮助用户在云端部署之前梳理架构、分析需求、评估上云使用量等。相对来说，用户可使用的咨询服务与云上消费（或预期消费）金额相关，消费金额越多的用户的业务体量越大，享受到的服务会更多；对于业务体量小的用户，则应优先选用官方文档和自主工具来梳理和设计。站在云服务商的角度来说，难以通过人工的方式覆盖所有用户的定制化需求，只有转变为提供标准的产品、服务、文档、工具来解决大部分自动化工具可解决的问题，剩下的必须要人工介入的工作再由人工处理。云服务商的前期咨询一般不会收费，对于专业做云服务商的咨询服务则会收费。

售后服务包括多种形式，常见的故障问题处理交互方式是工单，云服务商必须提供体验足够好的自动化工具或足量的人工来支持，才能及时解决海量用户的工单问题。先入为主的观念会认为“工单”方式的效率较低，用户与客服持续沟通的轮次多、时间长，所以也有云服务商通过微信群、QQ 群、钉钉群的方式来解答客户问题。云服务商在处理客户日常技术问题、进行故障排查时是免费服务的，对于额外的数据库性能优化、架构评估重构等服务则进行单独收费。也有部分云服务商需要用户购买不同等级的技术支持服务，越贵的套餐提供的服务越及时，背后进行支持的工程师的资历越深。

各个云服务商积极打造自己的培训认证中心，基本提供初、中、高三个级别的认证服务，也有云服务商针对一些专项产品、行业、方案提供专项认证，提供以认证为核心的系统方案，对应认证体系再提供不同的培训课程，用户可借助于云服务商的培训课程、认证考试进行系统性的学习，更重要的是实践，因此在认证考试中也会增加对动手实验操作的考核。

1.2　云计算带来的思维变化

1.2.1　面向服务而非资源

在云端构建业务需要创建云主机、EIP、云数据库、云存储等产品，因此人们很容易认为云计算中最重要的是这些产品资源，对于用户和开发者来说，最重要的是自己的业务能够稳定地运行，并非产品资源。在云端构建业务，架构设计的目标要围绕着业务提供的服务。用户需要改变思维，从面向资源改为面向服务，并非 SaaS 才是服务，Infrastructure 和 Platform 同样是服务，“服务”一词界定了用户与云平台（或其他厂商）的职责界限，云平台提供服务，也需要保证服务的可用性、可靠性、安全性，从用户视角，直接将“服务”作为组件进行调用，用户关注的是基于云平台的“服务”构建业务。

提示

用户最终需要的是计算能力，而非资源。

传统 IT 架构和云平台还有一些差别，并不完全对应。在传统 IT 架构中选用的的确是物理资源，包括物理服务器、网络、存储设备、硬件安全设备等，在云端需要的是服务，常用的有 IaaS、PaaS。在使用云计算资源时需要面向服务进行部署和架构设计。

另外，按照责任共担模型，底层资源故障属于云服务商的责任，因此用户无须去修复底层资源，可以采用弹性伸缩或负载均衡机制创建新的云主机来提供服务，只要保证上层业务正常运行即可。

设计原则：基于墨菲定律进行高可用设计

云计算按照 SLA 来提供服务，持续性已经实现了高可用、高可靠，但是作为用户在进行架构设计时还要进一步考虑，基于墨菲定律进行设计，这也是在考虑架构设计的健壮性，也就是将非正常情况纳入架构设计范围。这本质上是服务责任的界限问题，云平台提供云产品和服务，就会按照标明的 SLA 来提供可用性和可靠性；用户业务构建在云产品和服务之上，架构设计时需假设所有底层接口、云产品和服务未达到 SLA 的情况，通过业务架构设计来屏蔽底层的不可用，并实现业务的高可用。

1.2.2 快速部署

用户使用云平台仅需注册账号，进行个人或企业身份认证，并且完成费用充值（国内云服务商一般采用预付费方式，需提前进行充值；国外云服务商一般采用后付费方式，即先使用资源再划扣费用），即可在云平台中快速部署业务，最快几分钟即可注册完成，启动部署流程。适合新业务的快速部署、搭建 POC 环境等。

云平台资源和服务按需计费，如果不再使用创建的资源，可以及时删除，因此云平台的业务运行与开发成本低、试错成本低。对于同一类应用进行开发部署时，可按照不同参数、环境配置等进行多版本并行部署、测试、验证，对于验证结果符合预期版本的环境，借用云平台的弹性及快速扩展可以创建更多资源支撑业务运行；对于验证结果不符合预期版本的环境，则可保留测试结果后删除资源。

1.2.3 弹性及快速扩展

对于用户来说，云平台资源是“无限”的，用户可以快速扩展资源来应对快速增加的业务流量。对于大多数业务，用户无须使用非常高配置的云主机，可通过快速横向扩展来提升整体业务性能。对象存储文件的数量和容量也是“无限”的，用户只需负责上传和管理文件，云平台就会自动提供容量来存储。

在传统 IT 架构下构建资源运行业务，底层资源很难适应上层业务的变化，如电商行业的双 11 等流量高峰、游戏行业的玩家快速增加等。通过招投标、采购流程扩展 IT 资源难以跟上瞬息万变的业务层变动。

云平台提供分时共享功能来支撑不同场景的用户业务流量高峰。当业务流量增大需要更多底层资源时，可通过程序自动扩展或手动操作来扩展创建更多资源，当业务流量减小时，也可适应资源。所有这些操作均可以通过控制台完成或通过 API 自动处理。

当最终用户遍布全球各地时，就需要将业务快速复制到全球各地，得益于云服务商已经搭建好的地域，用户无须倒时差、切换语言交流即可在全世界挑选 IDC。当用户业务扩展到东南亚、欧洲时，可选择就近地域部署业务，当业务重心转移到北美洲时，可重新启动云主机部署应用，若在其他地域，逐步释放资源即可，创建或释放由用户自主决定。

1.2.4　便捷地满足安全与合规性要求

云平台在全球范围提供多个地域，每个地域的数据中心会达到 Tier 3 或 Tier 3 以上的级别，对于需要建设备份容灾中心的用户来说，直接选用云平台会节省大量的时间、人力、初期成本，并且能满足同城双活、异地备份等合规要求，极大地降低自建和租用 IDC 来实现备份容灾的难度。

为了保证业务的安全性，用户需要自行维护多种安全产品，而通过云平台完善的自有产品、第三方合作产品能够在一个平台中构建完善的安全防护方案，满足合规要求。

1.2.5　用户自主管理

云平台提供多种方式方便用户自主管理，包括 API、SDK、CLI、控制台、可视化工具。

- API：RESTful API 方式，支持用户自主调用。
- SDK：通过 API 封装出来的适用于不同开发语言的软件开发包，一般包括 Python、PHP、Java、Node JS 等语言版本。
- CLI：命令行方式，如 ucloud uhost list。
- 控制台：Web 界面化 Console，很多云服务商提供移动端 App。
- 可视化工具：对象存储等工具提供单独的可视化工具来进行上传、下载等操作。

除了自主管理的访问工具，还有一些监控告警、巡检等工具来辅助用户管理资源、应用等。

- 监控告警：便于用户掌握云资源基础监控指标的情况（如 CPU 负载、网络流量）、业务运行状况，并通过告警接收通知或进行自动化响应处理。
- Advisor 智能巡检：掌握资源的使用与配置情况，并提供云资源扩缩容建议、云资源搭配使用建议。
- 支持第三方的插件、应用集成到云市场，以镜像、服务、私有化对接部署等方式提供给用户，以丰富云产品的能力。

1.2.6 按需计费

相对于传统的 IT 架构，使用云平台需要用户采购完整的服务器、数据库、存储集群、安全防护产品等，需要用户一次性支付大量的费用，即便租用 IDC，也需要一次性租用较长的时间。购买资源时还需要用户按照全年或季度的峰值来购买。对于云平台中的资源按需计费，使用多少服务，就支付多少费用。例如，云主机、EIP、云硬盘等支持按小时、月、年等维度来购买资源。通过 Serverless 的方式，将计费单元做得更加细致，紧密贴合业务流量的变化和使用服务的多少。用户还能随时选择退费（一些有特殊限制的服务除外，如约定最少购买时长的产品或服务）。云计算中的资源和服务的计费方式是完全透明的，用户可通过 Web 控制台、API、SDK 等方式来查询所有详细的资源账单和成本划扣记录。

有人说云平台为用户带来的是低成本的好处，要客观看待这个观点。在用户业务规模不大时，购买服务器或租用 IDC 的一次性付费要远高于云服务的按需计费，即使将资源费用折旧并平摊对比，也是云服务更便宜。当用户业务规模很大、完全自建数据中心、自研虚拟化平台、自行维护整个系统时，购买服务器或租用 IDC 的支出费用可能比云服务少，但额外增加了很多用户核心业务之外的研发管理的人力成本和时间成本。

提示

“9.3 成本——成本优化”提供成本优化的最佳实践，提供管理费用的服务，并为用户节省不必要的费用支出。

1.3 架构设计流程

分析新零售、游戏、在线教育、传统企业等各行业的解决方案，在整个解决方案中囊括了解决行业业务需求、技术需求的方案，而我们要探究的是技术方案中可复用的设计模式，需要将技术方案和业务方案分离开。如图 1-4 所示，横向代表业务场景，纵向包括了基础的技术属性、行业属性，业务方案无法脱离底层技术架构的支持。

我们只关注底层的技术方案，先看下剥离业务场景之后的各个技术需求，新零售业务中会有流量波峰波谷，业务高峰期需要快速扩容云主机、网络带宽、中间件的能力，业务低谷期需要释放资源来节省成本；在新零售业务中，数据是核心要素，需要完善的本地备份方案、异地备份方案、数据恢复方案等；需要保证业务持续性，避免因为业务中断造成经济损失和企业名誉损失。对于游戏行业来说，也有流量波峰波谷、数据恢复、高可用等方面的要求，游戏行业还要求在出海服务时能够有效防止 DDoS 攻击；在线教育的场景也是类似，传统企业的业务流量的变化不如新零售、游戏、在线教育明显，但是数据备份和业务持续是必不可少的。

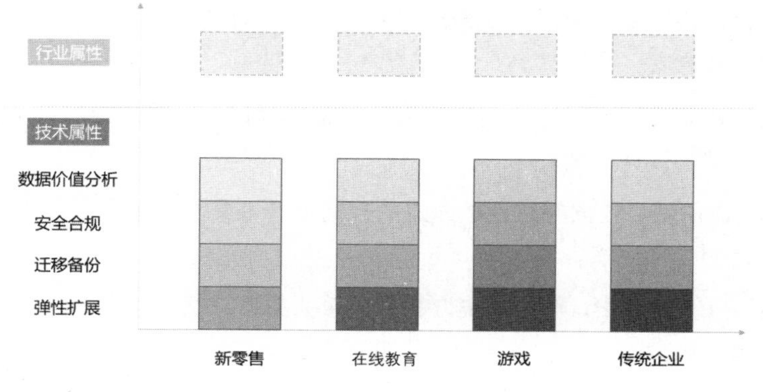

图 1-4　业务方案与技术方案

汇总以上介绍的行业、业务方案、技术方案，如图 1-5 所示，连线代表适用。可以看出，剥离行业属性之后的需求非常类似，并且重合度高，所以我们总结出基于云平台进行架构设计时可以复用的模块，称为设计模式，将在第 2 章进行详细介绍。有了完善的设计模式，就能够快速构建技术方案，再加上业务方案汇总成完整的行业解决方案。

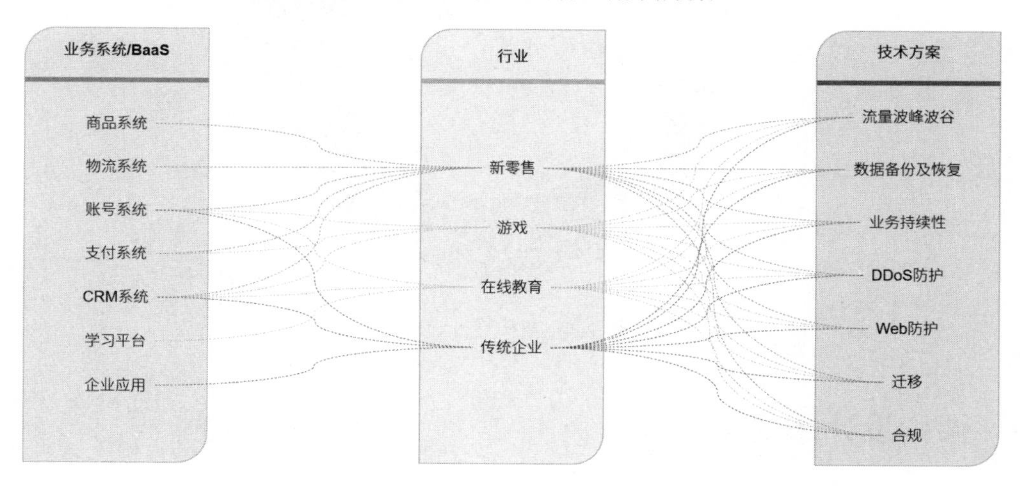

图 1-5　千变万化的业务系统和可复用的技术方案

完整的技术架构设计也是有步骤可循的，先是收集需求分析，根据需求分析进行架构设计，再进行评估改进及交付实施，然后持续运营，如图 1-6 所示。在架构设计的各个阶段中，每个阶段均导入前一个阶段的结果，经过当前阶段处理后输出设计方案或搭建环境，渐进式地推进完整解决方案的设计。

（1）需求分析阶段由用户输入需求痛点，经过分析后输出需求分析表。

（2）在架构设计阶段中，根据需求分析表来匹配合适的设计模式（参考第 4 章至第 9 章），形成完整的架构设计方案。

（3）在评估改进阶段，对已完成的架构设计方案进行评估，输出经过评估和参考良好架构设计原则改进过的架构设计方案。

（4）在交付实施阶段，根据经过评估改进的架构设计方案在云平台中搭建环境、部署业务，提供符合架构设计的云端环境。

（5）在架构的持续运营中，输入解决方案和当前业务运行状况，持续巡检、分析、评估（参见第 11 章），输出改进措施，进行重构改进，并周而复始地根据新需求提供方案。

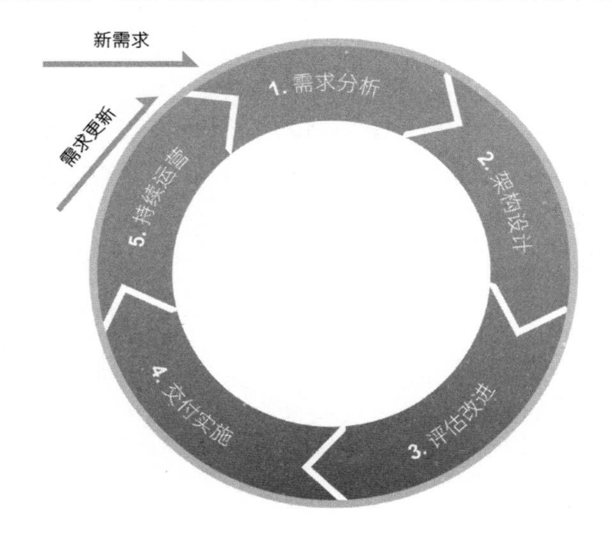

图 1-6　架构设计流程

1.4　架构设计原则

基于云计算进行架构设计，所有的技术解决方案都应遵循一定的原则，这也是架构设计中要追求的目标。图 1-7 所示为架构设计的 6 大原则，包括合理部署、业务持续、弹性扩展、性能效率、安全合规、持续运营。本书在第 4 章至第 9 章介绍的 41 种设计模式也是按照这 6 大原则进行分类的。

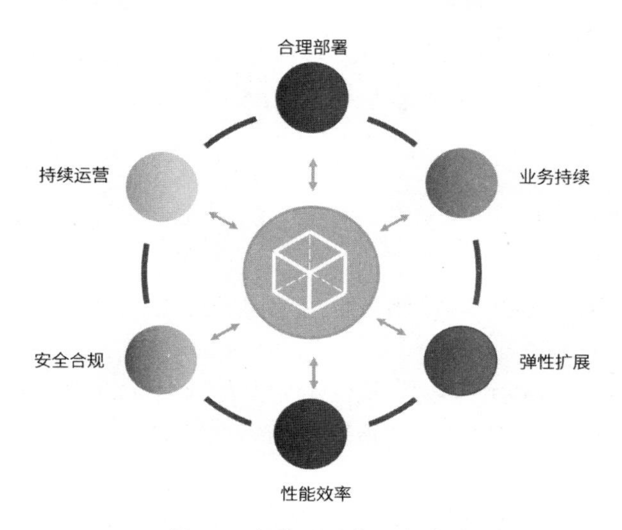

图 1-7　架构设计的 6 大原则

这 6 大原则代表了架构设计中需要考虑的不同角度，只有同时遵循这些原则才能设计出完善的架构方案，但在实际情况中，并不需要在所有架构设计中把所有设计模式都融入进去，构建繁杂的架构方案。后面会对这 6 大原则逐一展开介绍，从各个原则的子项中进行设计。

1.4.1　合理部署

业务系统在公有云上的部署包括使用虚拟机形式的云主机，还包括性能更强的物理云主机形式，托管服务包括托管应用、托管物理服务器。

基于 IT 历史资源状况、合规性要求等，很多企业还没有上云，针对这种情况，将云计算操作系统抽取出来打包为独立的软件和服务，在用户的私有化环境中进行部署。区别于公有云面向“任何”用户开放使用，私有化部署仅面向少数指定的用户使用。

混合架构能够对公有云和私有化部署的平台、传统的 VMware、OpenStack 虚拟化平台或物理服务器等资源进行统一管理和调度，混合架构既享受了不变更本地环境、满足合规要求的好处，又享受了云平台资源丰富、服务能力充足等优势。混合架构也是当前企业转型上云的一种中间状态，会长期存在。

在跨境电商、游戏出海等场景下会使用到全球范围内的多个地域，将业务和数据靠近用户来部署可以减少网络延迟、提升访问体验。因此，纳入了全球部署，来重点解决如何在全球范围内尽可能靠近用户部署的问题，也能实现数据同步存储和处理的方案。

不能相信任何一块硬盘、任何一台云主机、任何一个可用区、任何一个地域，也不能完全相信任何一个云服务商，进行业务部署时应选择多个公有云平台，提升业务持续性，弥补单个云服务商在资源和服务上的短板，屏蔽云服务商的一些技术锁定和商业绑定。

1.4.2 业务持续

业务持续性主要是指高可用、高可靠、灾难恢复三方面，在设计模式中也是按照这个逻辑展开的。

- 高可用（High Availability），是指当业务运行的资源出现故障时，通过冗余等设计来避免业务中断。
- 高可靠（Continuous Operations），是指业务运行的资源无故障，业务可持续提供服务。
- 灾难恢复（Disaster Recovery），是指当业务运行环境遭到破坏时，在不同环境中恢复应用和数据的能力。

在架构设计的每一层中都应实现冗余和业务持续性，没有冗余就意味着会出现单点，而单点一旦出现故障，就会造成局部服务终止。

- 存储产品：块存储通过三个副本实现冗余，当一个副本出现错误时，通过其他副本来校验和恢复数据；对象存储中通过纠删码来实现数据冗余校验，提供可恢复能力；对象存储提供跨区域复制功能，避免单个地域成为对象存储的单点。
- 备份方案：在云端通过跨可用区、跨地域的数据备份提升可靠性，避免只存储一份数据；在混合架构中将数据备份到云端，在本地环境数据损坏时，可通过云端备份文件进行恢复。
- 容灾方案：对业务系统实现容灾，避免当前业务环境成为单点，提升整体业务的可用性和抗风险能力。
- 高可用：通过跨可用区的负载均衡部署实现云主机和可用区的冗余；通过全局负载均衡实现跨地域、跨云平台的高可用。

1.4.3 弹性扩展

紧耦合的系统不容易扩展，在出现软件 Bug 和系统故障时难以排查问题，调用每个系统组件的压力各不相同，小问题逐级放大，容易造成整个业务中断。要保持系统弹性扩展，首先要进行系统组件的解耦，包含动态数据和静态数据解耦，解耦后的组件可实现功能单元化，各司其职。

解耦之后再对组件和服务进行扩展，即计算资源的纵向扩展、横向扩展和自动伸缩，包括数据库层的扩展，还有通过混合架构延展本地环境的计算、存储备份、安全防护、产品服务能力。对应用和数据的迁移也算作整个系统的扩展，从一个环境迁移到另外一个环境，系统应保持弹性扩展，在需要迁移时能够快速实施迁移。最后还要进行均衡，组件解耦、资源和服务扩展之后需要统一的接入入口，以屏蔽底层解耦与扩展带来的接口不统一等问题，将这些都纳入均衡和全局负载均衡中来介绍。

在各个层面实现解耦，通过消息队列来解耦组件之间的通信，并解耦事件；通过 Redis 等共享存储实现状态数据与计算资源的解耦；采用云主机部署业务应该面向服务而非资源，将资源与业务解耦；存储实现弹性可挂载和可卸载的云硬盘，采用可绑定和解绑定的 EIP；通过 DDoS 防护、WAF 防护等解耦安全防护与计算资源；使用原生的计算能力、存储能力将业务与云平台的特性解耦，实现业务在多个云平台中的可扩展。

组件解耦是实现可扩展的前提，可通过以下方式进行解耦。

- 保持无状态，将状态数据存储到 Redis 中。
- 放到负载均衡中，扩容、缩容不影响整体业务。
- 通过消息队列、API Gateway 解耦，生产者、消费者可扩展且互不影响。
- 实现业务的全局负载均衡，后端业务能够在混合架构、多云环境中进行扩展。

1.4.4 性能效率

非常多的解决方案和案例中都涉及高并发、流量激增带来的对性能的挑战，在性能效率中，主要目标是发现和提升应用的性能，提高资源和组件的效率。

首先是计算性能，通过采用高配置的云主机或物理云主机来提升单机性能，通过集群形式扩展整体服务性能。

其次是存储和缓存，通过 Redis 来缓存热点数据、存储临时状态数据，在内存中进行计算能够提升业务性能。在每一层使用缓存，通过 CDN 缓存静态文件，对没有命中的文件进行回源；通过 Redis 缓存数据库，加速数据库的访问；通过 Redis 缓存热点配置文件、热点数据，提前加载，减少访问时间。

再次是对网络性能的优化，在业务实现全球部署时选择最优数据中心，并且基于全球基础网络、CDN 及全球应用加速来提升网络性能，获得请求加速效果。

最后介绍应用性能监测和压力测试，从应用的角度上来评测当前的性能状况、发现问题瓶颈，并针对性地解决问题。

1.4.5 安全合规

安全合规一方面是为了满足业务安全防护的自身需求，另一方面是满足安全监管的合规要求，在具体实施时会将这两方面交叉在一起。

首先，从用户账号和权限管理切入，为合适的人员分配恰当的账号、角色，授予最低权限，对于通过 API 或 CLI 来访问的程序或人员分配恰当的公钥、私钥和权限，对于临时访问的对象存储文件 Token 等也进行严格管理。其次，还有在整个安全体系中的终端安全、数据安全、网络安全、应用安全，以及对日志、行为、数据库操作的审计。最后，还有等保 2.0 的要求、网站备案要求、满足 GDPR 等各地区对业务和数据隐私要求的制度等。

- 在账号体系中设置主账号、子账号，并对公钥、密钥进行管理；设置合适的角色，为账号、角色分配所需要的最低权限。
- 通过 ACL 控制网络访问；通过安全组限制云主机开放的端口等；通过子网和路由控制跨子网的通信。将数据库及只需要内部访问的云主机配置到内网 VPC 中，设置允许访问的 VPC，设置为不连通外网。
- 防止 DDoS、cc、SQL 注入、XSS 等攻击。
- 安全审计，保留访问日志、操作日志，逐步实现低频存储、归档存储等。

1.4.6 持续运营

云平台提供的资源与服务均有 SLA，云主机的 SLA 通常为 99.95%，用户构建的业务系统都是基于云资源和云服务的 SLA，在此之上构建可用性、可靠性更高的业务系统。对于自身业务系统，也需要制定 SLA 来表明服务可用性或其他指标，制定了用户业务的 SLA 后，就可以按照 SLA 阈值来设置高可用限流值，综合评估整体业务的服务可用性和数据可靠性，并指定故障应急措施。

在持续运营中会对云资源、云服务、事件及用户的应用进行监控，并设置告警，在达到告警条件时，通过电话、短信、邮件、钉钉、微信等方式通知相关人员，将告警交给回调函数，可实现自动化故障处理或相应的应急预案，减少人工介入。

应该在架构设计的每一层进行监控与告警，包括对云资源、事件、应用运行状况的全方位监控。对于用户自定义的需要监测的资源与服务，需要配置合理有效的告警策略来及时发现异常情况。通过 Advisor 实现云平台巡检，持续监测资源的变化，持续定期评估业务架构，及时发现业务架构是否还匹配业务需求。

此外，还需要具备自动化响应及处理功能，自动伸缩能够通过监控 CPU 等指标自动扩容或缩容云主机数量；通过定时器固定周期扩容或缩容云主机数量。实现事件驱动响应，由事件消息触发执行脚本、回调函数等操作，实现智能运维，根据事件和告警自动触发运维操作，编排运维脚本，通过智能运维的方式来减少人工运维。

及时发现消费及业务成本的变化，并对成本进行优化。设置账户余额告警值，避免快速消费，实现成本控制。评估资源使用时长，将按时计费的资源转变为按月、按年计费，优化资源的使用。通过 Advisor 中建议的成本优化释放没有使用的 EIP，根据 CPU 等指标来减少云主机数量或降低云主机配置，云主机处理对象存储时通过内网进行访问，减少外网访问的流量费用。通过多云部署实现成本优化，综合多个云平台的资源价格选择资源，选用较优的组合方案，通过其他云平台更低单价的竞价实例云主机来处理 OLAP 的业务。

2

第 2 章 实践项目：MumuLab

提供设计模式课程、视频、动手实验、作业的在线平台 MumuLab 是本书的配套学习网站，也是用于本书设计模式案例介绍的脚手架项目，如图 2-1 所示。MumuLab 中包含了本书所有的 41 种设计模式的内容，以及设计模式的配图、讲解视频、可重复操作的动手实验，并留有课后作业和测试来检验学习效果，动手实验与本书中每种设计模式的应用案例是相同的，除此之外，它还提供了一些需要动手操作的竞赛。本书中在第 11 章将介绍云端架构的评估与重构，在 MumuLab 中也能找到在线评估工具。所有这些功能，你只要注册并登录了账号，就可以直接使用，可以通过阅读、讨论、作业、测试、实验、竞赛等多种综合方式学习云架构设计模式。

MumuLab 会从以下几部分来展开介绍：

- 系统概述。
- 模块一：云设计模式 CDP 界面。
- 模块二：实验管理。
- 模块三：统计分析。
- 模块四：后端运维管理。

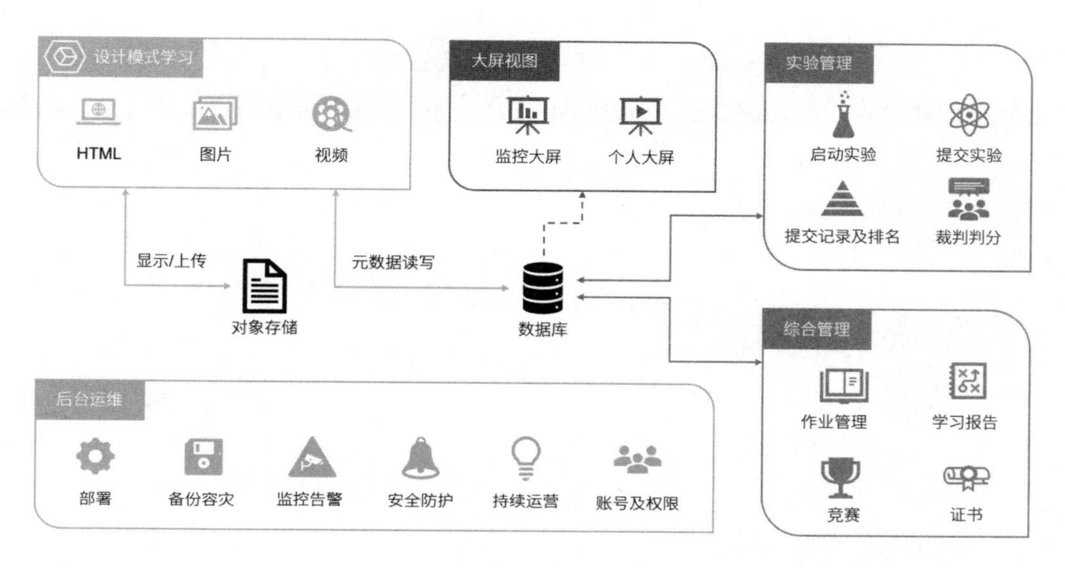

图 2-1　MumuLab 概览

2.1　系统概述

MumuLab 平台是典型的 Web 应用，部署在云端，需要考虑合理部署、业务持续、弹性扩展、性能效率、安全合规、持续运营，这与架构设计 6 大原则不谋而合。MumuLab 在进行架构设计时所经历的步骤也是架构设计的流程，因此我们将 MumuLab 作为本书配套的示例项目来使用。MumuLab 和本书保持一致，不限制于某个云平台，在应用程序设计上并没有做大量研发与设计，尽可能保证应用程序的简洁并能适用于任何一个主流云计算平台，因此你可以尝试在你熟悉的云平台中进行练习，或者通过开源代码自行部署一套 MumuLab 运行环境。

2.1.1　MumuLab 概述

选择 MumuLab 作为实践项目，如图 2-2 所示，因为 MumuLab 具备了大多数行业中典型的业务场景，包括在公有云上部署、实现业务高可用、对数据实现可靠存储及备份、实现安全管理、提升效率及性能、降低成本、持续运营，另外扩展到了本地私有化部署及与公有云组成混合架构、实现全球部署、实现将服务器托管到公有云、实现将业务及数据备份到公有云、迁移上云等场景。通过研究和实践本项目，即可把常见的场景操练一遍。借此项目把本书中的业务部署在云端，并逐步构建高可用、高可靠、安全、效率及成本最优的架构设计模式，并将其串联起来。

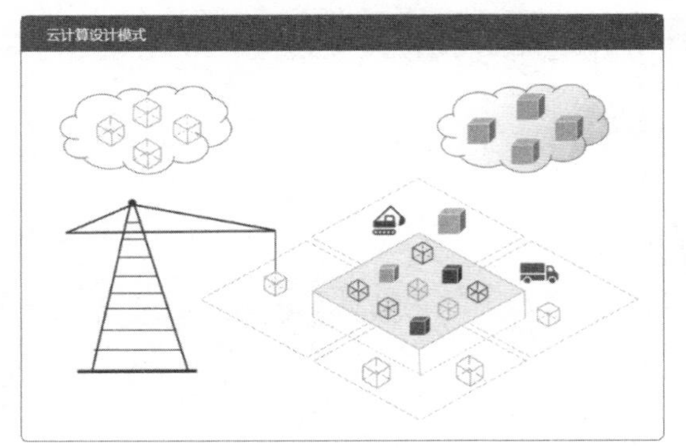

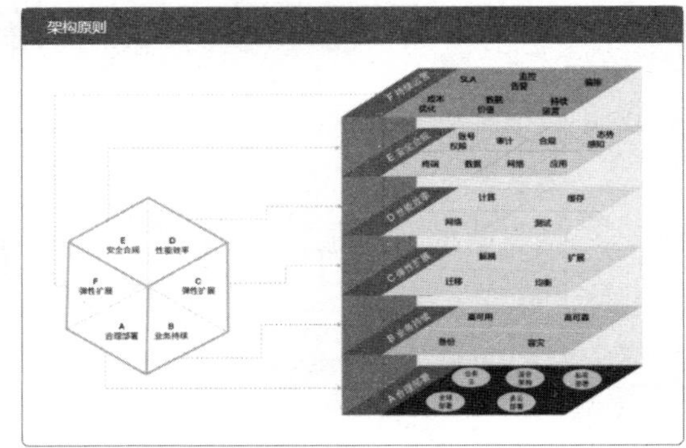

图 2-2　MumuLab 截图

2.1.2　代码结构及技术栈

在 MumuLab 中，前端负责界面显示，包括设计模式、实验模块、评估模块、Dashboard 展示等；后端负责逻辑处理和数据库读写操作，主要是从后端 SDK 对应的类中获取数据进行展示。除了用户视角，还增加了管理员管理的页面，包括系统及平台监控页面、动手实验评分页面、添加视频、添加实验、编辑实验等功能页面。

在业务部署上线时会尽可能围绕设计模式来构建部署，代码开发模块所采用的技术框架会尽可能降低复杂度，跨语言、跨平台的读者也能比较轻易地理解项目代码内容。MumuLab 平台技术栈如表 2-1 所示。

表 2-1　MumuLab 平台技术栈

模　块	使 用 技 术	作　用
前端	HTML+CSS +JQuery	前端展示
后端	PHP+Apache	应用程序运行环境实现组件解耦、日志存储
中间件	MQ、Elastic Search	实现组件解耦、日志存储
数据库	MySQL	存储关系型数据
静态文件	对象存储+CDN	存储所有静态文件并通过 CDN 进行分发
操作系统	CentOS 7.6	服务器操作系统

2.1.3　需求及架构设计目标

MumuLab 需要面对全球用户开放，要尽可能保证用户的体验性，系统层面要考虑合理部署、业务持续、弹性扩展、性能效率、安全合规及持续运营，即架构设计的 6 大原则。具体拆解来看需要满足以下设计需求。

- 合理部署：提供公有云部署，并且结合私有化部署场景，即对于需要私有化服务的用户能够实现系统私有化部署，私有化数据能够备份到云端，能够将更多业务流量弹性伸缩至云端，能够将私有化部署项目迁移至公有云平台。
- 业务持续：可用性，需要实现地域级别的高可用，即实现两地三中心部署；可靠性，数据要实现异地可靠备份，可靠性达到 99.9999%；可恢复性，实现异地备份和容灾。
- 弹性扩展：能够对系统组件和资源进行解耦，并实现资源数量根据访问压力自动伸缩。
- 性能效率：平时网站并发可达到一万人同时在线，进行实验竞赛等活动时会有十万人同时在线提交实验及浏览页面，使全球用户都能具有尽可能好的访问体验。
- 安全合规：实现管理员权限有效隔离，能够应对 DDoS 攻击、cc 攻击、SQL 注入等常见攻击，能够符合合规及数据隐私政策，满足内部审计要求。
- 持续运营：能够定期输出系统及业务自检报告，通过监控对业务及系统资源进行有效监控告警，且响应时间小于 90 秒，能够定期测试及演练。在数据价值方面，能够记录用户访问系统日志、业务日志等，并能够有效分析用户行为数据。

2.1.4　MumuLab 的三个版本

MumuLab 平台是典型的 Web 应用，非常适合采用公有云的部署方式，为了兼容本书中的私有化部署、混合架构等章节的练习，设定 MumuLab 支持简版、完整版、私有版进行部署。简版是仅选用单个地域部署，完整版是为了覆盖全球用户在全球多个地域中进行部署的版本，私有版是私有化部署，私有版也包括从私有环境向公有云的迁移和扩展，并达到混合架构。

- 简版：单地域部署。

简版仅选用单个地域部署，不考虑跨地域、高可用、备份的设计，减少了网络连通、数据同步的操作。业务部署在公有云平台上海地域中，在可用区 A 和可用区 B 均选择 2 台 2C4G 云主机，通过负载均衡面向互联网来提供服务，在负载均衡中绑定 5Mbps 带宽的 EIP，并将其设定为按照带宽计费，另外将关系型数据存储到 MySQL 数据库中，静态文件选用对象存储并搭配 CDN 进行加速。

- 完整版：多地域部署。

在公有云上进行部署时默认选择单地域的至少要有两个可用区，以实现单地域的高可用部署（部分模块需进行特殊部署，后面将单独介绍）。部署完成即可面向全球提供账号注册、页面浏览、页面提交等服务。全球用户访问同一个域名 www.mumuclouddesignpatterns.com 解析到云平台的 EIP 中，通过负载均衡将请求分配到两个可用区的云主机上。应用层云主机负责页面展示，逻辑层云主机负责处理实验提交、数据接口操作等，数据库层云主机采用云端 MySQL 服务。

- 私有版：私有化部署。

在私有化部署基础上连通公有云，构建混合架构。在业务负载超过超融合一体机柜的服务上限时需要进行扩容，简便的方式是将计算能力、存储能力、安全防护能力扩展到公有云平台。首先通过公网 VPN 连通本地超融合一体机柜和公有云，在公有云上按照三层架构部署，应用层和逻辑层需要保持无状态（Stateless），因此登录状态、其他共享数据应存储在 Redis 等共享组件中，数据库层公有云端作为 MySQL 从库与本地 MySQL 主库保持主从同步。前端通过“流量转发及全局负载均衡”模式将所有前端流量分发到本地超融合一体机柜和公有云端，存储用户登录状态的 Redis 并没有实现本地环境和公有云端的数据同步，因此进行流量分发时需要对用户开启“会话保持”，将同一个用户的请求分配到私有环境或公有云端固定的一侧。为了进一步减轻本地服务器的负载压力，可将数据统计、报告生成、资料上传转码等任务交给公有云进行异步处理。

2.2 模块一：云设计模式 CDP 界面

本模块涉及以下设计模式。

- 数据存储访问动静分离。
- 采用高可用的云数据库。
- 缓存数据库。
- CDN 缓存加速。
- 通过消息队列解耦组件。
- 非结构化数据可靠存储。

静态页面展示了本书中涉及的所有云架构设计模式，点击每种设计模式可以打开查看详情。在 MumuLab 中，很重要的一部分就是展示所有的设计模式，可任意选择线上模式或纸质书的模式。设计模式模块包括两类：列表页面和每种设计模式的详情页面，如图 2-3 所示。

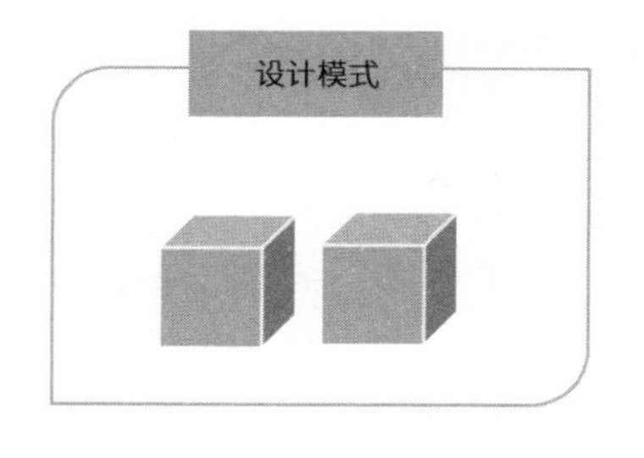

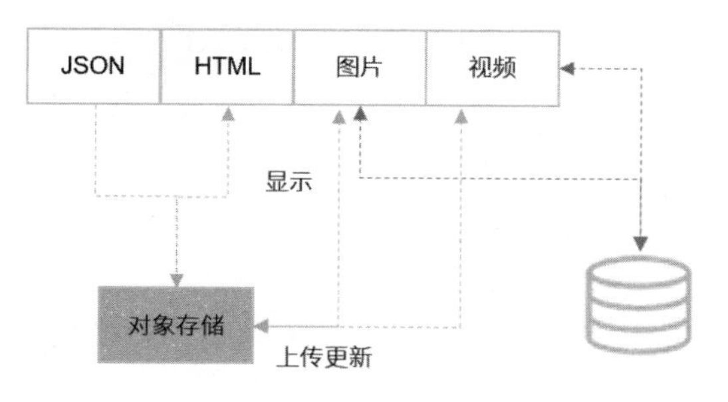

图 2-3　MumuLab 设计模式展示页面

除了简单的静态页面展示以及数据库操作的模块，MumuLab 还有评估模块，包括适用性评估、成熟度评估、健壮性评估。用户可以根据业务里程碑创建多次评估，每次评估时显示静态页面，用户评分并回答问题后提交页面数据到数据库，并展示评估结果和改进建议的静态页面，整体业务逻辑和设计模式模块相同。

2.2.1　页面显示

在设计模式详情页面可以根据设计模式的名称查找指定设计模式的详细信息，包括设计模式的名称、示意图、背景信息、解决的问题、解决方案、应用案例等内容，这些数据来源于数据库，其中的图片存储在对象存储中并经过 CDN 进行加速，显示详情页面时需要从对象存储中拼接文件链接。

设计模式页面中都是静态数据，通过 PHP 语言动态生成，除了页面内容被修改更新，其他情况都不会改变页面内容，因此也可以选择将动态生成的页面转换成静态页面并保存在对象存储中，当页面内容更新时会同步生成并更新到对象存储中，从而进一步降低系统对云主机的依赖，也将该页面的 SLA 提高到了对象存储的可用性 SLA 级别。

动静业务访问的分离在负载均衡中实现，即将所有用户访问流量接入统一对外访问接口，在云平台中经过安全防护服务后导入负载均衡中，通过 7 层内容均衡实现对访问动态页面和静态页面的分离。请参考“6.1　解耦——数据存储访问动静分离”。

2.2.2　增删改操作

每种设计模式都是单独的页面，管理员在添加设计模式时需要填写设计模式的名称、解决的问题、解决方案、使用时机、应用案例等字段，这些字段存储在数据库中，涉及的图片存储在对象存储“design-patterns-preview”Bucket 中，图片上传完成后会触发对象存储的事件，由自定义函数“mumu-image-watermark”对每张图片添加水印，添加水印后的图片存储在“design-patterns-images”Bucket 中。更新操作会涉及数据库更新和图片重新上传，删除数据库中的记录的同时会同步删除对象存储中的相关文件，查询时的操作见“详情页面”中的介绍。请参考“6.2 解耦——通过消息队列解耦组件”。

设计模式页面中还会嵌套一些讲解视频，这些视频也会存储在对象存储中，在页面生成时也是通过文件链接来拉取、渲染的。管理员能上传设计模式的视频。前端通过 Form 的形式来提交视频，并填写视频标题、描述、分类等信息，后端会将视频文件上传至对象存储，通过 Form 的形式提交的视频基础信息会被写入 MySQL 数据库中。除了这些基础功能，还会在视频文件上传至对象存储后触发响应事件，将事件写入消息队列中，然后对视频进行异步处理。

2.3 模块二：实验管理

本模块涉及以下设计模式。

- 通过消息队列解耦组件。
- 全球部署。
- 网络优化。
- 提升计算性能。
- 应用性能管理 APM。

MumuLab 中包含本书配套的实验，因此也可以通过 MumuLab 来阅读实验文档，实验列表及实验详情页面如图 2-4 所示。

- 实验列表：在这里能看到所有实验的列表。
- 实验详情页面：点击打开每个实验将看到实验说明信息、实验操作步骤，通过云平台控制台完成实验后根据实验步骤提示完成相应的截图和记录，并将实验截图和信息在页面左侧的 Form 表单中进行提交。
- 积分排名：统计所有提交过的实验积分累加值，目前对积分并没有设计过多的规则，如果需要可以自行修改代码来设置每个实验的比重积分，或者对一周之前的积分进行扣减等，用户对于自己部署的项目想怎么改就怎么改。
- 提交记录：显示当前及历史状态的提交记录，这是对数据库的倒序查询，并且仅显示最近 1000 条记录。
- 实验评分页面：用户完成实验后将实验截图及实验记录提交，需要管理员进行检查并评分，在此页面完成此项。

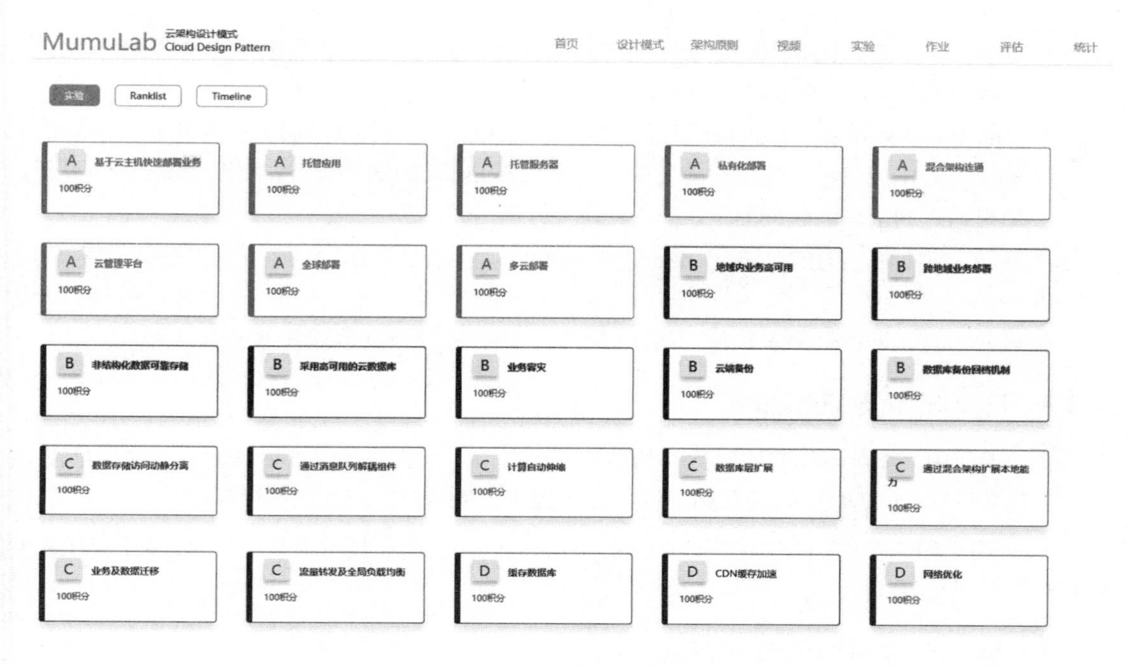

图 2-4　实验列表及实验详情页面

2.3.1　选择并启动实验

用户从实验列表中选择实验，从数据库中检索出相应 ID 的实验内容进行显示。用户点击启动实验后，会推送事件到消息队列中，多个消息订阅者收到消息后分别进行异步处理。

- 触发“generate_lab”按照对应的资源编排资源栈来生成所需要的云主机、云数据库、VPC、EIP 等云资源，并且云主机操作系统、内存、CPU、云硬盘大小均与资源编排中预先设置的相同，还需保证一定的挂载关系。每次执行以上动作都会自动配置具有相同逻辑关系的实验资源，确保给不同学员提供一致的实验环境。
- 触发 “”start_lab” 将用户 ID、启动的实验 ID、启动时间记录到数据库中。

2.3.2　实验判分

实验判分分为系统自动判分和裁判手动判分，系统自动判分根据用户提交的结果进行自动判断，或者将用户提交的内容作为命令或镜像进行处理，以此判断。此时，用户提交的实验结果会触发一条消息到消息队列中进行验证，并将结果写入数据库中。实验判分之后也会触发多个消息事件到消息队列中。

- 更新该用户的实验操作状态，从 “排队中” 变成 “Accept” 或 “Error” 等状态。

- 更新 Timeline，TOP 100 记录保存在 Redis 中，更多条记录查询按照翻页序号和每页显示数量从 MySQL 中拉取。
- 更新 Ranklist 排名，Ranklist 仅显示 TOP 20 的记录，存储在 Redis 中，更新 Ranklist 之前应先对比当前用户提交实验后的积分和Ranklist第20名的分数，如果未超过则不更新，如果超过则更新，代码如下。

```
ranklist_top_20: [{"id":"user_0001","score":2000},{"id":"user_0001","score":1980}...]
score_20: 1600
```

- 触发消息发送给订阅者，包括站内信通知、邮件通知及其他通知方式。

2.3.3 Ranklist 及 Timeline

实验模块中需要展示用户实时提交的实验记录日志，也就是 Timeline 页面，当数据量较小时可选择存储在 MySQL 中，当数据量较大时可选择在 ElasticSearch 中进行存储。

完成不同难度的实验可获得不同的积分，在 Ranklist 页面会显示当前用户的排名，从 Redis 中可获取最新数据。

2.3.4 面向全球用户的竞赛模块

竞赛模块是基于云平台的实验操作比赛平台，不定期举行一些竞赛。与全天 24 小时均可以做实验的模块不同，竞赛模块只在指定的几个小时内开放，如在 3 月 10 日 9:00—12:00 期间进行，因此会带来用户集中登录访问的问题，和电商平台的抢购、高考成绩查询业务类似，会带来业务峰值。竞赛面向全球范围的技术爱好者，因此要考虑尽可能分布式部署在全球用户相对集中的地方。因为用户群体定位于全球范围的技术爱好者，所以在选择业务部署地域（Region）时尽可能参照用户所在地区进行选择。

首先将全球用户按照注册地分散到不同的地域中进行登录和访问，如中国的用户均访问上海地域的登录服务器，东南亚的用户访问新加坡的登录服务器，偶尔有用户的位置信息不准确可能会造成跨地域访问，最多会造成几秒的延迟，对于登录功能仍在可接受范围内，因此可在 3 月 10 日比赛日 9:00 之前提前 10 分钟开放登录，从时间维度上分散登录压力。

用户登录后将状态存储在 Redis 中，访问 MumuLab 每个验证权限的页面时都会去 Reids 中获取当前用户是否登录、是否有该页面的访问权限等信息。为了减轻访问压力，将竞赛中的静态页面生成 HTML 页面并存储到对象存储中，用户通过 CDN 访问（未命中则回源至对象存储），竞赛中的赛题提交是核心业务逻辑，可通过压力测试获得该 API 的 SLA，并设置限流策略。竞赛赛题审核和判分可通过异步函数进行处理，和前端用户提交赛题进行解耦。

2.4　模块三：统计分析

本模块涉及以下设计模式。

- 缓存数据库。
- 通过消息队列解耦组件。
- 权限策略与访问控制。

管理后台通过调用后端数据 API 在前端展现，前后端通过 API 提交数据。管理后台模块如图 2-5 所示。

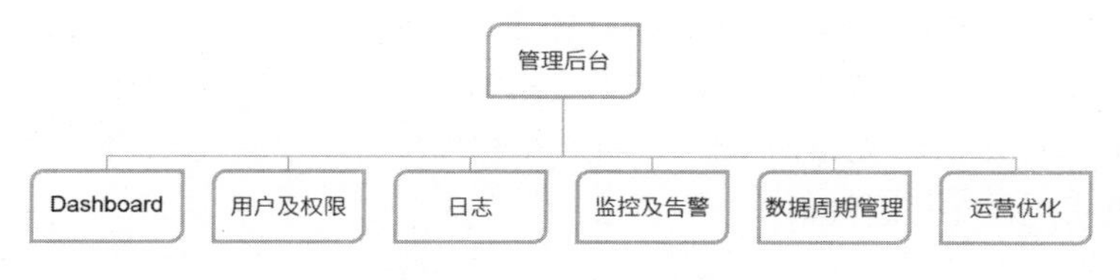

图 2-5　管理后台模块

2.4.1　数据分析报告及可视化

管理员可以监控和管理后台，如图 2-6 所示，系统监控信息包括用户数、设计模式浏览、实验数量、完成实验、实验完成率。

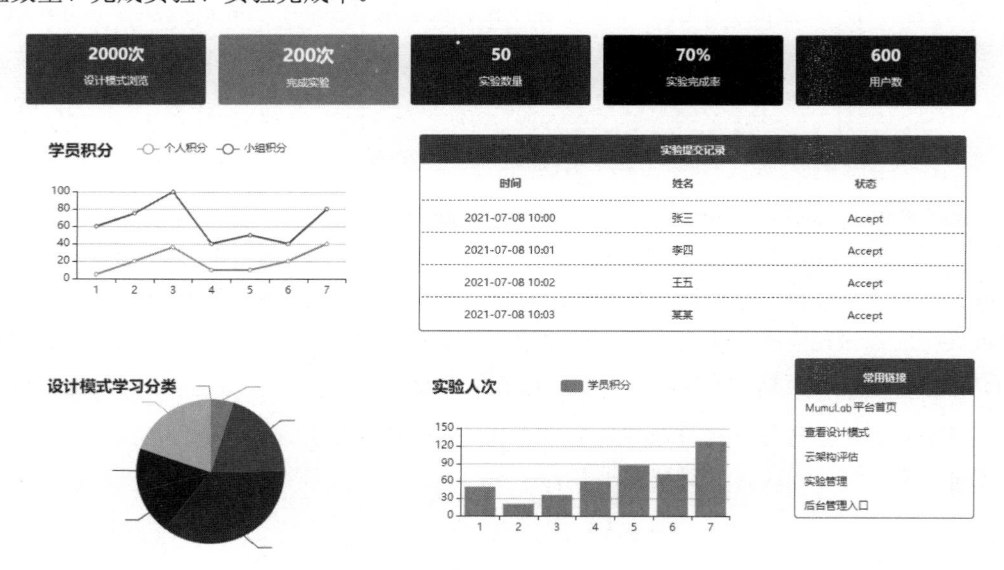

图 2-6　MumuLab 平台的 Dashboard 展示

系统中用到的每台云主机会安装 Logstash，并配置日志收集器（云端 Elasticsearch），前端通过 Kibana 和 Elasticsearch 开放 API 二次开发展示。在应用层面收集用户的操作日志，如学习记录等，也应存储在 Elasticsearch 中，分析用户维度的操作记录和行为趋势。所有的日志原始数据及分析结果均可通过 Dashboard 方式进行展示。

在 Dashboard 中展示平台资源信息，如使用的云平台、云主机等资源统计数据、资源状态数据，这里不方便嵌入页面就采用页面链接的方式进行点击跳转。对于访问热度高的统计数据，先将其拉取到 Redis 中，如将 TOP 10 的实验账号排名的 JSON 文件存储到 Redis 中，对其他非热点的数据可从 MySQL 中临时读取。

用户能够获取 HTML 和 PDF 版本的统计报告，可将其在线查看、发送到邮箱或下载。用户点击 HTML 时直接将后台统计数据展示，点击 PDF 版本的报告时会触发后端生成 PDF 的函数“generate_pdf_report”。在采用多云部署、混合架构部署时，可将生成报告的函数放在低成本、服务器压力小的可用区中进行计算。

2.4.2 用户及权限

MumuLab 中有实验操作、竞赛模块，会涉及用户注册、登录、退出功能。注册用户数据将会存放在 MySQL 数据库中，用户登录时通过输入的账号和密码在数据库中进行检索，登录状态需要保存在当前地域中各个云主机均可以访问到的 Redis 中，而不是存储在单台服务器的 SESSION 中。用户在点击“退出”平台时会将登录状态从 Redis 中删除，后续从 Redis 中获取的用户状态均为未登录状态。

从 Redis 中获取登录状态

```
$login_status = $Redis->get($user_id ."_login_status");
```

除了用户账号管理，涉及权限分配的还有系统管理员管理。从数据库中读取每个用户账号的权限并拉取到 Redis 中，方便在每次获取用户登录状态的同时获取该账号的权限设置信息，因为会频繁调取这些信息，所以非常适合将其放到 Redis 中。

管理员对云平台进行资源管理时会用到云平台的主账号、子账号、角色及权限分配。个人用户能够查看到登录日志，并对登录频率进行分析。

2.5　模块四：后端运维管理

本模块涉及以下设计模式。

- 业务容灾。
- 云端备份。
- 数据库备份回档机制。
- 云监控告警。
- 冷热数据分层存储。
- 成本优化。
- 持续运营。

2.5.1　数据备份及周期管理

MumuLab 会使用到 MySQL 数据库、云硬盘、对象存储等存储服务，建议结合公有云可用区设计，将数据实时或异步备份到同地域的其他可用区，实现数据跨可用区备份。

MumuLab 还支持在私有环境中跨云平台进行部署，在 MumuLab 管理界面中提供设置界面的服务，可选择是否开启"跨数据中心备份"，如开启则配置其他数据中心的对象存储的存储桶的名称、公钥、密钥，系统即可按照设置自动将数据异地备份到指定对象存储中，如表 2-2 所示。

表 2-2　MumuLab 数据备份及存储机制

数据类型	数据备份及存储方式	备份粒度	实现方式
云主机数据	跨可用区备份	秒级	通过脚本自动复制
	跨地域备份	分钟级	通过脚本定期复制
	镜像备份	1 小时	通过脚本生成镜像进行复制
数据库数据	跨可用区高可用	秒级	通过云数据库主从库自动同步机制
	跨地域备份	分钟级	通过 DTS 工具自动备份
	备份到对象存储	10 分钟	通过对象存储命令进行实时备份，或通过数据库命令定期导出备份文件到对象存储中
对象存储	跨地域同步	分钟级	通过对象存储中的跨地域同步特性同步到指定的地域中
	存储方式转变	—	缩略图数据生成后存储在标准存储中，7 天后转为低频存储，再过 7 天删除（如需使用，则临时生成缩略图后再存储到标准存储中）

2.5.2 监控及告警

监控中包括系统资源监控、业务运行状况监控、数据监控统计、资源消耗费用统计。系统资源监控包含当前部署使用了多少台云主机、云主机的 CPU 及内存等指标使用率、云硬盘使用率及读写 I/O、对象存储文件数、对象存储桶大小、对象存储文件请求次数、CDN 请求数量及命中率、网络带宽、安全攻击事件等。业务运行状况监控包括网站是否能正常访问、响应时间、用户在做实验时提交问题的接口是否有异常、统计报告发送是否异常等。将数据监控统计放在 Dashboard 中介绍，将资源消耗费用统计放在运营优化中介绍。

除了监控，还需要通过多种方式进行告警通知管理员，包括短信、邮件、语音、微信、钉钉通知等多种方式，接收告警信息的人员通过告警组进行设置，将资源监控异常及业务运行状况告警通知给系统运维人员的告警组 A，对于较大业务运行告警则需要升级通知给告警组 B，告警组 B 的人员组成包括告警组 A 的所有人员及平台负责人。系统告警还可以触发回调函数，回调函数可以是自行编写的脚本或 Function Service，如果是云主机宕机事件，则可以自动创建相同镜像的服务器并加入负载均衡中，因为只是先创建服务器支撑服务而没有删除存储故障的服务器，所以可以很好地保留故障现场环境。通过告警触发回调函数快速响应可以实现资源故障自动恢复，及时屏蔽对上层业务的影响，实现业务流程自动化，运维人员后续跟进排查故障原因，查看其他资源是否会发生同类型故障，学习如何避免同类型故障再次发生。

2.5.3 安全防护

MumuLab 中的设计模式静态页面通过对象存储和 CDN 进行访问，业务 SLA 较高，遭受 DDoS 攻击时由公有云 CDN 进行防护。实验页面存在数据库级别的增删改查，SLA 没有静态页面高，在遭遇 DDoS 攻击时会影响该时段的用户，相对来说，其整体广度小。在竞赛模块只针对特定时间段开放时，用户集中请求，此时遭遇 DDoS 攻击会造成整个竞赛级别的中断或延期。根据这三类业务进行分级防护。购买并采用 DDoS 清洗服务来应对 10Gbps 以内的攻击，这时管理员无须更换 IP。当遭遇超过 10Gbps 的 DDoS 攻击时，购买 DDoS 高防服务，通过新的高防 IP 来接入业务，屏蔽原有业务 IP，起到保护作用，参考“8.4 安全防护——网络安全”。

2.5.4 运营优化

日常提供服务时为了避免恶意攻击，需要通过高可用限流限制同时在线人数在 1000 以下，在实验竞赛时间段，平台的同时在线人数上升，需要横向扩展云主机资源，扩展数据库从库，可以通过缓存提升计算性能，通过压力测试和性能监测及时发现问题并响应。超过并发人数上限时将流量迁移至托管在对象存储中的静态页面，将实验提交、Timeline 查询等动态请求转到源站。设置费用告警，包括按小时、包年、包月计费的资源，以及按数据量和请求次数计费的资源，避免出现业务刚上线就耗费了大量成本的情况再次出现。

每天对资源运行情况进行巡检，通过每周的费用报告来掌握费用消耗是否符合预期，每季度对云架构的适用性、成熟度、健壮性进行评估，根据改进建议进行架构重构。MumuLab 的完整版涉及多个云平台，因此需要实现容灾、多云切换等定期演练。实现资源巡检、业务监控，以及团队和成员对技术、业务需求的定期同步更新。

第二篇

设计模式

3

第 3 章 可复用的设计模式

本书囊括的 41 种设计模式能够比较全面地覆盖各种需求，在后续章节中将对每种设计模式进行展开描述。新零售业务请求具有波峰波谷的特点，游戏业务又具有高并发的特性，对于金融行业又需要重点考虑业务持续性及安全合规，因此在进行架构设计前，我们需要分析行业属性及其所固有的需求，针对性地选择解决方案和设计模式进行匹配，形成完整、完善的解决方案。

分析不同行业的业务场景和案例解析、使用的设计模式，发现其需求千差万别，但架构设计始终围绕着 6 大原则，即合理部署、业务持续、弹性扩展、性能效率、安全合规、持续运营。我们将这 6 大原则纳入“设计模式模型”中，如图 3-1 所示。架构设计 6 大原则由众多解决方案提炼归纳而成，6 大原则分别针对具体问题可扩展为 41 种设计模式，是可复用的架构经验，设计原则与设计模式模型如图 3-1 所示。

本章内容如下。

- 什么是架构设计模式。
- 设计模式的逻辑关系。
- 最佳实践与坏味道。

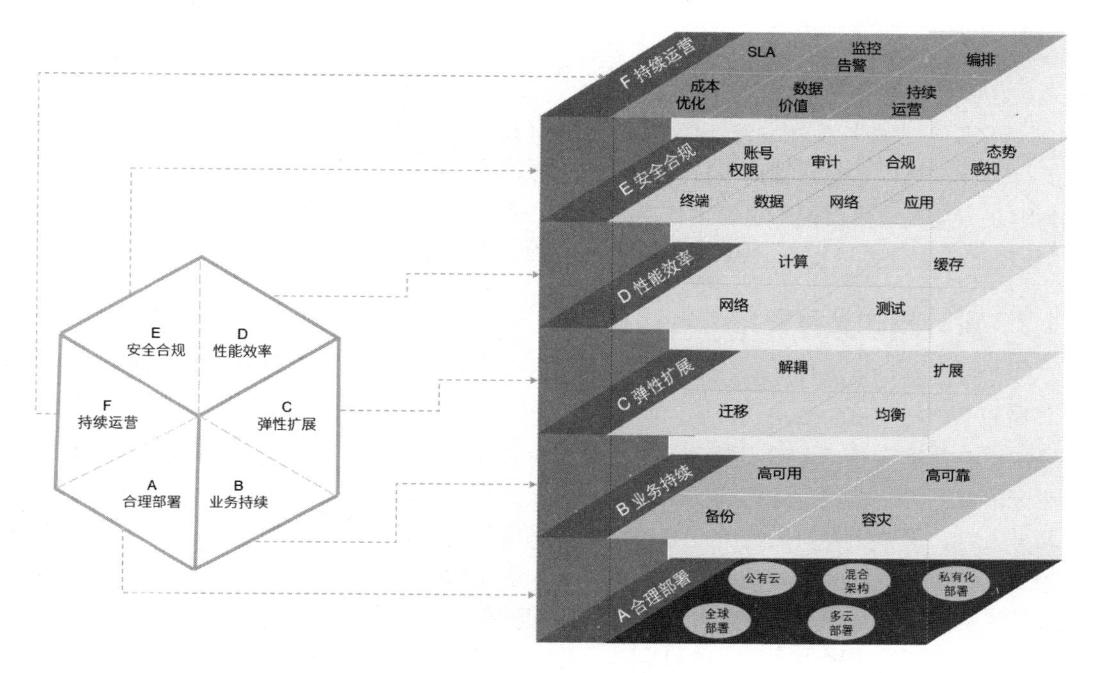

图 3-1　设计原则与设计模式模型

3.1　什么是架构设计模式

3.1.1　设计模式的来源

在软件开发中经常听到的“设计模式”一般是指 Erich Gamma 的《设计模式——可复用面向对象软件的基础》一书提出的 23 个软件设计模式，其中囊括了软件开发中重复使用的架构设计方法，无论是 PHP、Java、Python，还是 Go 等开发语言，都能参照这些设计模式。这 23 种设计模式同样包含使用意图、别名、动机、适用性、结构、参与者、协作、效果等，是对一类问题的归纳总结，并且可以在其他相同背景、相同问题的场景中进行复用。

追踪溯源，“设计模式”概念并不是 Erich Gamma 首创的，其最早来自美国建筑设计师 Christopher Alexander（克里斯托弗・亚历山大）的《建筑的永恒之道》，其中总结了建筑行业千百年来已经存在并被使用的架构经验和方法，这些建筑设计模式就像“行业指南”一样指导着每个入行的建筑设计师将这些架构经验和方法应用到每个建筑中。建筑行业的设计模式和软件行业的设计模式竟然有这些相同点。从此我们可以尝试对设计模式进行定义，设计模式由背景说明（上下文）、问题、解决方案组成，是用来提炼解决针对性问题的可重复使用的方案模块。

Christopher Alexander 提出了设计模式的概念，此概念高度抽象，其理念不仅适用于建筑行业，还适用于其他行业和场景。Erich Gamma 将设计模式引用到软件开发中，将软件开发中最重要的 23 条经验整理成软件开发设计模式。目前设计模式已经从建筑行业、软件开发架构发展到其他架构设计，拓展了游戏架构设计模式、敏捷管理设计模式等领域。设计模式的核心观点是从大量解决方案及应用案例中总结可复用的模块，并在实际工作中应用。除了设计模式，还有一种"反模式"，也就是违反良好设计模式的做法，在本书中我们统一称其为"坏味道"（Bad Smell）。

3.1.2 设计模式是可复用的经验模块

在整理云平台上的行业解决方案、技术解决方案时，需要把业务场景和痛点提取出来，在很多行业中都有相似的情况。例如，新零售行业需要考虑业务扩展、如何应对"双 11"等流量高峰、电商数据灾备、电商平台安全防护等，在游戏行业也需要考虑相同的问题，新游戏发布会带来流量高峰，游戏行业遇到的 DDoS 攻击尤为严重，游戏行业还要考虑大量玩家同时在线的高并发性、游戏出海时为海外玩家提供更流畅的体验等问题，在跨境电商领域也会遇到同样的问题。传统企业面临着本地数据异地备份至云端的挑战，新零售行业也遇到将本地数据中心的业务扩展至云端要应对额外的业务流量、离线分析日志、扩展本地数据中心的安全防护能力等问题。在大多数应用上，云解决的是同一类问题，因此我们着手抽取共性的技术场景、问题，并整理对应的解决方案，也就是本书中的架构设计模式。

我们从上到下，也就是从宏观行业应用剖析到了微观的解决方案组件，还可以从下到上，将解决方案设计模式组合，形成解决方案，来解决业务场景中的痛点。市面上还是缺少在云端如何部署业务的指导和步骤拆分解析。还需要考虑去除行业属性，对场景痛点和解决方案进行提取和抽象，形成云端架构设计模式。进入云计算的世界，并非只有云主机、存储、网络等产品，还要有结合业务需求的解决方案设计，通过提炼设计模式及架构设计 Checklist 帮助解决方案架构师来核对解决方案及架构是否合理。

我们已经熟悉设计模式是围绕架构设计的 6 大原则提炼而得出的经验，那我们来仔细看一下每种设计模式应该包含哪些属性，同时可以参照古代药方的例子，大夫通过"望闻问切"掌握患者病情，然后开具中药药方，如党参、当归各几钱。不同病情开具的药单也不同，但是每味草药是相同的。这就像极了云架构解决方案设计，解决方案架构师通过调研咨询掌握用户的业务需求与痛点，设计解决方案，解决方案相当于大夫的药单，但是设计方案中的最小方案逻辑模块就是设计模式，相当于每味草药。

设计模式应该具备以下特点。

- 设计模式应是可复用的，在多个项目中及不同的解决方案中能够复用。
- 每种设计模式都是解决一类特定问题的方案，跨越范围太广、方案过于细枝末节则不适合复用。

3.1.3　将可复用的经验总结为设计模式

其实不同行业的设计模式的应用方式不同，但设计逻辑是通用的，这是非常重要的。因此可以将统一领域的设计方法归纳总结，使其能够被重复使用，进一步组合成解决方案。

表 3-1 所示为设计模式的组成字段。

表 3-1　设计模式的组成字段

标　题	设计模式的标题
解决问题	该设计模式能够解决的业务需求和痛点
解决方案	该设计模式通过一些产品、技术、最佳实践提出的解决方式，这部分会在本书中逐一详解
使用时机	在何时使用此设计模式，该如何将其纳入整体的解决方案中
关联模式	相关联的设计模式

这里选取了比较典型的设计模式进行介绍。设计模式是从架构和案例中抽象出来的通用型的设计组件，只要是具有重复性的、可复用的架构设计最佳实践都可以纳入进来，共同描述多元化的行业场景和复杂的业务需求，并且可以在进行新的业务架构设计时选用。你也可以按照本书的设计模式的格式整理出自己的业务中可复用的设计模式。本书基于云计算业务架构及解决方案整理了一些通用的架构模式，便于在进行架构设计时有足够的参考，从而使架构更完善、更全面、适应各种变化。

结合自己的业务需求、业务痛点、应用案例提炼出可复用的设计模式并不是太难的事情，可是应用落地、协助实际工作却没那么容易。每种设计模式应尽量是解决一类问题的最小集合，更复杂的问题通过设计模式的组合来解决。通过设计模式构建新的解决方案也需要一个磨合的过程，进行定期复盘、团队沟通能够实现迭代式的改进。

3.2　设计模式的逻辑关系

3.2.1　按照架构原则分类

表 3-2 展示了本书涉及的 41 种设计模式（云架构设计模式列表见附录 A），按照架构设计的 6 大原则（合理部署、业务持续、弹性扩展、性能效率、安全合规、持续运营）进行分类，再细分每种设计模式所属的子类，如业务持续中的可用性、可靠性、可恢复性 3 个子类，根据子类对设计模式进行编号，并展示设计模式所在的章节。使用设计模式构建解决方案时会打破分类的界限，可根据需求针对性地匹配设计模式。

表 3-2 设计模式分类及编号

分类	编号	设计模式	章节
合理部署-公有云	A11	使用云主机快速部署业务	4.1
合理部署-公有云	A12	托管应用	4.2
合理部署-公有云	A13	托管服务器	4.3
合理部署-私有化部署	A21	私有化部署	4.4
合理部署-混合架构	A31	混合架构连通	4.5
合理部署-混合架构	A32	云管理平台	4.6
合理部署-全球部署	A41	全球部署	4.7
合理部署-多云部署	A51	多云部署	4.8
业务持续-可用性	B11	地域内业务高可用	5.1
业务持续-可用性	B12	跨地域业务部署	5.2
业务持续-可靠性	B21	非结构化数据可靠存储	5.3
业务持续-可靠性	B22	采用高可靠的云数据库	5.4
业务持续-可恢复性	B31	业务容灾	5.5
业务持续-可恢复性	B32	云端备份	5.6
业务持续-可恢复性	B33	数据库备份回档机制	5.7
弹性扩展-解耦	C11	数据存储访问动静分离	6.1
弹性扩展-解耦	C12	通过消息队列解耦组件	6.2
弹性扩展-扩展	C21	计算自动伸缩	6.3
弹性扩展-扩展	C22	数据库层扩展	6.4
弹性扩展-扩展	C23	通过混合架构扩展本地能力	6.5
弹性扩展-迁移	C31	业务及数据迁移	6.6
弹性扩展-均衡	C41	流量转发及全局负载均衡	6.7
性能效率-计算	D11	提升计算性能	7.1
性能效率-缓存	D21	缓存数据库	7.2
性能效率-缓存	D22	CDN 缓存加速	7.3
性能效率-网络	D31	网络优化	7.4
性能效率-网络	D32	选择最优部署地域	7.5
性能效率-性能测试	D41	应用性能管理 APM	7.6
安全合规-权限	E11	权限策略与访问控制	8.1
安全合规-安全防护	E21	终端安全	8.2
安全合规-安全防护	E22	数据安全	8.3
安全合规-安全防护	E23	网络安全	8.4
安全合规-安全防护	E24	应用安全	8.5
安全合规-审计合规	E31	审计	8.6

续表

分　类	编　号	设 计 模 式	章　节
安全合规-审计合规	E32	合规	8.7
持续运营-服务标准	F11	云服务等级协议 SLA	9.1
持续运营-监控告警	F21	云监控告警	9.2
持续运营-成本	F31	成本优化	9.3
持续运营-数据	F41	冷热数据分层存储	9.4
持续运营-数据	F42	数据开放及隐私计算	9.5
持续运营-运营	F51	持续运营	9.6

图 3-2 所示为设计模式图标，也是按照 6 大架构原则进行分类汇总的，为了便于区分，每一类设计模式的图标采用相同的颜色。云计算中也有资源编排、函数编排、运维编排，其中，资源编排通过 JSON 文件的方式描述云环境中的计算、网络、存储、中间件等各类资源的逻辑关系，便于快速复制当前环境。为设计模式进行编号、设计图标、构建解决方案也需要借鉴资源编排的逻辑，将整个架构方案通过设计模式编号或用图标的方式展示，在设计与重构时会更加便捷。

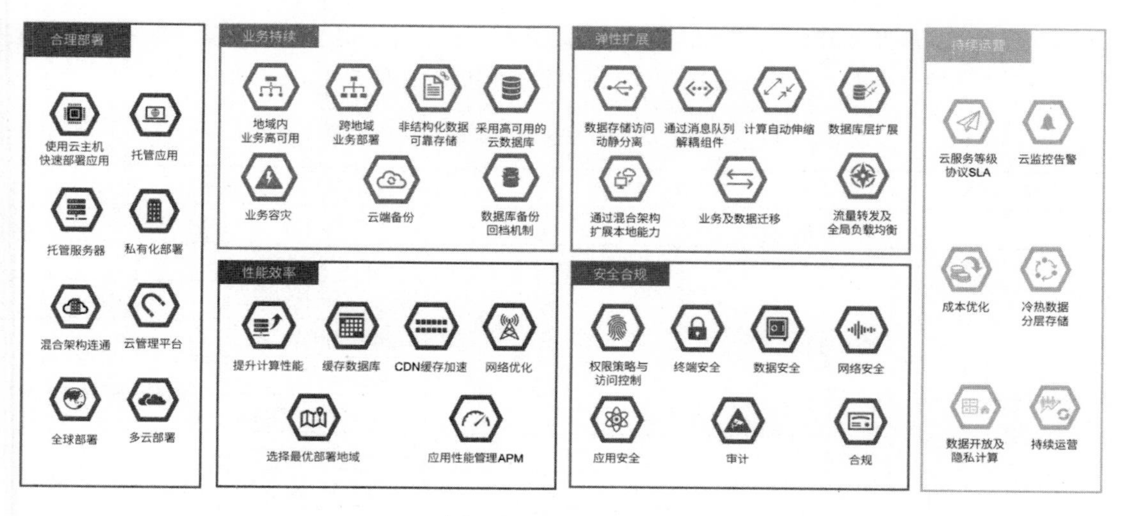

图 3-2　设计模式图标

3.2.2　按照部署场景分类

本书中第二篇对所有 6 类 41 种设计模式展开详细介绍，我们在进行架构设计时该如何选择？那么多设计模式我们该如何去推进学习呢？在这里按照业务部署的形态进行分类讨论。

- 首先，进行基于公有云从 0 到 1 的业务部署，我们需要选择云主机部署业务，实现可用区和地域级别的高可用，采用高可靠的非结构化数据及结构化数据存储，实现最基础的安全权限设置等。

- 其次，如果业务涉及全球部署，则会用到选择最优部署地域、网络加速、流量转发及全局负载均衡，也可能选择多家云服务商进行部署。
- 再次是私有化部署业务及通过混合架构进行扩展，这就会涉及私有化部署、混合架构连通、云平台管理、通过混合架构扩展本地能力、业务及数据迁移。
- 最后对应用架构进行扩展，包括采用 Redis、CDN 缓存加速进行性能的提升，通过应用性能管理 APM 和压力测试来掌握应用性能，通过网络、数据、主机、应用层、审计等多个维度加强安全防护能力及满足合规要求，对数据进行冷热分层存储，实现数据存储和调用的降本增效，通过持续运营来保证业务架构始终满足业务需求的发展。

3.2.2.1 在公有云上从 0 到 1 部署

在公有云上从 0 到 1 部署是指在公有云上部署新的业务，表 3-3 所示为在公有云上从 0 到 1 部署业务建议采用的设计模式，其中介绍了一个业务从最初部署到实现业务持续、提升性能效率、实现安全防护并对资源和事件进行监控的方案。对于很多适合采用公有云的业务来说，这是比较通用的部署发展路径。如果业务中需要涉及多个云平台、实现全球部署，那么在此方案的基础上再选用表 3-4 中的多地域部署的业务建议采用的设计模式中的方案。

表 3-3　在公有云上从 0 到 1 部署业务建议采用的设计模式

顺　序	部署及扩展阶段	设 计 模 式
1	最初部署	使用云主机快速部署业务
2	高可用及高可靠	地域内业务高可用
3		非结构化数据可靠存储
4		采用高可用的云数据库
5		云端备份
6		数据库备份回档机制
7	性能效率	数据存储访问动静分离
8	安全合规	权限策略与访问控制
9	持续运营	云监控告警

3.2.2.2 多地域部署

在公有云上实现业务的基础部署之后，在面向全球用户时需要将架构从多个方向进行扩展，会涉及采用多个云平台或在全球范围内多个地域进行部署，这时涉及的网络环境更加复杂，需要配套的解决方案，增加了选择最优部署地域、网络优化、流量转发及全局负载均衡等，如

表 3-4 所示。进行全球部署要注意加强网络层的安全防护，如防护海外 DDoS 攻击等，也应该掌握海外对业务和数据不同的合规要求，如在满足等保要求的同时也要满足 GDRP 要求。

表 3-4　多地域部署的业务建议采用的设计模式

顺　　序	部署及扩展阶段	设 计 模 式
1	合理部署	全球部署
2		多云部署
3	弹性扩展	流量转发及全局负载均衡
4	性能效率	网络优化
5		选择最优部署地域
6	安全合规	网络安全
7		合规

3.2.2.3　私有化部署

还有一些用户希望自己能够使用独立的计算平台，云服务商提供硬件加云计算操作系统给用户进行私有化部署。私有化部署能够实现用户独享平台，或自行分配给有限的用户来使用，满足业务发展的需求、行业监管制度及其他合规要求等。如表 3-5 所示，私有化部署一段时间后，可能会遇到扩展资源和服务能力方面的需求，连通公有云和私有化环境，将私有化环境中的部分业务迁移到公有云端，通过混合架构扩展本地的计算、存储备份、安全防护能力及更丰富的产品服务。私有化环境中可能有 VMware、OpenStack 等异构虚拟化平台，需要通过云管理平台进行统一纳管。当私有化环境和公有云连通后构建混合架构，则公有云上的合规等方案也可以拿来使用了，还有更多公有云扩展模式，如表 3-6 所示。

表 3-5　私有化部署建议采用的设计模式

顺　　序	部署及扩展阶段	设 计 模 式
1	合理部署	私有化部署
2		混合架构连通
3		云管理平台
4	弹性扩展	通过混合架构扩展本地能力
5		业务及数据迁移
6	安全合规	合规

3.2.2.4　架构扩展进阶

业务架构在公有云上进行了从 0 到 1 的部署，并且实现了基础的业务高可用、数据可靠性存储，以及基础的安全防护和监控运营能力，随着业务的发展，会带来更大的流量和安全风险，对业务持续性、数据可靠性、性能效率、安全、持续运营等能力的要求也会更高。对于私有化部署也是这样，除非仅采用私有化部署，不采用公有云，否则涉及公有云或混合架构时，快速变化的业务也会给架构设计带来新的需求。

架构进阶扩展建议采用的设计模式如表 3-6 所示。进阶类的架构设计需要重点考虑性能效率，采用动静分离提升数据库的读写效率，采用 CDN 加速文件请求，采用 Redis 来缓存热点数据或进行高性能的数据读写，通过网络优化及在全球范围内选择最优的数据中心来降低用户请求延迟，最后通过应用性能管理来测试和监测业务系统。

表 3-6　架构进阶扩展建议采用的设计模式

顺　　序	部署及扩展阶段	设 计 模 式
1	性能效率	缓存数据库
2		CDN 缓存加速
3		选择最优部署地域
4		应用性能管理 APM
5	安全合规	终端安全
6		数据安全
7		网络安全
8		应用安全
9		审计

此外，还有弹性扩展中的系统解耦，将系统组件解耦之后，才能更灵活地对底层资源进行自动伸缩，针对性地提升性能。在基础部署时考虑更多的是实现业务持续，在架构进一步发展后要更加注重终端安全、数据安全、网络安全、应用安全，实现日志审计、数据库审计，满足等保、GDRP 等合规要求。进阶架构设计还需要考虑对数据的合理存储、分析体现数据价值，通过巡检、定期评估、团队定期复盘等实现持续运营，保证架构满足业务需求的变化。

3.3　最佳实践与坏味道

在查阅了众多解决方案和案例后，发现经常会遇到设计不合理的地方，在数据备份、业务容灾、安全防护中经常有漏掉的设计，这些都是“不好”的架构设计。我们借用 Joshua Kerievsky（科瑞夫斯盖）《重构与模式》中对臃肿、没有良好设计的代码的定义“坏味道（Bad Smell）”来代指在架构设计中不合理、错误的使用方式，而与此对应的架构设计中合理、正确的使用方式则借用云服务商经常使用的“最佳实践（Best Practice）”来表示。我们要发现并避免架构中的“坏味道”，而采用“最佳实践”。

最佳实践

在各个层面上设计缓存、在各个层面上消除单点、在各个层面上考虑权限和安全、在各个层面上考虑备份、在各个层面上考虑弹性可扩展。

最佳实践与坏味道如表 3-7 所示，其中，设计模式最前面是本书的章节号和设计模式编号，后面是设计模式名称，如（5.1）B11 地域内业务高可用，5.1 为章节，B11 是设计模式编号。

表 3-7　最佳实践与坏味道

最佳实践	坏味道	架构设计原则	设计模式
实现冗余（高可用冗余、备份存储冗余）	缺少冗余、存在单点故障	业务持续	（5.1）B11 地域内业务高可用 （5.2）B12 跨地域业务部署 （5.3）B21 非结构化数据可靠存储 （5.4）B22 采用高可用的云数据库
实现解耦及可扩展	系统组件紧耦合，架构与资源难以实现扩展	弹性扩展	（6.1）C11 数据存储访问动静分离 （6.2）C12 通过消息队列解耦组件 （6.5）C23 通过混合架构扩展本地能力 （6.7）C41 流量转发及全局负载均衡
采用缓存	没有采用缓存	性能效率	（7.2）D21 缓存数据库 （7.3）D22 CDN 缓存加速
在每一层上实现网络与权限隔离、安全合规	缺少有效的网络隔离、安全合规	安全合规	（8.1）E11 权限策略与访问控制 （8.4）E23 网络安全
及时发现并自动响应变化	架构一成不变而不能适应变化，缺少对资源、应用的监控与告警，缺少自动化响应告警和运维，缺少对成本的及时监控与优化	持续运营	（6.3）C21 计算自动伸缩 （7.6）D41 应用性能管理 APM （9.2）F21 云监控告警 （9.3）F31 成本优化 （9.6）F51 持续运营

4

第 4 章 合理部署

对业务实现合理部署是所有架构设计的基础步骤，我们应随着云计算的发展和在不同行业场景中的落地应用，逐渐演变出适合不同需求的部署模式，主要包括公有云部署模式、私有化部署模式和其他异构模式。

云端部署架构设计模式全景图如图 4-1 所示。

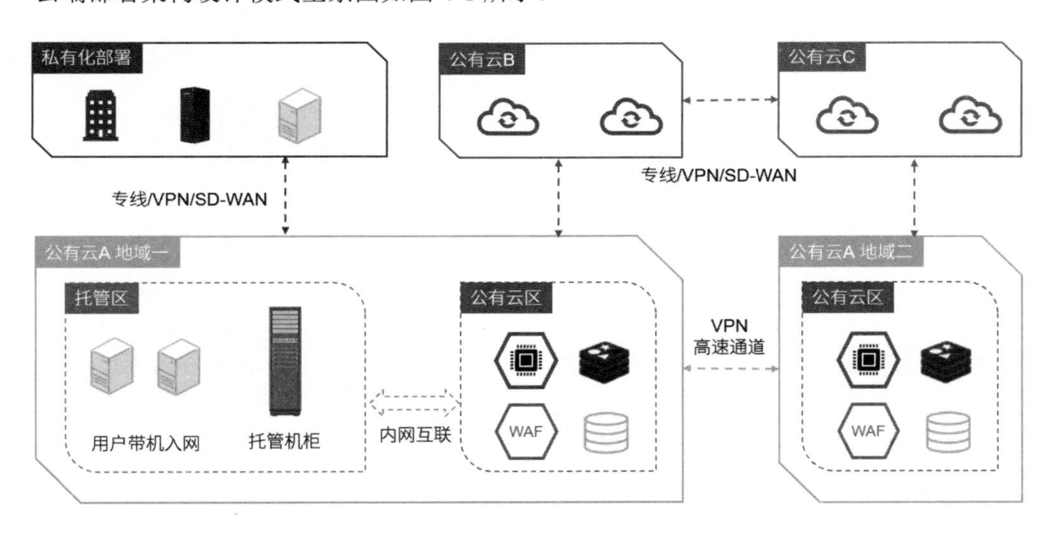

图 4-1　云端部署架构设计模式全景图

本章主要包括以下内容。

- 公有云——使用云主机快速部署业务。
- 公有云——托管应用。
- 公有云——托管服务器。
- 私有化——私有化部署。
- 混合架构——混合架构连通。
- 混合架构——云管理平台。
- 全球部署——全球部署。
- 多云部署——多云部署。

4.1　公有云——使用云主机快速部署业务

很多人认为在云平台租用的云主机和传统架构下的物理服务器或经过虚拟化后的虚拟服务器是相同的，也误认为它们的使用方式是一样的。其实不然，在云平台上采用的是云主机提供的计算能力，无须关注计算能力来自哪台云主机，遇到云主机在 SLA 之内的宕机或故障，用户无须修复云主机或排查云主机的故障原因，只需要更换为提供算力的其他云主机即可。

云主机采用虚拟机的形式运行，通过云计算操作系统将物理层的物理机、CPU、内存虚拟化为资源池，在此之上隔离出一个个虚拟机交付给用户，也就是云主机。云主机虽然是虚拟机，但是交付给用户使用时在操作方式、体验上和实体机并没有差别，虚拟机对云服务商来说实现了计算资源池化，屏蔽了底层不同配置和规格的物理机，对用户来说可以更容易获得一个计算单元，并且能够更细粒度地选择合适的配置，如 2 核 4GB、4 核 8GB、8 核 16GB 等 CPU 核数和内存自定义配置（在搭配关系上会有一定限制）的云主机。另外，我们真正关心的是计算任务，Web 系统通过云主机服务来进行计算，无须关注具体资源。

4.1.1　概要信息

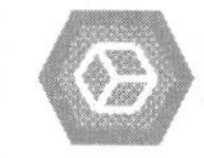

设计模式

使用云主机快速部署业务。

解决问题

- 需要采用高可用、高性能的云主机部署业务。

解决方案

- 使用云主机快速部署业务。

使用时机

- 业务部署时。

关联模式

- 4.2 公有云——托管应用。
- 5.1 可用性——地域内业务高可用。
- 5.2 可用性——跨地域业务部署。

4.1.2 公有云第一步——使用云主机

云主机是云计算提供的最基础、使用最频繁的产品，云主机实例配置如图 4-2 所示，创建云主机实例需要选择所在的地域、可用区。云主机配置包含镜像、内存、CPU、磁盘、网络增强、热升级等其他特性。需要绑定到云主机使用的产品与服务有云盘（数据盘）、EIP、安全组等。

图 4-2　云主机实例配置

创建云主机除了从镜像启动实例，还需要配置网络、绑定硬盘等，包括绑定 VPC、绑定安全组、挂载数据盘，这些会通过创建云主机的堆栈自动完成，还有一些需要手动操作或通过脚本来进行操作的，如绑定 EIP、创建监控组、添加到负载均衡中、创建弹性伸缩组。

云主机的操作系统支持 Linux 的 CentOS、Debian、Ubuntu 等，也支持 Window Server 系列。

用户只需为云主机付费，无须额外为 Windows Server 操作系统付费，云服务商已经将 License 费用打包到云主机费用中。云平台会对操作系统进行一些定制开发，云平台版本和开源/闭源版本略有差异，对绝大部分使用无影响。

镜像则是云服务中的重要功能，允许将操作系统、安装的软件、系统盘中的数据打包制作为镜像，支持通过镜像创建云主机。在进行系统迁移、跨可用区和跨地域部署、自动伸缩扩展时会使用到镜像，可将云主机的系统制作为镜像，在弹性扩展时直接基于镜像创建云主机，实现快速扩容，在迁移服务时可在目的端基于镜像创建云主机并启动服务，以达到迁移应用的目的。自动伸缩中的启动配置模板必须指定云主机镜像，达到触发条件时会根据该镜像的配置模板扩展资源或缩减资源。

用户自定义的镜像包含应用和数据，云主机启动和运行需要的部分网络环境、开机启动脚本等可在镜像之外通过 MetaData 进行配置，如图 4-3 所示。MetaData 是云主机实例的管理数据，支持在创建云主机实例时将一些启动命令写入 MetaData 中，云主机启动时执行预先设定的命令来完成整个准备工作，保证镜像中的服务能够正常启动并运行。

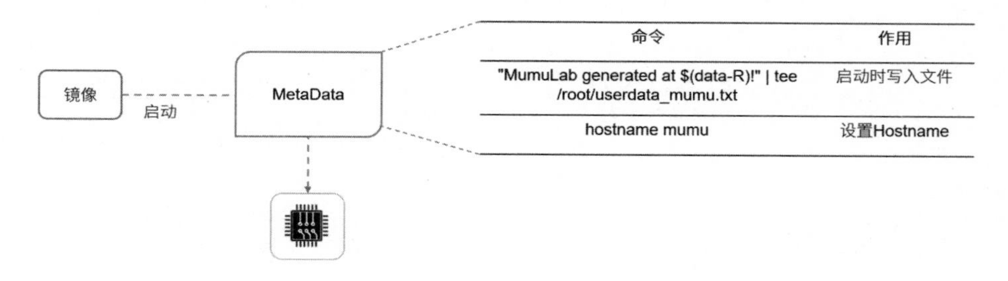

图 4-3　启动云主机时调用 MetaData

在实例启动时，可以执行开启镜像中的服务、传入外部参数、安装或更新软件依赖包等操作。

```
/etc/systemctl start httpd
chkconfig httpd on
```

在创建云主机的过程中会创建系统盘并安装镜像，必选系统盘并且会自动挂载完成。创建过程中会检测是否配置了数据盘，如有数据盘则先进行预挂载，预挂载并非 Linux 中的 mount，而是云平台中云主机和数据盘资源进行关联的操作。需要手动或通过脚本来格式化云硬盘，创建文件系统，再进行 mount 挂载操作。

CLI 命令

```
fdisk –l                    # 查看云主机的硬盘分区
mkfs.ext4 /dev/vdb          # 创建文件系统 ext4
mount /dev/vdb /mnt         # 将云硬盘 mount 挂载到/mnt 目录中
```

创建完成云主机实例之后，在控制台可查看到实例的资源 ID、可用区、内网 IP、机型、CPU 平台、镜像、CPU 等信息，如图 4-4 所示。另外还显示 CPU 使用率、磁盘读/写吞吐、磁盘读/写次数等监控信息，如需要对内存、系统盘、数据盘、进程、TCP 连接等数据进行收集和监控，则需要授权和安装 Agent，否则云服务商不会收集敏感的用户资源数据。

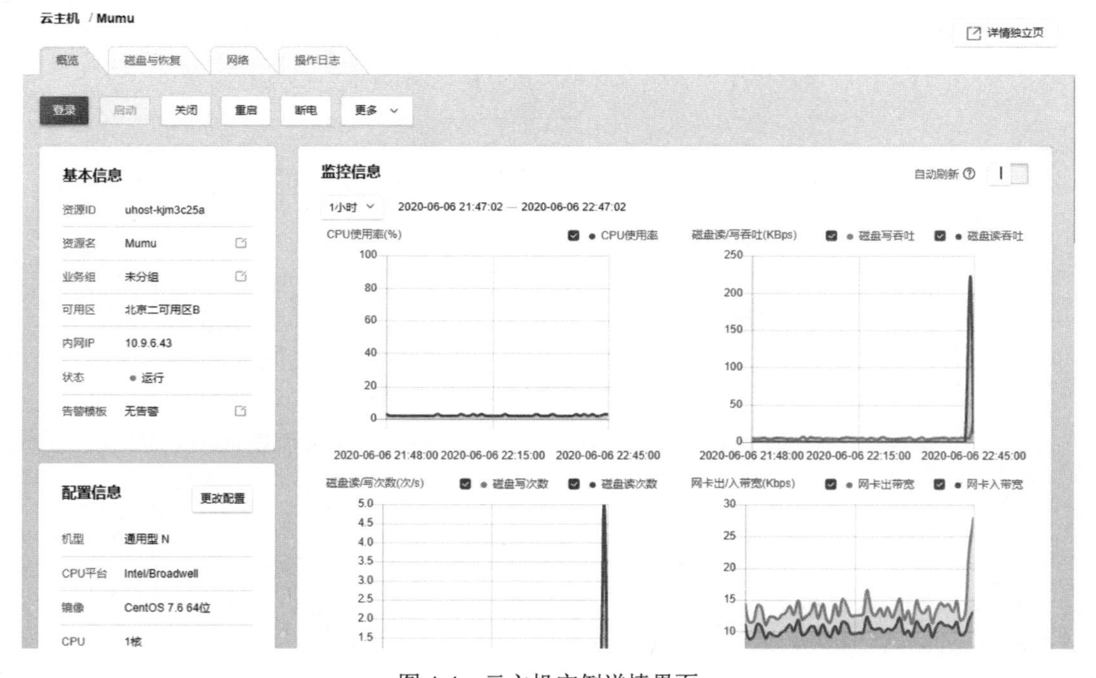

图 4-4　云主机实例详情界面

创建完成云主机实例后还需要绑定到 EIP 才能面向互联网用户访问，登录方式有如下几种。

- VNC 登录。
- Mstsc 远程桌面（Windows）。
- SSH 登录（Linux）。

- 通过 WinSCP 界面化工具访问文件系统。

Ubuntu 的登录账号为 ubuntu，其他 Linux 的登录账号为 root，Windows 的登录账号为 Administrator。不建议直接用明文账号和密码来登录，登录过程存在安全风险，明文账号和密码容易泄露，建议通过 pem key 的形式进行登录。

云平台为了保障云主机的安全，在创建云主机时会选择绑定安全组。安全组是用来过滤用户 TCP、UDP 等协议请求的，通过五元组的方式来界定一条访问规则，五元组包括源 IP 地址、源端口、目的 IP 地址、目的端口、协议，对该规则可以设定允许访问或拒绝访问的动作，还可设置优先级。同一个安全组中的多条访问规则首先按照优先级进行匹配，同一优先级的规则按照从上到下的顺序匹配，匹配到的规则会直接进行相应的允许访问或拒绝访问的动作，不会继续匹配其他规则。

创建云主机时，默认绑定的安全组拒绝了所有请求[①]，通过 SSH 远程访问需要打开 22 端口，提供 Web 服务一般开放 80（也可能是 8080 或 443）端口，如图 4-5 所示。

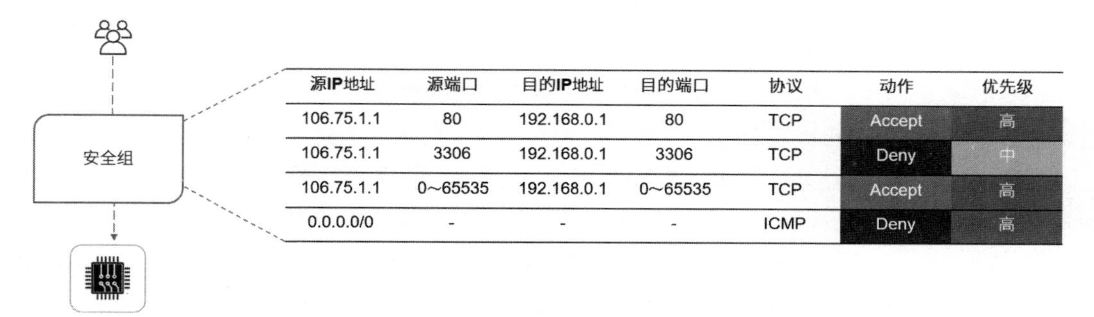

源IP地址	源端口	目的IP地址	目的端口	协议	动作	优先级
106.75.1.1	80	192.168.0.1	80	TCP	Accept	高
106.75.1.1	3306	192.168.0.1	3306	TCP	Deny	中
106.75.1.1	0~65535	192.168.0.1	0~65535	TCP	Accept	高
0.0.0.0/0	-	-	-	ICMP	Deny	高

图 4-5　多个安全组规则过滤访问云主机的请求

提示

除了以上在云主机创建流程内的步骤，跟云主机紧密结合的产品还有负载均衡、自动伸缩等。无论是单台云主机还是多台云主机，均建议挂载到负载均衡的后端节点中，EIP 绑定在负载均衡而不是云主机上，后续扩展资源时再创建云主机到负载均衡后端节点即可，不会影响现有业务运行。将云主机加入自动伸缩组，在云主机出现宕机等事故时会触发自动伸缩，按照最少云主机数量来启动模板并新建云主机，将云主机数量维持在设定的范围内。

① 部分云服务商会限制关闭所有端口，有些云服务商为了方便用户配置，默认开通了 22 和 3389 等端口。

4.1.3 云主机的生命周期

通过图 4-6 能够清晰地了解云主机的生命周期，通过原生镜像或自定义镜像来创建云主机实例，中间的状态包括未启动、启动、创建、释放，这些中间状态可通过操作进行相互转化，最后可通过删除操作来删除云主机实例。

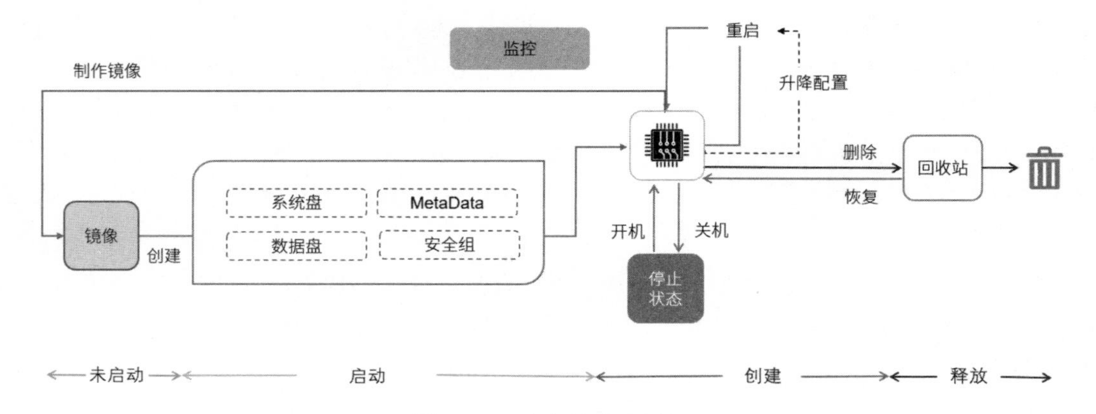

图 4-6 云主机的生命周期

根据高可用中“实现冗余、减少单点故障”的最佳实践，不建议将应用部署在单台云主机上，通过负载均衡可以进行自动状态监测，可以监测到服务器故障或端口无响应，对于自行监控到的服务器宕机，应该在保证业务正常的情况下及时释放故障资源，减少不必要的费用。

云主机的“停止”状态并不会停止云主机的计费，只有在“释放”状态下才会停止云主机的计费。如果需要临时暂停云主机计费，可以选择将云主机实例制作为镜像，然后删除该云主机，等需要提供服务时，只需要基于该镜像创建新的云主机即可。

有些情况在创建云主机时选择的配置较低，可通过“配置升级”来纵向扩展云主机的配置，如原来是 2 核 4GB 的云主机，可升级为 4 核 8GB 或其他配置的云主机。在升级过程中，大部分情况需要对云主机进行重启，云服务商在部分云主机机型中可通过“热升级”技术实现无须重启云主机即可完成配置的升级，热升级技术通过修改 CPU 内核启动程序来实现。升降配置会产生相应的费用，升级配置时需要补差价，降级配置时系统会自动核算并退费。

扩容还包括对云硬盘、系统盘和数据盘的扩容。对云硬盘的扩容需要进行一系列操作，包括格式化云硬盘、创建文件系统，单分区硬盘和多分区硬盘的处理方式也有所不同。在扩容云硬盘前建议先对数据进行备份。

对网络带宽进行扩容相对来说更加容易，网络带宽和云主机具有松耦合性，将 2Mbps 带宽升级到 5Mbps 或减少到 1Mbps，直接通过控制台界面、API 或 CLI 即可进行操作，实时生效。

对于可预见的流量高峰期还可以通过购买网络带宽包的方式在指定时间绑定到 EIP 上，如购买 10Mbps 有效时间为 2 小时的带宽包在周六 18:00—20:00 绑定到 EIP 上来提升 EIP 带宽。

最佳实践

优先选择横向扩展而不是纵向扩展，系统中已有的低配置资源可以通过创建符合预期的高配置资源进行轮换。

4.1.4　产品规格族及配置

云服务商按照不同内存、CPU 或一些定制特性等来区分不同型号或产品规格族的云主机。常见的分类包括通用型、计算增强型、网络增强型、存储增强型、内存密集型、大数据存储密集型、高主频型、GPU 型等，通用型云主机满足大部分场景，并作为性能参数的标准版本，其他不同产品规格族的云主机在网络、存储、内存、主频等方面进行了定制，适合在自建 Oracle、对战游戏等对性能或主频等指标有特殊要求的场景。GPU 型云主机可满足人工智能、基因分析等使用场景。

在 UCloud 云平台，云主机 UHost 产品规格族的分类包括通用型 G、快杰 S 型、快杰 PRO 型、快杰 MAX 型、快杰 Lite 型、快杰 O 型、高主频型、GPU 型等，在阿里云平台中，ECS 分为通用型、计算型、内存型、大数据型、本地 SSD 型、高主频型、GPU 计算型、FPGA 计算型等多种类型。大部分云服务商支持的云主机实例分类如图 4-7 所示。

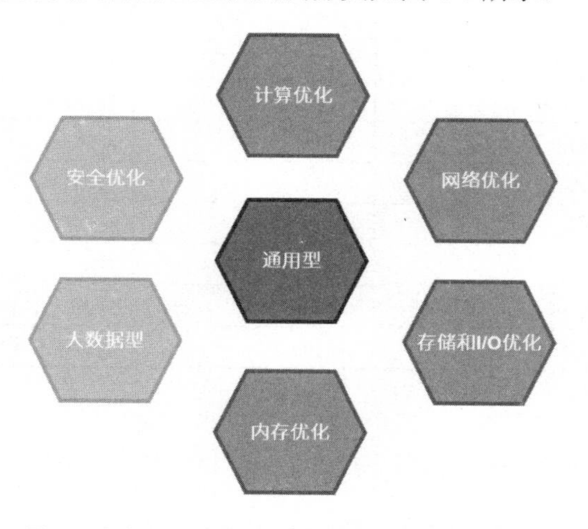

图 4-7　大部分云服务商支持的云主机实例分类

部分云服务商按照云主机的 CPU 和内存配置分类可分为 small、nano、micro、medium、large、xlarge 等类型。整理云主机产品规格族、类型代号、CPU、内存的关系，如表 4-1 所示，此外，还有共享型、异构计算（GPU/FPGA/NPU）、弹性裸金属服务器、超级计算集群等更多分类的参数，详见阿里云官方文档。

表 4-1　云主机实例配置分布表①

产品规格族	类 型 代 号	CPU	内　　存	说　　明
通用型 g6 通用网络增强型 g5ne	large	2vCPU	8GB	
	xlarge	4vCPU	16GB	
	*n*xlarge	4vCPU×*n*	16GB×*n*	2≤*n*≤26
计算型 c	large	2vCPU	4GB	
	xlarge	4vCPU	8GB	
	*n*xlarge	4vCPU×*n*	8GB×*n*	2≤*n*≤13②
内存型 r6	2xlarge	8vCPU	32GB	最小选择
	*n*xlarge	4vCPU×*n*	16GB×*n*	2≤*n*≤14
大数据增强型 d1ne	large	2vCPU	16GB	
	xlarge	4vCPU	32GB	
	*n*xlarge	4vCPU×*n*	32GB×*n*	2≤*n*≤14
本地 SSD 型 i2ne	xLarge	4vCPU	32GB	最小选择
	*n*xlarge	4vCPU×*n*	32GB×*n*	1≤*n*≤20
本地 SSD 型 i2	xLarge	4vCPU	32GB	最小选择
	*n*xlarge	4vCPU×*n*	32GB×*n*	1≤*n*≤16
本地 SSD 型 i2g	2xLarge	8vCPU	32GB	最小选择
	*n*xlarge	4vCPU×*n*	16GB×*n*	2≤*n*≤16
高主频通用型 hfg5	large	2vCPU	8GB	最小选择
	xlarge	4vCPU	16GB	
	*n*xlarge	4vCPU×*n*	16GB×*n*	1≤*n*≤14
高主频计算型 hfc5	large	2vCPU	4GB	最小选择
	xlarge	4vCPU	8GB	
	*n*xlarge	4vCPU×*n*	8GB×*n*	1≤*n*≤8

① 注：表格中 *n* 的取值并不是连续的，仅限定了最小值和最大值；数据参考截至 2021 年 3 月 13 日阿里云官网信息。

② *n* 作为倍数在这里略有不同，计算型 c 最大可达到 13xlarge，但内存最大为 192GB。另外阿里云采用 GiB 作为单位，在本书中结合各个云厂商的单位统一采用 GB。

4.1.5　专属云主机

如果既想拥有物理服务器的隔离性，还希望采用虚拟机的服务方式，则推荐使用专属云主机，采用独享物理机的虚拟机形式提供给用户独享的专属云主机，用户可以在物理资源池内灵活分配、管理各种规格的云主机。专属云主机和其他用户的云主机在资源层物理隔离，以满足合规与独享资源池的需求，如图 4-8 所示。对于用户独享的专属云主机资源，购买的最小单位是资源块。专属云主机和公有云其他的云主机在物理上隔离，不会与其他用户的云主机发生 I/O 竞争，但网络互通。

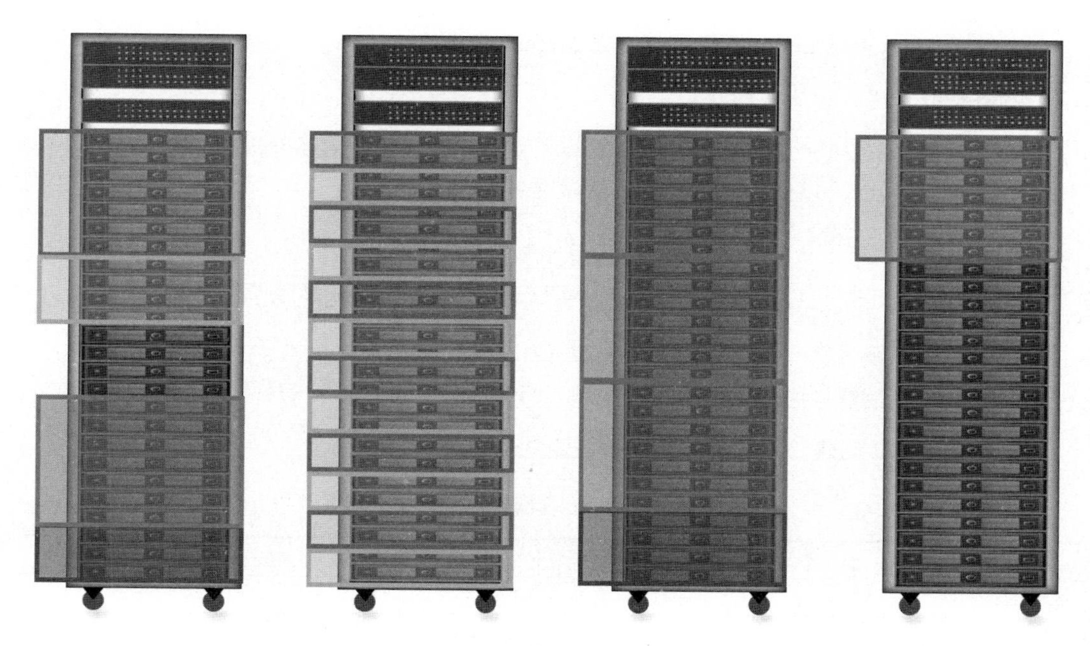

图 4-8　专属云主机中用户自行分配云主机的规格

每个资源块中可以划分多个云主机，每个云主机的配置可以随意划分，CPU 核数可选择 1～16 核。划分云主机时不能跨越资源块，如资源块 A 还剩余 2 核 CPU，资源块 B 剩余 4 核 CPU，没办法在资源块 A 和资源块 B 中再划分新的 6 核 CPU 云主机。专属云主机和云平台直接提供的云主机在功能、操作上没有差别，差别仅在于专属云主机的资源块是用户独享的。

专属云主机交付给用户的还是云主机的形式，这与购买的云平台裸金属物理服务器不同。一些具有特殊合规要求的用户会要求业务运行的虚拟机与其他用户的虚拟机位于不同的物理服务器中，购买裸金属物理服务器也能满足要求，但物理服务器的使用成本较高，且单台 CPU 和内存的配置较高，不利于多租户分别使用，这时适合采用私有专区的专属云主机。

4.1.6 应用案例——在云主机中部署 MumuLab

提示

本实验采用 UCloud 云平台进行部署。

实验目标：

通过公有云云主机 Linux 操作系统部署 MumuLab 平台。

实验目的：

在云平台上创建一台 Linux 云主机，安装环境、部署代码之后通过浏览器访问 MumuLab，并为云主机制作镜像，以便为后续再次部署做准备。

实验步骤：

1．打开云平台控制台，选择云主机（不同云服务商的名称不同）产品进入配置界面。

2．点击创建云主机。

3．在云主机配置界面选择“上海”地域、“可用区 A”。

4．按照表 4-2 创建云主机，其他参数按照默认值设置。

表 4-2 MumuLab 实验选用的云主机配置

配 置 项	值
地域	上海
可用区	可用区 A
机型及基本配置	通用型，1 核 CPU，1GB 内存
CPU 平台	Intel
操作系统及系统盘	CentOS 7.6，20GB 系统盘
数据盘	100GB SSD 数据盘
VPC	VPC vpc-001
安全组	开放 22、80、443 端口
MetaData	#/bin/sh hostname mumulab
EIP	新建 EIP，选择 1Mbps 带宽并按固定带宽计费

5．设置云主机密码。

6．如果创建完成后忘记密码，可以通过控制台重置密码，但是需要将云主机重启，也可以选择 pem 证书方式来替代明文密码。

7．计费方式可根据实际情况灵活选择，然后支付费用。

8．创建完成云主机后，可在列表中查看到已创建的云主机列表，点击“详情”可查看云主机实例的详细信息。

9．可选择以控制台中的 VNC 方式登录云主机，或通过 PuTTY 等 SSH 方式连接云主机后台，再通过以下命令安装 httpd、PHP 等环境。

命令

```
yum install -y httpd
yum install -y php
systemctl start httpd
chkconfig httpd on
```

10．通过以下命令下载并运行程序：

命令

```
yum install -y git
cd /var/www/html
git clone https://****/mumulab①
```

11．对云主机当前环境制作镜像，并在后续操作中使用镜像。

12．在控制台中可以查看到云主机镜像，后续创建服务时可以在创建云主机时直接选用该镜像，而不是选用原始的 CentOS 等操作系统。

13．通过访问云主机上绑定的 EIP 地址可以访问 MumuLab，如 106.75.1.1。

① 查看本书前言，可获取配套测试文件的下载方法。

14．（可选）购买域名（如 mumucloudesignpattern.com）并设置 www 的 DNS 解析到云主机的 EIP 中。

4.2 公有云——托管应用

通过云主机的方式部署应用相对于对象存储托管静态网站和托管 Web 应用的方式较烦琐。将静态网站托管到对象存储中，通过索引文件串联起所有引用的 HTML、CSS、JS、图片等资源，部署起来最佳简便，与对象存储具有相同的可用性和可靠性，并且费用更低，其缺点是仅适用于静态网站，因此适合中小型静态网站部署，以及作为高可用降级使用的 Web 服务。

托管应用面向静态应用和动态应用，用户无须关注使用了哪些资源，也无须自主搭建环境。在云计算刚开始发展的阶段，使用较广泛的是托管应用，后来托管应用被提供更多开放接口和能力的云主机等虚拟机的形式超越了。

提示

2009 年前后，GAE、SAE 提供开发者服务，其核心便是托管代码存储、托管代码运行，开发者只需选择开发的 PHP、Python、Java 等语言环境，剩下的就是提交代码，即可实现应用的托管，并且 SAE 提供免费二级域名，减少了域名备案过程，当时对于还在使用 VPS 空间的开发者来说，这种方式太先进了。目前部分云服务商提供 Web 应用、App 托管的服务，适合快速运行服务，但是开放的接口太少，只适合小规模应用部署或测试环境搭建。

4.2.1 概要信息

设计模式

托管应用。

解决问题

- 部分业务不关心底层架构，只关心应用服务，需要快速实现应用的高可靠、高可用部署。
- 需要较少维护或不维护云主机等资源而直接提供服务。

解决方案

- 通过对象存储实现托管静态网站。
- 将轻量级应用托管到云平台。

使用时机

- 业务部署时。

关联模式

- 4.1 公有云——使用云主机快速部署业务。
- 5.1 可用性——地域内业务高可用。

4.2.2　采用托管应用部署业务

将 Web 应用托管到云平台可以降低开发者使用云计算的门槛，只要写完了正确、健壮的代码，剩下的交给 Web 应用托管服务，它可以提供各种环境来运行你的代码，最终你只需要关心代码是否顺利运行并顺利提供服务。大多数 Web 应用、个人应用、中小系统比较适合采用 Web 应用托管服务，尤其是希望减少底层服务器运维的情况。如果你有代码，不想关心服务器环境，那么为什么不用托管呢？

和应用服务器比较类似的还有一些传统服务器租赁厂商提供的 VPS 和页面空间，它们也给用户提供了底层 Linux 操作系统，可安装 Apache 等环境并运行代码，不过其登录方式仅限 FTP。大量 VPS 和页面空间运行在同一台虚拟机或物理服务器中，给单个租户分配的 CPU、内存、存储、网络带宽很有限，用户在使用和管理空间时有很大限制，因此这种形式只限于早期的托管使用。当前阶段，肯定要考虑云主机或 Web 应用托管服务的方式。

在创建应用及部署环境时，实际上是云平台打包创建了一系列资源，包括绑定 VPC、创建安全组、更新弹性伸缩组等，根据设置的费用创建一台合适的云主机，最后会在云主机中部署程序语言环境等技术栈并创建监控等服务。完成配置之后实际上得到的是一台云主机，不过在云主机上部署了所选的程序语言环境并部署了上传的程序代码。在浏览器中访问该云主机中的公网 IP，即可访问该应用。

托管应用服务支持 PHP、Java、Node.js、Python 等程序语言环境，用户只需上传代码，后端会自动运行环境配置、应用部署、资源监控、日志收集等。对于托管在 GitHub 或 SVN 中的网站代码，可直接通过 Git 或 SVN 的方式部署代码，同样支持压缩包上传。

提供应用版本管理，支持回档到历史部署过的版本中，方便进行版本维护和应用回滚，而采用云主机的形式进行版本管理需要自行维护。相比采用云主机的形式运行程序，托管应用一站式的形式集成了日志管理、监控能力，可以对应用的运行状态及性能进行监测，同时支持部署业务的高可用，无须用户介入构建服务高可用。

如果需要对该服务器及运行环境进行进一步的配置，可以在部署环境中进行修改。部署环境包括最前端的域名，可选择绑定已经购买过的域名，根据备案要求绑定的域名需要经过备案。网络部分包括 VPC 网络、公网负载均衡、内网负载均衡，通过配置负载均衡将流量分发到后端的一台或多台主机实例中。在主机实例中可以再创建新的云主机来运行应用，支持代购（新购买）和导入（选择已存在的）云主机。在每一台主机实例中可以配置反向代理及应用，对于应用，这里可以设置对外提供服务的端口，如 80 或 8080 端口；可以启用健康检查来通过 HTTP 或 TCP 的方式检查应用是否在线。另外还可以选择绑定 MySQL、PostgreSQL、SQL Server 等关系型数据库及 Redis 内存数据库，绑定同样支持代购和导入的方式。这样，通过托管应用可以节省大量环境配置、基础运维的工作，并且能够获得功能配置齐全、监控及健康检查完善的应用环境，方便随时进行更改或调整。

4.2.3 通过对象存储实现托管静态网站

通过对象存储服务可以托管 HTML、CSS、JS、图片等文件，如果我们从纯静态 Web 页面应用的角度来看，静态网站也是由这些文件服务的，因此可将静态网站应用托管到对象存储服务中，如图 4-9 所示。

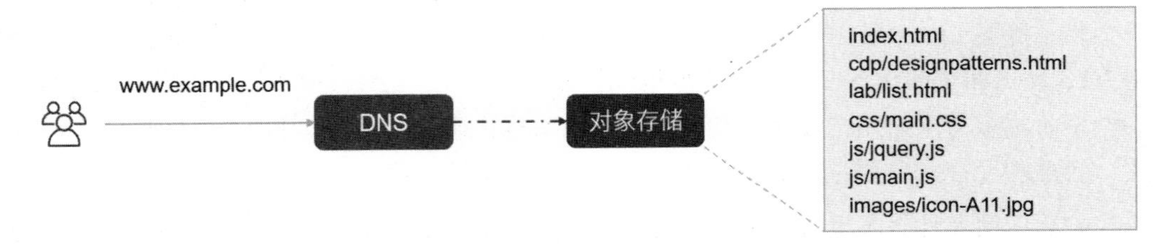

图 4-9　在对象存储中托管静态网站

通过对象存储服务来托管静态网站，还有更多支持功能，设置默认索引文件，常用 index.html 作为默认索引文件，如访问 example/dir/和 example/dir/index.html 会获得相同的效果。通过 S3 还能设置错误页面，如设置 error.html 来替代浏览器默认错误页面，托管静态网站配置如表 4-3 所示。

表 4-3　托管静态网站配置

配　置　项	作　　用	值
默认索引文件	访问目录时转到默认索引文件，如/dir/html/mumu/ => /dir/html/mumu/index.html	开启
错误页面	发生访问页面无法找到等 404 错误时转到指定的页面，如 /dir/html/aabb.html => /dir/html/404.html	开启，/dir/html/404.html
访问日志转存对象存储	将托管的静态网站产生的访问日志转存到对象存储其他的文件夹中	开启/关闭

托管的静态网站无须服务器等资源，它和其他运行在服务器上的系统也没有强关联关系，适合作为高可用架构设计中的业务降级处理。在系统整体可用性有非常大的压力时可将静态网

站，甚至一些变化频率不高的页面访问流量牵引至托管在对象存储服务中的 Web 页面，其缺点便是只支持静态网站，对于包含动态数据的页面可以在某一时刻生成静态页面，当然在程序设计时可采取在这些页面中减少显示一些实时变动的数据，延后到与进行写操作相关联的功能中，静态页面相比动态页面缺少一些数据，因此在高可用降级服务时，静态页面提供的是“有损服务”，但有损服务总比服务完全停掉要好。

4.2.4　静态网站作为高可用降级备用服务

在构建业务高可用时，其中一条原则就是实现服务降级，即在业务高可用受到影响时采取降低服务能力的方式。当源站服务器压力过大、出现故障等状况发生时，正常业务受损或只能支撑核心业务，一些静态网站需要从源站服务器中进行分离，比较理想的方式就是将动态网站降级为静态网站，将运行在源站服务器中的网站切换到托管在对象存储中的静态网站，如图 4-10 所示。

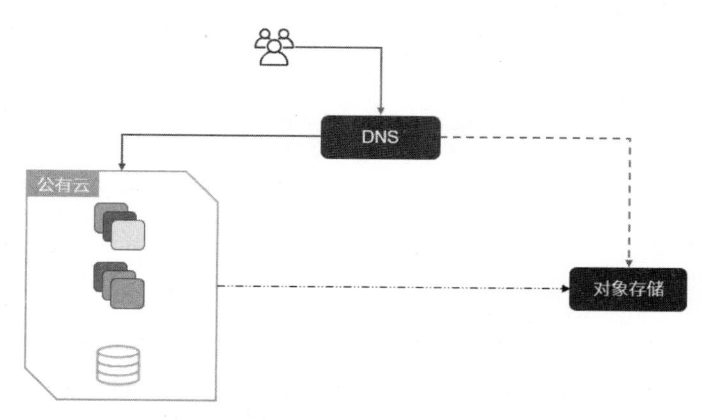

图 4-10　高可用降级流程架构图

托管在对象存储的静态网站能够将众多页面按照目录层级关联起来，相对动态网站会损失动态的内容，对于一些对数据实时性要求不高的业务来说，服务降级总比直接 404 或服务不可达要好。

静态网站作为高可用降级备用服务的前提是需要对网站内容生成静态页面，并在对象存储服务中进行托管。如果页面内容没有或仅有少量的动态数据，可以降低托管页面的更新频率；如果页面内容有较多的动态数据，而为了尽可能保障动态数据的时效性，建议按照中高频率来更新托管网站的内容。

4.2.5 应用案例——将 MumuLab 托管到对象存储中

实验目的：

通过对象存储开通静态网站托管，减少运维管理，将静态网站的可用性与云主机解耦，并且静态网站可作为业务高可用降级方案。

实验背景：

MumuLab 实现静态网站托管，并开启对象存储访问日志功能保存访问记录。MumuLab 设计模式在内容更新时触发发布操作，即对动态网页生成静态文件，并托管到对象存储中，并且维护 404 错误页面、500 错误页面、系统维护中提示页面、服务暂时不可用提示页面、紧急联系方式页面等。用户日常访问设计模式可通过对象存储和 CDN 进行，在查看实验列表、提交实验、进行竞赛操作时通过动态服务器进行。在处理实验提交的服务器故障时尽可能先限流，将实验结果提交到消息队列，后续对实验结果评分，在提交到消息队列出现故障时，用户完全没办法提交实验结果。即便用户不能提交实验，也先让用户能够查看到实验，并在后端提交服务恢复后及时提醒用户服务恢复，可提交实验结果。

实验步骤：

1．在对象存储控制台中创建新的存储桶，其名称可以是“mumuclouddesignpattern”。

2．点击“文件管理”中的“上传文件”，选择本实验提供的 index.html、error404.html 等页面进行上传。

3．在菜单栏中找到“基础设置”中的“静态页面”，点击跳转，并开通静态托管服务。

4．设置默认首页为“index.html”，将子目录首页设置为“开通”，将文件 404 规则设置为“Redirect”，将默认 404 页面设置为“error404.html”，点击保存。

5．已经完成通过对象存储托管静态网站，接下来需要绑定对象存储的存储桶到域名中。在“传输管理”中点击“域名管理”，进入绑定域名页面。

6．点击“绑定域名”，填写已经申请的域名，如“mumuclouddesignpattern.com”（应是用户有管理权限的域名），并开启“自动添加 CNAME 记录”。

7．在浏览器中访问对象存储托管静态网站绑定的域名，如“mumuclouddesignpattern.com”，即可访问到新创建的存储桶中 index.html 的页面内容。

8．通过域名访问一个不存在的文件，页面会返回 error404.html 中的内容。

4.3　公有云——托管服务器

一些业务在上云之前已经在 IDC 或自建服务器集群中运行，但是存在资源扩展不便、需要减少对硬件的运维管理等需求，可将物理服务器托管到云平台中，将硬件服务器的运维、管理、监控等工作转交给云服务商。

对于用户的硬件服务器，维护方式包括：

- 自行维护，需要运维团队支持，服务器具有折旧成本，无法根据业务量所需资源付费。
- 在硬件服务器集群上部署私有云，原有环境能够使用，再增加私有云部署也解决不了核心问题。
- 资源利旧与公有云连通构建混合架构，仍需对私有数据中心及硬件服务器进行维护。

4.3.1　概要信息

设计模式

托管服务器。

- 维护本地环境的服务器需要大量人力成本及时间成本。
- 原有私有化环境的业务需要迁移，因为合规等要求又不适合迁移到公有云。
- 想要独占资源且不想自行维护。

- 托管物理服务器。

- 本地环境有物理服务器且计划不再自行维护时。
- 需要独占物理机柜，但不打算自己维护时。

关联模式

- 4.2 公有云——托管应用。

4.3.2　采用托管服务器部署业务

早期云服务商不乐意将用户的物理服务器托管到云服务商的数据中心是因为有顾虑，托管的物理服务器进入云服务商的数据中心可能会带来电力、运维等方面的影响。UCloud 等云服务商支持托管服务器的形式，用户将服务器托管在“托管区”，而其他公有云租户使用的资源是平时指的“公有云区”，这里的“公有云区”与“托管区”在物理上隔离，如图 4-11 所示。通过网络连接可打通托管区和公有云区，在将服务器托管到公有云时，也能灵活使用其他公有云的产品，并且缩短了网络距离，降低了网络传输延迟。

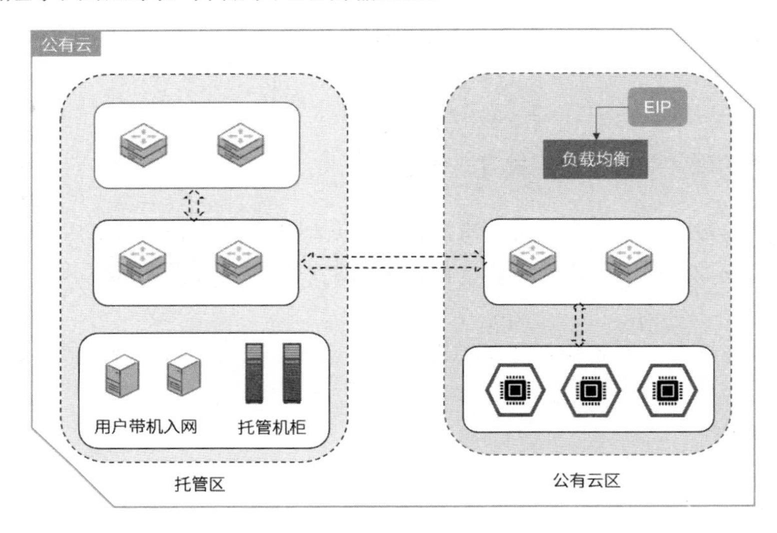

图 4-11　托管区与公有云区

可以在云平台中购买和申请托管机柜，将物理机托管；也可以通过云平台采购物理机，托管到托管机柜。托管云交付给用户整个机柜（或多个机柜），即便机柜中有空余位置，也不允许插放其他用户服务器或公有云服务器，且机柜的网络也是和公有云的其他机柜隔离的。

同一个可用区中的公有云区和托管区可能运行在同一个物理数据中心上，这部分的物理隔离是指同一个数据中心内的区域隔离，仍然采用相同的“风火水电”，出口采用不同的 BGP 线路。

托管服务器的形式更佳适合需要急迫上云、不想对现有业务进行修改适配的项目，通过服务器直接进行搬迁，在托管区能够直接运行和原来的本地环境一致的服务。对于拥有自己的物理服务器的用户，托管到云服务商能够实现资源利旧，也能减轻运维工作。用户可通过购买云服务商的服务器进行托管，并且这些服务器在资产层面上属于用户而非云服务商，托管区与公有云区也是互相隔离的，以便满足一些行业的合规要求。

将服务器托管到托管区，首先将服务器上架，云服务商提供标准机柜，可选择使用云平台的服务器，也可以选择自有服务器利旧使用，云平台会为每个托管服务器的用户在托管区中划分出由该用户独享的区域。

托管区与公有云区或外网连通，也有两种选择，对于托管服务器的数量超过百台规模的，建议选择独享交换机，对于几台或数十台服务器规模的，建议选择共享交换机集群，因为共享交换机集群的成本更低。公有云区和托管区之间通过内部专线实现物理上的连通，对于需要互联的业务和资源，可通过配置完成网络层的连通。因此托管区可以作为从本地环境完整迁移到公有云的中间过程，亦可将公有云上的托管区作为用户在公有云上的“私有 IDC”来托管原有物理服务器（也可以重新购买物理服务器），再通过内部专线连通到公有云区，资源扩展伸缩、采用更多的公有云服务则在公有云区完成，从而实现托管区和公有云区的混合架构。

在资产管理方面，相较于传统 IDC 难以管理托管的服务器，云平台通过 Web 界面方式查看 2D 或 3D 的资源视图，包括机柜、物理服务器、网络设备、IP、网络出口等，对机柜容量、服务器运行状态、资源拓扑结构图、工单数据等也进行了集成。将服务器托管到云平台，则不方便随时进机房查看，通过可视化视图可以直观地进行查看和管理。

托管服务器的运维管理集成到了公有云的 Web 控制台中，通过 IPMI 协议远程管理服务器，用户可通过工单的方式发起远程代管理。对于已经在仓库中的设备，可提工单到系统中，由云服务商的运维人员对设备进行上架，并说明上架位置、布线方式、系统安装等需求；对于在快递中的设备，也可以通过工单先接收快递再进行设备上架。其他工单内容还包括代收快递、资产标签调整、设备系统重启、服务器系统调试等操作。

4.3.3　可视化监控与混合架构

托管云平台提供可视化的管理平台，如图 4-12 所示，其中展示了包括机柜数量及使用容量比例、服务器数量、网络交换机等硬件设备数量、专线、IP、外网出口等资源管理和工单管理，对单个机柜能够显示 U 位资源利用率、端口利用率、用电量、告警信息等。因此，将服务器从本地环境托管到云平台后虽然不再是“近在眼前”，但是依然能够通过可视化资产管理平台、远程运维工具进行实时监控与管理。

可以通过服务器数量、资源利用率等信息来预测资源是否能满足未来一段时间的需求。托管云减少了用户对硬件资源的运维管理，可是在资源数量、产品能力上还是受限于原有硬件服务器及其应用。如果托管资源容量即将达到上限，那么可选择扩展托管的资源，另外也可以选择在托管区与公有云区之间打通网络，构建混合架构，将计算、存储、离线分析等功能转接到公有云区中来处理。

构建成混合架构后，可灵活地在托管区和公有云区切换导入计算任务、用户流量。基于混合架构，可考虑将应用和数据平滑迁移到公有云中，可参考“6.5 扩展——通过混合架构扩展本地能力”中设计模式的平滑迁移过渡。

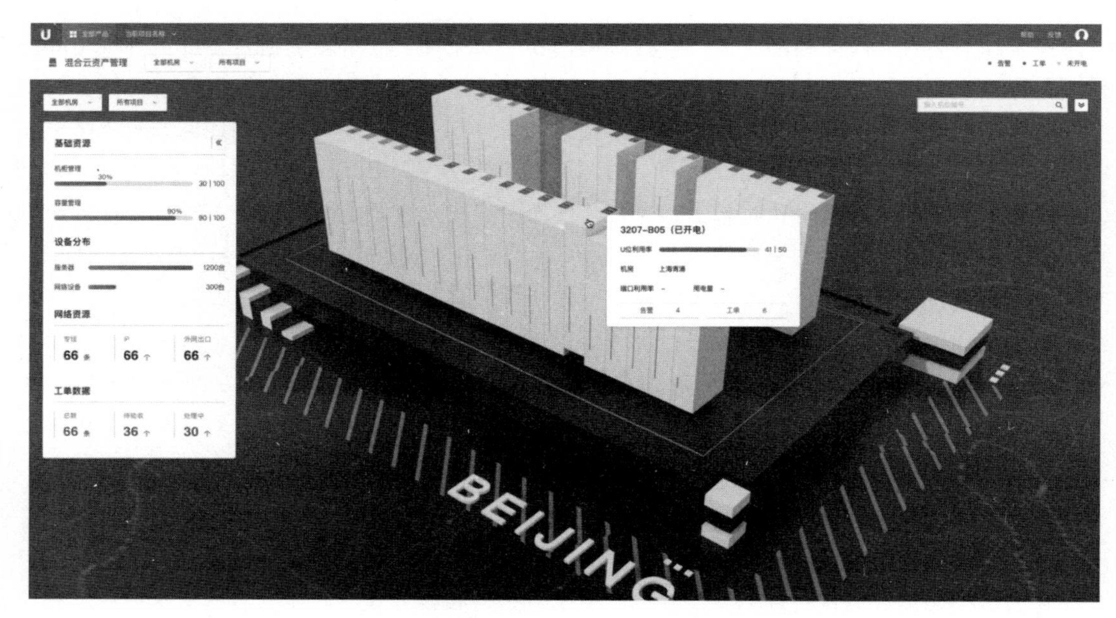

图 4-12　3D 可视化资产管理

4.4　私有化——私有化部署

云计算是否等同于公有云？是否有私有云、混合云等业务部署及资源使用形态？AWS 认为云计算就是公有云，也只有公有云，不存在私有云。2018 年 11 月推出的 AWS Outposts 允许在本地环境部署的云计算存在，AWS 认为这是公有云的一种部署形式。而在很多国内云计算厂商看来，基于用户的服务器、数据中心或租用的 IDC 部署云计算操作系统等都是私有云的概念，运行的业务并不向公众开放，而仅面向内部或指定用户来使用。无论私有云及私有化部署的名称如何定义，私有化部署算不算云计算，都有大量用户使用私有化部署的服务平台。

我们一起来看一下在哪些情况下将会考虑选择私有化部署，它能解决什么问题，在进行私有化部署时该如何操作，以及需要注意的一些问题。

4.4.1　概要信息

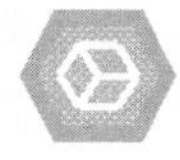 **设计模式**　 私有化部署。

解决问题

- 监管要求数据或业务不能在公有云平台中部署。
- 企业或机构拥有足够量的业务来运营一个私有化部署的数据中心，供指定用户使用。
- 自有大量服务器，需要灵活管理、稳定的虚拟化操作系统进行管理。

解决方案

- 将云计算操作系统进行私有化部署，可选纯软件、软硬件一体、超融合一体机柜等交付方式。
- 对于特定行业需求提供上下游国产化适配支持。

使用时机

- 按照合规要求或自身考虑需要进行私有化部署、独立运营的环境。
- 企业内部机构或子公司独自使用时。

关联模式

- 4.5 混合架构——混合架构连通。
- 6.6 迁移——业务及数据迁移。

4.4.2　解决方案——云计算操作系统

公有云从 2006 年出现至今经过检验已经相当成熟，为什么不将公有云的操作系统、运营模式直接搬到本地数据中心？这看起来非常简单，也的确可以这么做。最初一些 IDC 运营商、服务器厂商为了实现业务创新并利用拥有服务器的优势开始进攻云计算市场，然而自研操作系统是一条艰难的道路，难以实现商业超车，那么选择复制公有云的能力将是一条可行的道路。云服务商在自身业务稳定后也开始考虑构建云计算操作系统，将两者的优势合并，IDC 或服务器厂商提供数据中心与服务器等硬件资源，云服务商提供云计算操作系统与运维等服务，一个新的云平台就可以贴牌上线运营。从云服务商的角度看，将公有云的能力复制到了用户的数据中心，因此可以将其看作私有化部署；从 IDC 或服务器厂商的角度看，构建了一个云计算资源池，并完全按照公有云的模式运营开放给个人或企业用户，因此可以将其看作公有云。

提示

云计算提供的核心服务能力是 IaaS 层的计算、网络、存储，而实现这三大核心能力需基于 KVM、Open vSwitch、kernel、libvirt 等工具。KVM 提供计算虚拟化和存储虚拟化，Open vSwitch 提供网络虚拟交换，kernel 是调度资源进行任务处理的实时操作系统，libvirt 是用于管理虚拟化平台的 API。

云计算操作系统的核心组件如图 4-13 所示。

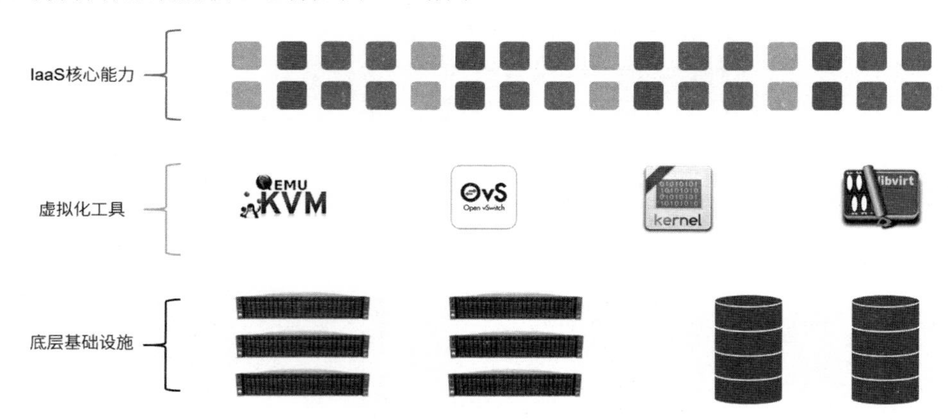

图 4-13　云计算操作系统的核心组件

云服务商构建好可移植的云计算操作系统，便可以在有服务器的地方提供云计算服务。运行云计算操作系统需要 *N* 台服务器，称为最小节点；可以提供 *M* 台服务器提供云服务。

在私有化部署选型上，有众多管理人员需要考虑的指标，如部署周期、交付能力、运维责任归属，以及后期资源扩展、应用升级、服务模块扩展等是否方便。私有化部署能够兼容异构设备，并通过云计算操作系统提供虚拟化的计算、网络、存储核心能力，并提供各类 IaaS、PaaS 产品，以及监控和运维管理服务。

提示

私有云可选择的操作系统有多种，包括开源的 OpenStack 和闭源的 VMware 等，可以进行私有化部署。不过 OpenStack 有其短板，部署交付之后需要专门的团队进行维护，维护具有技术挑战，且二次开发及定制化能力有限。因此建议公有云平台验证过后的云计算操作系统进行私有化部署。私有云方案选择及对比如表 4-4 所示。

表 4-4　私有云方案选择及对比

对　比　项	公有云私有化部署	OpenStack
代表厂商	UCloud、阿里云等	Mirantis、ZStack 等
升级、扩容	云服务商负责	自行维护
维护、技术支持	用户自行维护或云服务商负责	用户自行维护
培训支持、学习成本	支持力度强，各家云服务商略有不同	原厂培训、资料完善、免费或付费课程较多

4.4.3 私有化部署交付

私有化部署平台并不像公有云，可以选择随时使用或暂停，也不可能仅使用一小时，选择私有云平台需要慎重评估，最重要的一个问题是：是否真的需要私有云？确定选择私有云部署后，按照以下因素评估众多私有云方案、厂商，如图 4-14 所示。

图 4-14　私有化部署需要考虑的因素

私有化部署交付模式包括纯软件交付、软硬件一体交付、超融合一体机柜交付，如图 4-15 所示。

- 纯软件交付需要用户自行采购数据中心服务器资源，且需要是云计算操作系统已经适配过的 x86、ARM 等服务器型号，以避免硬件不兼容。
- 软硬件一体交付是指云服务商提供或代为采购云主机并进行软件部署，适合没有服务器的情况和用户仅关注服务使用而不关注交付细节的情况，用户只需提供物理空间存放硬件，并提供电源即可，剩下的由交付团队完成。
- 超融合一体机柜是云服务商以机柜为单位的交付形式，超融合一体机柜中包含了计算节点、存储节点，进一步减少了用户对软硬件部署的介入，云服务商将一台或多台超融合一体机柜部署到用户指定的环境中，通电、联网、调试、使用，以做到交付后“开箱即用”。

部署具有一定高可用性的私有化平台时，一般要求有 3 台及以上的计算存储超融合节点服务器作为基础配置。另外，根据私有化平台的大小，可增加计算存储超融合节点服务器、独立计算节点、独立存储节点及基础监控节点。私有化部署步骤如表 4-5 所示。

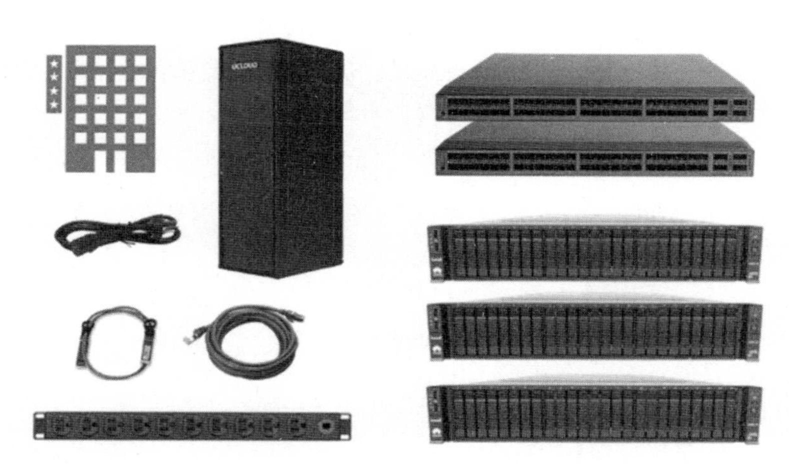

图 4-15　私有化部署所需的基础环境

表 4-5　私有化部署步骤

步　骤	阶　段	具体操作
1	前期准备	依靠服务器的 SN 序列号来确认设备的网络接入类型和产品类型 规划客户子网 VLAN 及隔离方案 上下游国产化适配模型如图 4-16 所示
2	服务器装机	当服务器数量少时可通过 U 盘装机，当服务器数量多时可选择 PXE 装机
3	交换机配置	根据产品用途配置交换机
4	装机阶段测试	服务器到 IPv4 网络可达 服务器到 IPv6 网络可达 交换机端口聚合成功
5	应用部署	管理节点、计算节点、存储节点、监控组件部署、镜像导入
6	产品及平台测试	虚拟机测试、虚拟机迁移测试、镜像制作测试、存储性能测试、EIP 挂载测试、安全组测试等
7	使用及维护	通过控制台或 API 来管理资源，部署业务正常使用

无论是专有云还是超融合一体机柜交付时，都需要同时明确后期运维的责任方及维护费用。私有化部署存在使用周期长的特点，运行一到三年之后，现有物理资源及运行的云服务模块不一定能够满足使用需求，需要对底层物理资源进行扩容，并对云服务模块或云计算操作系统进行版本升级，因此，应尽可能在第一次采购部署时约定后续扩容和版本升级的流程。

作为私有云与公有云混合架构，通过公有云来延展私有化部署的计算能力、数据备份能力、安全防护能力、创新业务上云能力等。如果后续考虑不再维护私有化部署的环境，可参考“6.6 迁移——业务及数据迁移”设计模式完成业务上云。

4.4.4　上下游国产化适配

之前云服务商的公有云和私有云方案基于 x86 服务器，近年来已经结合国产化软硬件在云平台上下游积极进行适配。国产芯片包括龙芯、兆芯、海光、飞腾、鲲鹏等，国产化服务器包括华为、浪潮、华三、曙光、长城、联想等，操作系统包括 UOS 统信、银河麒麟、中标麒麟等，在云平台之上适配南大通用、虚谷、东方通等数据库及中间件，SaaS 软件及服务在很大程度上与底层进行了解耦，同样满足对国产化 SaaS 软件及服务的支持，上下游国产化适配模型如图 4-16 所示。

图 4-16　上下游国产化适配模型

4.5　混合架构——混合架构连通

混合架构连通是业务架构进行扩展、组件通信、数据迁移备份的基础，在混合架构中将本地环境中的数据备份至云端及跨地域、跨云的迁移的前提都是进行网络连通。网络连通的方式有多种，包括专线连通和 VPN 等，它们在可靠性、传输性能、费用等方面均有不同，可以根据业务场景进行选择。

混合架构是对本地环境的扩展。将本地环境与公有云连通组成混合架构，实现对本地环境计算能力的扩展。构建混合架构需要先连通网络，以便实现跨平台的数据库写请求、组件调用等；其次需要将本地环境的业务和数据同步到云端，在云端能够承载业务流量；最后进行流量切分，将一部分流量转发到云平台中。从这个角度上讲，构建混合架构扩展了本地环境的计算能力。

4.5.1　概要信息

设计模式

混合架构连通。

解决问题

- 本地环境中的计算、存储备份、安全防护能力有限，需要进行扩展。
- 在本地环境的产品线和服务能力需要方便快捷地扩展。

- 通过专线或 VPN 连通本地环境和公有云构建混合架构。

使用时机

- 私有化部署环境的计算、存储、安全能力需要扩展时。
- 私有化部署的产品线和服务能力需要扩展时。

关联模式

- 5.6 可恢复性——云端备份。
- 6.5 扩展——通过混合架构扩展本地能力。
- 6.7 均衡——流量转发及全局负载均衡。

4.5.2 解决方案——构建混合架构

混合架构能够兼容用户本地的私有环境，包括 OpenStack、VMware 等虚拟化平台，混合架构将会长期处于过渡状态。公有云、私有云、混合架构这些名词使用得非常多，但是 AWS 等云服务商认为，只有集中式提供服务的才是公有云，用户难以维护庞大的云计算服务，即便是混合架构、私有化部署，也是公有云计算的延伸。部分云服务商更加注重项目的落地，不太在意名称。

如图 4-17 所示，复杂的混合架构包含某家公有云服务商的一个或多个地域部署、多家公有云部署、私有化部署、硬件服务器及 VMware 等虚拟化平台，需要对这些异构平台进行统一管理的核心功能也是网络连通，在此之上才能进行组建通信、数据传输，以及迁移、备份、容灾、计算能力弹性伸缩等操作。

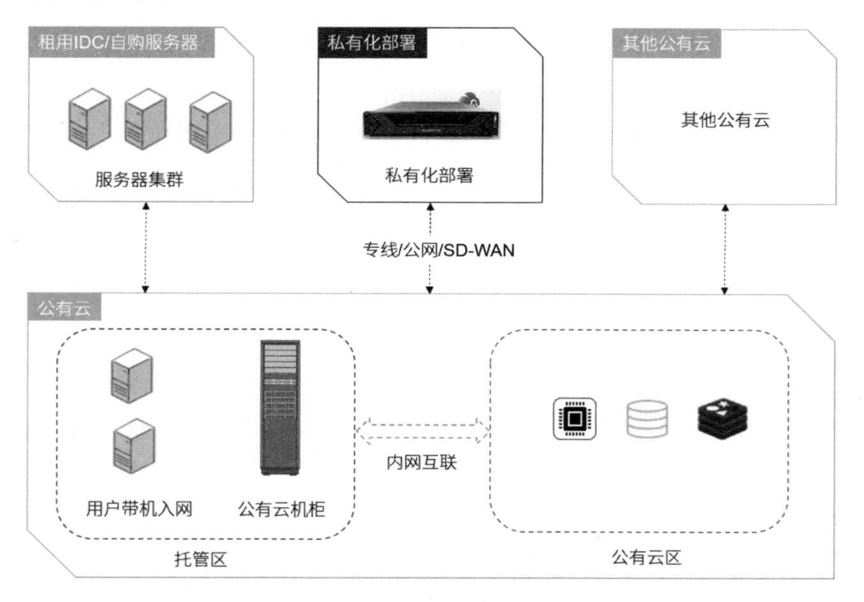

图 4-17　构建混合架构

混合架构的组成有以下三种方式。

- 一些特定行业的用户可能基于合规、制度的要求，对一些业务不采用公有云的方式，可选择独立采购硬件服务器或租用 IDC 的方式，这是比较传统的方式，其存在的问题是维护成本高，需要专业团队进行维护。
- 选用公有云在使用的云计算操作系统进行私有化部署，可以复制借鉴公有云的使用方式，享受稳定的云计算操作系统及各项产品与服务，通过“交钥匙”的方式为用户提供云服务。
- 对于用户已经购买或租用服务器集群的情况，可考虑将服务器托管到公有云平台，减少用户侧运维硬件服务器的工作，实现托管云的构建，可享受与公有云数据中心相同等级的“风火水电”、组网、资源维护等服务。

网络连通方式包括专线连通、VPN、SD-WAN、高速通道方案，其中，高速通道方案只适用于同一个公有云平台中不同地域的连接，专线连通适合公有云与其他环境进行连通，所有情况均可通过 VPN 连通，如图 4-18 所示。

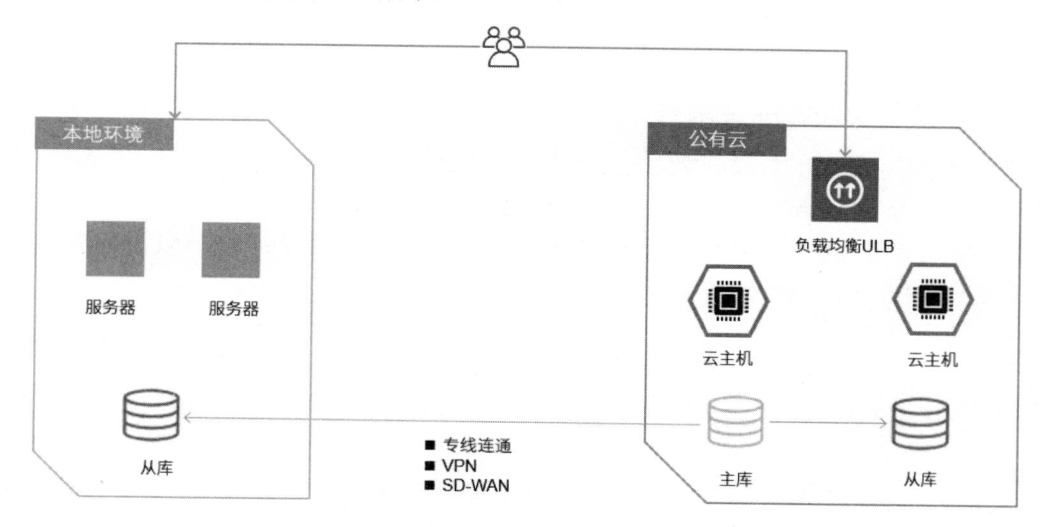

图 4-18　本地环境与公有云构建混合架构

混合架构连通的步骤如下。

（1）通过专线连通、VPN、SD-WAN 的方式来连通本地环境和公有云。

（2）参考典型的三层架构互联网业务，对于功能单元内的无状态业务，同时部署在本地环境和公有云，对于不同功能的业务，可按照功能划分选择是部署在本地环境还是部署在公有云。

（3）将本地环境自建数据库作为主库，而将云端数据库作为从库，实现数据的主从同步，当然也可以反过来将云端数据库作为主库。并且主库和从库通过 MySQL 等数据库的 binlog 机制保持数据单向同步，本地环境和公有云的逻辑层连接相应的主从库进行读操作，写操作则需要连接本地环境的数据库主库进行。

（4）正常流量切分到本地环境，额外新增流量切分到公有云。

（5）平台中的自动伸缩功能可以监测云主机的 CPU 等指标，达到上限阈值时实现资源扩容，达到下限阈值时实现资源缩容。

最佳实践

最佳实践是在连通方式中选择多个连通方式形成组合方案，以平衡性能和费用。例如，在连通本地私有云和公有云时，优先选择专线连通保障传输性能，为了避免出现短暂的故障导致传输服务不可用，备用方案是一起搭建 VPN 连通方式，其传输性能依赖网络质量，但费用较低，适合在专线连通故障时接管网络传输。

4.5.3 通过专线连通混合架构

专线连通是指通过光纤或电缆的方式连接网络两端。以公有云和本地环境 IDC 的连通为例，公有云端提供专门用于网络接入的 PoP 点，只要网络连接到 PoP 点即可与公有云相应地域连通；另一端需要连接到本地环境 IDC 的入口交换机上，实现物理线路上的连通。然后通过软件配置实现路由转发和通信。专线连通操作步骤如图 4-19 所示。

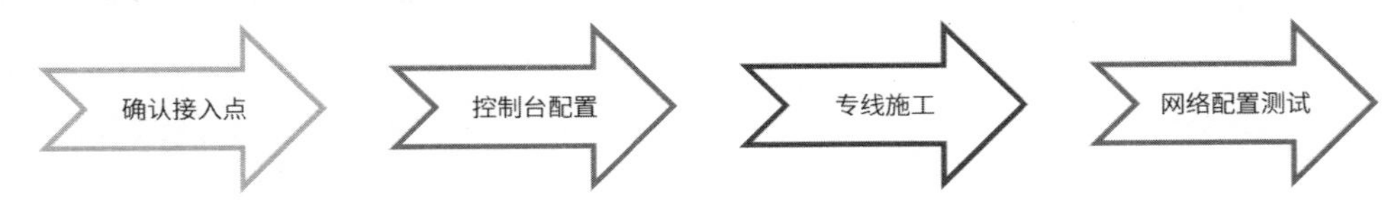

图 4-19 专线连通操作步骤

用户可以直接通过云服务商来购买专线连通服务，也可以自行联系运营商铺设专线。包括确认接入点、控制台配置、专线施工、网络配置测试等阶段。用户在跨城市铺设光纤进行连接时还可以考虑通过在单个公有云或多个公有云的所有地域中按照物理距离就近选择 PoP 点，如从本地环境 IDC 连通公有云地域 A，但是业务都在地域 B，则可先将网络通过本地环境 IDC 连通地域 A，再通过公有云内部高速通道连通地域 B。

图 4-20 介绍了通过专线连通云服务商地域对应的 PoP 点。这里的核心概念是 PoP 点（接入

点），公有云地域由多个可用区组成，每个可用区包含若干个数据中心，云服务商在设计地域时会默认延伸数据中心的网络连接到 PoP 点，这两者之间已通过“万兆光纤”连通。因此数据中心一般不直接面向用户开放网络连接，PoP 点正好可以满足这部分需求，用户通过专线接入 PoP 点即可实现与数据中心的连通。另外，云服务商在单个地域提供多个 PoP 点，以便实现冗余，避免因单个 PoP 点故障而造成网络中断。

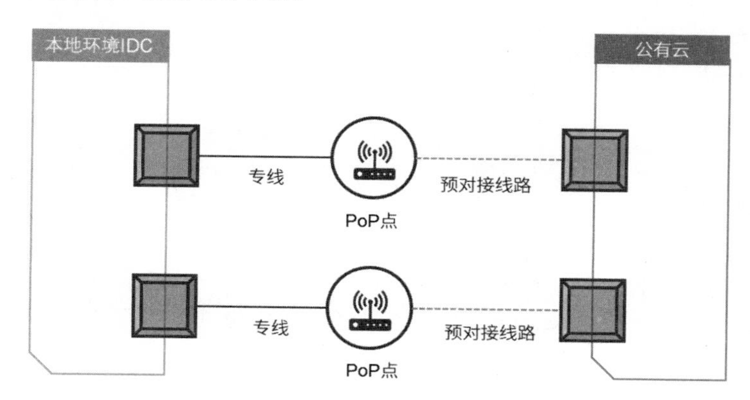

图 4-20　通过专线连通云服务商所在地域的 PoP 点

最佳实践

每个地域提供多个 PoP 点，对于网络延迟要求高的用户，可选择距离物理数据中心较近的 PoP 点。部分云服务商的物理数据中心也是租用的 IDC，用户在连通专线时可考虑接入与公有云租用的 IDC 相同的 IDC 中，即便不是同一个机柜，再通过 IDC 内部连通时也能进一步降低网络延迟。

接入云平台时根据是否占用独享的端口可分为共享端口、独享端口两种类型。共享端口是指运营商和云平台之间的连接端口是多租户共享的，云平台在 PoP 点已提前与运营商线路连接，用户申请共享端口即可与云平台快捷连通，适合小于 1Gbps 的线路，施工周期相对短。而独享端口是指用户独占该端口，适合 1～100Gbps 的线路，施工周期相对长。

专线连通后，接下来需要设置网络路由。公有云在专线连通中提供专线网关，用于在公有云 VPC 的路由中指定下一跳为专线网关，该 VPC 中云主机的网络请求会匹配到路由表，匹配到路由表的则会转发到专线网关，并通过专线网关传输到本地环境，实现通信。

4.5.4　通过 VPN 连通混合架构

VPN 是最常见的网络连通方式，通过隧道技术基于互联网进行通信，其组成部分包括网络连接的两端及 VPN 隧道。公有云中提供 IPsec VPN 服务，无须再次部署；本地环境或移动端中仍需自己部署安装 IPsec VPN 客户端，部署完成后在公有云 IPsec VPN、本地环境或移动端 IPsec VPN 中互相配置对方的 IP 地址、协商密钥等信息。配置完成后两端将会进行握手连通，在互联网中形成虚拟的 IPsec VPN 隧道进行数据传输，VPN 连通示意图如图 4-21 所示。

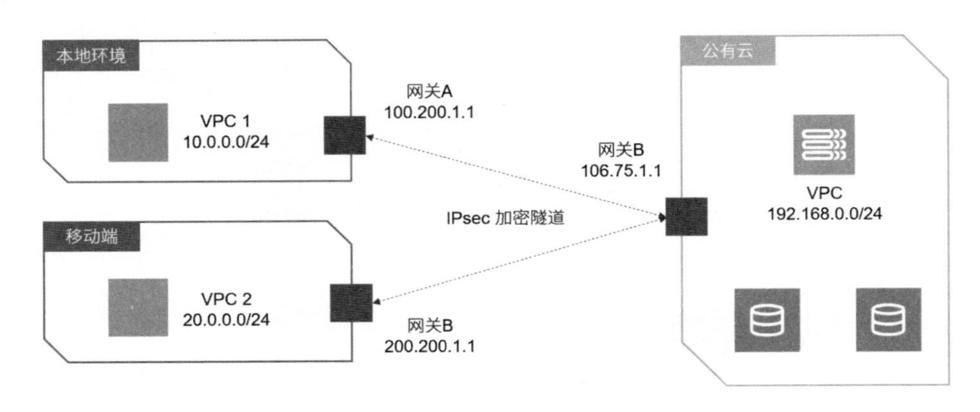

图 4-21　VPN 连通示意图

公有云 IPsec VPN 提供默认参数配置，已经进行了很大的简化，不再需要手动配置 AH 或 ESP 安全协议，也无须选择隧道模式或传输模式，这些已按照默认值集成到产品中，如果用户需要对这些参数进行自定义，可在云主机中自行安装 IPsec VPN 客户端并进行配置。公有云提供的 IPsec VPN 客户端在创建和建立隧道的过程中还需要配置以下信息，如表 4-6 所示。

表 4-6　IPsec VPN 配置字段

字　段	描　述	格式参考
名称	用户网关名称	MUMU
IP 地址	对端网关 IP 地址	106.75.1.1
描述	备注信息	—
本端 VPN 网关	选择本端已创建完成的 VPN 网关	—
对端 VPN 网关	选择对端已创建完成的 VPN 网关	—
本端网段	配置本端需要连接通信的子网网段	192.168.0.0/16
对端网段	配置对端需要连接通信的子网网段	10.0.0.0/16
是否立即协商	是/否	是
预共享密钥	IKE 共享密钥字符串，本端与对端填写的预共享密钥需一致，否则会导致连接失败	Pas2w0rd-MUMU

公有云中普遍提供 IPsec VPN，也有 SSL VPN 等不同方案。VPN 只是端到端连接的方案，

并没有描述实现方式、是否加密，两端的数据通过 IPsec 协议进行协商，通过加密传输来保证数据的安全性，防止数据在传输过程中被窃取和篡改。也有多种其他加密协议基于 VPN 的可靠性传输（如 SSL VPN）对应用层程序进行加密。而 GRE VPN 方式只提供数据传输隧道，不会对数据进行加密，适合已有网络安全防护的内网端到端传输。

网络连通后，通过 ping 命令来测试网络是否连通并检测网络延迟。在网络一端（公有云或本地环境）的云主机中使用 ping 命令向网络另一端的 IP 发送请求，网络延迟大小可以通过 ping 的结果中的 time 值来判断，ping 命令的测试结果如下：

提示

```
[root@10-9-158-30 ~]# ping 10.9.73.96
PING 10.9.73.96 (10.9.73.96) 56(84) bytes of data.
64 bytes from 10.9.73.96: icmp_seq_1 ttl=63 time=0.891ms
64 bytes from 10.9.73.96: icmp_seq_2 ttl=63 time=0.384ms
64 bytes from 10.9.73.96: icmp_seq_3 ttl=63 time=0.450ms
64    ytes from 10.9.73.96: icmp_seq_4 ttl=63 time=0.332ms
```

4.6　混合架构——云管理平台

当业务部署在混合架构或多云环境中，底层的 IaaS、PaaS 平台的分散会给运维带来诸多不便，运维人员需要登录多个平台来查看资源数量、资源运行状态、监控数据、告警信息等，针对这些平台还需要对接权限管理系统。业务系统也无法在异构环境中统一调度资源、分配流量，这些都是混合架构、多云运维的痛点。

通过云管理平台（Cloud Management Platform，CMP）能够实现对底层异构资源的统一纳管，也就是在一个界面中可以显示不同底层平台的云主机、数据库、网络设备等资源，运维人员无须再登录到不同的平台上管理多个账号。资源的纳管只是 CMP 的基础功能，还需要在此之上能够对资源运行数据进行收集和统一展示，运维人员能够对不同底层平台的云主机等资源实现无差别的运维服务。更高级的目标是实现业务在不同底层平台中的请求分配和任务调度，以便达到更高的性能和效率。

CMP 通过统一资源纳管、统一访问门户、统一运维管理、统一分析运营来屏蔽底层异构架构，实现对异构架构全方位的监控告警，可以在不同资源平台中调度任务，对业务运维人员来说降低了使用门槛。将异构架构中的资源统一监控、统一收集和分析费用消耗，有了这些数据便可通过可视化大屏的方式进行展现，进一步提升工作效率，为问题定位和成本优化提供便捷工具。

多个异构平台的对接通常涉及账号打通、界面风格一致化、统一访问入口、资源的统一监控告警、上层应用和任务的跨平台任务调度、统一的成本分析等。CMP 也是对多个异构平台的对接，因此包含同样的功能模块。CMP 包括以下能力。

- 统一资源纳管，包括公有云、私有化部署、行业专属平台、物理设备等异构资源。
- 统一访问门户，包括产品配置、购买及操作入口、用户体验、多租户登录。
- 统一运维管理，包括监控、告警、审计、工单、事件。
- 统一分析运营，包括计费、商品配置、账号权限、限流、黑白名单。

4.6.1 概要信息

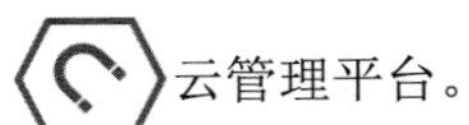

云管理平台。

解决问题

- 混合架构或多云部署中难以统一调度资源和运维管理。

解决方案

- 通过 CMP 对异构资源进行统一纳管、监控、使用和调度。

使用时机

- 涉及混合架构、多云部署，需要统一调度资源和运维管理时。

关联模式

- 4.5 混合架构——混合架构连通。
- 4.8 多云部署——多云部署。

4.6.2 统一资源纳管

公有云端包含不同的云服务商，对资源的统一纳管是通过底层平台提供的 API 进行对接的。主流公有云服务商均提供有 API 和 PHP、Python、Java、Node.js 等语言的 SDK，CMP 需要适配这些云服务商的 SDK。访问 API 或 SDK 时需要公钥（Access Key）和私钥（Private Key），经过认证签名即可进行访问。这种方式对于任何开发者均可进行开发和集成。在混合架构下，本地环境可能包括 OpenStack、VMware 等虚拟化平台，这些虚拟化平台同样提供 API，只不过可能并未提供外网访问，只能在内网进行请求，将 CMP 在本地环境中进行私有化部署，就能访问到内网网络可达的 OpenStack、VMware 或交换机等资源。CMP 对异构资源的统一纳管如图 4-22 所示。

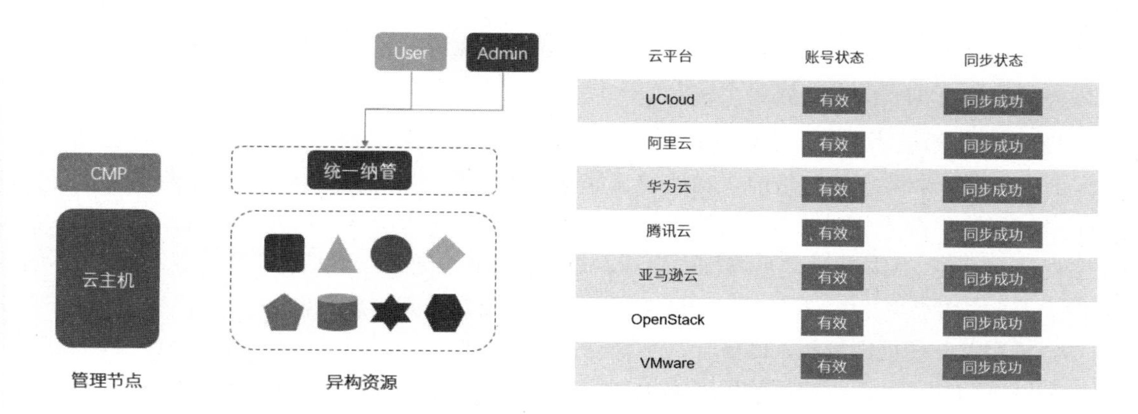

图 4-22　CMP 对异构资源的统一纳管

为了便于支持多个云服务商及私有虚拟化平台，将所有对 API、SDK 或其他接口的调用以插件形式集成到 CMP 的资源抽象层，将上层资源展示管理与底层资源对接进行解耦，扩展新的底层平台，且不影响对上层资源的展示、运营、运维操作。CMP 对资源实现首次拉取接入后，还会定期对纳管资源的数量、状态进行更新，创建、删除、更新的云主机等资源也会定期反馈到 CMP 管理界面中。

以上对公有云资源的纳管和对本地环境的纳管都是以被动拉取的方式进行的，即通过 API 或 SDK 一定可以请求到已经存在的资源，但缺少主动探知的功能。CMP 会提供 Agent 来感知发现网络可达的范围内还有哪些设备资源，并在发现资源后在 CMP 操作界面中进行显示。Agent 的安装和使用需要得到用户授权，否则不会进行资源的探测。

4.6.3　统一访问门户

异构平台分别有不同的配置管理页面，通过 CMP 进行集中，实现统一产品配置、统一购买及操作入口、统一用户体验，也就是提供统一的、集成后的访问入口，减少登录和管理需要切换的问题。用户进行统一登录，还需要 CMP 对接异构平台的账号体系，在这里就涉及一些二次开发的工作。CMP 想要统一管理异构资源，除了标准化交付，还少不了定制化开发。

通过 CMP 能够设置网站标题、网站图标、主题颜色、登录界面主画面图片、登录界面显示的系统名称等，以在登录和管理界面中保持一致的风格和访问体验。

4.6.4　统一运维管理

对资源的纳管仅仅是最基础的功能，还要感知纳管资源的状态，提供统一运维管理。本地环境中的不同平台、不同公有云服务商提供的工单系统不同，监控平台收集的信息格式不同，输出展示界面不同，运维人员在收到告警信息时还需要先辨别是哪个系统，再排查问题，自动化运维也仅限于纳管的单个底层平台内部。

CMP 在运维层面首先对资源进行统一的监控和告警，通过 API 或 SDK 来将不同底层平台的监控数据统一收集上来，按照 CMP 定义的标准字段进行适配和展示。将所有监控数据统一之后就可以提供统一监控大屏，运维人员仅需对接一个监控大屏和一套监控系统即可。在触发告警时也是经过 CMP 处理之后再推送电话、短信、邮件、钉钉、微信等告警信息。CMP 不仅有向上拉取资源的能力，还有向下调度资源的能力，根据告警信息将告警响应方式选择为回调函数，再预置一些处理机制，底层异构平台的各种告警事件都可以统一输出到 CMP 中，触发对应的回调函数，实现对底层纳管的本地环境资源、公有云资源进行开机、关机、重启、增加云主机、删除云主机、对数据进行备份、实现高可用降级等处理，具体的处理能力由回调函数的实现能力来界定。

CMP 提供统一的工单系统，对接底层平台的工单系统，如果之前是由工单申请人发起纸质工单、运维清单等方式，CMP 则将手动纸质流程优化为线上流程。运维管理人员通过在线工具可以非常方便地创建新的工单流程或审批流程，申请人使用起来也可以减少错误，从而实现运维过程的流程化和规范化。

除了监控、告警、工单系统的统一化，CMP 还将能实现的功能通过 API 的方式提供出来，开发者直接集成或进行二次开发，在上层应用中对资源、服务进行封装。

CMP 已经通过 API 打通了各个公有云平台、虚拟化平台，因此云主机、数据进行备份容灾时可通过 CMP 来管理。面向应用系统进行运维时需要调度底层资源，如将虚拟化的 VMware 服务器备份到公有云中，将数据库数据同步备份到云平台，对私有化环境中的应用实现公有云端的容灾，对多云环境中云主机数量此消彼长的调整等。

4.6.5 统一分析运营

本地环境和公有云平台对资源的计费和数据统计格式不同，CMP 能统一处理不同数据格式的数据源，包括对资源费用的统一收集和分析，不同平台的资源费用统计均有账单、消费明细、账单日志，统一对接数据源后汇总数据，然后按照资源平台、资源类型、项目组、标签、消费事件、结算方式等维度进行统计、分析、展示。

提示

计费请参考成本优化设计模式，其中详细介绍了不同云平台的费用统计和展现。

除成本数据外，还有云主机等资源数据，包括物理机数量、物理机负载、虚拟机数量、虚拟机负载、集群数量、数据库数量、数据库 I/O、硬盘数量、每个硬盘的容量和使用率等数据，按照项目组、时间段进行分析，根据这些数据可进行一定的预测，从而确定在接下来的一段时间采取哪种策略，对资源进行纵向升级还是降级，进行横向扩容还是缩容，维持还是提升业务持续性。有了这些数据，也能分析资源的使用率、空闲度等，对不必要的资源进行释放或降低配置，从而起到优化资源使用率的作用。

CMP 的统一展示大屏汇集了底层资源、应用监控、账号、费用等数据，可面向不同行业或用途进行二次开发定制，资源监控平台如图 4-23 所示，结合更多可视化工具可定制体验更加友好的数据大屏。

建议

10　台建议降低配置

5　台空闲云主机

0　台建议新增

资源ID	云平台	配置	CPU使用率(%)	内存使用率(%)
mumulab-1	UCloud	2核4GB	20	30
mumulab-2	阿里云	2核4GB	20	30
mumulab-3	华为云	4核8GB	10	20
mumulab-4	腾讯云	4核8GB	10	20
mumulab-5	亚马逊云	1核1GB	30	10
mumulab-6	OpenStack	1核1GB	30	10
mumulab-7	VMware	1核1GB	40	50

图 4-23　资源监控平台

4.7　全球部署——全球部署

无论是互联网应用还是传统企业上云或工业互联网，业务不仅实现了云端部署，还从本地部署逐步走向全球部署。实现业务全球部署不能为了“追赶潮流”，而应在部署业务时跟着用户走，当用户集中在海外某些地区或用户遍布全球时，为了降低用户访问业务的延迟，需要在用户集中的地区选择合适的地域部署业务，实现就近部署。

4.7.1　概要信息

解决问题　用户集中在全球多个地区，业务仅部署在一个地域难以对大部分用户实现低延迟、良好体验的覆盖。

全球范围的部分用户访问延迟高，需要就近接入、实现本地部署。

解决方案
- 业务实现全球部署。
- 用户就近接入并进行网络加速。
- 业务实现跨地域迁移。

使用时机
- 需要面向海外用户提升服务能力，进行业务部署时。

关联模式
- 4.6 混合架构——云管理平台。
- 6.6 迁移——业务及数据迁移。
- 7.4 网络——网络优化。

4.7.2 全球部署的核心概念

全球部署不仅有一个方案，根据业务部署泛微、数据库同步方式等，可将全球部署分为以下几种方式。

- 全球业务部署在一个地域，读写延迟高，数据一致性强。
- 全球业务分布式部署在不同地域，仅有一个主数据库（主库），从主数据库拉取同步数据，从数据库（从库）数据定期更新到主库。
- 全球服，采用强一致性的方案，业务方将全球多个地域组成一个全球服业务区域，在该区域内数据强一致性写入，会有一定的延迟，延迟大小取决于该全球服所选择的地域及网络环境。选择一个地域作为当前业务单元的主数据库，用于处理当前地域和其他地域的数据库写请求，而将其他地域中的数据库设置为从库，用于提供数据库读操作。
- 全球业务漂移，自动选择最优的多个地域组合来迎合所在地区的用户，根据网络延迟进行自动判断，数据也具有较强的一致性。

4.7.3 业务跨地域迁移及用户就近接入

业务通过镜像传输到多个地域，在其他地域再通过镜像创建云主机。此时可能有一些环境变量需要调整，可通过云主机的 MetaData 来进行设置，如在全球不同地域中为云主机设置当地的系统时区。对象数据可以采用数据同步的机制，自动复制到另外的地域中。CDN 可以实现对对象存储服务的缓存加速，在缓存节点中请求未命中的文件会向源站发送回源请求，并保存在缓存节点中。通过文件预取可以将热点数据保存到缓存节点中，节省对该缓存节点第一次请求的响应时间。

假设业务部署在上海，上海、香港、新加坡、法兰克福、旧金山的用户都需要访问位于上海的业务，所有用户访问相同的域名，如 www.example.com，智能 DNS 会为不同城市的用户解析出不同的 IP 地址，实现就近接入，此阶段通过互联网连接就近的云服务商在全球的网络加速节点。之后通过云服务商的全球传输网络通过实时监测和智能调度避开公网拥堵，尽可能通过最优线路进行传输，此阶段使用的是云服务商的内部网络，实现了加速。最终连接到业务部署的上海地域，计算、获取数据后进行数据传输返回，再次通过实时监测和智能调度尽可能选择最优线路，使返回数据到达离用户就近的地域。上海用户在接入智能 DNS 解析后会直接返回上海地域的服务 IP，并不会通过网络进行加速；而法兰克福、旧金山的用户通过内网进行访问则会获得网络加速。

以一个部署在国内的游戏为例，需要加速美国和亚太地区的访问，使用全球动态加速，分配到一个加速域名，做好域名解析后，美国和亚太地区的用户仅需访问原域名，系统会通过智能 DNS 解析探测合理路径，将流量送达中国业务服务器节点，优化用户所在地到业务服务器所在地的线路，提升业务在全球范围内的应用性能及服务体验。

借助于分布在全世界的转发集群，各地区的用户可实现就近接入，并通过全球应用加速将请求转发回源站，有效规避跨国网络拥塞导致的响应慢、丢包等问题。对于游戏出海、跨境电商、跨国企业办公等场景，为了得到更优的访问体验、保证网络质量，游戏玩家、电商用户、企业员工在全球各地采用统一域名接入云服务商，通过云服务商内部互联互通的网络到达服务器所在可用区。

4.7.4　全球单地域提供服务

全球单地域部署适合特殊的业务场景，虽然用户遍布全球各地，但是用户访问业务能接受 2～5 秒的延迟，注意其单位是秒，不是毫秒，当然这类业务不多，如新闻阅读类应用等只读的业务。如果在部署时技术难度不大，将业务部署在云平台的一个地域即可，所有对业务的请求、对数据的读写都在单地域内完成。为了尽可能降低用户的访问延迟，可增加全球动态网络加速服务，全球用户在网络层面能够就近接入云服务商提供的地域和网络中，用户请求会经过网络加速降低访问延迟。

对这个架构可以进行比较简单的扩展，按照业务中只读数据的业务、需要写入数据的业务来分开考虑，写入数据的业务还是保持在单地域中，将只读数据的业务分布在全球多个地域中。例如，写入数据的业务在上海地域，只读数据业务部署在新加坡、洛杉矶、法兰克福，所有业务的写入逻辑还是在上海地域完成，但是在读取业务数据时用户会自动选择新加坡、洛杉矶、法兰克福中的就近地域来降低延迟，上海地域的数据也会定期同步到其他地域。这种方式的优点是部署简单，适合“读数据”类的业务；其缺点是有太多局限性，不适合对延迟有要求的“写数据”类的业务。

4.7.5 核心业务区及非核心业务区（一写多读）

沿着上一节内容继续演进，全球只有一个“写数据”的地域，我们称为“核心业务区”；其他拉取数据的地域作为“只读”业务的地域，我们称为“非核心业务区”。现在要演变的是非核心业务区，改为从核心业务区拉取该业务“所有关联数据”加载到本地，接入该地域的所有请求在当前地域内完成所有计算和数据读写，在非核心业务区部署有完整的业务操作逻辑和数据库，单地域内业务闭合，如图 4-24 所示。

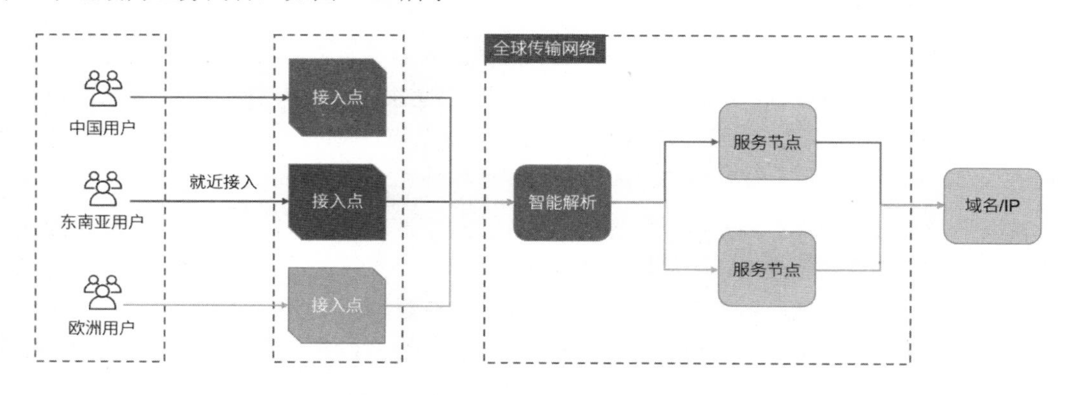

图 4-24 通过全球应用加速实现智能 DNS 解析和用户就近接入

全球用户会按照一定的逻辑分散到多个非核心业务区中，一般是按照用户所在的国家或地区选择就近的云平台地域，如将东南亚地区的用户分配到新加坡、将北美洲的用户分配到洛杉矶、将欧洲的用户分配到法兰克福、将其他地区的用户分配到核心业务区的上海地域，东南亚用户的所有业务逻辑均在新加坡地域内进行处理，然后定期将数据同步到核心业务区的上海地域，其他地域也是如此。将其他地域的数据同步到上海后，并不用担心数据不一致会造成混乱，因为这些数据是不同用户产生的，在切分流量时已经对用户按照所在国家和地区做了切分。同样，核心业务区和非核心业务区都接入全球动态加速和 CDN，就近接入，加速网络访问。

这种部署方式适合能够对全球用户按照所属的国家或地区、用户 ID 等属性来切分到逻辑的“业务区”，在“业务区”中单独处理业务；不适合满足全球任意两个用户都在同一个“业务区”的情况。这种部署方式适合新零售、在线教育等行业场景，也适合能够分服的游戏场景，不适合严格意义上的游戏全球同服。

4.7.6　Global Zone（强一致性）

前面两种解决方案在一致性和网络延迟上各有优缺点，全球单地域只保证了数据一致性但是网络延迟很高，核心业务区和非核心业务区将业务和数据靠近用户部署，降低了网络延迟但数据非一致性强。结合这两种方案可以得到 Global Zone 的方式，首先业务区还是分为核心业务区和非核心业务区，将全球用户分配到不同业务区进行处理，在此基础上设置横跨业务区的 Global Zone，用于处理所有需要跨业务区的用户业务，Global Zone 也就形成了新的业务区，数据保持强一致性，用户的业务只有在 Global Zone 所在的地域内写操作成功才会返回给前端。

以实现全球服的游戏场景为例，核心业务区部署在上海地域，非核心业务区通过新加坡地域覆盖东南亚、通过洛杉矶地域覆盖北美洲、通过法兰克福地域覆盖欧洲，其他地域都会接入上海地域（当然也可以将业务部署到更多地域中，形成更多的非核心业务区）。当用户无须跨业务区处理游戏请求时，在当前地域内完成所有业务逻辑，再将非核心业务区的数据定时同步到上海地域。当东南亚玩家、北美洲玩家、欧洲玩家及其他的地域玩家需要进入全球服在一个“房间”进行游戏对战时，进行业务部署时按照网络质量假定选择新加坡地域提供 Global Zone，这些玩家的数据会实时写入新加坡地域，写操作成功后再返回成功，数据也会实时同步到洛杉矶和法兰克福地域的数据库中，只读业务在当前地域内读取数据。当然，用户会通过全球动态加速就近接入新加坡、洛杉矶、法兰克福地域，洛杉矶地域与新加坡地域、法兰克福地域与新加坡地域之间均通过高速通道相连，在数据跨地域读写操作时起到加速效果。

既然是覆盖全球玩家的 Global Zone，那么为什么将写入数据库的操作放在新加坡地域呢？为什么不能放在其他地域？根据用户业务，可以组成多个 Global Zone，每个 Global Zone 根据包含的用户所在地区及就近的地域来综合评定一个最佳的地域。例如，同一个 Global Zone 中的东南亚玩家相对较多，北美洲和欧洲玩家相对较少，那么适合选择位于东南亚的新加坡地域来部署业务，相对来说“牺牲”北美洲和欧洲玩家的访问体验，尽可能保证玩家一致的访问体验，在游戏业务设计时也应该考虑网络延迟的影响，不一定是减少一部分用户的网络延迟，而是尽量保持同一 Gloabal Zone 内的所有用户具有相同的网络延迟。AWS 提供 GameLift，能够实现游戏托管，自动调度到全球多个地域中。

4.7.7　总结

以上解决方式均有优劣，不能说哪个是最好的，要针对不同的业务类型选择最合适的方式，在延迟和数据一致性中并没有两全其美的方案，通过表 4-7 综合对比全球部署的三种方式，根据不同业务类型选择不同的部署方式即可。

表 4-7　对比全球部署的三种方式

方　　案	延　　迟	数据一致性	适合的业务类型
全球单地域提供服务	高	强	只读类业务，如新闻阅读等
核心业务区及非核心业务区	低	弱	能够根据用户属性划分业务区的业务，如新零售、不需要跨业务区的游戏业务等
Global Zone	低+中	弱+强	需要跨业务区的游戏业务等

4.8　多云部署——多云部署

系统组件之间不能紧耦合，选择云平台时也要考虑业务和云平台之间的耦合度，松耦合是指业务能够在单个云平台中比较灵活地扩展和迁移，单个云平台的故障对业务的影响较小。业界中云平台的单个产品故障或大范围故障会直接导致业务中断，如对象存储故障也会导致整个业务中断。在高可用架构设计原则中已经提到过墨菲定律，小概率的事件也可能会发生，云平台出现故障也是必然的事情。我们需要评估业务体量、架构设计目标，考虑是否需要采用多云部署。如图 4-25 所示，根据第三方评测机构的分析报告可知，2018 年有约 82%的受访用户表示已经采用了混合架构，到 2021 年，该数据则达到了 92%。这么多用户积极拥抱多云部署，并且该比例在逐年提升，说明单个云平台难以满足所有业务需求。单个云平台可能出现偶然的大面积故障，采用单个云平台可能会形成商业站队，单个云平台的产品能力及覆盖地域不足以满足用户所有的业务需求。选择多云部署有其特殊的考虑，如厂商锁定、数据进行多平台备份等。另外选择多云部署可以在多个云服务商中取其所长、避其所短。

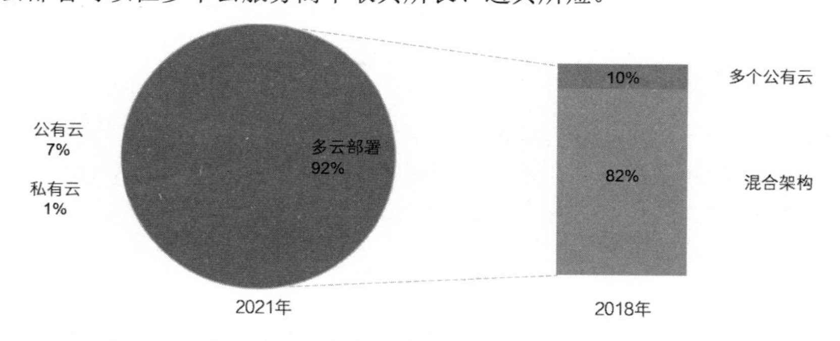

图 4-25　第三方评测机构对企业采用多云部署的分析报告[①]

① 数据来源：Flexera 2021 Stage of the Cloud Report。

4.8.1　概要信息

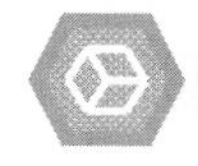
设计模式

多云部署。

- 对业务持续性、数据可靠性要求高，需要有能力应对单个云平台的故障。
- 避免单个云平台的技术和商业锁定。
- 单个云平台在产品线、地域覆盖范围不能满足业务需求。

通过多云管理实现业务高可用、数据跨云平台备份、全球资源补充，综合调度资源优化成本。

- 提升业务持续性时。
- 需要解决单个云平台的技术和商业锁定时。
- 单个云平台的产品线、地域无法满足需求，需要改进时。

- 4.7　全球部署——全球部署。
- 5.2　可用性——跨地域业务部署。
- 7.4　网络——网络优化。

4.8.2　多云部署实现业务高可用及数据高可靠

将重要业务采用多云部署来避免单一云平台故障造成的影响，综合解决以上问题。在理论上，将同一业务部署在多个云平台可以提升业务的可用性，可是在业务切分时需要按照流量切分，即将 50%的流量分发到云平台 A，将 50%的流量分发到云平台 B。而如果将业务中的邮件系统所有的流量都分发到云平台 A，将搜索系统的所有流量都分发到云平台 B，那么还是不能保障邮件系统及搜索系统的高可用，无论是云平台 A 还是云平台 B，出现重大故障时还是会完完整整地影响其中的一个系统。

SLA 串联现象

SLA 串联现象是指多个组件的可用性互相叠加，通常情况下单台 A 云主机 SLA 的可用性是 99.95%，在云主机上自建 MySQL 服务 SLA 的可用性也是 99.95%，对数据库的写操作的成功率为 99.95%，则对经过 SLA 串联后的数据库的写操作成功率为 99.95%×99.95%×99.95%≈99.85%，因此可用性降低。

采用多云部署还需要云管理平台 CMP，对公有云、私有云、本地环境等资源和应用进行统一纳管、监控、部署、资源调整，所以多云部署不仅仅是多个云平台的叠加，还有对多个云平台的管理，进一步提升了技术复杂度。所以多云部署并非适合所有用户的所有场景，对于部分用户场景，多云部署反而会提升技术复杂度，增加学习和上云成本。

最佳实践

对于业务来说，多云部署可以实现冗余，提升可用性；对于数据来说，多云部署是一种备份策略，可以提高可靠性，如图 4-26 所示。

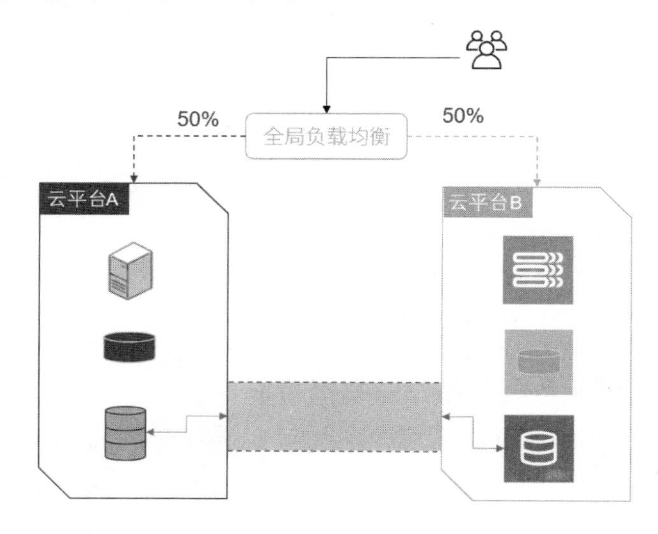

图 4-26　多云之间同时承担流量，实现业务高可用

对于避免云平台级别的故障，则要考虑将业务实现热备或双活。从架构设计的逻辑来看，这里的多云部署和单一云平台的两地三中心部署没有差别，上层应用、逻辑都容易实现跨云部署，重要的是底层数据库。

- 方案一是将上层应用、逻辑实现跨云部署，底层数据库只部署在一个云平台中，对数据库的连接和单一云平台没有差别，可以参考两地三中心部署。
- 方案二是将底层数据库实现跨云平台的主从同步，通过多云之间的内网连通提供尽可能低延迟的网络，重点需要考虑数据一致性和延迟。

提示

多云部署后的业务流量统一入口及请求在多云之间的分发详见“6.7 均衡——流量转发及全局负载均衡”。

在实现多云部署架构设计和实施后，还有另外一个问题，是否敢于在故障时切换业务平台。例如，作为备份的云平台 B 平时没有流量，因此关键时刻不敢切换，对云平台 B 的数据正确性、及时性和代码版本是否一致无信心；备份数据中心平时没工作，浪费成本。

解决这个问题的办法是经常去验证云平台 B 中的业务和数据。比冷备份更好的方式是在多个云平台中采用温备份和多活流量均衡的方式。温备份是指将大部分流量切分到云平台 A 中（如 95%的业务流量），将剩余流量切分到云平台 B 中。云平台 B 中的业务和数据经过实时验证，在整体业务流量增大时可将新增部分的流量导入云平台 B 中。

数据对企业的重要性不言而喻，偶尔也会看到一些用户数据无法访问或丢失的情况，数据的可靠性保障不能仅依靠单个云平台，要保证数据的可靠性和安全性，已经有众多企业提供备份、容灾方案，可在本地实现多副本备份，实现同城跨数据中心备份、混合架构或跨地域的异地备份，在这些方案之上还要考虑跨云平台的备份，哪怕是采用冷备份的方式，不至于在云平台级别故障或地域性灾难来临时一点数据都不剩了。在一定成本内把数据备份到另外一个云平台上，无疑减小了云平台级别的故障对数据可靠性的影响。

数据备份每多存储一份，都会降低数据丢失的风险，但也会增加数据泄露的风险。应在保证存储可靠性的前提下降低数据泄露的风险，因此在建立必要的高可用机制之后，应尽可能采用加密的冷备份。

存储数据时可选用 S3 接口，各大云服务商的对象存储都支持 S3 协议，在数据拉取、上传时可降低技术难度。对于云端已有备份的，也建议统一以归档的形式备份到另外一个云平台上。归档备份的形式对数据实时性的要求低，存储价格低，可以减少费用支出。

4.8.3　全球资源补充

在实现业务全球部署和靠近用户就近部署时，单个云平台覆盖的地域有限，可综合考虑多个云服务商所能覆盖的地域。再根据“7.5 网络——选择最优部署地域”来评测物理距离靠近最终用户的若干个地域，在多个云平台的地域中核算综合得分，选择最优地域进行部署。

为什么要选择这么多地域。云服务商为了将客户业务靠近最终用户进行部署，以获得更佳的访问体验，在全球建立了数十个地域，不同云服务商在美国、欧洲等地区扎堆提供地域选择，在巴西、越南、迪拜、尼日利亚、澳大利亚、印度尼西亚等地则进行"选择性"部署。

对于客户来说，他们的最终用户在哪里，就应该在哪里部署业务，如为了开拓尼日利亚市场，UCloud 拉各斯地域是较优选择。所以多云部署能够将多个云服务商在全球的资源集中起来统一纳管。除此之外，不同地域的价格不同，对于价格敏感性的业务能够通过多云部署打造最优成本方式。

云服务商支持的不同地域

UCloud 拥有台北、拉各斯地域；阿里云在悉尼、吉隆坡、弗吉尼亚、硅谷等地有地域；AWS 中国有宁夏地域，AWS Global 有巴林、斯德哥尔摩、米兰、爱尔兰、开普敦等地域。如果业务和数据适合在单地域内进行独立部署，即不需要和其他地域的数据进行实时同步，则可以充分发挥多云带来的全球资源补充的优势。例如，游戏行业按照地区来划分游戏服的场景，业务部署在单地域，数据也仅在该地域中进行读写，如果实现异步同步到主服务地域中的数据库中，则可以灵活地选用 UCloud、阿里云、AWS 等不同的地域来创建资源部署业务。

除了物理地域覆盖范围的不同，在云服务产品上也有所差异，如业务系统的计算模块部署在 UCloud 中，对日志的分析处理等可选用腾讯云，再结合腾讯云的微信通知、小程序等进行事件告警等。

还有一点要说明的是，云平台中的全部产品并非已经部署到了所有的地域中，不同地域中的产品版本也可能不同，如业务运行在腾讯云北京地域中，腾讯云北京地域还未上线 MySQL 8.0，但阿里云北京地域已经上线 MySQL 8.0，则可以通过专线连通腾讯云北京地域和阿里云北京地域，使其可以采用彼此的数据库服务。

4.8.4 多云部署实现成本优化

如果某个云平台中的一些服务有价格优势，那么可以选择一些离线计算任务分配到该云平台进行计算。参考 AWS 抢占型资源，保证在一个周期内进行计算任务，即便下一个周期资源被按期释放，因为在释放前已经保存了数据，因此竞价实例的抢占型资源的申请成功和释放不会影响整体任务。例如，对于竞价实例、大数据分析或展示，国内采用 UCloud，海外采用 AWS Global。

通过采用多云策略，可以充分考虑不同云服务商在全球不同地区、不同配置的资源的价格差异化。像一些厂商在香港的云主机的资源的价格更贵，对于日志分析、数据非实时统计等离线业务，可以将其转给价格更低的资源进行分析。部分云平台提供的竞价实例云主机尤其适合这种场景，通过“抢”到的临时计算资源可以将价格压缩到 30%以内，抢到资源后进行计算，如果 1 小时后资源未申请成功则提前保存计算结果并释放资源，等待下次的计算任务。

4.8.5　避免厂商锁定

我们通过云计算便捷的弹性伸缩、可靠的数据存储、轻量级的运维等因素选择云平台，这时应该积极考虑云平台的优势。反过来思考，业务上云如何避免被云服务商锁定？选择云平台时的决策性因素有哪些？这看起来不算技术领域的难题，却是我们必然要面对的问题。

第一个问题，业务上云如何避免被云服务商锁定？这个问题是这样产生的，业务积极部署在云服务商的云主机、云硬盘等资源上，如果因为政策原因、价格原因、技术问题等需要迁移下云或切换到其他云平台，这时会带来多大的代价？可能系统从没考虑过扩展到其他云平台，因此在切换的过程中可能会造成业务中断的风险。如果进行业务架构设计时强制关联了某个云平台特有的标记，如将云平台对象存储的 EndPoint 固定写到代码中，那么当对象存储服务异常、发生故障时想切换都来不及。

第二个问题，选择云平台时的决策性因素有哪些？除了评估产品、技术、服务能力等方面是否足以支撑业务运行，还要评估云平台品牌。如果企业投资方或重要合作方是云服务商背后的集团，则大概率会选择该云服务商的云平台。云服务商可能属于某个大型集团或运营商，云平台是独立运营的，但总会被人为“认为”云平台也是属于该大型集团或运营商的，当我们作为用户的业务领域跟该大型集团或运营商重叠时，不可避免地会产生一些顾虑。

云服务商不断推陈出新，发布新款产品，在性能、覆盖场景等因素中正好满足当前的业务需求，采用后能够解决当前棘手的问题，这时也就跟云平台有更多的绑定关系了，因为其他云平台没有同等的产品。这是道选择题，跟云平台绑定不分好坏，只是要清晰地掌握跟云平台的结合点和可解耦的服务。为了解决当前问题，也无须过多犹豫地去选择新产品、新特性。

前面也提到过迁移上云，可是迁移上去后迁不下来怎么办？如果两三年后云平台的产品研发不力、技术选型不符合自身业务，想跑也跑不掉，就尴尬了。因此在一开始就选择将业务部署在多个云平台上，不失为一种长远考虑。著名零售企业沃尔玛在备货时即便某种商品物美价廉，也会再选择其他两个同类产品供客户选择，这也避免了因为某个商品的价格、库存等影响整个商场的售卖业务。

如果采用多云不是为了业务高可用，而是为了避免厂商锁定等，则建议选择不同业务实现多云部署，如企业的订单系统采用 UCloud，物流系统采用阿里云，在业务上实现解耦，在 UCloud

云平台中处理订单，仅需异步同步到位于阿里云的物流系统中即可，一些业务订单数据和物流系统数据的延迟在分钟级别也并非不可接受。

4.8.6 多云部署的复杂度

多云部署不是银弹，任何单个云平台解决不了的技术问题，也难以通过增加云平台的方式来解决。如果该云平台在技术、产品上有缺陷，或另外的云平台提供了新的产品，那就另当别论了。

云平台有优势才会被选择，但云平台也有复杂度，多云部署在一定程度上来说只会增加技术的复杂度。用户技术团队使用单个云平台都有难度，选用多云平台会更难。多云平台难免会有产品和技术上的差异性，搞定一个云平台的部署后，几乎不可能将其直接复制到另外一个云平台中，还需要重复进行调整、测试。

选用多云部署后，如果只是多个云平台资源的堆砌，在成本上也只是费用相加。业务跨云之后还需要在资源上互留冗余空间，难以通过自动伸缩保持最低的资源配置来节省费用。多个云平台的计费模式不同、没有设置合理的余额告警等都会在成本上造成一些浪费。

技术上的复杂度，以及费用成本、时间成本的“浪费”是多云部署的学习成本。而对于强关联的系统，在多云平台之间会因为网络延迟而增加请求时长，在系统设计时也必须保证网络质量，任何一个云平台出现故障都会造成整个业务流中断。

多云部署的复杂度与最佳实践

业务部署在某个云平台上并非选择其全部地域，并且前面所说的云平台出现故障也只是该云平台的某个地域出现故障，并非所有地域都失效，因此从这个角度上看，在单个云平台上选择 N 个地域和跨云平台选择 N 个地域并不会提升业务可靠性。

我们应正视多云部署的成本和难点，对需要多云部署的项目积极选用多云部署，积极拥抱云计算服务，积极采用一个或多个云平台，积极采用新技术和新方案，但要清楚如何脱身，不能因为多云部署有风险、有成本而盲目退而求其次。

第 5 章 业务持续

在设计业务高可用时我们参考方法论或设计原则，可以将墨菲定律看作业务持续性设计的原则。依照墨菲定律来看云服务，任何一台云主机均有可能宕机，也一定会宕机；任何一块硬盘均有可能丢失数据，也一定会丢失数据。我们可以称之为底层资源的不可靠性，不仅云平台，传统 IT 架构也有同样的情况。我们应该设计更复杂的逻辑来避免云主机宕机及云硬盘丢失数据吗？不是的，在云平台中，各项产品及服务会提供相应的 SLA（Service Level Agreement），业务构建在云服务之上，架构师需要做的是正视每一个细节、每一个可能出现故障的组件，通过上层应用设计去解决底层组件的不可靠。业务持续架构设计模式全景图如图 5-1 所示。

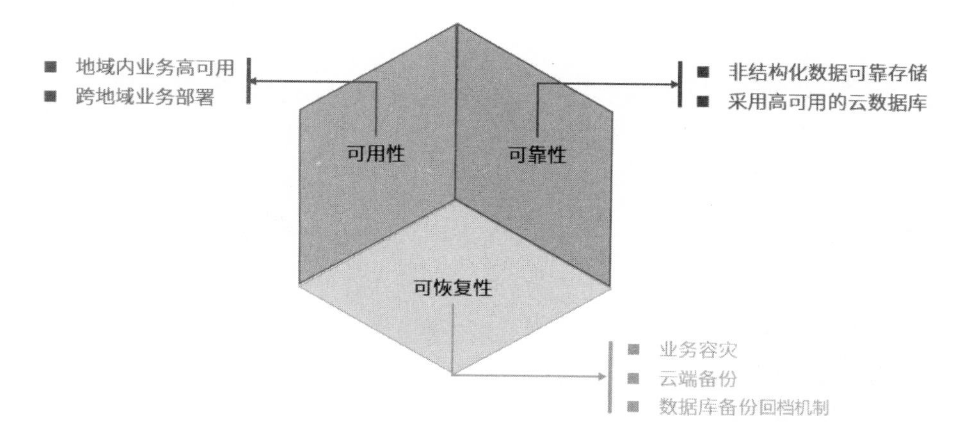

图 5-1 业务持续架构设计模式全景图

墨菲定律：

如果事情有变坏的可能，不管这种概率有多小，它总会发生。

本章包含以下内容。

- 可用性——地域内业务高可用。
- 可用性——跨地域业务部署。
- 可靠性——非结构化数据可靠存储。
- 可靠性——采用高可靠的云数据库。
- 可恢复性——业务容灾。
- 可恢复性——云端备份。
- 可恢复性——数据库备份回档机制。

5.1 可用性——地域内业务高可用

在高可用设计原则中提到过实现业务高可用需要在各个层面寻找出可能造成单点故障的组件并通过冗余避免单点设计，在云端最基础的高可用设计就是在多台云主机之间实现冗余和均衡，有效避免单台云主机故障带来的影响。同时云主机上的应用程序还必须要合理部署在多台云主机上，如果应用程序或其某个组件仅部署在单台云主机上，则无法避免单台云主机故障带来的影响。

依据前面的设计规则避免单点设计，要避免云主机的单点，在进行业务部署时采用多台云主机即可避免单点（相信现在没有多少应用可以仅由一台云主机支撑）。既然做到了云主机级别的高可用，自然而然要进行跨可用区部署，不增加成本，也基本不会增加系统部署难度，还能避免单个可用区造成的单点。云服务商在设计可用区概念时就考虑了可用区之间的低延迟和无差别内网互通，同时因为可用区之间相距数十公里而隔离了风险。

提示

除了消除云主机的单点，通过采用多个可用区避免可用区级别的单点，还需要通过采用多个地域避免地域级别的单点（在 5.1 可用性——地域内业务高可用中介绍），通过跨数据中心或跨平台实现高可用（在 4.6 混合架构——云管理平台中介绍），通过将业务部署到多个云平台上实现多云部署（在 4.8 多云部署——多云部署中介绍）。

坏味道是指：没有在 AZ 级别实现均衡及高可用；状态保存在服务器中，没有实现无状态（Stateless）；仅对部署应用的云主机实现跨可用区设计，而忽略了数据存储、数据库的高可用。

5.1.1　概要信息

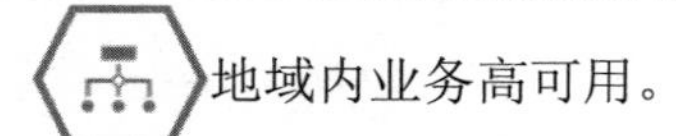

地域内业务高可用。

业务需要基础的高可用，需要具备应对单个可用区故障的能力。

- 通过负载均衡实现可用区级别的高可用。
- 实现数据库层高可用。

业务部署时，默认采用单个地域跨可用区的高可用设计。

- 5.2 可用性——跨地域业务部署。
- 6.3 扩展——计算自动伸缩。

5.1.2　地域及可用区的概念

5.1.2.1　地域

地域是云计算中承载底层服务器、提供云产品、部署应用的物理区域，云服务商一般按照城市来对应设置地域。一个地域包含一个或多个可用区，如果某个地域只有一个可用区，则无法实现同地域的跨可用区高可用设计。云服务商在设置地域时会按照该城市周边用户的数量、网络质量、数据中心建设和运营成本来综合考虑。为了覆盖更广泛的最终用户群体，云服务商会在全球的不同城市提供地域。

不同地域间的物理距离相对较远，网络没有实现内网互通，云服务商通过高速通道将遍布全球各地的地域连接起来，高速通道实际上是云服务商预设连通的、共享给用户使用的网络专线，涉及跨云服务商的地域连接、连接非云服务商的 IDC 等本地数据中心，还需要通过铺设专线、VPN 等方式进行连通。

从上海[1]可用区 B 的云主机 ping 北京可用区 B 的云主机的 EIP（106.75.15.217），结果如下：

跨地域外网延迟

```
[root@10-23-74-31 ~]# ping 106.75.15.217
PING 106.75.15.217 (106.75.15.217) 56(84) bytes of data.
64 bytes from 106.75.15.217: icmp_seq=1 ttl=46 time=29.6 ms
64 bytes from 106.75.15.217: icmp_seq=2 ttl=46 time=28.8 ms
64 bytes from 106.75.15.217: icmp_seq=3 ttl=46 time=28.7 ms
64 bytes from 106.75.15.217: icmp_seq=4 ttl=46 time=28.5 ms
```

如图 5-2 所示，在北京和上海两个地域之间开启高速通道，选择 2Mbps 的通信网络，并连通两端的 VPC，我们再来看一下云主机间的内网延迟，从上海可用区 B 的云主机 ping 北京可用区 B 的云主机内网 IP（10.9.158.30）。

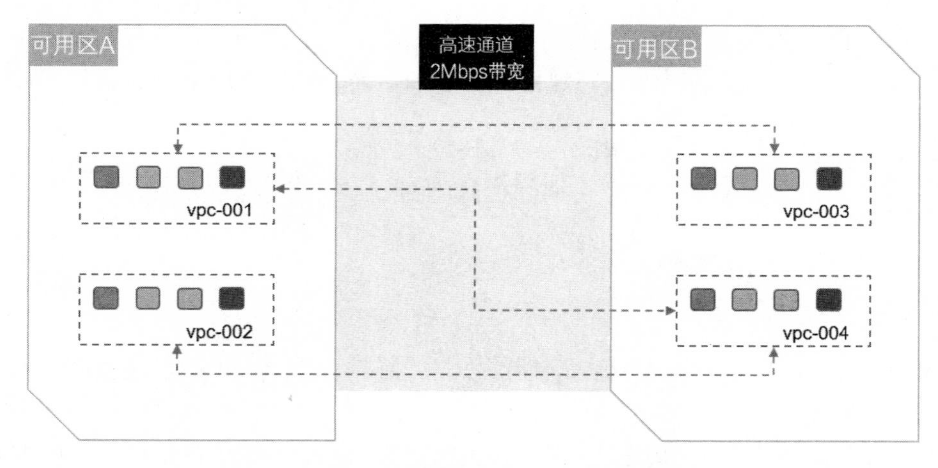

图 5-2　通过高速通道连接北京和上海两个地域

① 部分云厂商在同一个城市有多个地域，如上海一、上海二、北京一、北京二，为了普适性介绍，本书选取上海、北京代指其中一个地域。

跨地域内网延迟

```
[root@10-23-74-31 ~]# ping 10.9.158.30
PING 10.9.158.30 (10.9.158.30) 56(84) bytes of data.
64 bytes from 10.9.158.30: icmp_seq=1 ttl=62 time=860 ms
64 bytes from 10.9.158.30: icmp_seq=2 ttl=62 time=26.0 ms
64 bytes from 10.9.158.30: icmp_seq=3 ttl=62 time=25.6 ms
64 bytes from 10.9.158.30: icmp_seq=4 ttl=62 time=25.5 ms
```

5.1.2.2　可用区

一至多个可用区可组成整个地域，可用区是云平台中多租户使用的资源池的逻辑概念，后端由一至多个物理数据中心构成。云平台在可用区级别提供无差别的云服务，对于用户来说，并不需要关注可用区背后是单个数据中心还是多个数据中心，也不需要关注可用区背后的数据中心的位置，用户只需要尽可能将业务在同地域的不同可用区分散开即可。

提示

理论上，同一个地域的不同可用区没有差别，也不应该有差别，在实际情况中，由于云服务商建设问题、产品上线灰度发布问题、可用区建设先后顺序等，会造成不同可用区的产品版本不完全相同、资源容量限制等问题，如在北京可用区 A 提供云数据库 MySQL 8.0 版本，而在北京可用区 B 最高提供云数据库 MySQL 7.6 版本。建议在选择可用区时至少选择两个，其中一个为云服务商最新上线的可用区。

同一个地域的任意 2 个可用区的数据中心在物理上是隔离开的，分别采用不同的电力、空调制冷系统，选用不同的网络环境，避免物理故障造成可用区单点故障。可用区的物理数据中心之间相距 30～100 千米，并通过光纤连通，所有资源可通过内网通信，如图 5-3 所示。可用区之间通过光纤连通，默认内网互通，适合绝大多数跨可用区的组件调用、数据读写等操作。可以通过 ping 结果来对比内网及互联网的访问延迟。

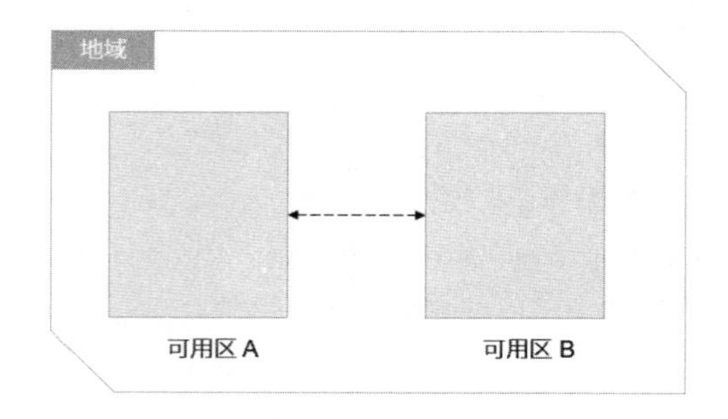

图 5-3　同一个地域的不同可用区之间通过专线连通

从上海可用区 A 的云主机 uhost-zfbgqz52 ping 上海可用区 B 的云主机 uhost-koldzxaj 的外网 EIP。

 # 跨可用区外网延迟

```
[root@10-23-74-31 ~]# ping 106.75.232.108
PING 106.75.232.108 (106.75.232.108) 56(84) bytes of data.
64 bytes from 106.75.232.108: icmp_seq=1 ttl=60 time=2.77 ms
64 bytes from 106.75.232.108: icmp_seq=2 ttl=60 time=1.64 ms
64 bytes from 106.75.232.108: icmp_seq=3 ttl=60 time=1.59 ms
64 bytes from 106.75.232.108: icmp_seq=4 ttl=60 time=1.72 ms
```

从上海可用区 A 的云主机 uhost-zfbgqz52 ping 上海可用区 B 的云主机的内网 IP（10.9.59.82）。

 # 跨可用区内网延迟

```
[root@10-23-74-31 ~]# ping 10.23.164.215
PING 10.23.164.215 (10.23.164.215) 56(84) bytes of data.
64 bytes from 10.23.164.215: icmp_seq=1 ttl=63 time=1.95 ms
64 bytes from 10.23.164.215: icmp_seq=2 ttl=63 time=1.33 ms
64 bytes from 10.23.164.215: icmp_seq=3 ttl=63 time=1.23 ms
64 bytes from 10.23.164.215: icmp_seq=4 ttl=63 time=1.20 ms
```

5.1.2.3　跨地域及跨可用区内外网的网络延迟

通过以上跨地域和跨可用区云主机 ping 命令来获取网络延迟，可获得网络延迟数据，如表 5-1 所示。上海到北京的物理距离为 1200～1300 千米，按照光速 300 千米/秒的传输速度从上海到北京再传输到上海也需要 8～9 毫秒的时间，即便是通过基于光纤的高速通道连通，再加上多个交换机等延迟，此处计算得来的网络延迟约是光速传播时间的 3 倍。

表 5-1　跨地域及跨可用区内外网的网络延迟对比

类　　型	发起云主机	目的云主机及 IP	网络延迟近似值
跨地域外网	上海可用区 B 的云主机	北京可用区 B 的云主机 EIP	29ms
跨地域内网（通过 2Mbps 高速通道连通）	上海可用区 B 的云主机	北京可用区 B 的云主机内网 IP	26ms
跨可用区外网	上海可用区 B 的云主机	上海可用区 A 的云主机 EIP	1.6ms
跨可用区内网	上海可用区 B 的云主机	上海可用区 A 的云主机内网 IP	1.3ms

5.1.3　可用区级别高可用

一个庞大的系统是由很多组件和子任务模块组成的，任何一个组件和子任务模块如果运行在单台服务器中都会形成单点，这些关键子业务如果停服可能会导致整个系统级别的服务不可用。例如，电商平台用户登录界面的图片验证码、游戏业务中的系统负载监控告警功能，如果这类子业务运行在单台服务器中遇到故障宕机，则会直接影响电商平台的用户登录，并使游戏业务不能根据系统负载告警动态扩展。

要避免单点故障，实现最基础的高可用，可选择将同一个应用和子任务部署在 2 台及 2 台以上的云主机上。多台服务器共同承担业务压力，此时不仅降低了单台服务器的压力，还避免了云主机的单点，通过云主机级别的冗余保障有一台服务器宕机也不会影响整体业务的连续性。将多台服务器部署在同一个可用区内，还是会形成可用区级别的单点，应选择将多台服务器在该地域的多个可用区中分散创建。

云计算中的可用区的设置为业务实现同地域高可用提供了便利，将部署业务的云主机分布在一个地域内的多个可用区中，可避免单台云主机宕机、单个可用区网络中断等单点问题，且在这个过程中并不会增加额外的成本。

如图 5-4 所示，同一个地域的不同可用区实现高可用部署的流程如下。

1．在部署业务时，在一个地域内至少选择两个可用区，参照典型三层架构（包括展示层、逻辑层、数据库层），展示层和逻辑层云主机均保持无状态（Stateless）。可通过持续集成与发布平台部署应用，也可以选择将云主机应用和数据制作为镜像并复制到其他可用区中来创建云主机。

2．展示层、逻辑层的云主机需要保持无状态，即状态数据不保存在云主机中，状态数据适合选用 Key-Value 形式的 Redis 数据库进行存储和读写，Redis 运行在内存中，提供高性能的读取操作。所有保持无状态的云主机将状态数据写入 Redis 中，即便其中的云主机宕机，导致正在处理的任务失败，业务中的重试逻辑也会重新将任务分配到其他云主机中，数据不会丢失；如果将业务的状态数据保存在服务器上，则会出现云主机 A 宕机后其状态数据丢失，云主机 B 无法获得该状态，从而造成功能紊乱。

3．展示层、逻辑层通过负载均衡实现流量均衡和统一的接入访问，前端用户通过负载均衡的内网 IP 或 EIP 进行请求访问，后端服务节点由分布在该地域的不同可用区的多台云主机组成，用户无须关注具体由哪个后端服务节点提供服务，负载均衡屏蔽了云主机的单点故障。

4．云数据库在一个可用区是主库，在另外一个可用区中为从库，通过设置可实现主从数据库同步，两个可用区之间默认通过内网通信，具有极低的延迟，该地域的所有可用区的云主机均写入主库中，读操作则选择云主机所在的可用区中的从库。

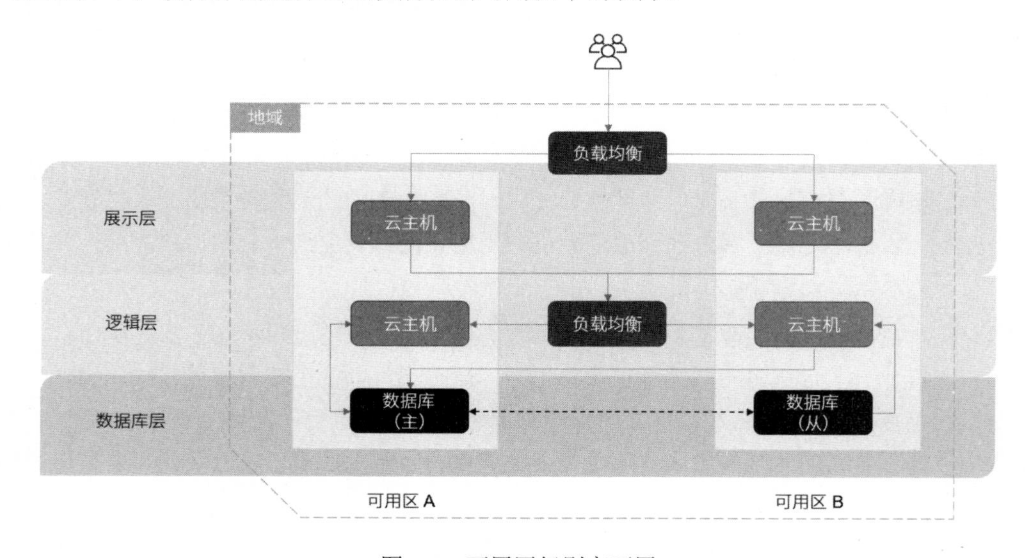

图 5-4　可用区级别高可用

最佳实践

可用区级别高可用，建议配合自动伸缩来扩展或收缩云主机数量。在创建云主机或进行自动伸缩扩展时应尽量在不同可用区选择同等规格、数量相同的服务器。

通过负载均衡实现云主机级别高可用，并且通过云平台的可用区设计可以有效避免单个可用区故障的影响。如此负载均衡就成了“单点”，该如何消除呢？实际上负载均衡服务是跨可用区高可用的，该服务本身就是由跨可用区集群形式提供的服务，底层服务器宕机时会自动在地域内漂移提供服务。这种提升可用性的方式并不会带来额外的成本，原先设计业务部署在 N 台服务器上，现在将 N 台服务器在多个可用区间平均分布，并且挂载到负载均衡后端服务节点中即可。

展示层、逻辑层可保持数据无状态，在数据库层将主从数据库实例分布在不同的可用区，多个从库作为只读实例提供读数据库操作，数据库中同时只能有一个连接写入数据（云服务商提出的数据多活写操作并未普及，此处暂不介绍），因此不同可用区的云主机写数据时均需写入主库中。

数据库主从扩展、数据库读写压力大时如何扩展数据库、跨地域的数据库如何写数据和同步数据等内容详见“6.4 扩展——数据库层扩展”。

5.1.4　负载均衡

Web 应用典型三层架构的作用是按照上下层逻辑进行解耦，展示层、逻辑层、数据库层各司其职，除三层应用架构外，还有一层是数据库，如图 5-4 所示。在程序开发上更容易实现各个组件的调整、更新，在业务架构上更容易实现扩展和高可用。这三层系统组件均可独立部署到相同或不同的云主机中，组件之间互相调用即可。

- 展现层，用户访问和浏览的 PC 端、移动端界面通常由 HTML、JS、CSS 组成。
- 逻辑层，应用系统的逻辑操作，如用户登录、商品下单、游戏登录、课程学习等逻辑。
- 数据库层，对数据库的连接、关闭、CRUD 增删改查操作，一般通过数据库封装 DAO 作为接口来操作。

如图 5-5 所示，负载均衡通过 VServer 监听前端请求，统一纳管后端的服务节点 RealServer，并根据均衡算法转发到服务节点，服务节点并不直接面向用户端，方便进行扩展。负载均衡自身没有判断系统负载或业务压力的功能，可通过自动伸缩或脚本的方式来添加云主机、物理云主机等资源到后端节点中，或者移除资源。添加服务节点后，负载均衡会按照均衡算法重新分配任务，缩容移除服务节点时会按照设定策略的顺序依次移除。

VServer 需要配置监听的端口、负载均衡算法、会话保持、健康检查策略等参数，另外对于 7 层的 HTTPS 服务还需要绑定 SSL 证书。VServer 的作用就是接入请求、按照均衡算法分发流量、实现健康检查等，负载均衡的大部分功能都由 VServer 提供。后端服务节点也称为 RealServer，承载 VServer 分发的流量，后端服务节点支持虚拟的云主机、物理服务器、打通网络的混合架构中的本地服务器，后端服务节点需要通过绑定的操作来挂载到负载均衡 VServer 中。

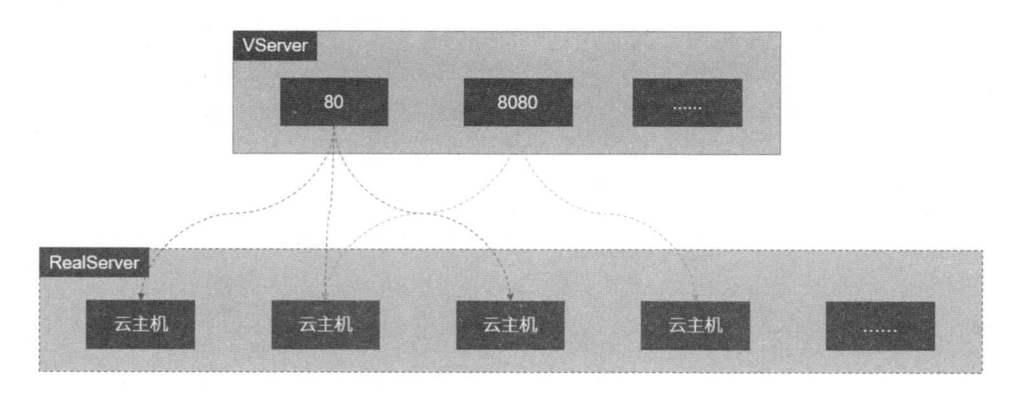

图 5-5　负载均衡示意图

VServer 中的健康检查机制会监测服务器的状态，确认健康检查状态为“失败”时会将该服务节点从后端服务节点中移除，故障解除后需手动或通过程序重新挂载，并不会自动重新挂载。负载均衡后端服务节点支持健康检查机制，只对健康检查状态为“正常”的服务节点分配请求。健康检查方式有两种：端口检查和 HEAD 检查，通过心跳包来判断后端服务节点是否“正常运行”，通过端口检查只能检测出端口是否可通信，不能检测 Apache、nginx 等服务器是否启动、应用能否正确访问；HEAD 检查需要配置 HTTP 检查路径，如“http://www.example.com/index.php”，需要后端服务节点支持 HEAD 请求，并且返回 200 响应码视为可正常访问。

提示

负载均衡的端口检查和 HEAD 检查两种方式均不能准确监控应用是否正常运行，更多应用运行监测指标和云主机监控指标可参见“9.2 监控告警——云监控告警”。

如图 5-6 所示。当云主机作为服务节点绑定到负载均衡之后，默认健康检查状态是“失败”，因为这时负载均衡还没完成连续三次请求为“正常”的状态检查，所以是“失败”的状态。只有连续三次请求为“正常”，才会变更服务节点（云主机）的状态为“正常”，当连续三次请求为“失败”时，才会变更服务节点（云主机）的状态为“失败”。如果仅有一次或连续两次检测到与当前结果相反的状态，考虑到可能是网络连接故障等原因或偶然的请求成功，所以不作为变更的依据，连续三次的请求结果相同才可作为参考依据。

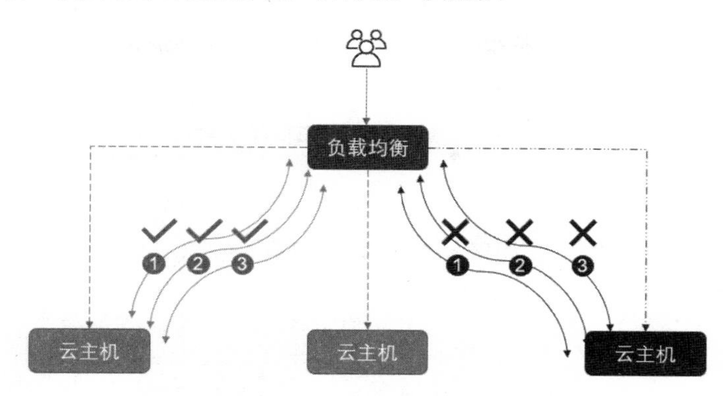

图 5-6　负载均衡健康检查机制

对于健康检查状态为“失败”的云主机，负载均衡会将这些云主机从可用云主机列表中移除，用户的请求不再转发给这些云主机处理。这是个“温处理”的过程，也就是这些云主机不会被分配新的请求，但是会在处理完成已经分配的任务后再进行移除。如果云主机发生严重故障，导致当前任务还未处理完成，会丢失当前任务的状态和数据，这就需要前端应用具有请求重试机制和结果检查机制。如果云主机状态恢复正常，连续三次健康检查状态为“正常”后会按照负载均衡算法分配新的流量到该云主机。

负载均衡会通过健康检查机制检测后端的云主机是否能够正常连通，健康检查失败时会将该云主机从后端的云主机中移除，该云主机不再被分配任务，云主机恢复后健康检查状态也会恢复正常。

5.1.5　无状态

负载均衡为业务高可用提供了最基础的机制，有几方面要注意，每个服务节点中要保持无状态，状态数据包括用户登录 Token、任务处理结果、触发的任务事件、任务源数据、中间状态数据、处理结果数据等，这些状态数据都要和云主机进行解耦，保证云主机不存储状态数据。负载均衡的轮询、加权轮询、最小连接数均衡算法在没有开启会话保持功能时，连续的、同一用户的请求不一定会分配到同一台云主机中进行处理，云主机就无法获取状态数据。如果将状态数据保存在云主机本地，则其他云主机无法获取这些数据，在该云主机发生故障时保存的数据也会丢失。

所有云主机都保持无状态，将状态数据存在 Redis 中而不是云主机本地。如果云主机发生故障时任务已经处理完成并将数据写入 Redis，则云主机故障不会影响应用高可用，健康检查机制会将其从后端服务节点中移除；如果云主机故障时任务还未处理完成，还未将状态数据保存到 Redis 中，应用程序会通过重试机制再次请求，负载均衡会按照均衡算法分配请求到云主机并重新加载数据进行处理。

5.1.6 应用案例——MumuLab 在单地域多可用区部署

实验目的：

在公有云的单个地域的多个可用区部署应用，包括云主机、数据库等，并通过负载均衡分发用户请求。

前置实验：

4.1 公有云——使用云主机快速部署业务。

5.4 可靠性——采用高可用的云数据库。

在之前的实验中已经在上海可用区 A 部署了 MumuLab，在上海可用区 B 创建了云主机，选择镜像之前实验已经创建好了“MUMUCLOUDDESIGNPATTERN”，其他参数参照“4.1 公有云——使用云主机部署应用”中的表 4-1。

1．复制上海可用区 B 中云主机实例绑定的 EIP 地址到浏览器中，也能访问到 MumuLab。

2．在上海可用区 B 中创建负载均衡实例，名称填写为“My-LoadBalance”，其他参数选择默认值，网络选择新建 EIP 并选择 1Mbps 带宽进行支付。

3．在负载均衡实例中点击“详情”，进入配置界面，点击“添加 VServer”。

4．在 VServer 配置界面中，名称填写为“My-VServer-80”，其他参数为默认值。

5．在 VServer 中配置后端服务节点，选择已经创建的两台云主机。

6．复制负载均衡实例中绑定的 EIP 到浏览器中，能够正常访问到 MumuLab。后端实际上由两台云主机按照均衡算法（默认为轮询）来接收请求。

7．在 MumuLab 中，配置后端数据库 IP 地址为已经创建过的数据库实例，其中，主库在上海可用区 A，从库在上海可用区 B。

8．目前，所有数据库读写都在上海地域可用区 A 中。对数据库进行读写分离放在了后续的实验中。

9．对其中一台云主机（上海可用区 B 中的云主机）进行断电操作，模拟故障，在浏览器中持续访问负载均衡绑定的 EIP 能够正常访问到 MumuLab。

5.2　可用性——跨地域业务部署

业务在单个地域内部署之后已经能够满足大多数企业对业务高可用的要求，对于需要进行异地高可用、避免地域或城市级别灾难的应用，还需要考虑多地域部署，在多地域间进一步提升业务可用性、数据可靠性。传统架构下的两地三中心同样可部署到云端，采用云平台的多个地域部署来实现。通常情况下，不同地域位于不同的城市节点，跨地域部署可以起到异地备份的作用，其缺点就是跨地域部署的网络延迟高，对于数据库写操作是比较大的考验，如北京地域与上海地域之间，其优化方式是通过高速通道进行加速。

最佳实践

建议实现同城双活、异地数据备份、异地业务容灾。

5.2.1　概要信息

设计模式

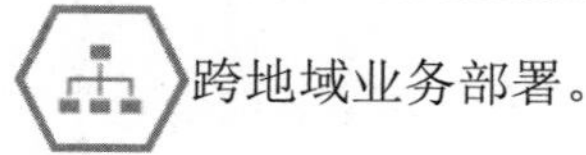

跨地域业务部署。

解决问题

业务需要进一步的高可用，需要具备应对地域级别故障的能力。

解决方案

业务实现功能单元化，部署在多个地域中，数据库层实现异步同步。

使用时机

- 业务部署时，需要具有跨地域高可用或备份的能力时。
- 在单地域基础上需要提升业务可用性时。

关联模式

- 4.5　混合架构——混合架构连通。
- 5.1　可用性——地域内业务高可用。

5.2.2　业务单元化

以电商平台为例介绍业务单元化，按照不同地域的用户导流到不同地域，并且在该地域尽可能实现业务闭环。如果仍需要跨地域调用，通过后续的高速通道连通内网，然后调用组件，但需要在数据一致性及性能间进行平衡。

所有用户流量通过统一访问入口接入，通过智能 DNS 将不同地区的用户就近接入或在业务转发层按照用户属性将用户切分到多个地域中，在每个地域中均有相同的业务模块来处理用户所有的业务逻辑，在没有故障或高可用降级等情况时无须通过跨地域调用其他组件，实现业务的单元化部署，也就是在单个地域内实现业务闭环，更详细的介绍请参见“6.7 均衡——流量转发及全局负载均衡”。

例如，在新零售平台，用户登录、浏览商品、下单、支付、查看订单详情、查看物流信息、在线客服等业务在每个地域都有部署，对于单个用户来说，在当前地域内即可完成浏览商品、下单等功能，用户的业务处理无须依赖其他地域的服务。

5.2.3 数据跨地域同步

跨地域实现业务高可用，对于无状态的接入层和逻辑层云主机可以“无限”横向复制，无须保存状态数据就很容易扩展，而数据库的写操作还是只能在一个主库中操作，在跨地域部署的数据库保持实时同步存在网络延迟高的障碍，兼顾数据一致性和可用性就成了难题（跨地域部署已经实现了数据的分区容错性）。

根据 CAP 原理，如图 5-7 所示，一致性、可用性、分区容错性只能同时实现两点。对于跨地域的数据库数据存储，一般选择的是 AP，弱化数据在跨地域时的一致性，即数据在地域 A 的多个可用区中保持数据可用性和分区容错性，而另外的地域 B 仅作为热备节点，根据地域的远近，地域 B 中的数据会比地域 A 有几十毫秒到几百毫秒的延迟，详细介绍见“7.4 网络——网络优化”。

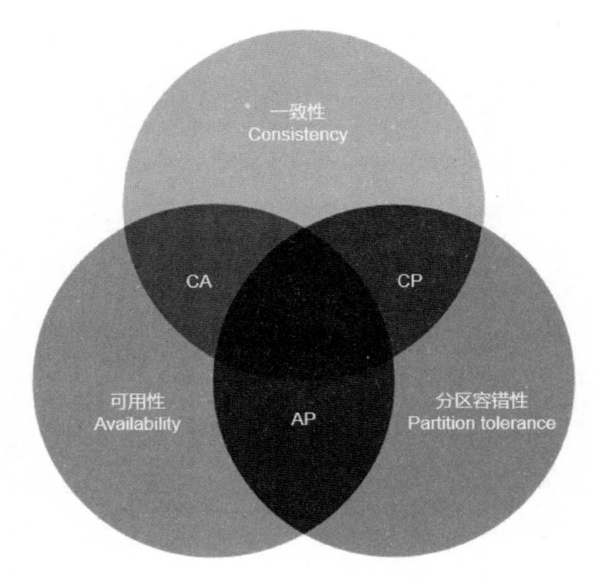

图 5-7　CAP 理论

根据 CAP 理论，跨地域数据库写操作可分为以下两种方式。

- 最终一致性：业务逻辑在当前地域的数据库中的写操作成功即返回操作成功，之后再异步复制到异地地域的从库中，最终保持当前地域和异地地域的数据一致性。
- 强一致性：业务逻辑在当前地域写成功后会实时同步到异地地域，只有在当前地域和异地地域均写成功后才向调用端返回成功。

除了数据库，还有对象存储及主机等跨地域同步数据，对象存储跨地域的复制可采用其支持的“跨地域数据同步”的功能。云主机也需要实现跨地域的复制，可采用镜像复制的方式，即在当前地域为云主机制作镜像，通过云平台的能力直接复制镜像到其他地域。相比镜像复制的方式，通过文件复制的方式将云主机中的应用和数据同步到其他地域就复杂多了，需要自行处理复制过程中的异常情况。整体来说，镜像复制操作简单，但复制频率不适合太高，不能实现增量数据同步；文件同步的方式操作复杂，但可以实现增量同步，可实现细粒度的数据同步。

5.2.4　网络打通

跨地域部署需要低延迟的网络连接，云平台已经在多个地域之间提供了高速通道，降低用户的使用门槛。而通过 IPsec VPN 等方式连接，网络质量受限于互联网传输质量，不推荐作为第一选择来使用。也可选择 SD-WAN 的方式进行连通。

业务实现单元化，在单个地域内形成闭环，也就不需要跨地域通信。但是为了实现数据异地备份，需要将数据库异步同步到异地地域中，这时就需要低延迟的网络。另外在地域 A 外网出现故障时，切分到该地域的所有请求均无法访问，这时需要全局负载均衡将所有流量切分到作为备份的异地地域 B 中，在地域 B 中，在业务转发层将请求路由转发到地域 A，这也是通过高速通道内网实现的，绕开了出现故障的地域 A。因此，跨地域的内网连通并不是为了方便跨地域调用组件，而是为了异步同步数据库和避免外网故障。

高速通道是云服务商提供的在云平台多个地域间的云租户可共享使用的专线服务，高速通道不像专线那样需要重新规划与施工，云服务商已经处理完成这些基础工作，用户只需要通过云端控制台在线开通即可使用。高速通道常用于业务都部署在公有云中、组件中需要跨地域进行调用、对数据库主库的写操作需要跨地域请求、数据在多地域之间进行传输等场景。

开通高速通道需要选择需要连通的两个地域，如北京、上海地域，再选择连通的网络带宽，如 2Mbps，通过高速通道连通后的两个地域间是内网环境，可以通过 ping 命令进行验证。在北京地域中的一台云主机中 ping 上海地域的云主机的内网 IP 地址，如 ping 结果所示，可以表明内网连通。

跨地域内网延迟

```
[root@10-23-74-31 ~]# ping 10.9.158.30
PING 10.9.158.30 (10.9.158.30) 56(84) bytes of data.
64 bytes from 10.9.158.30: icmp_seq=1 ttl=62 time=860 ms
64 bytes from 10.9.158.30: icmp_seq=2 ttl=62 time=26.0 ms
64 bytes from 10.9.158.30: icmp_seq=3 ttl=62 time=25.6 ms
64 bytes from 10.9.158.30: icmp_seq=4 ttl=62 time=25.5 ms
```

5.2.5 实现跨地域业务部署

在多个地域部署业务，有以下几种方式，包括在异地实现应用和数据的冷备份、温备份、“双活”模式。

- 冷备份是指数据按照备份的方式复制到另外一个地域中，通过镜像或文件的方式复制云主机，通过对象存储跨地域复制特性保持数据同步，数据库数据通过异步备份的方式进行复制。在当前地域出现故障时，可将另外一个地域中的应用和数据拉取到本地地域进行恢复。在多个地域中实现冷备份的部署方式应对地域故障的能力有限，在需要进行业务恢复时需要的周期较长。
- 温备份是将应用按照最小容量复制到另外一个地域，将数据异步同步到另外一个地域，其数据备份方式同冷备份，在另外一个地域中已经为各类应用启动了业务所需的最少量的云主机等资源，保证在异地有可运行应用的最小环境。在当前地域出现故障时，在另外一个地域中能够通过自动伸缩或手动触发扩容来启动完整的业务运行环境，并且再将所有业务流量切换到温备份的地域中。在多个地域中实现温备份的部署方式应对地域故障的能力较强，恢复业务所需要的时间较短，但会有部分未完成同步的数据丢失。
- “双活”模式是尽可能及时将所有业务和数据在两个地域之间进行同步，两个地域中都有完整的应用运行环境，并且业务流量由两个地域中的应用同时承担。结合前面介绍的“业务单元化”，需要将所有用户流量按照用户所在地域或其他属性切分到相应的地域中，如将华北的用户流量切分到北京地域，将华东及其他地域的用户流量切分到上海地域。如果有华东的用户误匹配到北京地域，可通过业务中的路由层经由高速通道转发到上海地域来处理业务。在单个地域出现故障时，可将所有流量切换到另外一个地域中，因为数据进行了接近实时的同步，剩下的只需要扩展云主机资源即可。实现“双活”模式，严格来说是对用户流量进行切分，不会对同一流量在两个地域进行同时响应处理。“双活”模式应对故障的能力最强，但是实现逻辑也更复杂，适合对业务要求极高的场景。

如图 5-8 所示，跨地域部署实现高可用，展示层横向扩展，所有组件调用都在地域内部，数据库层通过高速通道跨地域同步数据，架构解析如下。

1．业务部署在多个地域中，如上海地域和北京地域，其中一个地域（上海）选择使用 2 个（及 2 个以上）可用区。

2．北京地域和上海地域之间的 VPC 通过高速通道来连接，实现内网通信，便于组件之间的内部调用、数据库同步等。

3．所有用户流量需要进行切分，如果仅实现异地灾备，也就是上海作为核心业务区、北京用于数据备份，则所有用户流量切分到上海；如果实现异地多活，则按照用户 ID 或用户所属地域来划分用户流量到上海或北京；

4．按照 Web 三层架构来看，展示层、逻辑层都是无状态，可在上海、北京地域中按照镜像来创建多台云主机，并接入所在地域的负载均衡中；单个地域中的状态数据都在 Redis 中进行读写，保证云主机无状态。

5．在数据库层，需要在上海地域、北京地域分别有主数据库，用于数据库的写操作，上海地域的数据库写操作用于切分到上海的用户，北京地域的数据库写操作用于切分到北京的用户，写操作在当前地域内完成；上海的主数据库会异步同步到北京的从库中，北京的主数据库会异步同步到上海的从库中，互相作为备份。

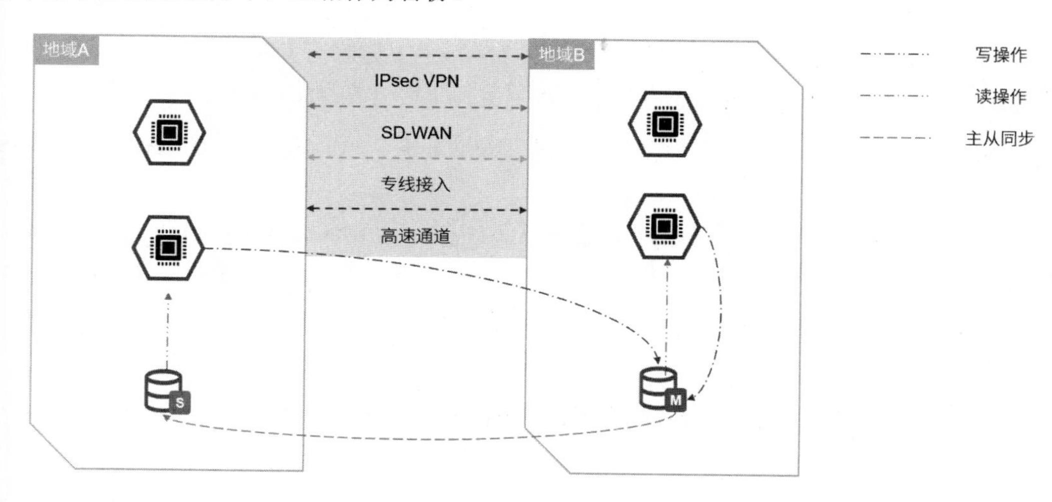

图 5-8　跨地域部署实现高可用

提示

用户流量切分详见“6.7 均衡——流量转发及全局负载均衡”。

5.2.6 应用案例——MumuLab温备份到第二个地域

实验目标：

将 MumuLab 实现在上海地域的业务部署，并且实现在北京地域的温备份部署，以便在上海地域业务异常时将所有流量切换到北京地域。

实验步骤：

1. 在上海地域为云主机定期制作镜像，名称参考格式“MumuLabDesignPattern-20210710”，对不同应用功能的云主机分别制作镜像。

2. 将每批创建的镜像复制到北京地域，在北京地域按照每个镜像创建一台云主机，保证最小运行环境。

3. 在对象存储中将上海地域的“MumuLab”存储桶设置为跨地域数据同步到北京地域。

4. 在云控制台中点击高速通道，开通北京地域和上海地域的高速通道，设置带宽为1Mbps，点击“确定”，并进行支付。

5. 在高速通道配置界面中选择北京地域和上海地域需要连通的VPC进行连通，即可通过内网进行访问，设置上海地域的数据库数据异步同步到北京地域的数据库实例中。

6. 前端业务流量通过DNS解析全部转发到上海地域中，北京地域仅作为温备份的业务场景使用。

7. 模拟上海地域业务异常，将所有业务流量通过DNS解析转发到北京地域，在北京地域对不同业务类型的云主机分别进行横向扩展，将对象存储的文件链接域名修改为北京地域对应的域名，启动北京地域的数据进行读写操作，全面接管所有业务流量。

5.3 可靠性——非结构化数据可靠存储

业务系统中有大量的静态图片、静态页面，读取请求往往会成为系统的瓶颈，可以通过对象存储服务实现海量静态文件的可靠存储、读取高可用，以应对快速增加的文件。

在互联网应用、传统企业应用中都有大量静态文件存储，并且文件数量每天都在增加，如何在不影响读写性能的前提下有效、可靠地存储快速动态增加的文件成为应用中急需解决的问题。云计算的第一个产品便是对象存储，是专为存储静态文件设计的。使用对象存储时，用户无须配置存储的空间容量，服务后端会自动调配空间来存储增加的文件。另外，可以结合动静解耦设计模式，将静态文件存储到对象存储中，与动态服务实现松耦合架构；并可通过 CDN 进行加速，在进一步降低源站和对象存储服务的压力的同时，提升用户访问数据的效率。

在传统模式下，静态文件存储在硬盘或 NAS、DAS 之类的服务中，当存储文件的数量增多时，底层资源难以在不影响性能的前提下进行线性扩展，在流量方面往往会造成读写压力瓶颈。文件存储和读写压力瓶颈会成为整个系统的短板。

5.3.1　概要信息

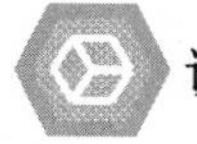
设计模式

非结构化数据可靠存储。

解决问题

- 有海量静态文件需要存储，并且需要实现高并发访问、数量扩展无损性能的服务。

解决方案

- 高可靠的对象存储。
- 高可靠的块存储。

使用时机

- 有大量对象数据或块数据存储时。

关联模式

- 6.1　解耦——数据存储访问动静分离。

5.3.2　高可靠的对象存储

传统存储系统采用集中式的存储服务器来提供存储能力，这时存储服务器会成为性能瓶颈，并不能满足大规模数据存储的需求。云端对象存储服务采用分布式存储方式，通过多台存储服务器实现存储虚拟化，存储的数据可能会分散在多台存储服务器中的任何一个地方，在调取文件时通过管理控制端自动将分散的数据块拼接，返回给用户或程序一个完整的、和上传时相同的文件。因此对象存储服务通过多台存储服务器消除了存储性能瓶颈，并且提高了存储服务的可靠性和可用性。Web 应用或 App 中的静态展示资源存储在对象存储中，用户访问应用时，应用会自动从对象存储中下载对应的文件，不必经过服务器，服务器只需要处理对动态数据的读写。

当存储的对象文件数量激增时，对象存储服务后端弹性扩展并且没有存储容量的限制，保证了对象存储服务的高可用性。同时，激增的对象文件数量不会影响运行在云主机、云数据库等服务上的其他业务，反之云主机或云数据库等服务故障也与对象存储服务隔离开来。

存储桶（Bucket）是存储文件的集合，可以自行定义名称；对象（Object）是存储的文件，与常见的文件目录与文件名称的格式不同，对象存储中的对象文件并没有“目录”的概念，仅有名称来唯一标识对象，名称中可以通过“/”来自行切分为适合业务和用户的“目录”概念。

存储桶包括两种类型，公共（Public）存储桶和私有（Private）存储桶，对象存储文件链接分析如图 5-9 所示，私有存储桶文件链接包含 PublicKey、Signature、Expires 3 个字段，PublicKey 是该存储桶所在用户的公钥，Signature 是对存储桶、访问 EndPoint、文件名、Expires 过期时间等进行计算的签名字符串，Expires 过期时间是该文件访问链接的过期时间戳，Expires 过期时间默认是文件上传更新的时间往后延 30 分钟。

数据存储到公有云对象存储中，可以保证数据的可靠性，可是数据的安全性怎么保证？可以通过对象存储的存储桶类型来控制，存储桶分为公共存储桶和私有存储桶两种类型。公共存储桶的每个数据文件对应简短的 URL，任何人在任何时间均可以访问；私有存储桶的数据文件也会生成一个 URL，不过会包含公钥及多个参数加密的签名信息、URL 过期时间戳，如图 5-9 所示。

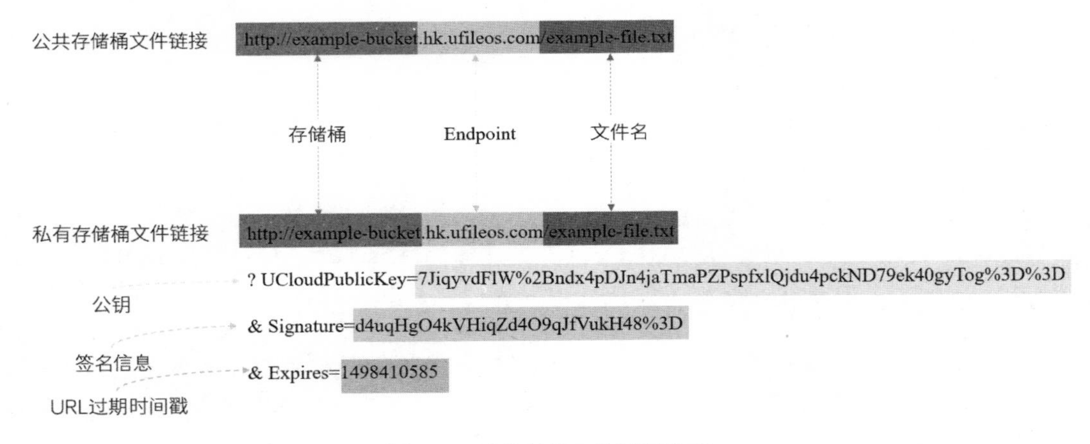

图 5-9　对象存储文件链接分析

PublicKey 相当于对象存储所在的账号名，能够唯一确定对象数据所属账号；Expires 是文件链接过期时间，过期时间默认为文件链接触发生成时刻后的 30 分钟[①]，过期后可在控制台通过 API 或 CLI 等重新生成新的文件链接；Signature 是根据 URL 中的其他参数自动生成的签名

① UCloud 对象存储中 Expires 默认过期时间，其他云服务商的参数各不相同。

信息，如果其他任何一项变化，则 Signature 也会重新计算。

和公共存储桶不同，私有存储桶的链接定期强制变化，其他用户无法获取或扫描私有存储桶的数据。私有存储桶通过以上字段来保证只有存储桶和文件访问授权者才有权限进行访问，通过“猜测”链接的方式访问的成功率极低，会按照 Expires 过期时间定期重新计算 Signature 签名并更新文件访问链接，从而保障数据的安全性，对于一些包含大量静态文件的应用，为了防止其他用户盗用静态文件的地址从而转嫁流量费用，可以选择私有空间的方式实现防盗链。

5.3.3　对象存储的扩展原理

对象存储是庞大的分布式存储服务，区别于传统架构中的存储集群，用户端在调用获取对象文件时可以通过多个并发请求同时访问。

分布式版本的对象存储服务会自动将一个地域的文件同步至指定的另一个地域，如在北京地域中的对象存储中上传文件，可以指定同步到上海等地域，还可以通过设置源站的方式将文件分发到全球多个地域中，将用户对静态文件的请求分流至全球地域中，进一步提升对象存储的读取性能。

上传到对象存储服务中的文件会存储在所选地域中不同可用区的不同设备中，确保设备故障或可用区不可用时还能正常提供文件。为了保证数据的可靠性，云服务商的传统做法是实现对象存储文件在地域内的三副本存储，在遇到硬件设备或可用区故障导致数据错误或丢失时，对象存储服务会利用其他副本数据进行文件重建或修复。不过三副本的方式会占用较多的存储桶，因此纠删码机制应运而生。

纠删码机制对原始数据通过算法进行编码、实现数据冗余、提供数据纠错及恢复能力。将 k 块原始数据通过纠删码算法可以计算出 m 块冗余数据块，将 k 块原始数据和 m 块冗余数据存储。当原始数据和冗余数据出现错误时，只要数据块小于 m 块即可编解码恢复数据。纠删码机制需要的冗余存储桶少，相比三副本机制，它能够节省较多的存储成本。

5.3.3.1　对象存储上传下载操作

静态文件有多种方式上传到对象存储中，包括通过网页端（仅支持 500MB 及 500MB 以内的文件）上传、API&SDK 上传、filemgr 的 CLI 方式上传，上传时有普通的 put 上传及 mput 分片上传，mput 分片上传默认将文件切分为每块 4MB 大小的文件，即使模块上传失败，也可以重试上传该块数据，实现断点续传，对于较大的文件有比较好的上传体验。

通过 CLI 最大可上传 5TB 的单个文件（每个云服务商提供的单个文件上限不同），其中，<local-filename>是本地中的文件路径和名称，<bucke-tname>是对象存储中的存储桶，<object-key>是对象存储中的文件名称（没有路径的概念）。

CLI 命令

```
#普通文件
us3cli cp <local-filename> us3://<bucket-name>/< object-key >
#流式文件
us3cli rcat us3://<bucket-name>/<object-key>
```

代码

```
#通过 API 获取文件链接
    $err = CheckConfig(ActionType::GETFILE);
    if ($err != null) {
        return array(null, $err);
    }

    global $UCLOUD_PUBLIC_KEY;
    $public_url = UCloud_MakePublicUrl($bucket, $key);
    $req = new HTTP_Request('GET', array('path'=>$public_url), null, $bucket, $key);
    if ($expires > 0) {
        $req->Header['Expires'] = $expires;
    }

    $client = new UCloud_AuthHttpClient(null);
    $temp = $client->Auth->SignRequest($req, null, QUERY_STRING_CHECK);
    $signature = substr($temp, -28, 28);
    $url = $public_url . "?UCloudPublicKey=" . rawurlencode($UCLOUD_PUBLIC_KEY) .
"&Signature=" . rawurlencode($signature);
    if ('' != $expires) {
        $url .= "&Expires=" . rawurlencode($expires);
    }
    return $url;
```

对象存储通过多种机制来保障数据的可靠性、完整性，对象存储的数据在同一个地域会分布式存储在多个硬件设备上，以保障数据的可靠性，网络流量包校验和能够保证数据库在传输过程中的完整性，对象存储定期检验数据完整性，通过校验和其他存储设施中的副本来修复当前损坏的数据。

对象存储的计费包括数据存储量、下载流量和请求费用，而数据的上传是免费的，如果上传大量数据而没有下载则收费相对很低，静态文件下载流量和业务请求量成正相关，业务请求量越高则对象存储产生的费用越高。对象存储的跨区域复制和其他产品通过内网调用也是没有费用的。

对象存储的文件支持版本控制，用户可自行设置开通。开通版本控制的对象存储桶中的文件在更新时会保留历史版本数据，并保存最新的文件为当前版本。用户通过控制台、API 或 CLI 删除对象存储文件时，也是"假删除"，只是通过标记文件删除，在获取文件列表时不会再返回该文件，实际上文件数据还存在并可随时恢复，如图 5-10 所示。

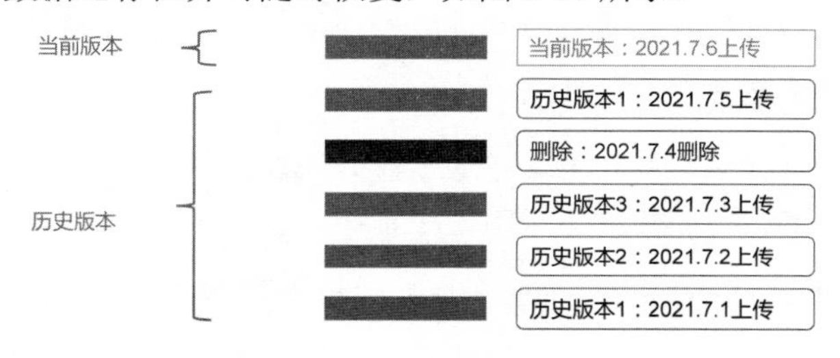

图 5-10　对象存储版本控制

5.3.3.2　跨地域同步

对象存储的数据在上传时按照选定的地域来存储数据，用户在访问对象存储中的数据时需要根据带有不同地域的 Endpoint 链接进行访问。图 5-11 介绍了将单个地域的对象存储数据同步到其他地域中，可实现不同地区的用户就近访问（为了进一步提升用户就近访问的效果，建议配合云分发 CDN 使用），实现多地域的数据可靠性。

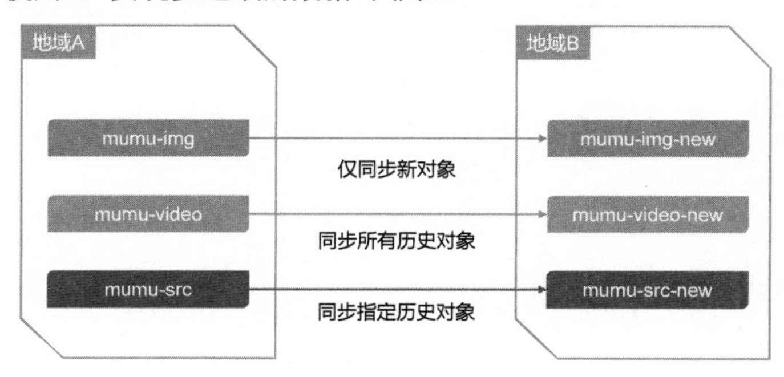

图 5-11　配置对象存储跨地域同步

多地域同步设置和操作比较方便，首先选定一个存储桶，添加一条跨区域复制的规则，包括目标地域、目标存储桶，如果开启同步所有历史对象则需要选定同步整个存储桶或指定目录的文件。通过该规则，对象存储后台会自动同步数据到另外一个地域中。

5.3.4 解决方案——高可靠的块存储

云硬盘是最常见的块存储服务，云硬盘需要与云主机（或物理云主机）实例进行绑定使用。云硬盘采用三副本存储的方式，三副本之间采用数据强一致性原则，在三个副本都写入成功后才返回成功，从而保证无论从哪个副本读取的数据都是一致的。如果遇到硬件故障导致副本数据损坏，读取应用时会自动从其他副本中恢复数据来修复副本。

云硬盘可作为实例的系统盘，这时不建议将临时数据之外的数据存储在系统盘中，因为在释放实例时会直接删除系统盘，从而导致数据丢失。云硬盘作为数据盘，需要将购买的一至多块云硬盘预绑定到云主机实例中，再通过 mount 操作挂载，并进行后续操作。

5.3.4.1 云硬盘类型和性能对比

根据不同的存储介质，云硬盘可分为普通云盘、SSD 云盘、RSSD 云盘，主要在价格和性能上有差别，评价云硬盘的性能主要有以下三个指标。

- IOPS（Input/Output Operations Per Second）：每秒读/写（I/O）次数，是指每秒可接受的云主机访问次数。
- 吞吐量（Throughput）：云硬盘每秒读/写的数据量。
- I/O 读写时延：云硬盘连续两次读/写操作的最短时间间隔。

根据存储介质对云硬盘进行分类和性能参数对比如表 5-2 所示，建议优先选择性能高的 RSSD 云盘。

表 5-2 根据存储介质对云硬盘进行分类和性能参数对比

类　型	存 储 介 质	单盘 IOPS	单盘吞吐量	平 均 延 迟
普通云盘	HDD 机械磁盘	1000（峰值）	100Mbps（最大）	10ms
SSD 云盘	Nvme 固态硬盘	min{1200+30×容量，24000}	min{80+0.5×容量，260}Mbps	0.5～3ms
RSSD 云盘	Nvme SSD	min{1800+50×容量，1200000}	min{120+0.5×容量，4800}Mbps	0.1～0.2ms

对于 RSSD 硬盘，其性能和云主机实例的性能有关联，与 CPU 配置成正比。

提示

目前正在使用的所有云硬盘是在云主机实例与块存储集群之间通过内部网络连接和调度的。现在各大云服务商逐步下线的一种云硬盘类型是本地云盘，本地云盘利用云主机虚拟资源池中附属的少量本地存储提供块存储服务，相比云硬盘来说，本地云盘具有更高的吞吐量，不过本地云盘整体容量优先、服务稳定性不足，这也是本地云盘被逐步淘汰的原因。

5.3.4.2　云硬盘的操作使用

云硬盘可通过 Web 界面、API 或 CLI 来创建，创建的云硬盘还未被云主机识别，因此需要“预挂载”操作，实际上就是让云主机发现云硬盘的过程。之后便是通过 mount 命令来挂载到 Linux 云主机上，此时云硬盘还没有文件系统，需要先格式化硬盘再创建文件系统。云硬盘操作流程如图 5-12 所示。

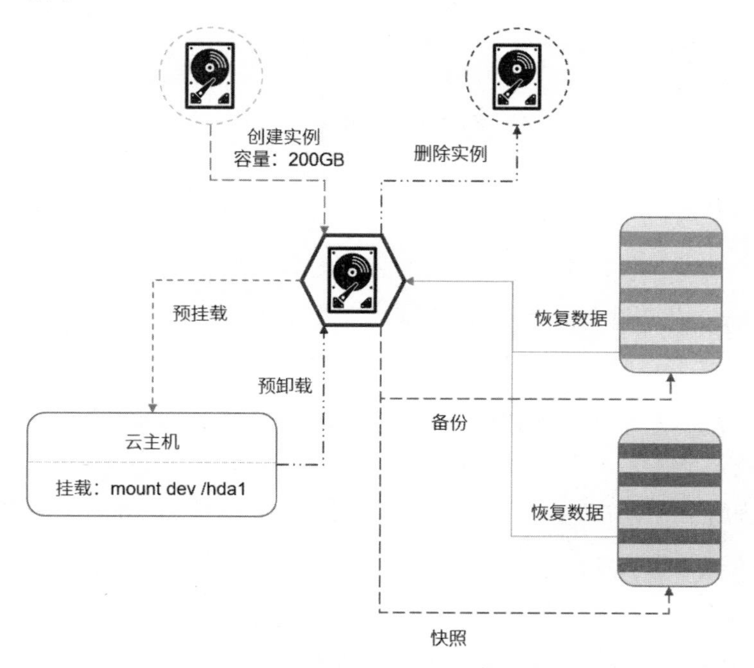

图 5-12　云硬盘操作流程

硬盘创建文件系统、挂载及卸载

```
mkfs.ext4 /dev/vdb              ## 创建文件系统
parted /dev/vdb                 ## 检查确认创建文件系统成功
mount /dev/vdb /mnt             ## 挂载云硬盘到云主机/dev/vdb 上
umount /dev/vdb                 ## 从云主机卸载云硬盘
```

云硬盘支持随时在线扩缩容操作，扩缩容之后还需要进行一系列操作，可使用的容量才会更新，对于已经写入数据的单块云硬盘，需要执行以下操作：

硬盘扩容

```
fdisk /dev/vdb                  ## 删除原有分区并创建新分区
e2fsck -f /dev/vdb1             ## 检查文件操作系统
resize2fs /dev/vdb1             ## 完成扩容操作
mount /dev/vdb /mnt             ## 重新挂载云硬盘
```

5.3.5 应用案例

实验目标：

通过对象存储为大量静态文件提供高可靠的存储。

实验步骤：

1．在对象存储界面选择“单地域空间”，创建存储桶。

2．在存储桶配置界面，地域选择“上海”，空间选择“私有空间”，填写空间名称为“mumu-img”。如果在创建时提示“存储空间名称不唯一”，请更换空间名称后再试。

3．在对象存储界面中选择已创建的存储桶，并点击“文件管理”。

4．批量上传图片，点击“完成”。

5．在文件列表中可通过“获取链接”按钮查看对象存储文件访问链接，将链接复制到浏览器中可打开查看图片文件。

6．在 MumuLab 代码中可以查看到获取对象存储文件访问链接的代码，根据公钥、存储桶名、签名信息（Signature）向云平台发送请求，如果能正确响应则可以获得对象存储文件访问链接，并显示在 PHP 代码中。如果存储桶为公共类型，则直接使用对象存储文件访问链接即可。

7. 访问 MumuLab 实验提交记录（Timeline）页面能够看到静态图标和一行行提交记录，提交记录由运行在云主机中的 PHP 代码从数据库中读取并反馈到浏览器中；通过浏览器的 firebug 可以定位并查看到静态图标的链接，其来自对象存储。

提示

用户首先访问 MumuLab 平台网址，云主机会从数据库中读取数据，将静态页面（包括图片链接，并不是图片数据）返回浏览器中，浏览器会按照图片链接请求图片内容，然后按照页面约定将图片按照合适的尺寸插入合适的位置。

8. 通过以上页面验证实现了静态的图片文件与动态的提交记录数据的动静分离。

9. 另外，MumuLab 中的静态文件存储在上海地域的对象存储服务中，在对象存储中设置同步至北京地域。

10. 还可以基于对象存储的图片处理功能对图片进行裁剪、添加水印等增值服务。

5.4　可靠性——采用高可用的云数据库

在云端使用数据库，包括在云主机上自行搭建 MySQL 等数据库，对于个人网站或微型服务来说可以满足使用需求。稍微大些的应用需要考虑数据库实例的高可用、数据存储的高可靠，自建数据库需要自行通过 Master-Slave 等方式维护数据集群，增大运维难度。最佳实践是采用云端提供的高可用的云数据库服务，用户直接通过数据库实例的 IP 地址、账号、密码即可连接到云数据库实例，减少对数据库的运维任务。云数据库支持 MySQL、SQL Server、MongoDB 等多种数据库类型。

5.4.1　概要信息

设计模式

采用高可用的云数据库。

解决问题

有关系型数据需要存储，自建数据库服务的自行维护成本高，需要有高可用、高可靠的云数据库服务。

- 采用云数据库代替自建数据库。
- 采用高可用的云数据库。

有关系型数据需要存储时。

- 5.1 可用性——地域内业务高可用。
- 5.7 可恢复性——数据库备份回档机制。
- 6.4 扩展——数据库层扩展。

5.4.2 解决方案——采用高可用的云数据库

5.4.2.1 采用云数据库

常用的关系型数据库（如 MySQL）在云平台中可以基于云主机自行搭建，和传统 IT 架构中自行安装数据库并没有差别，对于小型应用来说，能够满足关系型数据的存取需求。不过自建数据库需要保证自行配置主从库，自行保证数据库服务高可用等，并不会减轻运维压力。

建议直接选用云数据库服务，云平台交付高可用、高性能的数据库服务，并提供简便的数据库扩展、备份、回档、监控等机制，提供与开源版本数据库一致的服务并自研优化性能。云平台交付的数据库服务和用户调用接口之间有清晰的界限，用户只需要根据 SLA 来使用数据库服务即可，后端功能由云平台实现与保障。如图 5-13 所示，通过采用云数据库能够节省最左侧的基础部署运维工作，SQL 审核、SQL 优化及表结构设计优化等属于业务数据的操作还需要用户对接处理。

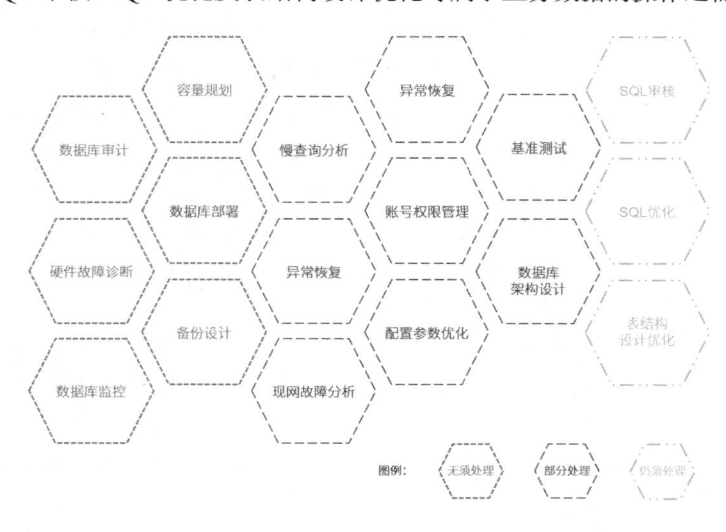

图 5-13 自建数据库与云数据库的运维差别

5.4.2.2　高可用版本的云数据库

云平台提供高可用版本和普通版本的云数据库，普通版本的云数据库通过底层集群化部署避免单点故障并实现 Failover 故障转移，但只给用户提供单个云数据库实例版本；高可用版本的云数据库后端采用双主架构设计，如图 5-14 所示。

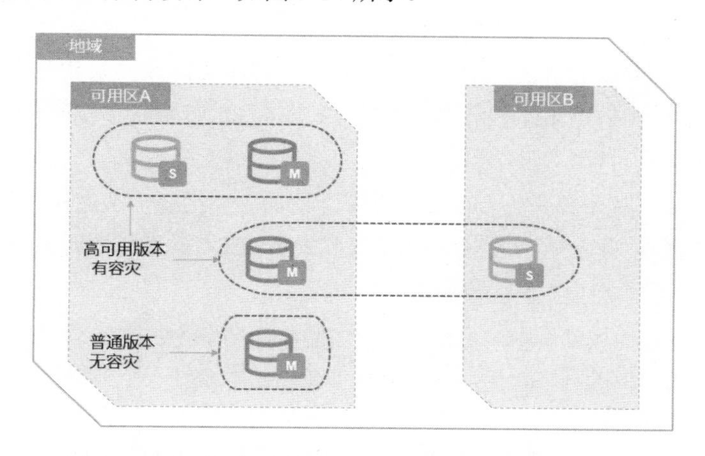

图 5-14　高可用版本的云数据库的主备切换及容灾配置

高可用版本的云数据库在后端会创建 Master 和 Standby 两个云数据库实例，不过这对于用户不可见，用户看到的是一个云数据库实例。创建高可用版本的云数据库实例后，可用性管理模块将实时监控底层节点的可用性，一旦监测到 Master 数据库不可用，则自动将该云数据库实例的 VIP 漂移至 Standby 数据库中，通过单一 VIP 接入，提供一个云数据库实例进行服务，保证数据库服务稳定、可靠，整个过程对用户透明，不需要人工干预和配置修改。

高可用版本的云数据库允许双主架构中的 Master DB 和 Standby DB 位于同地域的不同可用区，如在可用区 B 创建 Master DB，在可用区 C 创建容灾方案，即 Standby DB。跨可用区的高可用版本的云数据库能够在单个可用区出现故障时由另外一个可用区的实例来接管服务，屏蔽可用区级别的故障。

5.4.2.3　通过从库提升可靠性

高可用版的双主架构保证了单个云数据库实例（无论是普通版本还是高可用版本，对于用户都是一个云数据库实例）的高可用，用户可创建多个云数据库实例构建主从库，并保证可随时切换，以保证高可用。创建主库后，再创建从库并挂载到主库上，对于 MySQL 类型，数据库主库会通过 binlog 机制实时同步数据到从库中，支持一至多个从库，主库和多个从库同样支持部署到同地域的不同可用区。主库可选择普通版本或高可用版本，而从库只能选择普通版本，不再支持高可用版本。

如果普通版本的数据库（也就是唯一的主库实例）出现故障，对于高可用版本的数据库主库，当后端的 Master DB 和 Standby DB 均出现故障时认为是主库故障，此时可设置从库为新的主库，可以基于该新主库再创建和挂载一至多个从库。此操作需要手动完成，或者通过自行编写 shell 脚本来调用 API 完成将从库提升为主库。这时 IP 将会发生变更，因为每个数据库实例都绑定了一个 IP，最佳实践通过内网 DNS 来进行解析。程序访问数据库 IP 时访问的是内网 DNS 域名，将内部域名解析到后端主库和从库实例中，当主库宕机时移除主库的 IP 而保留从库的 IP，这样无须变动程序配置文件。

当主库发生故障，从库提升为新的主库后，之前的主库会变为从库，云平台不会自动将修复故障的旧主库恢复为主库，需要手动将从库提升为新的主库，并且同时只能有一个主库存在。主从库设置参见“6.4 扩展——数据库层扩展”。

在混合架构下或跨地域部署中，可设置一个主数据库和多个从数据库，并实现数据库主从同步。如果不能保证低延迟的网络通信，就不能保证数据的时效性，不能提供有效的高可用保障。跨地域的主从库可以通过高速通道连通多个地域，降低网络延迟，混合架构环境中的数据库主从设置可通过专线接入连通本地环境和公有云来降低网络延迟，这两方面均在相应的章节进行介绍。混合架构或跨地域中的主从同步需要用户手动配置，并没有提供标准控制台接口或 API 接口。

最佳实践：通过备份提升可靠性

云平台提供了自动备份和手动备份方式备份数据库数据，并支持将数据库逻辑备份或物理备份到对象存储，或下载到本地进行二次存储，提升数据库实例的可用性和数据的可靠性。详细内容见“5.7 可恢复性——数据库备份回档机制”。

5.4.3 应用案例

实验目标：

采用高可用、高可靠的 MySQL 云数据库存储关系型数据。

实验步骤：

1. 在云数据库界面点击“创建数据库”按钮，进入云数据库配置界面。

2. 选择地域为“上海”，可用区为“可用区 A”，选择数据库类型为“高可用版”，容灾方案选择“上海可用区 B”，选择数据库机型为“Nvme 机型”，选择内存为“2GB”，选择硬盘为

“40GB”，填写云数据库实例密码，其他参数使用默认值。

3．点击“立即购买”确定订单并进行支付。

4．在云数据库列表中可以查看已创建完成的云数据库实例。

5．在同一 VPC 内的云主机可以通过云数据库实例的内网 IP 地址、云数据库账号（默认为 root）、密码，也可以通过云数据库界面的“登录”按钮来访问 PHPMyAdmin 页面，通过界面化工具来访问云数据库实例。

6．登录云数据库实例后，通过手动方式创建云数据库并进行设置，或直接下载已经准备好的 SQL 文件进行导入。

7．SQL 文件下载地址请在本书的配套网站 MumuLab 中获取。

8．在 MumuLab 中配置数据库 IP、账号、密码为刚创建的云数据库实例信息。

9．访问 MumuLab 中的实验列表，能够提交实验、显示提交记录及排名，则表示云数据库创建成功。可在云数据库实例中查看表中的数据，检查其与界面操作是否一致。

5.5　可恢复性——业务容灾

时常能够看到一些企业没有做好完备的备份和容灾体系，导致底层设施故障时影响整体业务，根据等保三级要求，企业系统需要在异地实现容灾备份，构建安全、可靠、可用的容灾中心。

实现业务容灾对数据中心有一定的要求，如与本地环境相距超过 100 公里、具有 Tier 3 及以上的数据中心认证等级。企业自建异地容灾数据中心面临成本高、周期长、需要专业技术团队支持等困难，将业务容灾到云平台能够节省大量人力、费用成本。

云主机、云硬盘等资源出现故障时会进行 Failover 故障转移，或在架构层通过多可用区或多地域实现业务高可用，对于业务，可通过异地容灾进一步提升可用性。

5.5.1　概要信息

 **设计模式**　业务容灾。

需要应对本地环境或公有云某个地域故障的能力，在本地环境或公有云某个地域出现整个地域/机房级别的故障时，业务能够快速恢复，尽可能地减少数据丢失。

解决方案

- 实现业务容灾。
- 进行容灾演练。

使用时机

- 需要将架构重构为具备在地域/机房级别故障时可正常服务的能力时。

- 5.2 可用性——跨地域业务部署。
- 6.5 扩展——通过混合架构扩展本地能力。
- 6.6 迁移——业务及数据迁移。
- 6.7 均衡——流量转发及全局负载均衡。

5.5.2 解决方案——实现业务容灾

5.5.2.1 核心概念

对于迁移、容灾来说，核心指标是 RPO 和 RTO，根据《信息系统灾难恢复规范》，可参考不同级别的 RPO 和 RTO 的差别，如图 5-15 和表 5-3 所示。

- 恢复点目标（Recovery Point Objective，RPO），容许的最大数据丢失量，如果数据能够实时备份，则 RPO 近似为 0。
- 恢复时间目标（Recovery Time Objective，RTO），容许的最长停机时间，如果业务实现了应对灾难的多活，即发生灾难时能够通过容灾或多活接管服务，使用户无感知，则 RTO 为数分钟或近似为 0。

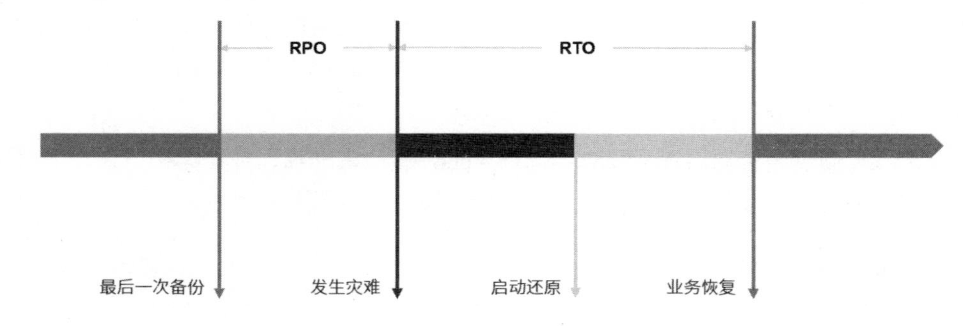

图 5-15 RPO 与 RTO

表 5-3 灾难恢复能力等级

灾难恢复能力等级	RTO	RPO	备 份 要 求	适合哪些业务
1	2 天以上	1 天至 7 天	基本支持	个人网站、临时性计算任务
2	24 小时以上	1 天至 7 天	备用场地支持	小型展示类网站

续表

灾难恢复能力等级	RTO	RPO	备 份 要 求	适合哪些业务
3	12 小时以上	数小时至 1 天	电子传输和部分设备支持	中型应用系统
4	数小时至 2 天	数小时至 1 天	电子传输及完整设备支持	中大型应用系统，非核心系统
5	数分钟至 2 天	0 至 30 分钟	实时数据传输及完整设备支持	大型系统中的重要系统
6	数分钟	0	数据零丢失和远程集群支持	大型交易系统、核心业务系统

5.5.2.2　容灾实现过程

容灾核心概念如图 5-16 所示，图 5-17 所示为混合架构、跨地域部署、单地域部署实现容灾的情况，其本质上并没有差别，都是对服务器进行保护，在容灾站点中能够随时拉起新的服务器。实现容灾过程主要涉及以下概念。

- 容灾站点对：容灾服务实例，用于配置受保护服务器、备份服务器、容灾恢复站点及整个容灾任务管理。
- 受保护服务器：受容灾保护的源端服务器，如云主机。
- 备份服务器：容灾目的端服务器。
- 容灾 Agent：容灾 Agent 能够实时发现容灾源服务器变化的数据并及时同步到容灾目的端服务器，容灾一体机是已经部署了容灾 Agent 的硬件一体机服务器。
- 容灾恢复站点：在容灾目的端服务器中选择备份文件拉起新的服务。

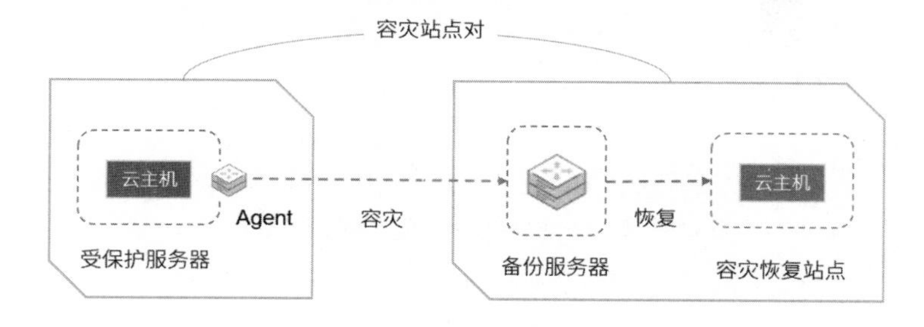

图 5-16　容灾核心概念

容灾原理是实时监测和抓取系统盘及数据盘的数据变化并同步到备份服务器，容灾站点通过备份服务器可以随时拉起云主机实例成为容灾恢复站点，所需时间在分钟级别。容灾的备份、恢复过程都通过容灾任务进行管理，如图 5-17 所示，具体配置和操作过程如下。

1．首先创建容灾任务，也是容灾服务实例，用于管理整个容灾过程。

2．在容灾服务实例中添加容灾站点对，添加受保护的源端服务器和容灾目的端服务器，一个容灾任务可用于保护 1 个或多个源端服务器。

3．在源端服务器中安装容灾 Agent，之后会自动实时备份数据，也可采用已经预置部署容灾 Agent 的容灾一体机进行备份。

4．当受保护的源端服务器遇到故障影响服务或进行容灾演练时，在容灾目的端服务器中拉起新的服务实例。

5．新拉起的服务器实例还需要加入负载均衡或 DNS 解析配置中，从而将业务流量导入新拉起的服务器实例中；当发生故障的源端服务器实例恢复后，可选择是否将业务重新导入源端服务器中。

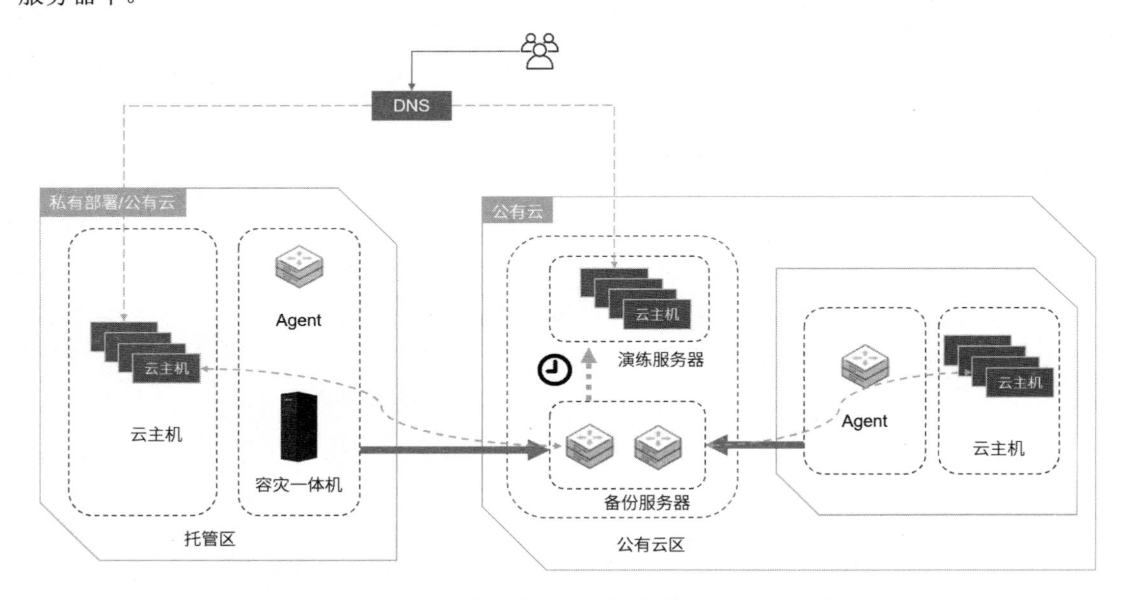

图 5-17　混合架构、跨地域部署、单地域部署实现容灾的情况

提示

受容灾保护的源端服务器在非公有云场景中可选择容灾一体机或自行在云主机中安装容灾 Agent；受容灾保护的源端服务器在公有云场景中只可选择容灾 Agent。容灾一体机就是装有容灾 Agent 的服务器，对于 5 台以内的服务器进行迁移建议直接在 VMware 或 HyperV 上安装容灾 Agent 来进行容灾；容灾一体机能够处理网络质量不好的情况。

影响备份过程中的传输速度的就是连接源端服务器和目的端服务器的网络，如果它们都位于公有云同一个地域中，则会通过内网进行容灾备份，如果是混合架构之间的容灾备份，则需要通过专线或 VPN 来连通，如果网络质量不好，会造成备份过程中的丢包、传输速度慢等现象，不过备份 Agent 或备份一体机能够对数据进行验证，可实现数据重传来避免数据丢包、数据不一致等情况。

容灾实现过程由容灾任务进行管理，在容灾任务中可以查看到包括容灾状态是保护中还是已停止、容灾同步进度、受容灾保护的源端服务器的实例信息在内的详细信息。

5.5.3　解决方案——进行容灾演练

容灾演练是指模拟源端服务器故障，需要从容灾站点上恢复应用和数据，通过容灾平台查找到受容灾保护的源端服务器的备份列表，从备份列表中选择需要恢复的应用和数据，重新构建新的云主机来运行应用并加载数据，最后将用户访问流量切换到演练新拉起的云主机中。排除、解决源端服务器的故障之后，可选择将用户访问流量切回源端服务器中，再释放演练拉起的云主机。

故障演练中的核心概念如下。

- 演练任务：用于演练拉起新服务器等过程的管理。
- 故障演练：模拟源端服务器出现故障，通过容灾站点拉起新的服务器实例。
- 演练经验库：历史演练记录及可复用的演练环境模板。
- 故障切换：在受容灾保护的源端服务器出现故障时可以将请求流量切换到容灾站点，减少业务停服时间。

容灾演练要设置为周期性动作，目前还需要手动设置演练周期或通过脚本自行控制，云平台没有实现自动化管理，这是因为容灾演练拉起云主机比较简单，但是验证新拉起的云主机提供的业务是否正常还要用户侧来判断。

容灾演练恢复流程如下。

1．创建演练任务，选择需要拉起的备份服务器，配置演练频率。

2．启动演练任务，后台从备份服务器创建新的容灾云主机实例，能够提供完整的应用。

3．将服务流量从容灾保护实例中切换到容灾站点，验证业务服务是否正常。

4．解决容灾保护实例服务器故障后，将业务流量切回容灾保护实例服务器中，如果故障长期没有恢复，则使用容灾演练拉起的云主机作为生产环境。

除了从容灾站点拉起新的服务器，演练范围要进一步扩大，如模拟云主机内存占满负载、网络通信中断、消息队列的消息丢失等情况，验证能否按照预期的情况进行自动伸缩或切换到容灾系统。当演练环境中的数据丢失时，看能否按照预期从备份系统恢复数据，这种方式实现了全流程自动化处理，直接将演练流量切换到演练环境中，检验是否有异常。

提示

更多模拟云资源故障、消息丢失的状况及项目演练等请参见“11.4 健壮性评估”。

5.6 可恢复性——云端备份

数据存储在云端，业务运行在云端，至少需要部署在单个可用区，本节将会介绍云端单个可用区内的备份机制，跨可用区、两地三中心及多云备份也要建立在单个可用区备份的基础之上，不能舍近求远，连单个可用区都没有做好备份就选择跨可用区、跨地域、跨云的备份。

云平台提供的云硬盘、云数据库等存储服务都提供冗余、高可用架构设计来保证存储可靠性，运行应用的虚拟云主机也有相应的 Failover 机制，在物理服务器宿主机故障时能够支持虚拟服务器的漂移。这些机制应尽可能保证其可靠性，保证数据在需要访问时就能够进行访问，还需要基于产品层面进行备份，来实现访问任何指定的数据版本或指定时刻的数据版本。

对于已经在云端部署的业务和云端存储的数据，首先要考虑的是当前单个可用区内的备份，单个可用区内的备份也是跨可用区、跨地域甚至跨云备份的基础。在单个可用区内应尽可能采用云平台的机制保证在单个可用区内的数据和业务是有备份的，实现可用区内的业务持续性和数据可靠性。

5.6.1 概要信息

设计模式

云端备份。

解决问题

云主机的系统盘和数据盘作为数据维度需要有备份机制，在地域内提升数据的可靠性。

解决方案

- 服务器镜像及快照备份。
- 通过数据方舟及快照对云硬盘进行备份。
- 结合数据库备份回档机制对数据库数据备份。
- 通过高可用代替应用上的备份。

- 日常进行自动备份。
- 在重大升级或变动之前进行手动备份。

- 4.2 公有云——托管应用。
- 5.1 可用性——地域内业务高可用。
- 5.2 可用性——跨地域业务部署。

5.6.2　解决方案——通过镜像及快照对云主机进行备份

对于云平台上的云主机，一个非常重要的概念就是镜像（Image），可以通过选择系统提供的镜像或自定义镜像创建云主机。还可以通过制作镜像对云主机的系统盘进行备份。可以在云控制台中手动为云主机制作镜像，支持创建并保存多份镜像，因此可以选择重要节点对云主机的系统盘制作镜像，也可以定时制作镜像。在发生故障或云主机宕机时，可以通过备份镜像快速启动云主机。镜像的创建、导入、拉取、转存流程如图 5-18 所示。

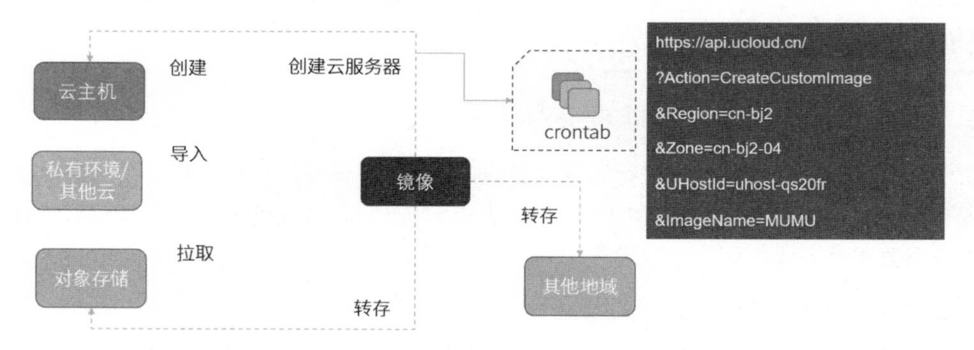

图 5-18　镜像的生成、使用、转存流程

镜像可以通过以下方式生成，生成的镜像有列表可以查询，并支持将镜像转存到对象存储进行二次备份和镜像共享，支持将镜像复制到全球其他地域中，以便在全球使用该镜像创建云主机。

- 基于云主机创建镜像。
- 对本地环境或云平台的镜像进行导入。
- 从对象存储中拉取镜像，镜像在云平台中。

镜像操作有部分权限限制，部分云平台的镜像不支持导出，仅支持导入，因为从商业角度考虑，不希望用户导出镜像后带来数据丢失的风险。从本地环境或其他云平台导入镜像时也需要注意镜像格式和兼容性等问题，应进行格式转换或创建云主机后的修改验证。

除了通过云控制台创建镜像，还可以通过自行编写 shell 脚本，并通过 crontab 实现定期备份或恢复验证。如果多次备份，那么建议镜像名称包含备份时间，避免镜像过多，在需要启动时无法正确选择。制作镜像备份也有其不足，创建一次镜像大约需要 10 分钟，恢复粒度有限；备份分钟级别粒度的镜像也不现实。若有数十台云主机并运行不同的业务逻辑，则需要对每个业务逻辑的服务器系统盘进行定时备份，会产生数量众多的镜像，不便于管理。

API

```
https://api.ucloud.cn/
?Action=CreateCustomImage
&Region=cn-bj2
&Zone=cn-bj2-04
&UHostId=uhost-qs20fr
&ImageName=Test
```

5.6.3 解决方案——通过数据方舟对云硬盘进行备份

数据方舟能够对云硬盘数据进行连续性备份，可以对系统盘和数据盘实现秒级精度的恢复。在遇到网络攻击、病毒入侵、操作失误、数据回滚等场景时，可以指定具体恢复数据的时间点，尽可能减少数据丢失或损坏的情况发生。

通过数据方舟开启备份数据，流程如下。

1．开启数据方舟，在创建云主机时选择开启数据方舟，或者对已创建的云主机实例设置开启数据方舟。

2．系统对选择的系统盘和数据盘会自动按照秒、小时对数据进行备份，也可以手动进行备份，备份文件会增加到备份链中。

3．在备份链中可以选择恢复系统盘或数据盘，并分别指定需要恢复的时间点，注意要在可恢复的时间点范围内，12 小时内可以恢复到任意一秒，24 小时内可以恢复到任意整点，72 小时内可以恢复到任意的凌晨零点。

通过数据方舟功能，假设数据在当天 10:00:00 污染或丢失，可在 12 小时内选择 9:59:59 时刻的备份链文件进行恢复，最大限度保护数据的可靠性。数据方舟的限制是仅支持在当前可用区内，不支持跨可用区备份。因此要将云硬盘数据跨可用区备份需要通过 rsync 来实现。

如图 5-19 所示，数据方舟能够保证数据实时一致，实现数据的连续性备份，备份精度可以达到秒级，这是因为对云硬盘进行写操作的同时直接将实时 I/O 流镜像至代理程序，并推送至远数据方舟集群，相当于写入“影子”云硬盘上，不影响源主机。另外，数据方舟集群提供自身服务的高可用，对备份链实现分布式存储，从而保证数据的可靠性。

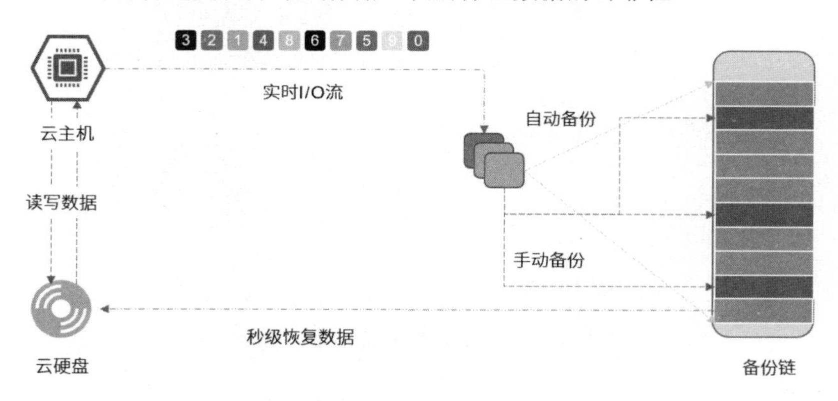

图 5-19　数据方舟实时备份

通过定时创建自定义镜像难以实现细粒度的备份与恢复，并且不支持数据盘，设计镜像的原本目的是集成操作系统、软件运行环境、代码和文件等环境和数据，而并非备份。要实现系统盘和数据盘的备份可以选择数据方舟的方式。

5.6.4　解决方案——对象存储备份

对象存储支持跨地域同步数据，能够将数据从一个地域中复制到另外一个地域中，目前仅支持单次单项同步，从 A 地域到 B 地域再到 C 地域需要配置两次。备份到另外一个地域能够有效保证数据的可靠性。对象存储支持文件版本，版本 V2 文件会替代版本 V1 文件，但是会保留文件记录，支持恢复历史版本的文件。当删除其中一个版本的文件时，其实是标记文件删除状态的“假删除”，文件仅仅被标记为已删除，实际上仍然存在。如果没有开启历史版本，在从 A 地域复制到 B 地域时，文件删除动作也会同步，无法保护误删除的文件，开启版本控制则可以有效避免误操作。

如图 5-20 所示，除了跨地域数据同步，对象存储还支持将数据备份到备份库中。创建备份任务便于管理备份数据量、备份进度、备份时间和备份状态等。需要恢复时可以从备份库中选择已备份的文件进行恢复。

对象存储支持跨地域备份，如上海地域的对象存储文件可以通过设定的规则转存到北京地域中，避免因上海地域级别的故障导致服务不可用。另外文件复制到了北京地域中，用户通过

CDN 访问、CDN 回源到北京地域的对象存储，也缩短了用户与数据的物理距离，减少了访问延迟。

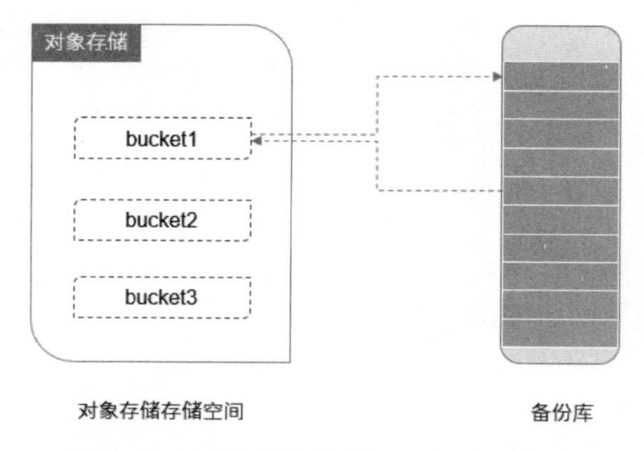

图 5-20　对象存储备份到备份库与数据恢复

5.6.5　应用案例

实验目标：

在 MumuLab 中对系统盘和数据盘开启数据方舟进行备份。

前置实验：

4.1 公有云——使用云主机快速部署应用。

实验步骤：

1．之前已经创建了云主机，并挂载了云硬盘作为数据盘，现在通过数据方舟实现对系统盘和数据盘的备份。

2．在控制台中点击“云主机”进入云主机列表界面，点击“详情”进入云主机详情页面，再点击“磁盘与恢复”，可以看到已经创建的系统盘和数据盘。

3．点击系统盘中的“进入方舟”，可以查看到数据方舟界面，包含数据盘备份链和系统盘备份链，如图 5-21 所示。

4．在数据恢复之前，先通过云主机的 VNC 或其他 SSH 方式登录到后台，创建/dataark-test.txt 文件，并记录创建文件的时间点。

5．选择系统盘备份链中的秒级备份，点击“恢复”按钮，进入数据方舟恢复界面，此时需要先关闭云主机。

图 5-21　数据方舟管理界面

注意：进行数据恢复操作时，建议将运行同类型业务的云主机都挂载到负载均衡中，并且将需要恢复数据的云主机从负载均衡中暂时移除，等数据恢复完成后再加入负载均衡中。

6．选择需要恢复的时间点为创建/dataark-test.txt 文件之前的几秒钟，点击确定，开始恢复数据。

7．等待数据恢复完成，开启云主机，验证数据是否恢复到创建文件之前的状态，数据方舟能够精准地恢复数据。

8．除了利用数据方舟实现数据的连续保护，还应该定期对云主机系统盘制作镜像，方便进行弹性伸缩或在创建新的云主机时从镜像启动。

5.7　可恢复性——数据库备份回档机制

在云端采用云数据库能够保证高可用，进一步提升云数据库实例和数据的可靠性，还要对数据库采用多重备份机制，云平台提供了手动备份和自动备份的接口备份数据，并且支持将备份文件进行二次转存。备份的数据库可随时恢复或拉起新的实例投入使用。

不同于其他数据存储，关系型数据库有特定的备份方式，在采用高可用的云数据库的基础之上，仍需重视数据库的备份机制，以便在数据损坏、污染、丢失等情况下恢复数据库的数据和服务。

5.7.1 概要信息

 **设计模式**

数据库备份回档机制。

 **解决问题**

需要对数据库实例进行多种方式的备份，对实时数据流进行备份，以便提升关系型数据存储的可靠性。

 **解决方案**

- 通过云数据库提供的备份机制进行手动备份和自动备份，通过备份文件进行回档或重新创建数据库。
- 将实时数据流备份到对象存储中。

 **使用时机**

- 架构设计之初。

 **关联模式**

- 5.4 可靠性——采用高可用的云数据库。
- 6.4 扩展——数据库层扩展。

5.7.2 解决方案——云数据库备份回档机制

关系型数据库 MySQL 提供 binlog 及 vardump 方式对数据进行备份，云数据库对备份进行封装，可通过界面控制台、API 或 CLI 来管理备份，通过云数据库自身提供的备份回档机制来保障数据的安全性和可靠性。

在云端构建的数据库方案中，建议采用原生的云数据库服务，而不是在云主机上自建数据库。如果是基于云主机的自建数据库，则可以通过 MySQL 的 binlog 机制自行定期备份。如果选用“原生”的云数据库服务，则可以采用数据库提供的备份回档机制，包括自动快照、手动快照、主从数据库实例、高可用版本的数据库服务等。

一直在运行的数据库实例支持回档操作，回档操作支持将数据恢复到指定时间段，这种方式相当于处于运行状态的数据库实例自身的备份，一旦发生数据库误操作、被污染等状况，回档操作可以恢复到指定时刻的数据。备份文件可以作为数据文件另行备份，特别是对于手动备份文件，云平台只能同时保存 3 份，适合将备份文件下载到本地或上传到对象存储中。

云数据库备份回档机制如图 5-22 所示。

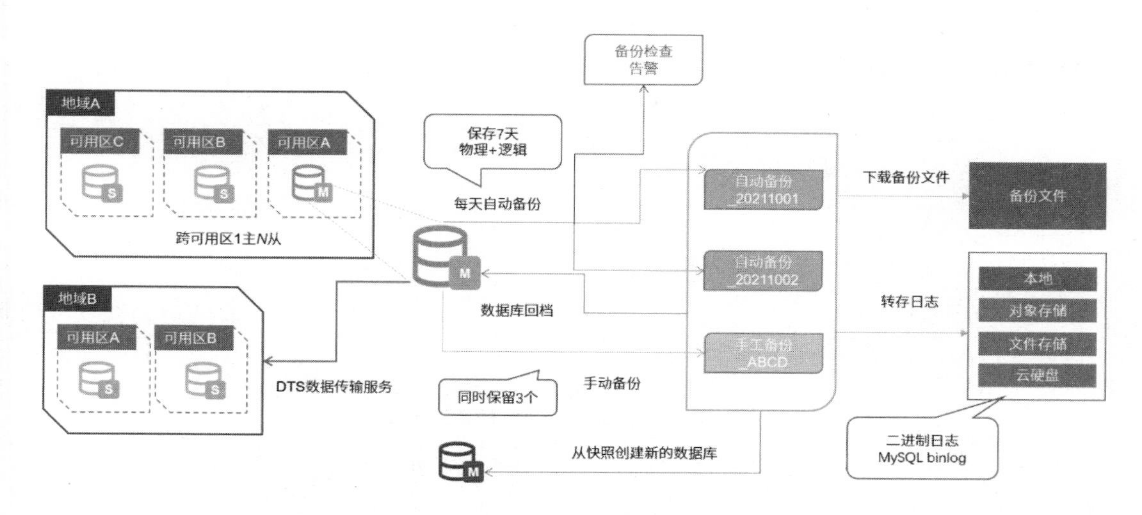

图 5-22　云数据库备份回档机制

5.7.2.1　数据库备份

如图 5-23 所示，云数据库提供自动备份和手动备份两种快照备份方式，自动备份包括选择一周中备份的日期、备份时间段（建议选择业务低谷时间段）、逻辑备份或物理备份、配置无须备份的数据表。配置备份周期时采用与 crontab 相同的时间格式，通过界面配置最高每天一次备份的频率即可满足大部分自动备份需求，对于定制自动备份可以创建 crontab 定时执行基于 API 的备份脚本。手动备份是在界面控制台上通过按钮操作来进行备份。手动备份操作完成即可得到一份备份文件，云平台对手动备份文件的数量有限制，通常为 3 份。云数据库快照方式的备份为冷备份，备份后的文件并不能直接使用，需要基于备份创建新的数据库实例。

如图 5-23 所示，数据库备份分为自动备份和手动备份，系统按照用户设定的备份周期自动生成备份文件，云数据库提供备份检查告警功能，以确保自动备份有效执行，如果没有有效自动备份，该模块将会触发告警。手动备份的数量有限，同时可保留 3 份手动备份文件，在已经有 3 份手动备份时再进行手动备份会删除最早创建的手动备份文件。手动备份适合对一些不在自动备份时间范围内的重要时间节点的数据进行备份。

云数据库提供自动备份，备份间隔周期为一天，即每天备份一次。数据库备份属于非核心业务，应选择业务非繁忙时间段，在数据库读写压力最小的时间点进行备份，不同行业、不同用户的业务非繁忙时间段互有差异，因此每次备份的时间点支持自定义选择，如果凌晨 2～4 点属于业务低谷期，则适合选择这个时间段进行备份。

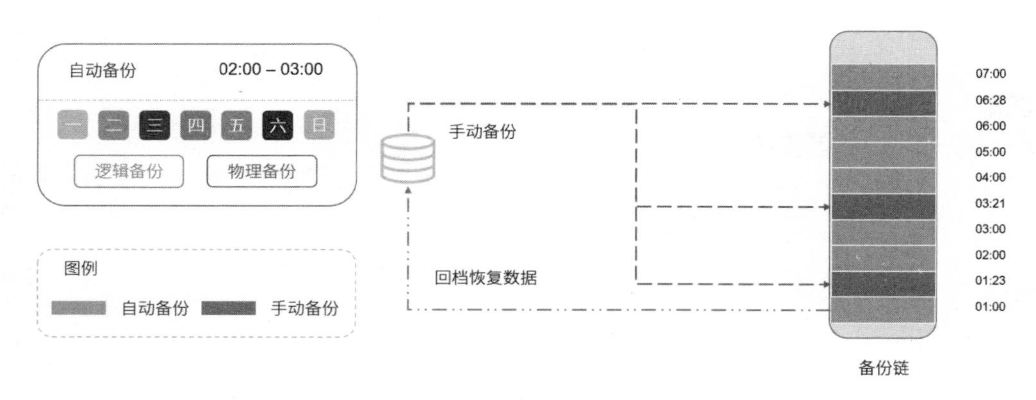

图 5-23　云数据库自动备份策略配置

自动备份的数据在云端存储的时长有限，自动备份数据可保存 7 天；虽然手动备份没有时间限制，但只能同时存储 3 份，为了延长数据备份的周期及数据可恢复的时间，可将备份文件和日志进行下载转存，长期保存备份文件，如下载到本地、文件存储中等，或直接转存到对象存储的标准存储中。及时将手动备份文件保存在对象存储中之后，在云数据库平台中将其删除，重复以上操作可以突破“3 份”的限制而实现“任意”多份手动备份文件，但是系统运维和管理应该是自动化流程，有大量手动操作介入则会产生新的坏味道。

最佳实践

每天自动备份的文件和手动备份的文件应定期上传到对象存储作为二次备份，建议直接选择对象存储的低频存储并设置 7 天后转为归档存储，这是因为云数据库平台已经保留了 7 天的备份文件，能够满足正常的恢复数据的需求，如果需要恢复超过 7 天的数据或拉取 7 天前的数据作为沙箱环境，则从对象存储的归档库中“解冻”再恢复备份文件，导入云数据库平台后即可恢复数据。

云数据库的备份支持两种形式：逻辑备份和物理备份，如表 5-4 所示。

表 5-4　云数据库的逻辑备份和物理备份

类　　型	说　　明	备份/恢复速度	占 用 空 间	对应的开源工具
逻辑备份	将数据、结构导出为 SQL 语句再备份， 支持多种引擎	慢	小	mysqldump
物理备份	文件级别的数据备份， 只支持 MyISAM 引擎	快	大	mysqlhotcopy

5.7.2.2　数据库回档及备份恢复

对于数据库实例，系统自动进行了备份，用户可选择需要恢复的时间点的数据进行回档。数据库回档会根据所选的时间点重新创建一个数据库实例，不会影响原有数据库的使用，在回档过程中新数据库的内存、硬盘、数据库类型（普通版本或高可用版本）、数据库版本（如 MySQL 5.7、MySQL 8.0）等信息不可修改，应与原数据库相同。

除此之外，还有数据库的手动备份文件和自动备份文件，可以查看到数据库备份链。在备份链中可以选择自动备份和手动备份的文件，从备份链创建新的数据库实例，根据备份链中的数据记录时间实现数据恢复，如图 5-23 所示。

5.7.3　解决方案——流式实时备份数据

对象存储提供 CLI 工具对数据库数据进行流式备份及恢复，数据不落地，即不必在中间状态保存为备份文件。如图 5-24 所示，将流式数据库数据备份到存储有逻辑备份和物理备份两种方式。

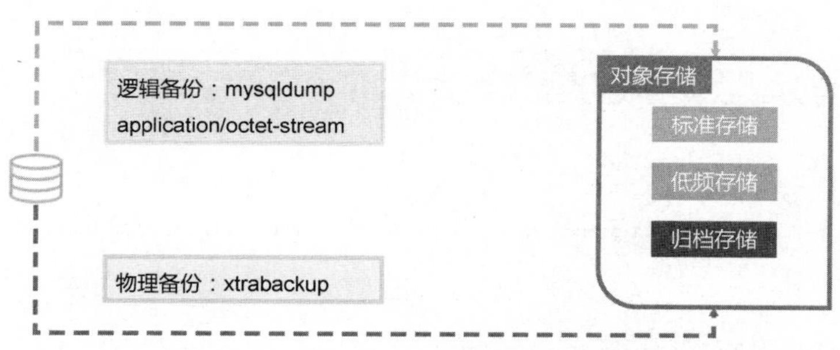

图 5-24　流式数据实时备份

通过工具能够实时捕获日志内存并转存到对象存储中，逻辑备份使用 mysqldump 来导出数据库 SQL 语句并传递到 filemgr 的 CLI 工具中，按照 stdin 流式数据来上传，将收集到的 SQL 语句存储到对象存储的存储桶的文件中，该文件的文件类型不像普通文本是“text/plain”，流式文件的类型为“application/octet-stream”。mysqldump -A 用于备份所有数据库，mysqldump -B 用于备份多个数据库。物理备份基于 xtrabackup 来实现，支持全量备份和增量备份。

数据库备份机制对数据库的版本和来源没有要求，适用于 MySQL、SQL Server、MongoDB 等多种数据库，无论是自建数据库还是云平台提供的云数据库，均可以实现备份。备份到对象存储的文件类型为 STORAGECLASS，包括标准存储（STANDARD）、低频存储（IA）、归档存储（ARCHIVE），其使用方式和普通文件相同。

CLI 命令

将所有数据库的日志内存逻辑备份到对象存储中

mysqldump -A | ./filemgr-linux64 --action stream-upload --bucket <bucketName> --key <backupKey> --file stdin --threads <threads> --retrycount <retry> --storageclass <storage-class>

数据库逻辑备份到对象存储中的文件如图 5-25 所示。

```
-- MySQL dump 10.13  Distrib 5.6.51, for Linux (x86_64)
--
-- Host: localhost    Database:
-- ------------------------------------------------------
-- Server version   5.6.51

/*!40101 SET @OLD_CHARACTER_SET_CLIENT=@@CHARACTER_SET_CLIENT */;
/*!40101 SET @OLD_CHARACTER_SET_RESULTS=@@CHARACTER_SET_RESULTS */;
/*!40101 SET @OLD_COLLATION_CONNECTION=@@COLLATION_CONNECTION */;
/*!40101 SET NAMES utf8 */;
/*!40103 SET @OLD_TIME_ZONE=@@TIME_ZONE */;
/*!40103 SET TIME_ZONE='+00:00' */;
/*!40014 SET @OLD_UNIQUE_CHECKS=@@UNIQUE_CHECKS, UNIQUE_CHECKS=0 */;
/*!40014 SET @OLD_FOREIGN_KEY_CHECKS=@@FOREIGN_KEY_CHECKS, FOREIGN_KEY_CHECKS=0 */;
/*!40101 SET @OLD_SQL_MODE=@@SQL_MODE, SQL_MODE='NO_AUTO_VALUE_ON_ZERO' */;
/*!40111 SET @OLD_SQL_NOTES=@@SQL_NOTES, SQL_NOTES=0 */;

--
-- Current Database: `mumu`
--

CREATE DATABASE /*!32312 IF NOT EXISTS*/ `mumu` /*!40100 DEFAULT CHARACTER SET latin1 */;

USE `mumu`;

--
-- Current Database: `mysql`
--

CREATE DATABASE /*!32312 IF NOT EXISTS*/ `mysql` /*!40100 DEFAULT CHARACTER SET latin1 */;

USE `mysql`;

--
-- Table structure for table `columns_priv`
--

DROP TABLE IF EXISTS `columns_priv`;
/*!40101 SET @saved_cs_client     = @@character_set_client */;
/*!40101 SET character_set_client = utf8 */;
```

图 5-25　数据库逻辑备份到对象存储中的文件

恢复逻辑备份的数据时采用 filemgr 工具来下载文件，并将数据按照 stream 方式传输给 MySQL 来执行 SQL 语句。恢复物理备份的数据时需要先转移原来的数据库，备份恢复后再重启服务。

CLI 命令

逻辑备份全库数据

./filemgr-linux64 --action stream-download --bucket <bucketName> --key <backupKey> --threads <threads> --retrycount <retry> 2>./error.log | mysql

5.7.4　应用案例——对 MumuLab 数据库进行备份

实验目的：

采用云数据库提供的备份机制进行手动备份和自动备份，并对数据库进行回档操作。

前置实验：

5.4 可靠性——采用高可用的云数据库。

实验步骤：

1．在云数据库界面点击需要备份的云数据库实例，点击“详情”并选择“备份管理”。

2．在备份管理界面点击“自动备份策略”，设置自动备份的时间、周期、备份方式等。

3．备份周期为周一到周日的一天或几天，为了尽快看到备份效果，建议按照当天的具体情况选择；备份时间应该选择数据库访问压力最小的时段，对于一些业务来说是凌晨 02:00—03:00，本实验建议选择马上就可以进行备份的时间段；备份方式选择“逻辑备份”，点击“确定”。

4．在同一个页面点击“手动备份”，立即创建手动备份文件。

5．填写备份名称，用来标识备份的内容或作用，方便后续恢复数据库时更容易寻找；备份方式选择“逻辑备份”，点击“确定”，则会立即创建一个备份文件。

6．在备份界面中可以看到已经完成备份的自动备份和手动备份列表，在右侧选择需要恢复的备份，选择“从备份创建”来创建一个新的数据库实例，或选择“下载”来保存备份文件到本地，打开下载的备份文件，可以看到它就是 SQL 文件，可自行选择再次备份或其他操作。

7．在云数据库备份管理界面中点击“Binlog 日志包”，点击“打包 Binlog”，填写日志包名称为“DB-Binlog-2021”，选择时间段后点击“确定”。

8．选择打包完成的 Binlog 日志包，点击进行下载。

9．在云数据库概览页面点击“数据库回档”，选择备份的数据进行回档。数据库回档会替换当前的数据库实例中的数据，因此建议通过备份文件选择“从备份创建”来重新创建新的数据库实例，验证数据库数据完整、有效之后，再移除旧的数据库实例。

6

第 6 章 弹性扩展

经常听到系统组件的紧耦合、松耦合，紧耦合系统会将每个故障串联，将系统风险放大。现在软件规模越来越大，自行开发的业务逻辑或第三方接口众多，将所有功能整合到一个组件中会出现紧耦合现象，一个组件出现异常对整个系统会有较大的影响。弹性扩展架构设计模式全景图如图 6-1 所示，包括解耦、扩展、迁移、均衡四部分。

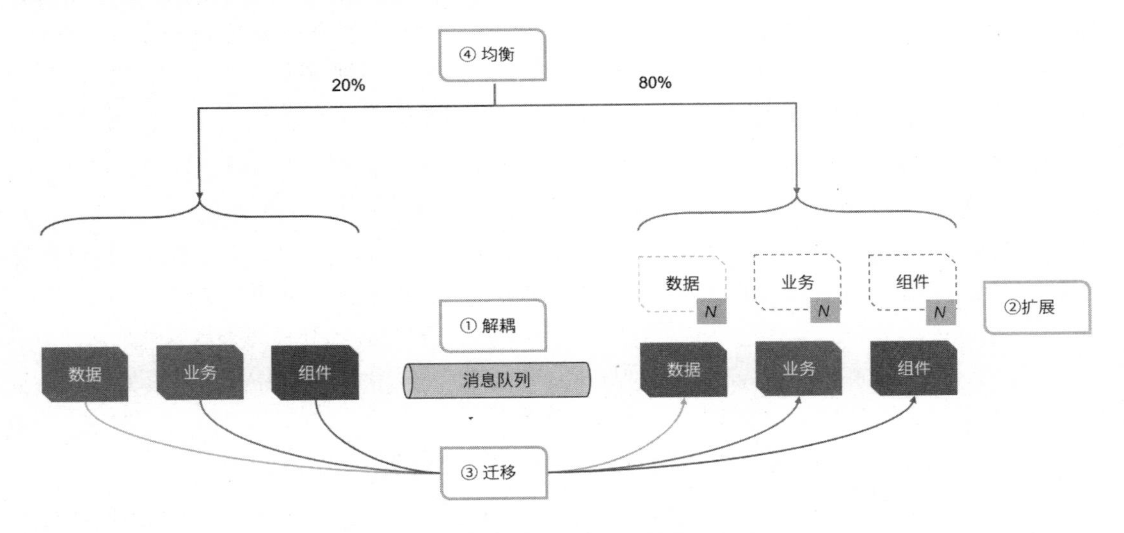

图 6-1　弹性扩展架构设计模式全景图

本章内容如下。

- 解耦——数据存储访问动静分离。
- 解耦——通过消息队列解耦组件。
- 扩展——计算自动伸缩。
- 扩展——数据库层扩展。
- 扩展——通过混合架构扩展本地能力。
- 迁移——业务及数据迁移。
- 均衡——流量转发及全局负载均衡。

6.1　解耦——数据存储访问动静分离

在 Web 应用及 App 中有大量图片、视频、静态页面等资源，终端用户上传图片和视频、保存文件也会时时刻刻产生大量新的文件数据，这些文件都是对象（Object），静态对象存储无须强绑定到核心业务中，大量静态文件的高并发请求会给服务器带来非常大的处理压力。传统 IT 架构中的对象数据、文件数据都存储在存储服务器、存储阵列等设备中，还需要通过服务器进行处理后再提供访问和下载功能。大量数据由同一台服务器负责读写时会造成服务器集群压力不均的状况，当存储文件数量增多时，底层资源难以在不影响性能的前提下进行线性扩展，存储设备和处理文件的服务器的性能跟不上快速产生的数据处理需求，这时数据读写会成为整个系统的瓶颈。

6.1.1　概要信息

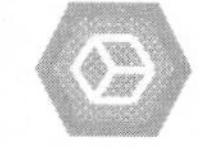

设计模式

数据存储访问动静分离。

解决问题

动态资源和静态资源由同一个接口访问导致访问性能低。

解决方案

- 动态数据通过云主机中的接口进行读写，静态数据存储到对象存储中进行读写。

使用时机

- 有大量静态数据存储时。

关联模式

- 5.3　可靠性——非结构化数据可靠存储。

6.1.2 实现静态文件读写分离

将静态文件的读取和写入请求剥离，原来由存储阵列及服务器存储、读写数据，现在交由高可靠设计、分布式存储的对象存储服务来提供支撑。将静态文件从业务系统中解耦，存储到独立的对象存储服务中，通过文件生成的链接或文件名对文件进行调取和操作。

将静态文件解耦存储到对象存储服务中能够将静态文件的读写压力从处理服务器中拆分出来，对象存储能够实现高并发，可以在上传大量文件的同时提供高性能的访问服务，在文件数量线性增加的状态下不会影响静态文件的读写性能。

Web 应用中的非静态文件存储在云硬盘、数据库中，通过服务器处理后反馈给请求端，这部分我们称为动态数据请求。通过文件生成的链接或文件名来调取和访问静态文件，通过 CDN 缓存加速后返回给用户端。底层存储容量和访问性能与文件数量无关，后端自动伸缩以支撑随时增加的文件及变动的文件内容。

Web 应用或 App 中的静态展示资源存储在对象存储中，用户访问应用时，应用会自动从对象存储中下载对应的文件，不必经过服务器，服务器只需处理对动态数据的读写。如图 6-2 所示，通过对象存储实现数据请求动静分离可以提高应用系统的弹性和可用性。

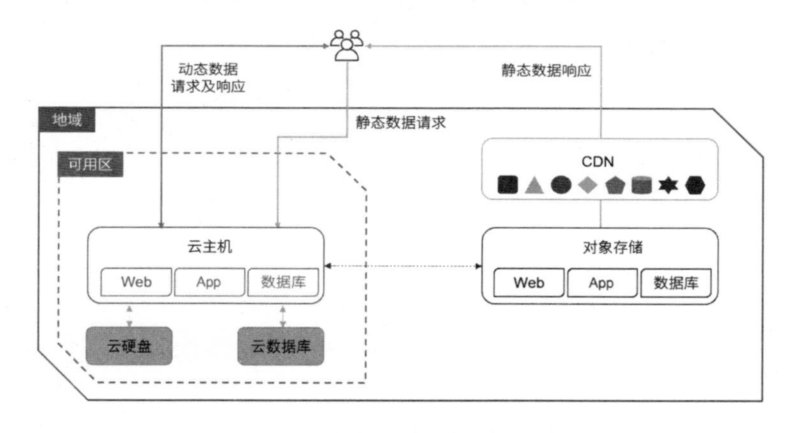

图 6-2　通过对象存储实现数据请求动静分离

提示

CDN 通过分布在全球的缓存节点来存储和加速数据，静态数据与云主机、对象存储之间进一步解耦，提升静态数据的访问性能和动态请求的访问速度，这部分将在“7.3 缓存——CDN 缓存加速”中详细介绍。

云端对象存储服务采用分布式存储，通过多台存储服务器实现存储虚拟化，存储的数据可能会分散在多台存储服务器中的任何一个地方，在调取文件时通过管理控制端自动将分散的数据块拼接，返回给用户或程序一个完整的、和上传时相同的文件。当存储的对象文件数量激增时，对象存储服务后端弹性扩展，并且没有存储容量的限制，保证了对象存储服务的高可用。同时，激增的对象文件不会影响运行在云主机、云数据库等服务上的其他业务，反之，云主机或云数据库等服务故障也与对象存储服务隔离开来。

一般将业务系统中的图片、视频等 Web 化的资源存储在对象存储中，对于一些较大的消息体、SESSION、日志，不适合在数据库或消息队列中进行读写，应该将这类消息体存储在对象存储中，只将文件索引存储，在需要调取时先从数据库或消息队列获取文件索引，再通过文件索引在对象存储中获取该消息体。

6.1.3　对视频流数据进行分离

视频流数据并不属于静态对象，仍然可以通过视频流存储到对象存储中来与服务器进行解耦。如图 6-3 所示，视频源产生的视频流数据可以保存到对象存储中，因此不必将视频流数据先通过云主机处理并转换成 MP4、AVI 等格式后再上传到对象存储中。同时，对象存储还支持以流的方式读取视频，进而通过对象存储提供的格式转换、调整分辨率、添加水印等增值服务进行处理，也可以设置在视频流上传完成后触发响应机制，通过程序或回调函数进行后续处理。

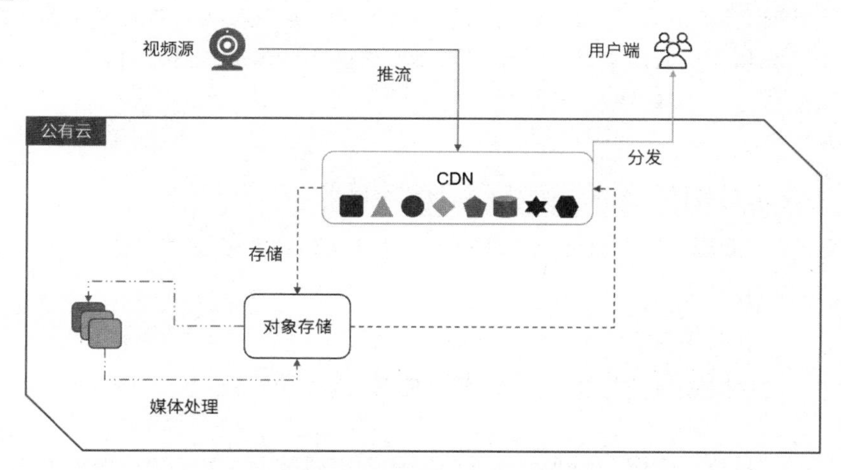

图 6-3　对视频流数据进行分离

6.1.4 应用案例——将 MumuLab 实现动静分离

实验目的：

将 Web 应用中的动态请求和静态请求分离，静态请求可通过对象存储提供服务，并可结合 CDN 进行加速请求。

前置实验：

5.3 可靠性——非结构化数据可靠存储。

实验步骤：

1．在 MumuLab 平台的代码中可以查看到获取对象存储文件链接的代码，通过公钥、存储桶名、文件名计算签名（Signature）向云平台发送请求，如能正确响应则可以获得文件链接，并显示在 PHP 代码中。如果存储桶为公共类型，则直接使用文件链接即可。

2．访问 MumuLab 实验提交记录（Timeline）页面，能够看到静态图标和一行行提交记录，提交记录由运行在云主机中的 PHP 代码从数据库中读取并反馈到浏览器中；通过浏览器的 firebug 可以定位并查看到静态图标的链接，能够确认图片来自对象存储。

提示

用户首先访问 MumuLab 平台，云主机会从数据库中读取数据，将静态页面（包括图片链接，并不是图片数据）返回浏览器中，浏览器会按照图片链接请求图片内容，然后按照页面约定将图片按照合适的尺寸插入合适的位置。

3．通过以上页面验证，实现了静态请求与动态请求的动静分离。

4．动态请求和静态请求均可通过 CDN 进行加速访问，具体信息参见“7.3 缓存——CDN 缓存加速”。

6.2 解耦——通过消息队列解耦组件

当业务系统的规模扩大时，也会增加系统架构的复杂度，在架构设计时对系统进行分层与解耦能够避免多个组件之间的性能不足、负载高、任务处理堆栈长及组件故障等风险。系统进行纵向分层可以实现前后端的分离，如前端展示层、前端逻辑层、后端逻辑层、后端数据库层等，层与层之间通过 API 调用或函数调用的方式进行请求与响应；系统进行横向分层时按照不同业务类型等因素来划分，如新零售场景中的商品展示、订单处理、支付系统、物流系统等。横向为技术方案、纵向为业务场景，如图 6-4 所示。

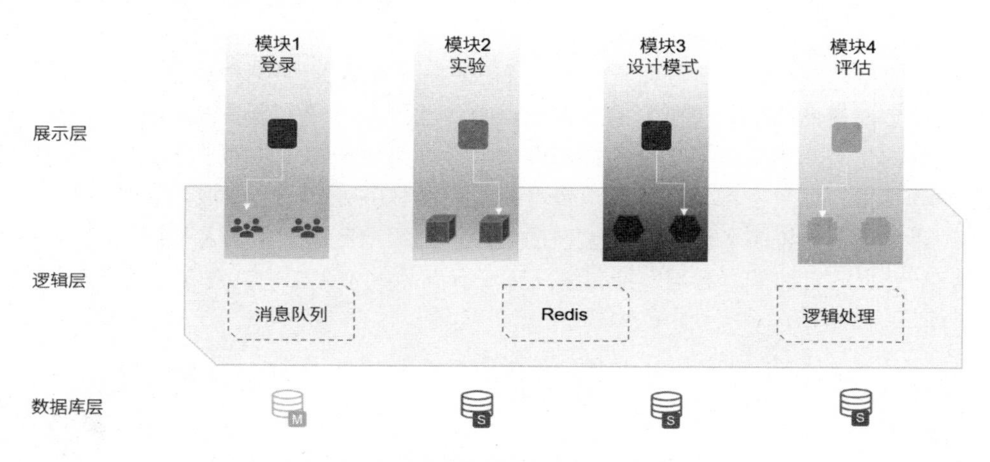

图 6-4　纵向业务场景与横向技术方案分离

坏味道：系统组件紧耦合导致扩展难度大、组件可用性低，以及生产者和消费者互相等待会导致效率低等问题。

最佳实践：将系统组件按照功能拆分，通过消息队列进行解耦，实现异步处理。

6.2.1　概要信息

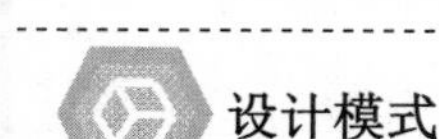

设计模式　 通过消息队列解耦组件。

解决问题　系统组件紧耦合会导致扩展难度大、组件可用性低，以及生产者和消费者互相等待会导致低效率等问题。

解决方案　将系统组件按照功能拆分，通过消息队列进行解耦，实现异步处理。

使用时机　系统组件包含多个处理步骤，在业务层面可进一步拆解实现功能单元化时。

6.3 扩展——计算自动伸缩。
7.1 计算——提升计算性能。

6.2.2 生产-消费原理

系统中的组件互相调用要避免紧耦合，背后的原理就是生产-消费原理。生产者持续生产商品，消费者消费商品，如果是紧耦合关系，消费者每生产一个商品就要串行等待消费者来消费，两者的生产和消费效率必须保持高度一致，如果生产速度快而消费者还没消费完，会造成生产者等待；如果生产速度慢而消费者已经完成任务处理，会造成消费者等待。解耦之后，生产者无须等待消费者消费，将生产的商品放到缓冲区中，消费者按照自己的节奏来消费商品，不受生产者的效率影响，只有缓冲区没有商品时才会影响消费者，生产-消费原理如图 6-5 所示。

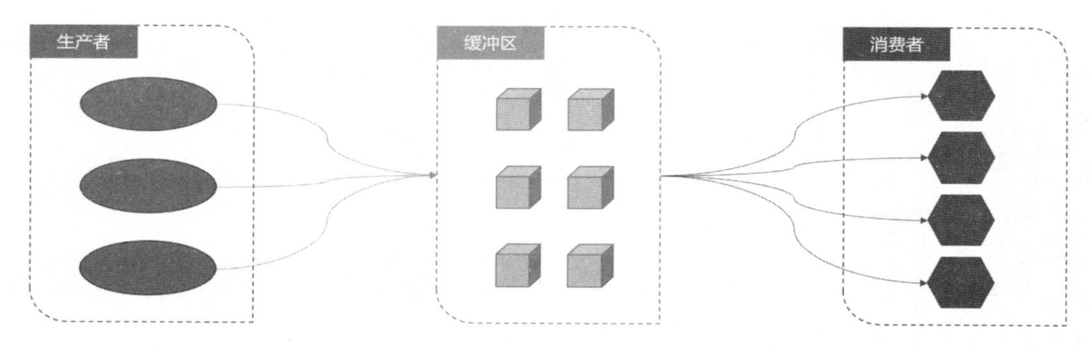

图 6-5 生产-消费原理

生产-消费原理说明的是因生产者与消费者处理任务的时长不同、处理任务的能力不同等原因导致的生产过剩或消费过剩的现象，该原理并不复杂，却能够形象地表明解耦系统组件的必要性，可通过解耦来降低生产者和消费者之间的耦合/依赖关系。

6.2.3 实现异步解耦

为了避免业务逻辑链过长，避免任何一个环节出现故障、超时、错误都会影响整个业务逻辑的准确性，可把长链转换成多个功能职责单一的任务，不同任务之间相互调用并互相隔离，从而实现系统组件上的解耦。例如，在 MumuLab 中有上传实验结果截图的功能，用户上传照片、对图片大小进行裁剪、对图片进行压缩、添加水印、将图片存储到对象存储中、将 MetaData 写入 MongoDB，这些都可以封装为功能职责单一的逻辑。

解耦使得组件之间不再互相依赖，使得任何一层方便扩展。当对图片进行裁剪、压缩、添加水印等处理操作而引发服务器负载高时可分别单独扩展，任何一步操作相互独立，无须等待。每个处理任务的功能单一化，先加载数据，再按照预定算法进行处理，然后将数据存储，即可完成单个处理任务。

如图 6-6 所示，业务系统（生产者）的请求在消息队列中排队，并按照 FIFO（First In First Out）的原则将消息推送给消费者，消息队列在其中起到了前后端请求解耦、缓存消息的作用。

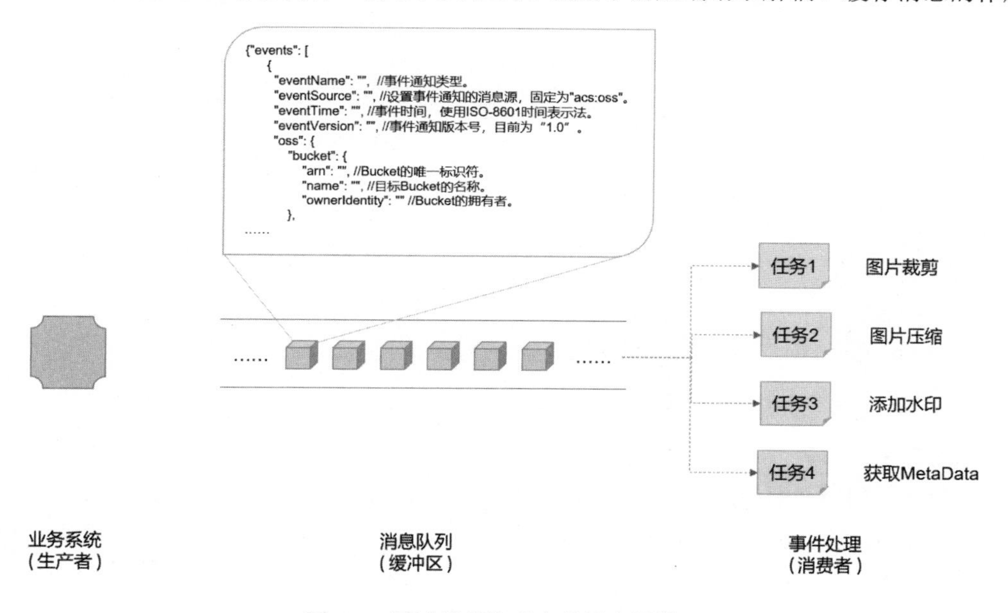

图 6-6　通过消息队列实现异步解耦

6.2.4　实现削峰填谷

根据生产-消费原理，解耦后的系统组件可以实现削峰填谷的效果，如图 6-7 所示，负责生产的组件无须关注消费者的状态，当有任务时，生产者先处理任务，之后将任务传送到消息队列中，生产者继续生产任务。消费者按照任务优先级处理或按序处理，在消息队列中可能会有堆积的任务，消费者根据消息顺序持续处理，实现业务的削峰填谷。因为已经与生产者实现了解耦，所以不会影响生产者对前端请求的响应。

当前端流量有高并发情况时，会给后端服务节点及系统带来瞬时的高负载，当系统没有足够的防护措施时，会导致系统崩溃或服务器宕机，此时可通过消息队列解耦实现缓存前端请求的效果，实现削峰填谷，后端服务节点与系统可以保持在稳定负载下处理任务。

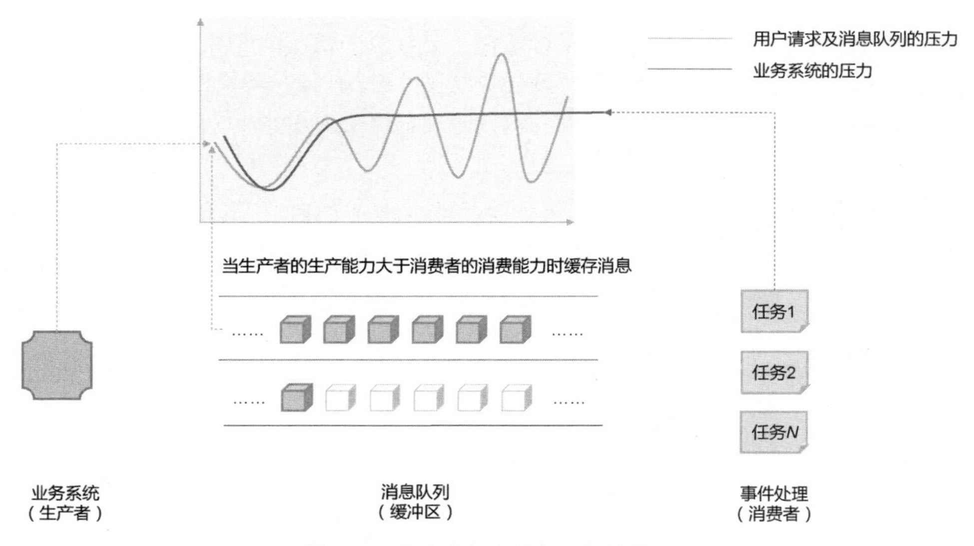

图 6-7　通过消息队列实现削峰填谷

6.2.5　订阅型、队列型消息队列

消息队列分为订阅型和队列型，这两种类型的消息队列分别有不同的特性和使用场景。

- 订阅型消息队列，一个或多个消息生产者在一个主题中发布消息，一至多个订阅者均会收到相同的订阅消息，每个订阅者互相独立。订阅型消息队列用于处理互不相关的任务，如在 MumuLab 中用户上传图片后的图片裁剪、图片 MetaData 信息抽取和存储，它们之间并没有依赖关系。
- 队列型消息队列，消息生产者将消息放置到消息通道中，并且消息之间有先后顺序，消息消费者按照先进先出（First In First Out，FIFO）原则来获取数据。消息仅用于消费一次，即消费一次后会在消息队列中移除该消息。适合串联进行的任务，如 MumuLab 中的图片添加水印、图片压缩等，这些任务之间有先后顺序，不可并行。

在队列型消息队列中，消息有先后顺序，消费者按照顺序消费数据，不过存在以下几种可能，消息队列中的消息顺序和真正需要处理的顺序不一致，如消费者按照 Step1、Step2、Step3 的顺序来处理，但是消息队列中关于图片 image0001 的 Step3 的消息早于 Step2，这就需要消费者能够按照业务顺序来选择消息，将未消费的 Step3 消息设置为未消费状态，并在一段时间后重试读取和处理 Step3 消息。如果消费者读取消息后就标记为“已读”或“删除”，则可能会在处理消息失败时丢失该消息，消费者处理完一个消息任务时应向消息队列发送“消息消费成功”的响应，这时在消息队列中将该条消息标记为“完成”，避免对该条消息进行重复处理。

常见的开源版本的消息队列有 RabbitMQ、RocketMQ、Kafka 等，云服务商也提供了基于这些开源版本的消息队列进行封装的产品，云平台版本与开源版本互相兼容，支持大部分功能和命令。

6.3　扩展——计算自动伸缩

在业务访问高峰期最简单有效的方式就是对云主机等计算资源进行纵向升级、横向扩展，及时应对业务高峰期。在业务高峰期之后通过对云主机进行纵向降级、横向缩容释放不再需要的计算资源，从而节省成本。纵向扩展就是对云主机的配置进行升级或降级，横向扩展是通过负载均衡将系统请求分散到多个后端服务节点中降低系统对单台云主机的压力，增加或删减云主机的数量，如图 6-8 所示。

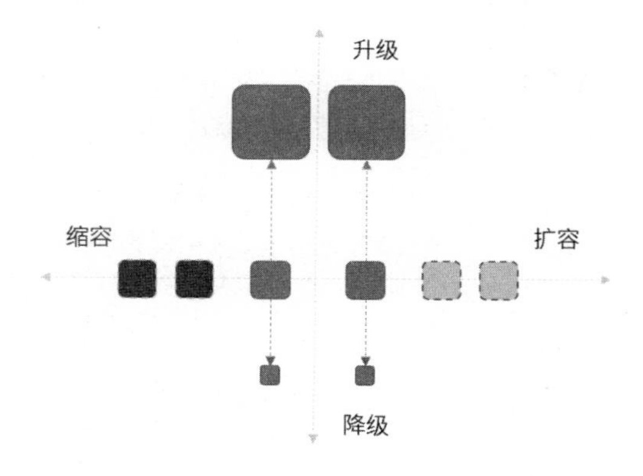

图 6-8　横向扩展与纵向扩展

通过负载均衡能够管理横向扩展的云主机、物理云主机等资源，不过手动扩缩容的方式会带来很高的维护成本，根据前面介绍的高可用设计原则，应尽量避免手动操作而实现自动化的响应处理机制，因此我们通过自动伸缩的方式来管理资源的扩缩容，根据 CPU 负载等监控指标实现资源的自动扩展或删减，保证有数量合适的资源来运行业务。一方面能够应对业务流量增加带来的业务压力；另一方面能够通过自动伸缩在业务低谷期缩减资源来减少费用支出。

云计算服务和自动化流程在很大程度上减少了人工参与的过程，底层资源不应根据个人经验进行扩展，也不能根据告警信息进行手动扩展，自动化流程可以避免人员介入导致的操作失误、响应不及时等风险，应该根据资源运行状况的监控或周期性策略进行自动化的资源扩展或缩容。云平台通过自动伸缩（Auto Scaling）的方式实时监测后端服务节点的压力指标，达到设定的策略时自动触发增加服务器的扩容动作或删减服务器的缩容动作。对于使用者来说，自动伸缩可以保证有适量的计算资源来处理业务请求。

6.3.1 概要信息

设计模式

计算自动伸缩。

解决问题

单个云主机等计算实例的性能不足以支撑业务请求，需要纵向升级配置或横向扩展数量，提升整体应对业务请求的能力。

业务请求变化较大，对云主机等资源的需求数量有较大波动。需要减少云主机的数量以节省成本。

解决方案

- 纵向升级或降级云主机的配置。
- 横向增加或减少云主机的数量并采用负载均衡来统一管理访问。
- 根据指定指标监控、事件或固定时间周期来自动执行扩容、缩容动作。

使用时机

- 伴随着业务运行的整个周期，能够通过伸缩来应对变动的业务压力。
- 在业务压力变动时能够持续保持最低的成本。

关联模式

- 5.1 可用性——地域内业务高可用。
- 6.7 均衡——流量转发及全局负载均衡。

6.3.2 横向扩展

使用纵向扩展的情况不是很多，有些软件需要大内存的云主机，当原有云主机的配置太低时可选择纵向升级配置，通常情况都可选用横向扩展来提升整体性能，降低云主机的压力。系统压力增大时需要更多资源，可以通过横向扩展的方式，如业务运行在10台云主机上，当业务流量翻倍时，再创建10台云主机即可。横向扩展的优先级要高于纵向扩展，横向扩展可通过更多数量的云主机来支撑业务请求，同时能避免云主机级别的故障，提升业务的可用性。

横向扩展优于纵向扩展，如图6-9所示。

1. 所有云主机加入负载均衡的后端服务节点中，云主机的纵向扩展、横向增加或移除云主机均在后端服务节点的纳管范围内，负载均衡通过健康检查机制来检查所有云主机的健康状况。

2. 每台云主机均保持无状态，需要进行计算时从Redis获取状态数据，在计算任务完成后将数据写入Redis。

3. 当有故障云主机或移除云主机时，正在运行的任务状态是否会丢失呢？这里有两种情况，一种是云主机会在运行完当前任务并将状态数据写入Redis后退出后端服务节点，另外一种是直接退出，导致状态数据丢失。

4．为了避免第二种情况发生，导致任务状态紊乱，需要每台云主机的业务有重试机制，没有标记计算完成的任务可以重新计算；这时又可能出现多台云主机同时处理同一个任务的情况，需要将任务请求设计为幂等的，即多次计算相同任务不会影响最终结果。

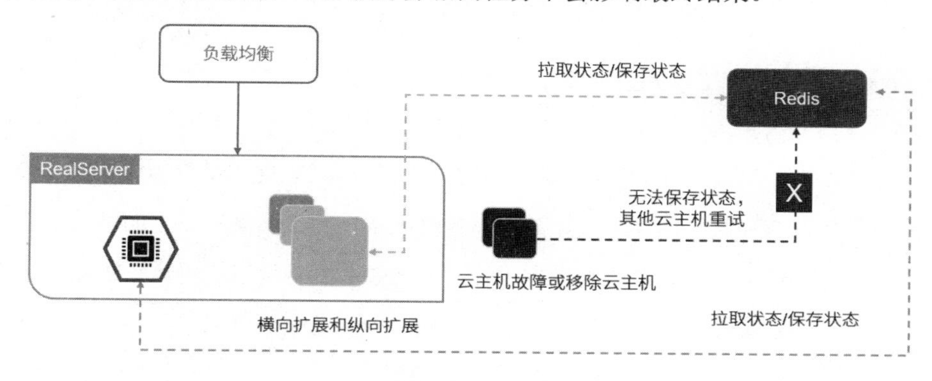

图 6-9　横向扩展优于纵向扩展

还有一个场景，最初创建的 10 台云主机的配置是 1 核 1GB，经过一段时间的业务发展，这些云主机的配置太低了，需要把这 10 台云主机升级到 4 核 8GB，这时该怎么选择？选择纵向扩展还是横向扩展？除了纵向扩展，还可选择通过横向扩展来逐步替换云主机的形式，把这 10 台 1 核 1GB 的云主机挂载到负载均衡后端节点上，另外创建 10 台 4 核 8GB 的云主机并部署相同的业务，这个阶段由 20 台云主机共同提供服务，然后从负载均衡后端节点中逐步移除 1 核 1GB 的云主机并释放实例，最终完成从 1 核 1GB 的云主机“升级”到 4 核 8GB 的云主机。这是一种平滑替换的方式，不需要中断业务或纵向升级配置。

6.3.3　自动伸缩

自动伸缩需要跟负载均衡搭配工作，自动伸缩的资源是绑定在负载均衡后端服务节点中的云主机、物理服务器等资源，自动伸缩根据后端服务节点的 CPU 平均负载等监控指标触发扩容或缩容事件，该事件会按照已经配置完成的资源配置模板创建新的服务器或按照移除策略来删减服务器。常见的进行横向扩展的方式包括手动新建计算单元并加入均衡器中、自动伸缩等。

自动伸缩（Auto Scaling）是通过监控云主机 CPU 等指标来完成扩缩容动作的，也可通过设置时间周期等形成自动伸缩策略，来实现在绑定的负载均衡后端节点中自动增加或删减云主机的机制。掌握自动伸缩需要先了解以下几个基础概念。

- 自动伸缩实例：用于管理和配置多个伸缩任务，所有的伸缩策略、伸缩模板、伸缩记录都包含在自动伸缩实例中。
- 触发器/伸缩策略：用来监测启动条件，包括对 CPU、内存等指标的监控策略，也包括设置的周期性扩缩容规则，达到启动条件时会触发伸缩策略，执行相应动作。

- 伸缩模板：云主机的配置模板，指定云主机的 CPU、内存、镜像、系统盘、数据盘、付费方式等参数，触发扩容时按照伸缩模板的配置创建新的云主机。
- 伸缩记录：扩容、缩容记录，用于审计自动伸缩任务的执行情况。

通过图 6-10，我们能了解到自动伸缩的过程。

1．控制器持续监测资源指标和 Schedule 中的任务，在监控指标中，负载均衡中的云主机 CPU 平均负载增加到 *X*%时启动扩容策略，平均负载减小到 *Y*%时启动缩容策略。

2．通过设定的伸缩时间周期进行监测，满足时间条件时也会触发设定的伸缩策略。

3．支持自定义监测方式，在达到预期条件时发送事件到触发器，再执行扩缩容策略。

4．触发自动伸缩管理服务，按照配置模板创建 *N* 台云主机实例，并记录在伸缩记录中，将云主机实例绑定到负载均衡的后端服务节点中，并在负载均衡中对这 *N* 台云主机实例进行健康检查后开始分配请求，这时平均负载会降低；如果删除云主机，还需要考虑删除哪些云主机，删除策略包括优先删除最新创建的云主机、优先删除创建最久的云主机、随机删除等。

5．进行扩缩容之后，伸缩策略会更新，如云主机的平均 CPU 负载升高或降低、还未到下一个伸缩周期等，伸缩策略会实时更新并按照最新的伸缩策略来执行，周而复始；同时，所有的扩容、缩容操作都会记录在伸缩记录中。

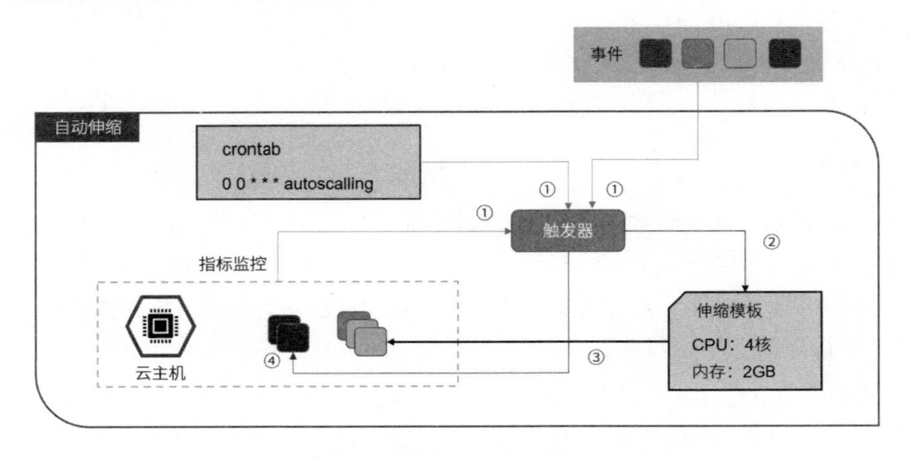

图 6-10　自动伸缩监听及响应处理机制

监测指标频繁变化或伸缩策略集中到一段时间范围内会造成在扩容和伸缩之间频繁切换的状况。例如，按照以下两条策略执行："CPU 负载大于 50%，增加 10 台云主机""内存负载小于 20%，减少 5 台云主机"，在 CPU 负载为 50%、内存负载为 20%的临界值左右，会造成频繁增加 10 台云主机和减少 5 台云主机的操作，增加的 10 台云主机可能还没完全启动完成就被移除，系统会频繁地重新分配请求。可以通过“冷却时间”来避免此类问题，设置冷却时间，如 5 分钟，在 5 分钟内只会执行一次扩容或缩容的操作。

如果要使运行不同业务的数十类云主机自动伸缩，则需要配置数十个配置模板和镜像，在初期配置时会有一些工作量。另外伸缩过程有伸缩时延，从监测到满足扩容条件到执行扩容动作，再到资源启动完成加入均衡后提供服务，这个过程最少需要一两分钟，在能提供服务之前，原有的资源压力会继续增大，因此在扩容时需要考虑时间延迟，设置一个合理的触发阈值，并在触发扩缩容时通过事件监控进行监控与告警。

6.3.4　应用案例——MumuLab 根据 CPU 负载实现自动伸缩

项目背景

MumuLab 平台每天 24 小时的请求量分布不均匀，每天的 17:00—23:00 是访问高峰期，每周五至周日也是访问高峰期，另外还有不定期的竞赛及活动，这些都会造成集中访问的流量高峰。

在进行系统架构时需要考虑的就是可伸缩性，云计算提供便捷的伸缩机制，我们需要用到横向扩展模式。手动创建云主机，然后在每台云主机上手动部署应用是不可取的，我们还需要一种快捷的横向扩展方式，使用自动伸缩可以及时扩展云主机，以应对用户访问，还可以在用户访问量较少时及时释放云主机，以便节省费用。

设置自动伸缩规则，如表 6-1 所示，在每天的访问高峰期前后多创建 20%的云主机，考虑到创建云主机并启动需要几分钟时间，所以应在 19:00 之前提前启动扩容，在下面的规则中可以看到，云主机平均 CPU 高于 50%时自动创建 20%的云主机，云主机平均 CPU 低于 20%时自动移除 1/6 的云主机，并且保证云主机数量不低于最低数量，从而保证云主机 CPU 负载保持在合理范围内。

表 6-1　自动伸缩规则

任　务　ID	策　　略	任　　务
autoscaling-1	定时：每天 18:30	使用镜像“mumu-image”新添加现有容量 20%的云主机到负载均衡中

续表

任务 ID	策略	任务
autoscaling-2	定时：每天 23:30	从负载均衡中优先选择移除并释放最近创建的现有容量 1/6 的云主机（在 autoscaling-1 中由 N 台扩容到 120%N，则恢复到扩容前的数量需要减少 1/6）
autoscaling-3	云主机 CPU 平均负载高于 50%	自动创建 2 台云主机，并添加到负载均衡中
autoscaling-4	云主机 CPU 平均负载低于 20%	优先选择最近创建的 2 台云主机进行移除和释放

前置实验：

5.1 可用性——地域内业务高可用。自动伸缩程序在进行伸缩时会将云主机作为后端服务节点挂载到负载均衡实例中，所以应提前创建负载均衡。

实验步骤：

1．在控制台点击“自动伸缩”按钮进入配置界面。

2．创建伸缩组，自行填写伸缩组名称，绑定资源为之前在“地域内业务高可用”实验中创建的负载均衡实例，将最小云主机数量设置为 2，将最大云主机数量设置为 10，将冷却周期设置为 5 分钟，点击“确定”按钮，完成创建。

3．在自动伸缩组实例中通过详情点击“创建主机配置”按钮，镜像选择“通过云主机快速部署业务”实验中创建的镜像“MumuLab”，或者参照之前的实验重新部署 MumuLab，再创建镜像。

4．修改 CPU 目标值为 50%，即 CPU 负载达到 50%时会触发扩容动作。

5．在云主机上安装 stress 压力测试工具，命令为 stress -c 1 -t 100。

6．通过 stress 模拟 2 线程并持续 300 秒。

7．返回自动伸缩控制台，在伸缩日志中能够查看到扩容、缩容等动作，并且会标识扩容、缩容的原因是固定数量还是 CPU 指标达到伸缩条件。

8．设置按照固定时间进行伸缩，返回控制台自动伸缩配置界面，在定时任务中配置每天 18:30 增加 20%的云主机，每天 20:30 删除 1/6 的云主机。

6.4 扩展——数据库层扩展

前面介绍了很多关于计算资源的扩展，无状态的云主机等资源和业务容易扩展，而数据库只有一个可写的节点，成为系统瓶颈的往往是数据库。数据库难以灵活扩展主要是因为不能同时满足读写一致性、时效性等，也就是前面介绍过的 CAP 理论。我们再看一下如何实现数据库实例配置纵向升级、多个从库节点线性扩展、数据库分库分表和动静数据读写分离。

对云数据库的写操作要写入唯一的主库中，这就带来了云数据库不同的扩展方式。我们先通过表 6-2 看一下不同版本的数据库的可用性及可靠性、扩展方式、主库宕机时的处理方式。在 5.4 节中已经介绍了自建数据库的弊端并建议采用高可用、高可靠的云数据库。云数据库包括纵向升降级、横向扩展从库、横向实现读写分离等扩展方式。

表 6-2　自建数据库、普通版本、高可用版本的数据库的可靠性及扩展方式的对比

版　本	可用性及可靠性	扩 展 方 式	主库宕机时的处理方式
自建数据库	自行保证可用性及可靠性，单台数据库受限于所在宿主机的可用性及可靠性	自行创建从库实例，并设置主从同步	用户自行监听，将从库提升为主库需自行维护
普通版本	云平台创建一个实例	基于云数据库创建多个从库实例，提供界面、API、CLI 工具配置主从同步	用户自行监听，将从库提升为主库需自行维护
高可用版本	在高可用版本的数据库中，一个数据库实例后端是两个主主架构的数据库，但展现给用户的仍是一个实例	基于云数据库创建多个从库实例，提供界面、API、CLI 工具配置主从同步	用户自行监听，将从库提升为主库需自行维护

6.4.1　概要信息

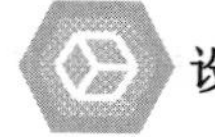

设计模式

数据库层扩展。

解决问题

数据库的读写操作成为业务系统的瓶颈需要解决。

解决方案

- 云数据库设置多个从库实例。
- 云数据库读写分离。
- 采用分布式数据库。

使用时机

- 数据库性能遇到瓶颈时。
- 数据库读写请求差别大，需要进行读写分离时。
- 数据库的数据量较大，需要分库分表时。

关联模式

- 5.1　可用性——地域内业务高可用。
- 5.4　可靠性——采用高可用的云数据库。

6.4.2 纵向扩展云数据库实例配置

云数据库实例支持纵向升级配置、降级配置，如图 6-11 所示，如将原有的 1GB 内存、20GB 硬盘的实例升级到 8GB 内存、200GB 硬盘，升级或降级后的云数据库实例需要根据付费方式补差价或退费。通过纵向扩展，能够快速提升数据库的 IOPS，减轻数据库的写操作和读操作的压力。但是一个数据库实例的配置有上限，不可能无限制地升级配置，因此还需要横向扩展，通过设置从库和读写分离的方式来减轻读操作的压力。

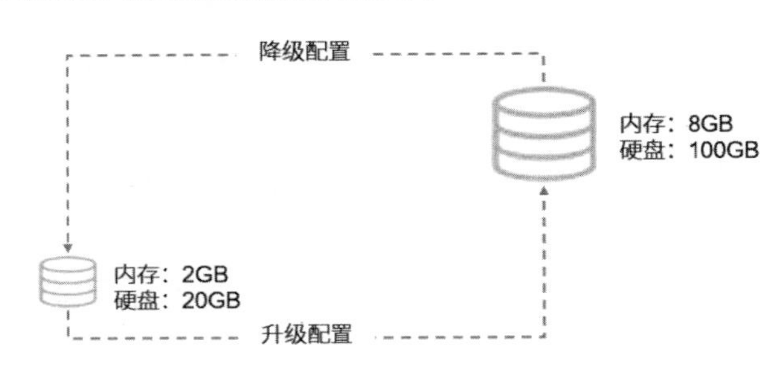

图 6-11　云数据库实例的纵向升级与降级

6.4.3 云数据库创建从库实例

在云数据库 MySQL 实例中可创建多个相关联的从库，并且主库的数据会实时同步到从库中。设置从库支持跨可用区创建，即主库与从库实例部署在不同的可用区，可以提升数据库实例的可用性级别。例如，主库在上海地域可用区 A 创建，则从库可以在上海地域可用区 B 创建，实现可用区级别的数据库容灾能力。另外可以在每个可用区创建只读从库，分担数据库的读请求压力。

与主库在同一个地域的只读从库的数据延时不大，如果是跨地域的只读从库，那么数据会有一定延时，但在大部分业务场景下没有影响，对于需要实时精准查询的业务则会造成数据延时不一致的情况，跨地域的从库适合作为温备份使用。跨地域设置主从库需要用户自行设置，云服务商的标准云数据库产品只支持同地域的主从库设置。

如图 6-12 所示，云数据库的主库和每个从库都有不同的 IP 地址，在主库发生故障停止服务时，可选择拉起从库作为新的主库，但是写操作调用的 IP 地址会发生变化，因此需要修改应用系统的配置文件。当原来的主库恢复后，也需要手动重新拉起，使其成为新的主库，其他均为从库。来回切换 IP 地址非常不方便，可通过内网 DNS 来解析，将业务系统中的配置文件写入内网 DNS 分配的域名，解析到后端多个数据库的 IP 地址中，有数据库 IP 地址变化时仅需要修改内网 DNS 解析即可。

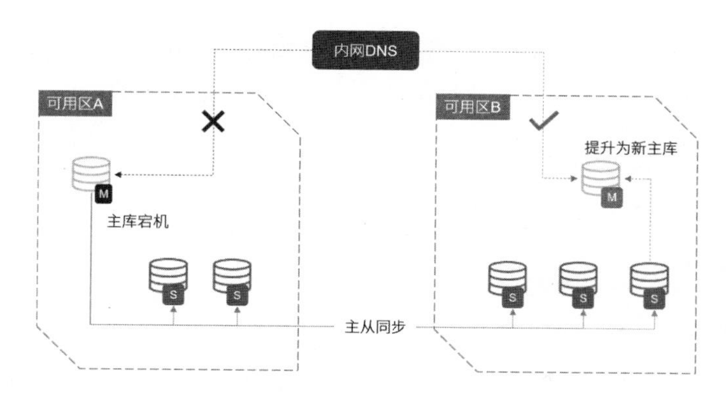

图 6-12　云数据库的主从库设置及提升新主库

6.4.4　数据库读写分离

据统计，关系型数据库在 OLTP 业务下 96.87%的时间都在等待读 I/O，而处理器计算只占了 5.3%，要提高数据库的 QPS 性能，关键的一点是提高系统的 I/O 能力。另外大多数业务对数据库的访问读多于写，据统计，数据库读写比例可以达到 5∶1，甚至 10∶1。除了通过提升主节点的配置来提升性能，还可以通过读写分离来降低主库的压力。部署一主多从的主从复制集群，进而将读请求分发给多个数据库节点并行处理，能给数据库的性能带来明显的增益。

如图 6-13 所示，数据库读写分离中间件中的两个 Proxy 采用双活模式部署，前端通过内网负载均衡实例实现均衡及容灾。用户需要设置读请求分发策略，读请求分发策略中仅识别 SELECT 语句，设置不同的分配比例到后端主数据库和一至多个从数据库中，Proxy 节点负责按照读请求分发策略进行 SELECT 语句的转发。如果 SELECT 语句处于事务中，则会默认转发至主数据库，如果 SELECT 语句不在事务中，则按照设定的策略分发。将写请求全部分发到主库，主库和从库位于同一个地域的不同可用区，跨可用区的延时大约为 3ms，主库“实时”同步数据到从库中，以保证数据一致性。

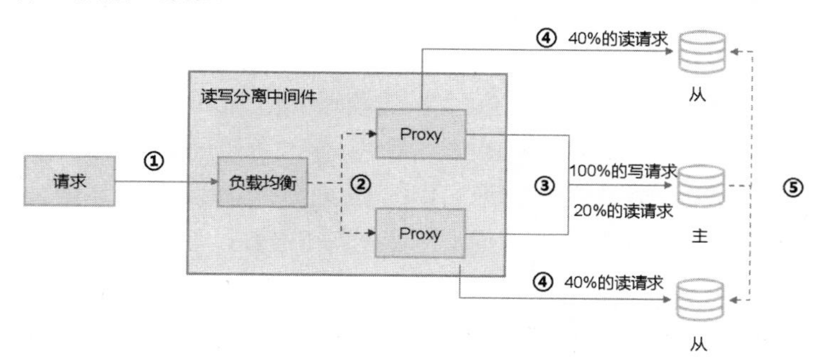

图 6-13　数据库读写分离中间件

业务存储的数据量增多和访问量增大都会对单机数据库构成挑战；在海量数据时代，传统的单机数据库在容量和性能上都存在瓶颈，明显不能满足业务发展的需求；当数据量达到一定量级后，单机数据库的数据库备份、还原等运维操作需要很长时间才能完成，失败的概率增加，给日常运维工作带来了风险。云端分布式数据库支持自动化水平拆分，对用户侧屏蔽了系统扩缩容的细节，用户只需要在建表语句中指定拆分键和分片数量即可，用户无须关注底层的增删节点、数据迁移等操作。

6.4.5 应用案例——MumuLab 云数据库的主从库设置

实验目标：通过扩展从库并设置读写分离来减轻主库的压力，在主库故障时能够提升从库为新的主库，提升数据库层整体可用性。

前置实验：

5.4 可靠性——采用高可用的云数据库。

实验步骤：

1. 在之前的实验中，MumuLab 实验管理从上海的高可用版本的云数据库实例中读写数据，在本实验中，将创建从库并挂载到主库中。

2. 在控制台云数据库界面选择作为主库的云数据库实例，在实例信息右侧选择“创建从库”，进入从库配置界面。

3. 选择所在可用区为“可用区 B”；数据库机型、内存、从库名称等对本实验没有影响，均可自主选择和填写；从库端口为默认的“3306”；点击“确定”按钮并支付费用。

4. 至此，从库已经创建完成，并且主库会“实时”同步数据到从库中。也可以在上海同一个地域的不同可用区中再创建多个从库。

5. 为数据库设置读写分离，将该数据库实例主库的所有写请求转发到主库，将读请求按照比例平均分配到各个从库中。

6. 希望实现的目标是可用区 A 中的云主机的读请求分发到可用区 A 的主库或从库中，可用区 B 中的云主机读请求分发到可用区 B 的从库中。修改可用区 A 中云主机上 MumuLab 读请求的数据库 IP 地址为可用区 A 中的数据库实例的 IP 地址；修改可用区 B 中云主机上 MumuLab 读请求的数据库 IP 地址为可用区 B 中的数据库实例的 IP 地址。

7. 访问 MumuLab（负载均衡中的 EIP 地址）实验提交记录（Timeline）页面，请求会分发到负载均衡后端可用区 A 的云主机和可用区 B 的云主机中，而两台云主机又分别调用了同一个可用区的云数据库进行读操作，因此可以查看到相同的信息。

8．通过删除主库实例来模拟主库宕机，再将其中一个从库提升为主库，这时需要修改 MumuLab 中的数据库 IP 地址为新的主库的 IP 地址。

6.5　扩展——通过混合架构扩展本地能力

现在各行各业都在积极拥抱云计算，但是上云并非纸上谈兵，需要综合考虑一些历史原因和合规要求，如支撑业务的本地数据中心全部迁移到公有云比较困难，因为企业监管制度及合规要求，所以一些核心数据库必须保留在本地数据中心；本地数据中心作为企业资产，不容易被直接抛弃；业务架构复杂，全面迁移上云的影响难以评估。国内传统 IT 架构很多，大多基于自有服务器、IDC 等部署业务，这是当下的现状。

但是本地环境在计算能力、存储及备份能力、安全防护能力等方面均受到了很大的限制。公有云具有灵活、弹性易扩展、安全的优势，并且有更丰富的产品种类，将本地环境和公有云打通融合成混合架构，则能在本地环境现状不变的情况下享受公有云带来的便利。

提示

如果企业业务已经采用了 UCloud、阿里云，还计划在 AWS 上部署业务、备份数据，那么这里称之为多云部署，不按照混合架构进行介绍。

6.5.1　概要信息

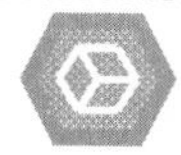

设计模式

通过混合架构扩展本地能力。

- 本地环境的计算、存储备份、安全、产品服务等能力有限，难以适应业务的需求和变化。

- 通过混合架构扩展本地环境的计算、存储备份、安全、产品服务等能力。

- 当本地环境的计算资源不足时，难以支撑可预期的计算需求高峰。
- 保持业务可伸缩，在云端实现温备份。
- 在本地环境部署业务，安全防护能力不足时。
- 需要将本地环境的数据进行异地备份时。

- 4.5 混合架构——混合架构连通。
- 5.6 可恢复性——云端备份。
- 8.4 安全防护——网络安全。
- 8.5 安全防护——应用安全。

6.5.2 解决方案——概述

本地环境是指企业租用的传统 IDC、自建 IDC 环境，在云计算出现之前及云计算发展前期，很多企业优先选用传统 IDC 的服务器搭建服务。租用 IDC 在很长一段时间承载了企业的 IT 系统的发展，相比自行组建或购买服务器，租用 IDC 提供了很大的便利，不过传统 IDC 相对云计算还存在交互周期长、资源弹性扩展能力差等问题。传统环境还包括企业在办公室中的一些临时或长期的服务器，一般用于运行内部系统、内部测试环境、官网等服务，即便企业业务上云，也难以一次性裁撤本地的服务器。本地环境还可以指搭建的私有云，私有云相比 IDC 已经具备按需计费、自主管理等优势，在私有云数据备份到云端、私有云中现有产品线不齐全、采用公有云加强安全防护能力等场景下，也将考虑混合架构。

构建混合架构是指同时使用公有云和本地环境的架构方式，在这里，本地环境包括租用的 IDC、自建服务器集群等，本地环境主要存在以下痛点。

- 本地环境的数据中心容量有限，计算能力也有限，不容易实现资源扩容。
- 难以支撑突增的业务流量，在应对预知的业务流量高峰或临时的业务流量抖动时，难以在短期内完成资源扩容，按照业务流量最高值来配置服务器会造成资源长期闲置，在成本上也不划算。

业务系统既希望保留原有的本地数据中心资源，又希望采用可弹性扩展的云资源，并且可以用云平台来弥补本地数据中心的安全防护能力、数据存储能力不足的短板。总体而言，就是一步到位的迁移上云难以实现，历史 IT 资源不能不管，业务压力和数字化转型又迫在眉睫。混合架构能够很好地解决上述问题，混合架构将继续保留本地数据中心资源，原有业务系统保持原有的运行方式，同时在云端部署相应的业务。

6.5.3 通过混合架构扩展计算能力

在新零售场景下，“双 11”业务流量持续增加，而在“双 11”之后流量会降低，这是典型的流量波峰波谷场景，既需要扛下来超大的业务流量，又希望能够压缩支出费用。

当前端接入用户请求时先进行流量切分，本地数据中心和云端部署了相同的业务，分别承担一定的用户流量，如云端承担 60%的流量，本地数据中心承担 40%的流量，具体的流量分配比例可按照实际情况进行调整。本地环境资源成本固定，云端根据资源使用量进行计费，因此建议将本地环境资源负载保持在一定水平不变，在云端对资源进行扩缩容，如图 6-14 所示。

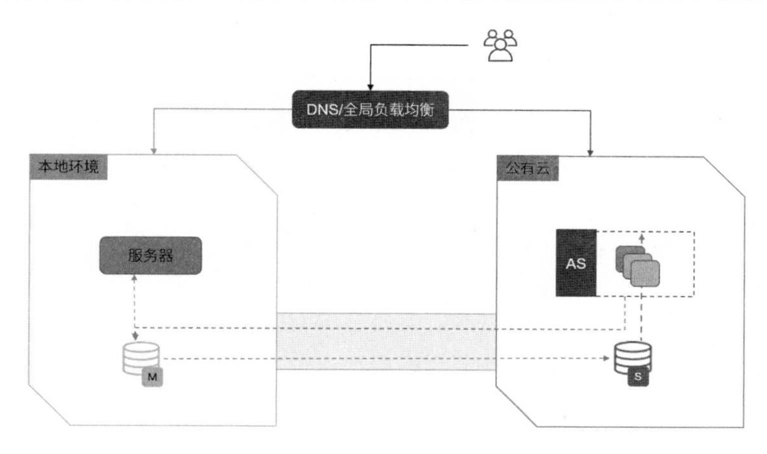

图 6-14　在混合架构中实现流量上云和下云

另外一种极端情况如下，流量低谷时将 100%的流量或 95%的流量都分配到本地环境，也就是云端环境平时没有流量，在业务高峰期时才会将本地环境承载能力外的流量切分到云端。常见的一种说法是 Burst In 和 Burst Out，Burst Out 是指将额外流量切分到云端，即从本地环境爆发至云端；Burst In 是指没有流量需要分配到云端，即从云端收缩至本地环境。爆发入云可以认为是在云端对业务进行了温备份，当流量增大需要分配至云端时，则触发云端自动伸缩机制创建更多资源支撑服务。

进行业务流量切分时，除了前面提到的本地环境承载固定请求数量的业务，还可以平滑地将业务流量切分到云平台，实现业务平滑迁移的方案。最初可能仅将 5%的流量切分到云平台，随着业务逐步稳定，可以逐步将 25%、50%、80%的流量切分到云平台，最终将所有流量切分到云平台，并将云端环境的主数据库设置为主数据库，完成业务平滑迁移上云。

在混合架构中实现流量全局负载均衡，详细内容参见“6.7 均衡——流量转发及全局负载均衡”。

6.5.4　通过混合架构扩展存储备份能力

本地存储存在容量范围有限、扩容不便、扩容时难以预测未来的存储容量等难题，选择混合架构将数据存储能力扩展到公有云，公有云端的存储容量对于用户来说是“无限”的，用户只需关注存取数据，扩容和可靠性由云平台保障。

可将日志等数据存储到公有云，将本地环境连接公有云并实现内网通信，将本地数据存储到云端。在本地环境中单独划分出来云主机作为存储网关，收集本地数据并根据配置规则转存到公有云文件存储、对象存储中。本地环境的日志可通过 Logstash 进行收集，选择公有云的 ElastiSearch 服务中的内网 IP 地址进行输出，可实现将本地环境日志直接上传到公有云中。

备份到公有云，用户自身业务有对数据实现同城备份的需求，合规和一些行业制度也对数据备份有要求，而建设符合标准的备份数据中心需要比较长的时间，也需要很高的成本。公有云与本地环境同城的可用区就是备份数据中心非常好的选择，通常情况下公有云的数据中心达到 Tier 3、Tier 3+或更高级别，并且运行有大量用户业务，稳定性、安全性值得肯定。在公有云端对象存储中创建用于备份的存储桶，本地环境也是通过存储备份网关对数据进行收集、加密等处理之后再上传到对象存储中。在对象存储中根据存储周期管理，将备份文件存为“低频存储”来降低存储成本，在一个月或三个月之后根据设定策略将“低频存储”自动转存为“归档存储”，进一步压缩存储成本，如图 6-15 所示。

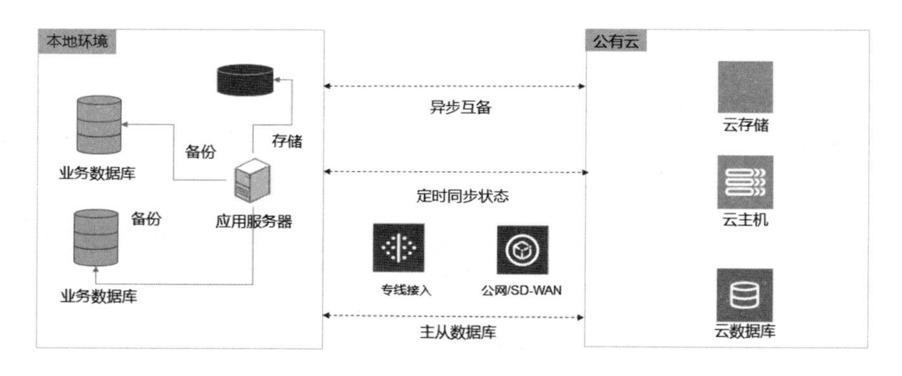

图 6-15　通过混合架构扩展存储备份能力

在公有云端实现温备份，将本地环境的主机以迁移的方式部署到公有云端，无须按照生产环境的主机数量进行部署，只选择在公有云端运行最小环境，可实现混合架构下对本地环境的容灾服务。

6.5.5　通过混合架构扩展安全防护能力

通过混合架构将所有流量切分到云端，通过云端安全服务进行过滤，再将正常业务流量切分到本地环境和云端环境后端进行处理，扩展本地环境的安全防护能力。云平台面向多租户提供计算、存储、安全防护等服务，相对而言遇到的各类挑战和攻击更多、更复杂，云服务商为保障平台中的用户业务安全、可靠，势必时刻投入精力来应对挑战和攻击，因此更能提供完善的安全解决方案及应对攻击和安全风险的项目经验。

私有化部署的本地环境在安全防护方面有以下痛点。

- 本地环境中无论是租用 IDC 还是自建服务器集群，都难以实现足够的安全防护能力。
- 本地环境安全防护设备更新换代慢，也难以应对层出不穷、升级换代的各类攻击。
- 本地数据中心除了计算资源扩展不便，安全防护能力也有限，本地环境采用硬件 WAF、接入设备进行攻击检测与拦截，遇到大规模网络攻击时通过部署硬件安全服务难以及时响应。

混合架构业务还是运行在本地环境中，将所有流量切分到云端，通过云端安全服务进行过滤，再将正常业务流量切分到本地环境和云端环境后端进行处理。当遇到网络攻击时，攻击流量也会分发到云平台，进行流量清洗后，攻击流量会被过滤阻断。在安全防护的角度上讲，云平台相当于本地环境的能力延展，利用云平台海量资源清洗 DDoS 攻击流量，即利用云平台种类丰富的安全产品、更强的防护能力和安全服务来对本地环境中的业务、资源、数据提供安全攻击拦截、安全风险识别服务，保护本地业务的安全。

通过混合架构在云端实现 DDoS 防护如图 6-16 所示，DDoS 防护流程如下。

1．业务运行在本地环境，为了通过云端实现 DDoS 防护，需要将业务访问入口切换到云端。

2．在云端创建 DDoS 防护服务，此时需要配置源站 IP 地址为本地环境中的入口 IP 地址，如接入层 IP 地址或前端负载均衡上的 IP 地址。

3．业务请求入口使用 DDoS 提供的 IP 地址，这样所有流量会通过 DDoS 防护对攻击流量进行过滤。

4．正常访问流量经过公有云端的 DDoS 防护产品会放行到本地环境的源站中。

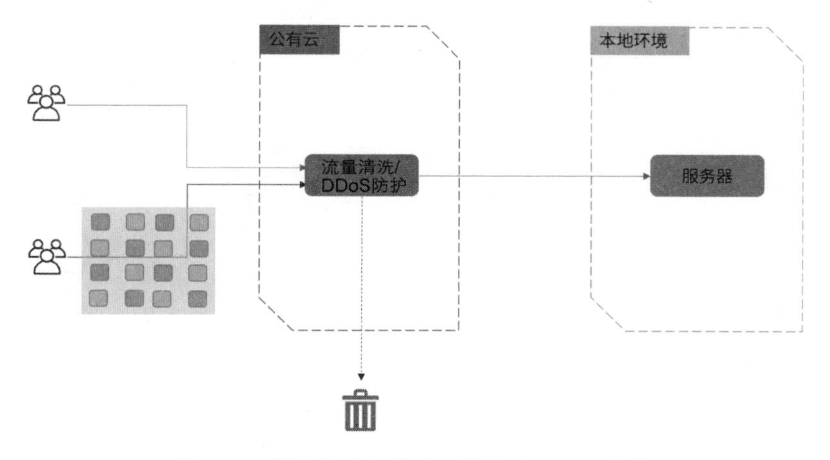

图 6-16　通过混合架构在云端实现 DDoS 防护

遇到DDoS攻击时，将请求切换到云端，在业务系统最前面部署着DDoS高防服务，分为两个阶段。

- 一般攻击流量小于1GB时，高防服务对流量进行自动清洗，采用多种防御策略，支持防御网络层攻击，如TCP类报文攻击、SYN Flood攻击、ACK Flood攻击，通常免费提供流量清洗服务，应对一些小规模的攻击时，DDoS高防服务会自行处理，管理人员无须介入。
- 当攻击流量大于1GB时，可以采用高防IP进行流量牵引，隐藏源站IP地址，在境内能够应对500GB+的攻击，在境外能够应对1.5TB+的攻击，不过需要通过高防IP来代替源站IP地址，需要人员介入，也需要一定的切换生效时间。所有请求在云端清洗、过滤完成后，将剩下的“正常流量”转发到本地环境和云端进行WAF等安全过滤。

除了DDoS攻击防护，面对Web应用攻击，在云端采用Web应用防火墙WAF；应对cc攻击、SQL注入、XSS攻击等，应用接入时WAF会分配一个CNAME域名，在域名服务商处增加新的CNAME解析即可将流量引入WAF，经过过滤后，流量会返回源站IP地址，而源站在本地环境、云端或其他云平台均可。

6.5.6 通过混合架构扩展产品服务能力

在本地环境中，原有产品的能力有限，已经在使用的可能是计算虚拟化、MySQL数据库、Hadoop等工具。随着业务的发展，除了对计算、存储能力进行扩展，还可能会遇到技术方面的更多需求，如对接数据湖、对海量日志的分析与处理、Serverless开发框架等，安装、长期维护本地环境也需要一定的技术门槛。

例如，本地环境中产生主机日志、用户业务日志，通过本地自建Elasticsearch方式保存在本地，现在经过版本升级需要生成周报并推送给相关管理员或用户，可采用公有云日志服务存储日志，采用竞价实例处理报告任务，使用场景如下。

- 本地的日志分析模块可放在公有云上进行处理，在日志产生时通过Logstash等工具上传到云端Elasticsearch，在云端存储和分析日志，对日志的收集和存储需要大数据组件ELK的支持，采用公有云上现成的Elasticsearch可减少自行安装，也节省了维护成本。
- 在公有云中采用云主机或Serverless函数来部署生成报告的业务，并将报告推送给指定用户。生成和推送报告并非实时性的需求，还会抢占当前核心业务的资源，通过灵活采用公有云上按时计费、按使用计算资源计费的方式可以减少费用。
- 公有云云主机有竞价实例云主机，在未抢到竞价实例云主机时等待，抢到竞价实例云主机之后进行任务处理，并及时将报告数据写入对象存储或进行推送，如果未抢到竞价实例的时间过长，在报告必须要推送时还未申请到资源，则创建普通云主机执行计算任务，优先保证不影响业务。

对于需要训练 AI 模型的业务，也可以交给公有云，通过公网方式传输数据的时间会较长，如果不能接受较长时间可考虑以专线传输、寄送硬盘的方式上传数据，通过公有云 AI 训练平台加载数据训练模型，将训练得到的模型传回本地环境，将每次优化后的模型更新到本地环境，在本地环境提供 AI 在线服务。

提示

对于大数据分析、模型训练等与主要业务可解耦的功能组件，可交由公有云进行计算，在任务计算完成后将计算结果回传到本地环境或在公有云进行存储，减少本地部署和运维。

6.5.7　应用案例——通过混合架构扩展计算能力

实验目标：

MumuLab 在本地电脑进行部署，通过 IPsec VPN 连通公有云，在云平台上创建云主机并扩展云资源。

注意，通过 VPN 打通本地和云端仅适合对网络延迟要求不高的应用，本实验仅作为演示环境使用，更详细的实验文档、演示环境及代码请在 MumuLab 中查阅。

实验步骤：

1. 本地安装 XAMPP 运行 MumuLab 中的混合架构实验示例应用，在本地浏览器测试能够正常访问。

2. 在本地电脑中安装 VPN 软件，并按照云平台创建的 IPsec VPN 信息设置对端配置，网络连通后可在本地和云端互相 ping 对方服务器来验证。

3. 将所有数据库的写操作均放在云平台的云数据库中，因此本地环境的数据配置直接采用云数据库的 IP 地址、账号、密码即可。

4. 修改域名 DNS 解析，增加一条 A 记录到本地外网可访问的 IP 地址中，这样所有流量通过 DNS 解析会转发到混合架构的本地环境及公有云中，全局负载均衡配置参见“6.7 均衡——流量转发及全局负载均衡”。

5. 在浏览器中访问域名验证可以正常访问，在命令行中可通过 dig 检查域名解析到了本地环境和云平台中，最后验证后端数据库中的数据符合页面操作产生的数据。

6.6 迁移——业务及数据迁移

在实现备份、容灾或异地高可用的过程中需要将应用和数据迁移或备份，如将本地数据中心原有业务迁移上云和云平台之间的互相迁移，需要完整的迁移方案。在迁移过程中，需要将整个迁移方案拆解为主机迁移、文件迁移、应用迁移、数据库迁移、网络迁移、中间件迁移等子模块，资源不同，迁移方式也不同，子模块迁移完成后再验证整体迁移效果。

在面对整个迁移项目时，有不同业务的架构差异很大、采用的虚拟化技术不同、数据源格式及数据库类型与版本不同、迁移环境烦琐、网络质量差等各种挑战。迁移方案的设计和实施对技术团队来说也是一个挑战，技术团队人员的技术、迁移项目及流程的合理管理都需要精准把控。因此需要通过任务管理的方式来确保迁移过程顺利。

6.6.1 概要信息

设计模式

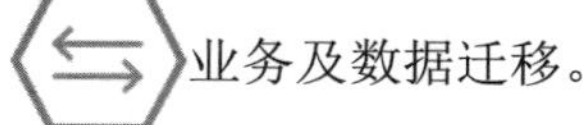

业务及数据迁移。

解决问题

业务和数据在备份容灾或业务和数据迁移至云平台时，需要对应用、服务器资源、静态文件、数据库文件等进行迁移。

解决方案

- 迁移主机、应用、块数据、对象数据、数据库等资源与数据。
- 通过迁移项目管理确保迁移任务顺利进行。

使用时机

- 不再维护现有环境，迁移到云端进行部署。
- 已经实现混合架构，进行平滑迁移。
- 实现跨地域业务高可用、多云部署、全球部署。

关联模式

- 4.5 混合架构——混合架构连通。
- 4.7 全球部署——全球部署。
- 4.8 多云部署——多云部署。
- 5.2 可用性——跨地域业务部署。
- 5.5 可恢复性——业务容灾。
- 5.6 可恢复性——云端备份。

6.6.2 迁移 6R 理论与基础概念

6.6.2.1 迁移 6R 理论

业务和数据的迁移并非通过界面一键操作或一条 API 请求就能完成，迁移时需要针对不同资源类型制定不同的迁移策略。Gartner 在 2011 年提出了 5R 迁移方法论，即 Re-Host 重新托管、Re-Platform 重建平台、Re-Purchase 重新购买、Re-Architect 重新构建、Retire 停用丢弃，后来补充了 “Retain 保留”，形成了迁移 6R 理论，如表 6-3 所示。

表 6-3　迁移 6R 理论

6R	释　义	迁移复杂度	类似的产品和操作	是否有自动化工具
Re-Host 重新托管	直接迁移，找到云平台对应的产品	中	从本地虚拟机迁移到公有云云主机	有自动化工具，可选手动处理
Re-Platform 重建平台	转换云平台的产品类型	高	云数据库	有自动化工具，可选手动处理
Re-Purchase 重新购买	转换应用或数据存储格式	中	CMS 迁移到 WordPress	有自动化工具辅助，需要手动处理
Re-Architect 重新构建	业务架构要调整	高	微服务	需要较多的手动处理
Retire 停用丢弃	部分业务无须继续维护或提供服务	低	在本地自建 MySQL 数据库，维护 MySQL 集群的功能模块	无
Retain 保留	不适合迁移	低	不适合迁移，可考虑混合架构	无

在迁移操作之前先摸清架构逻辑、业务运行状况、资源使用配置等，部分产品可以直接托管到云平台中，只是换了个运行环境；部分业务需要切换平台，实现平台重建；部分业务需要丢弃之前的应用方式，在云平台中重新购买；还可以通过云平台提供的新技术对业务架构进行重新开发，实现业务的重新构建；对于不再使用的服务，应停用丢弃；如果有些业务不适合迁移，则保持现状。

6.6.2.2　基础概念

在迁移服务中包含多种资源和数据类型，如云主机、结构化数据、非结构化数据、应用等，不过迁移都是从源端向目的端进行迁移，通过迁移任务进行管理。不同类型的迁移本来是分开的，不过近年来云服务商都将它们集成到统一的迁移任务管理平台中了，一般称为迁移中心（Migration Hub 或 Migration Center）。迁移源端包括本地数据中心、云平台中的某个可用区或地域，在这里，目的端仅限定为云平台。

- 迁移源端：需要迁移的应用、主机、数据所在的数据中心或云平台 VPC。
- 迁移目的端：将要迁移到的数据中心或云平台 VPC。
- 迁移任务：用来管理迁移过程、监管迁移状态的组合。
- 全量迁移：将当前或指定时刻前的所有应用、主机、数据等进行一次性迁移。

- 增量迁移：持续迁移在全量迁移过程中新产生的应用和数据。
- 割接：迁移完成后将业务流量由迁移源端切换到迁移目的端。

提示

实现业务和数据备份容灾，迁移至指定云平台，可以将其看作实现的目标事件，而迁移是其中的技术实现，因此迁移是“过程”或“实现机制”。

6.6.2.3 迁移过程

如图6-17所示，不同资源采用不同的迁移方式，具体步骤如下。

1. 通过云平台配置迁移源端和迁移目的端，对不同数据分批次进行迁移。
2. 通过资源编排等工具将源端网络迁移到目的端（在云端重建）。
3. 采用块数据同步的方式迁移云主机及应用系统。
4. 通过DTS将MySQL等关系型数据迁移，采用全量迁移和增量迁移结合的方式。
5. 迁移完成后在云端验证应用逻辑，如果没问题再进行割接，建议先对用户发布维护升级时间窗口。

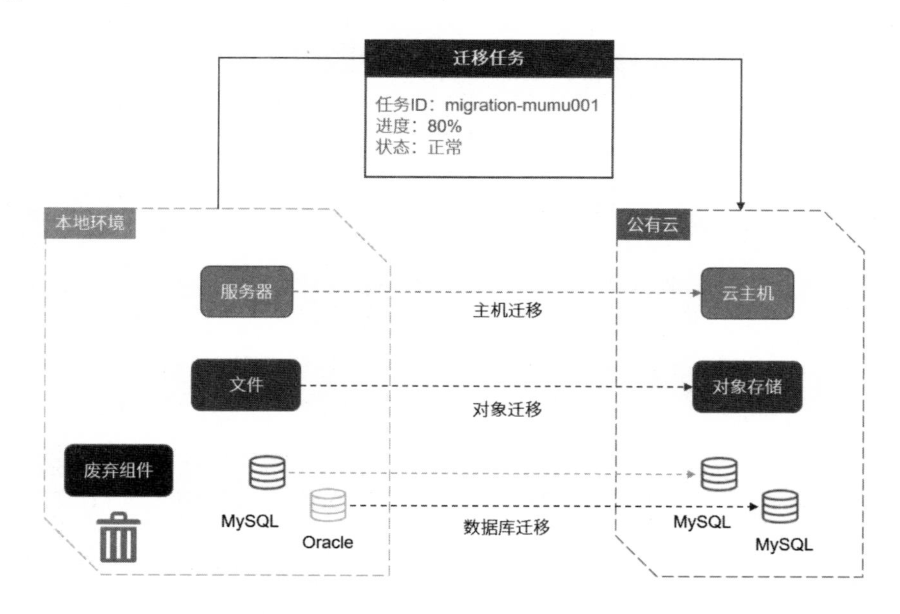

图6-17　迁移全景图

6.6.3　迁移应用与数据

6.6.3.1　主机迁移

业务系统的展示层、逻辑层运行在主机，该怎么迁移？如果主机数量比较少，完全可以在云端创建相同数量的云主机，然后安装 Apache、Tomcat 或 IIS，在云端安装相同的软件，运行同样的代码，构建与本地环境相同的业务。可是主机数量较多时该怎么处理？我们可以通过制作镜像的方式迁移，即将运行业务的主机整体打包制作为镜像，然后复制镜像到云端并导入云主机中，云主机启动后即可拥有相同的业务能力，避免了烦琐的手动安装环境的过程。

如图 6-18 所示，一种迁移方式是安装迁移 Agent 到迁移源端的主机中，包括云主机、VMware 等各种类型的服务器。迁移 Agent 可以扫描发现迁移源端的资源并维护迁移工作。迁移任务可以对整个迁移过程进行管理，包括配置迁移源端、迁移目的端，迁移任务支持启动、暂停、删除等操作，并且能够实时查看迁移进度、迁移状态、迁移过程中遇到的问题等。通过迁移 Agent 和迁移任务的方式操作起来比较简便。

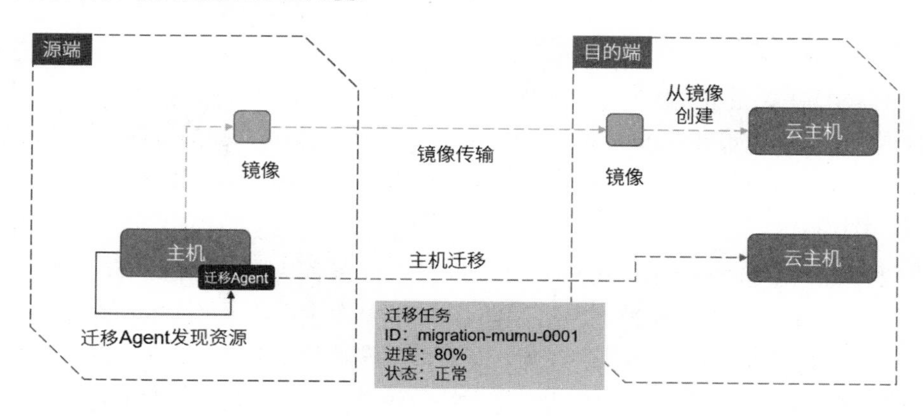

图 6-18　主机迁移流程图

还有一种方式是将主机操作系统打包为镜像，有不少成熟的开源工具为云主机提供制作镜像、转换镜像格式等功能。在迁移源端制作完成镜像后导出并传输至目的端，然后通过镜像启动云主机，提供服务。

主机上的软件、代码、数据可通过底层文件同步的方式进行复制，在本地硬盘和云端硬盘之间进行底层文件复制，完成主机应用和数据迁移，在云主机挂载已经存有软件、代码和数据的云硬盘，则可在该云主机中提供服务，如图 6-19 所示。

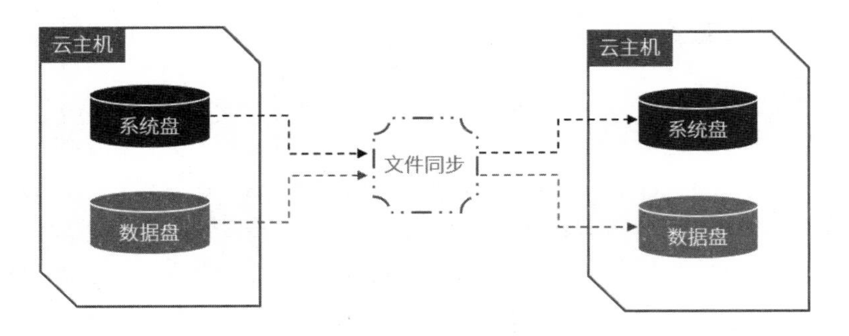

图 6-19　以文件同步方式进行迁移

文件迁移利用 inotify 和 rsync 工具来监听文件系统事件，先执行一遍数据全量同步，后续监听到数据变化后以文件为单位进行实时同步。采用文件同步方式不用考虑底层应用；采用直接迁移文件的方式将云主机的系统盘和数据盘进行迁移，适用于实时数据同步和增量迁移。

6.6.3.2　数据迁移

面向 MySQL 等关系型数据库进行迁移，有离线迁移和在线迁移两种方式，离线迁移是将 MySQL 数据库的数据通过 mysqldump 导出为 SQL 文件，在迁移目的端的数据库中导入 SQL 文件，对数据和操作进行重放，达到生成与迁移源端的数据相同的效果，这种方式比较笨重，不适合增量数据迁移。

数据迁移服务（Data Transfer Service，DTS）工具支持多种数据源通过 binlog 等原生机制迁移到目的端的数据库。DTS 支持将自建 MySQL 数据库全量迁移至云端数据库，接着开启增量迁移将新增的数据持续同步至云端数据库，最终达到源端数据库和目的端数据库的数据一致的效果。此时数据层调用的数据库还是连接的源端数据库，需要割接到目的端数据库，完成云数据库的迁移和割接。

如图 6-20 所示，专家先进行评估与方案制定，进行目标数据库选型等，之后先迁移数据结构，再迁移数据。迁移数据时先完成全量数据迁移，即将源端数据库中的所有数据（指定不迁移的数据除外）迁移，迁移过程可能需要比较长的时间，在此过程中，源端又会产生新的数据，这时再完成增量数据的迁移，反复多次后，目的端数据库和源端数据库的数据保持一致，此时可选择业务空闲时间窗口进行数据库切换。下面介绍 MySQL、SQL Server、PostgreSQL、MongoDB、Redis 对全量迁移和增量迁移的支持情况，如表 6-4 所示。

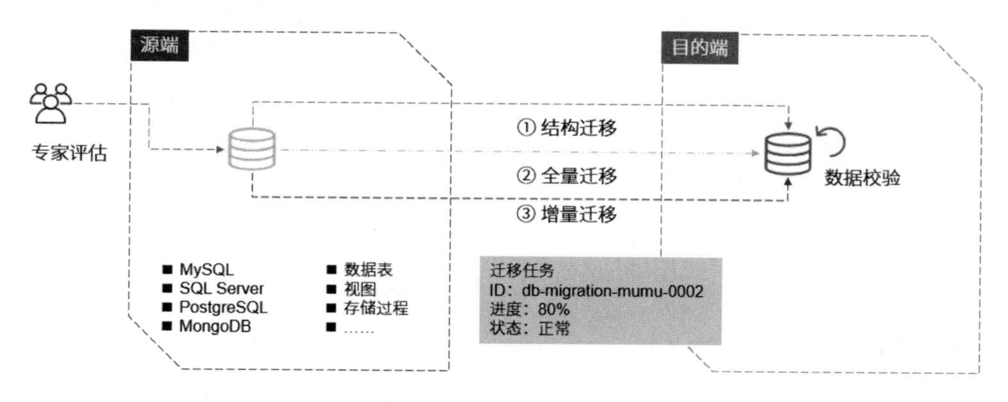

图 6-20　DTS 迁移原理图

表 6-4　各类数据库对全量迁移和增量迁移的支持情况

源 数 据 库	目的数据库	全 量 迁 移	增 量 迁 移
MySQL	MySQL	支持	支持
SQL Server	SQL Server	支持	不支持
PostgreSQL	PostgreSQL	支持	不支持
MongoDB	MongoDB	支持	支持
Redis	Redis	支持	不支持

6.6.3.3　对象数据迁移

当需要迁移业务中海量的图片、视频、PDF、CSS 等各种静态文件时，迁移方式有多种，如图 6-21 所示。通过回源进行迁移时，用户端请求静态文件时在迁移目的端的 CDN 和对象存储中未查找到该资源，此时会向位于迁移源端的源站发起请求查找资源，实现访问回源。源站命中数据后会将数据存储至对象存储中，并且对用户端进行响应，这样请求到的所有对象文件均会保存在迁移目的端的对象存储中，完成迁移。

如果源站设置了 Referer 地址等，可能会影响回源拉取静态资源。在源站找到数据时会触发两个事件，将图片数据存储到对象存储中及将图片数据传输到客户端并进行展示，这样该图片数据便完成了迁移，随着访问量的增多，会有越来越多的数据完成迁移。这种方式牺牲了第一次访问该资源的响应时间，通过第一次的拉取为后续访问带来了便利。如果有少数资源从来没有被访问到，则还是仅存储在源站，这时可维护一个未回源请求的资源列表，再触发程序模拟用户访问资源，完成回源访问，最终完成所有静态资源的迁移。

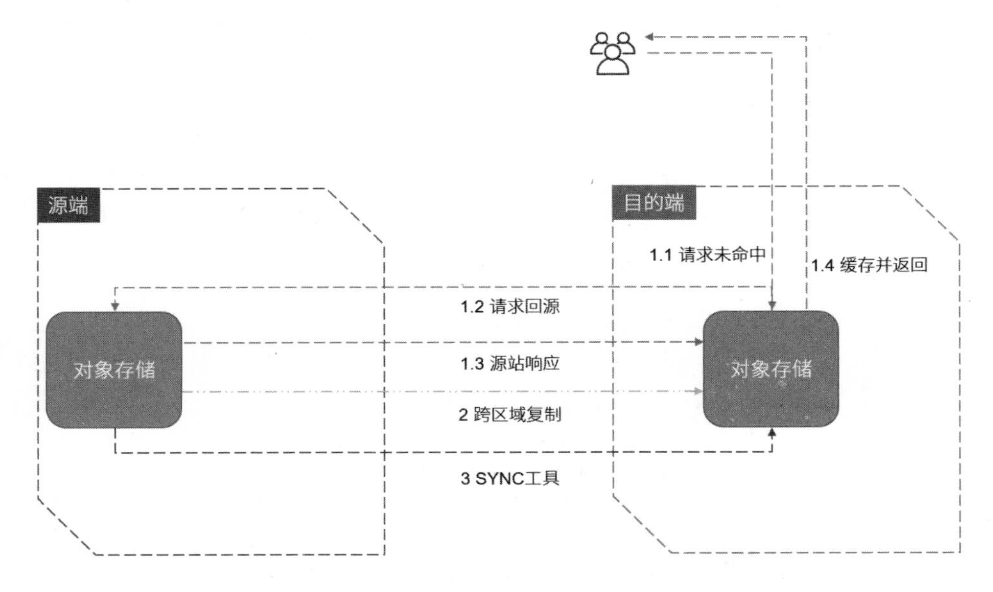

图 6-21　对象存储的三种迁移方式

将静态资源通过回源的方式迁移，不会影响业务的使用，业务无须中断，没有额外的费用成本，不过时间周期较长，不适合数量众多的文件和超大文件的迁移。

对象存储中支持设置跨地域复制，同时能将全部或部分历史数据复制到指定地域中，从而实现对象存储跨地域的迁移，如从北京地域迁移到上海地域，不过会受到迁移源端和目的端需要位于同一个云平台的不同地域的限制，但是它有配置简单的优点。对象存储跨地域复制支持同步源端存储桶的所有数据，也支持设置指定文件名前缀（以“/”来分割为“目录”的文件名前缀）的数据。

SYNC 工具是一个 Agent，需要在本地环境或云端服务器中运行该工具，SYNC 支持从公有云对象存储、NAS 存储或本地目录中迁移数据到公有云对象中存储，提供 Web 管理界面，用户可以自行管理迁移任务。这种方式的灵活度最高，并且能自主管理迁移任务。

6.6.3.4　通过硬盘寄送实现数据迁移

互联网传输数据速率慢、专线费用太高，当用户数据量较大时还可以考虑通过“快递”的方式来运送数据，也就是部分云服务商支持的寄送硬盘的方式。图 6-22 对比了不同量级的数据在不同传输速率的网络下传输数据所需的时间，10GB 的数据在 10Gbps 的传输速率下需要传输 10 秒，1PB 的数据在 10Gbps 的传输速率下需要传输 12.5 天，这种情况就建议选择通过寄送硬盘的方式来传输数据了（在满足合规要求的前提下）。

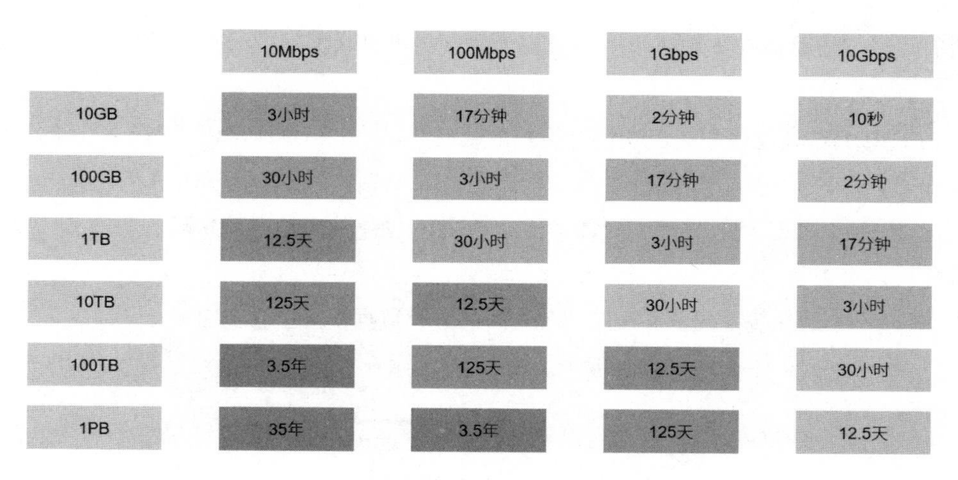

	10Mbps	100Mbps	1Gbps	10Gbps
10GB	3小时	17分钟	2分钟	10秒
100GB	30小时	3小时	17分钟	2分钟
1TB	12.5天	30小时	3小时	17分钟
10TB	125天	12.5天	30小时	3小时
100TB	3.5年	125天	12.5天	30小时
1PB	35年	3.5年	125天	12.5天

图 6-22　网络传输速率与数据传输时间①

用户在云平台的控制台中根据需要传输的数据量来申请硬盘，云服务商审核后会将硬盘快递给用户，用户收到硬盘后将数据传输至云服务商快递过来的指定硬盘中，再通过指定的快递厂商寄送硬盘给云服务商。核心资源是硬盘，在硬盘外面增加了防护外壳，如 AWS 提供的 Snow Ball 具有防摔、防撬、防数据泄露的功能，并且有电子屏能够显示设备状态和快递信息。部分云服务商提供的硬盘快递服务需要收费，且需要预付押金，从用户收到硬盘后开始计费的，超过约定使用时间会收取额外费用，通过这种方式来避免用户长期占用该硬盘。

6.6.4　通过混合架构实现业务平滑迁移

在业务迁移方案的设计和实施过程中，难以充分掌握现有 IT 资源、业务架构；迁移到公有云时需要做一些产品变更和替换，迁移后能否真实可用也是未知数，这些都是迁移的困难之处。

先将业务（包括数据）复制，在本地环境和公有云均保留相同的业务和数据，通过全局负载均衡进行流量切分，在业务稳定之后再切换。这种方式的优势便是“小步迁移”，迁移的业务还会通过少量真实请求进行验证，保证迁移后的环境是可用的。通过混合架构实现业务平滑迁移如图 6-23 所示，业务平滑迁移的流程如下。

1. 在迁移过程中，先将业务和数据复制到公有云，通过混合架构提供服务。展示层不保存状态，将容易实现的业务复制到公有云。

2. 对于数据库部分，先将历史数据复制，再通过迁移工具逐步实现增量数据的同步；数据

① 数据来自腾讯云官网。

库的所有写操作还是放在本地环境中，公有云的云主机对数据库的读操作可放在公有云的数据库中。

3．在迁移的整体过程中会出现混合架构的临时状态，将用户请求流量按照一定的比例切分到本地环境和公有云中。

4．在迁移切割窗口期，将数据库、消息队列等写操作从本地环境切换到公有云，原有的读操作还可以保持不变。

5．逐渐将本地环境中的流量缩减为 0，使业务和数据平滑迁移到公有云。

6．清理本地环境中的业务和数据。

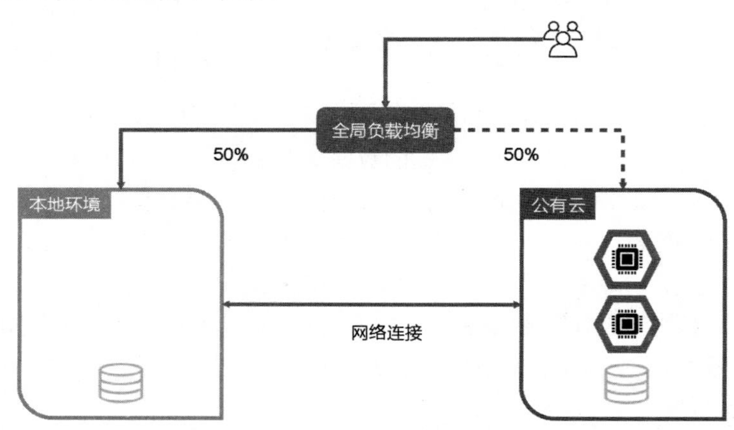

图 6-23　通过混合架构实现业务平滑迁移

6.6.5　迁移项目管理

在中大型项目中有繁杂的应用系统、逻辑调用关系、不同型号和不同配置的服务器资源、各种开源或商业版本的中间件等，需要有严格的流程、制度和项目管理来确保迁移顺利展开。从项目的视角来看，迁移可以用“观云、迁云、享云”三步走来实现，即掌握云平台及业务自身情况，做好迁移前的准备，通过实施、测试、演练和割接完成整个迁移过程，最终即可享受云平台带来的便利。

如图 6-24 所示，迁移项目中的实施步骤分为以下几个阶段。

- 业务现状评估。
- 方案设计。
- 测试验证。

- 环境部署。
- 迁移执行。
- 上线割接。
- 优化运营。

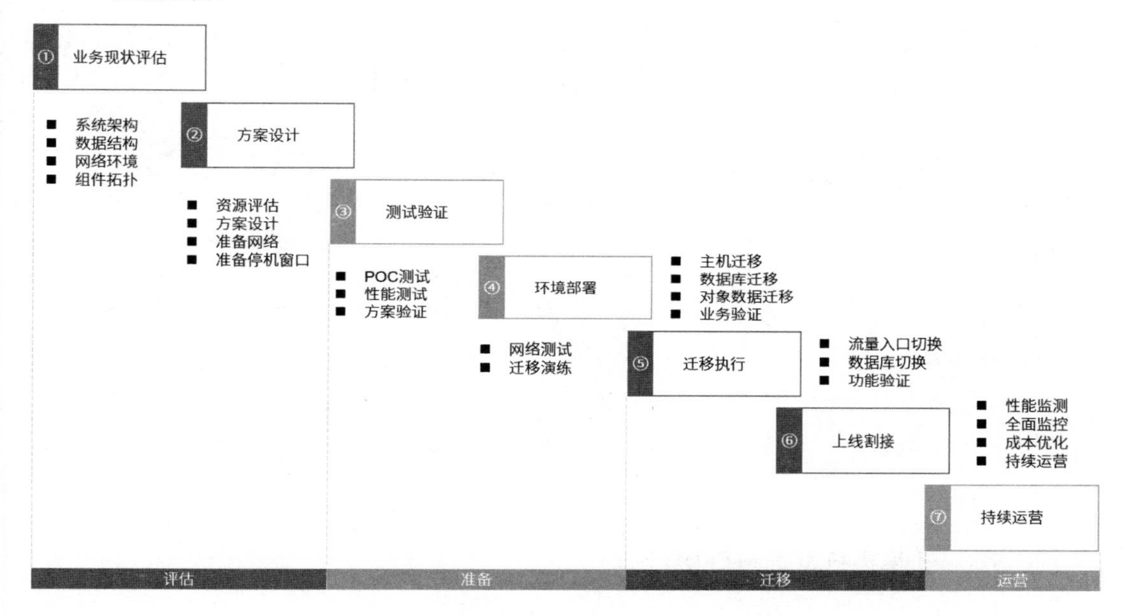

图 6-24　迁移阶段图

6.6.5.1　业务现状评估及方案设计

迁移前需要组建迁移小组，包括用户方、云服务商、第三方咨询服务公司的商务、架构师、技术支持等人员，确定分工，确保职责清晰，确定迁移任务的决策人员。还需要摸清楚业务状况、资源状况、迁移目的端的资源配置，通过迁移过程对线上业务的影响来确定迁移和割接方式、迁移失败时的回溯方案。

通过资源扫描发现其他云平台的资源，借助扫描结果可以在迁移目的端的云平台创建资源配置相差无几的资源。有了源端和目的端，剩下的就是对应用和数据进行迁移。

6.6.5.2　测试验证及环境部署

部分云平台也支持通过安装 Agent 来扫描迁移源端的资源，并支持在迁移目的端创建具有对应配置的各类云资源，如创建指定配置（如 2C4G）的云主机实例、云数据库实例、对象存储桶等。

整个迁移周期按照步骤可分为一次性迁移和分阶段迭代迁移，一次性迁移是指整个项目只进行一次割接，分阶段迭代迁移需要进行多次割接，采用小步快跑的方式进行多次迁移，每次迁移完成后进行割接、业务验证。一次性迁移的风险相对较大，需在迁移前期制定非常详细和严谨的迁移规划、进行迁移过程测试和评估、制定迁移故障回退方案等。

实施迁移项目时要拆解迁移任务的类型，包括云主机迁移、文件迁移、非结构化数据迁移、数据库迁移、网络迁移、应用迁移等，具体的迁移操作步骤见前面的解决方案的详细介绍。在正式迁移之前需要进行预迁移来测试验证，选择一部分云主机进行迁移，并验证能否正常启动、运行应用，验证成功之后再正式进行迁移，以避免网络不通、账号权限不足等状况。

提示

目前云平台针对不同类型的资源和数据分别进行迁移，每项迁移中都会对应一个任务，如主机迁移任务、数据库迁移任务，但是云平台还没有集成用户的整个业务系统，无法提供统一视图的任务管理平台，还是需要分别管理这些迁移任务，需要依靠人工来统筹管理。在迁移任务中，通过启动、暂停、停止来管理任务，通过查看状态掌握迁移进度、迁移是否成功等信息。

6.6.5.3 迁移执行及上线割接

割接是指用户访问后端由迁移源端切换到迁移目的端，割接时可能会产生短时间的业务中断、数据丢失、数据不一致等情况，建议割接时对用户声明一个维护窗口，如在凌晨 2:00—4:00 业务低谷期暂停服务，在这个时间段内完成业务割接。

割接前还需要验证业务是否能够正常服务，通过校验码或哈希值来验证数据的完整性、可用性等，验证迁移是完整、符合预期的目标之后，再进行割接。如果不符合迁移预期，则需要排查原因，进行回退。

提示

前面提到的迁移阶段不停服和割接阶段的维护窗口并不是同一个时间段，整个迁移项目周期可能达到几天或几个月，这期间业务系统并没有进行割接，服务正常运行，在所有的主机、数据、应用都迁移到目的端之后，在几个小时内完成割接，割接阶段的维护窗口可能会暂停服务。

6.6.5.4　优化运营

业务割接到迁移目的端后需要持续监控运行数据，收集云主机数量、云主机 CPU 负载、网络流量值、页面打开时间等各类参数，根据收集的数据增加或减少云主机数量、调整网络带宽、设置数据库从库或调整应用系统代码等，确保业务系统迁移完成后正常运行，符合业务持续性、数据可靠性、高性能、安全、成本节省等目标。

6.6.5.5　迁移时间

下面核算迁移需要的时间和费用。假设有 100 台云主机，每台云主机的系统盘和数据盘中有 50GB 数据，每台云主机每天会增加 100MB 数据；假设有 100 个云数据库，共有 500GB 数据，每天共新增 1000MB 数据；迁移的网络带宽为 200Mbps。基于这样的情况，需要多少时间来完成迁移呢？迁移过程中首先是全量迁移，其次是增量迁移。云主机完成全量迁移，总数据量为 50GB 数据×100 台×1024M×8b=40960000Mb，根据网络带宽 200Mbps 来计算，40960000b/200Mbps/3600s≈56.9h。在这 56.9h 中又产生了 56.9h/24h×100MB×100 台×8b≈1896.7b 数据，还需要 1896.7b/200Mbps/3600s≈0.26h（15.8min）。在这 0.26h 内又会产生新的数据进行传输，迁移的时间小于 5s，不断重复，保持数据“实时”同步。对于数据库迁移也采用相同的计算方式，如图 6-25 所示。

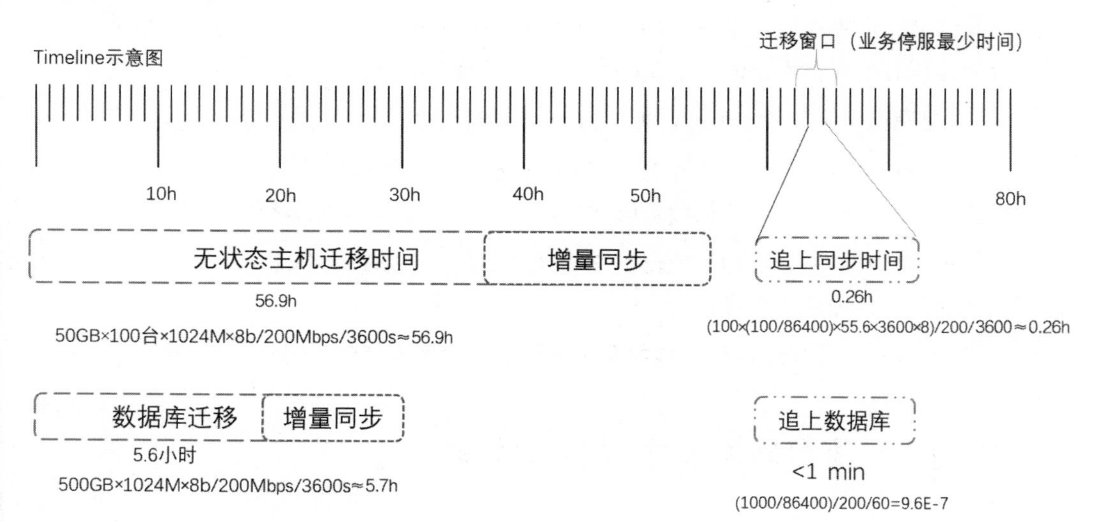

图 6-25　增量迁移、全量迁移方式及所需时间的对比

6.6.6 应用案例——实现 MumuLab 跨云平台的数据库迁移

实验目标：

通过数据库迁移服务来实现跨云平台的 MySQL 数据库迁移。

实验步骤：

1．在云控制台中进入数据传输服务管理界面。

2．点击“创建任务”进入数据库迁移任务配置界面。

3．任务类型选择“全量任务”，数据源类型选择“MySQL”，目标类型选择“MySQL”，最大重试次数选择“3”。

4．在数据源配置中，地址类型根据所需迁移的数据的所在位置确定，如选择“外网地址”，从其他云平台开启并获取数据库外网访问地址，填写到迁移任务的数据源配置中。填写数据库的端口，默认为“3306”端口，填写用户名和密码，和其他云平台创建数据库实例时填写的用户名和密码保持一致。填写数据库名称，并非数据库实例名称，而是数据库中的 DATABASE 名称，并且可选数据表（TABLE）名，其他参数选用默认值。

5．在传输目标配置中，选择本云平台中数据库实例的内网 IP 地址、所在地域、所在 VPC、所属子网等信息。设置目标数据库的端口，默认也是“3306”端口，填写用户名和密码，即在本云平台创建目的端数据库实例时设置的用户名和密码。

6．在管理设置中填写任务名称，如“Migration-MySQL”。

7．点击“预检查”，检测迁移源端数据库及迁移目的端数据库的 IP、用户名、密码是否正确，如不能正常连接则需修改。预检查成功后，点击“确定”，完成数据库迁移任务的配置。

8．点击“启动”，将会自动对数据库进行全量迁移。在数据传输服务首页可以查看到数据库迁移任务的状态、进度等信息。

9．迁移完成后，可在迁移目的端数据库中登录，验证数据的准确性和完整性。

6.7 均衡——流量转发及全局负载均衡

云平台提供的负载均衡（LoadBalance）服务只能用于单个地域中的一个或多个可用区，并不能直接跨地域。对于采用多个公有云地域、多个公有云平台或混合架构的应用系统同时提供相同的服务，就会涉及流量转发及全局负载均衡的服务了，由全局负载均衡实现流量统一接入和转发。

提示

全局负载均衡（Global Server Load Balance，GSLB）是指在整个网络范围内将用户请求根据一定的策略转发至相应的后端节点；其对应的是本地负载均衡，即仅在一定网络范围内实现流量分发，云平台中目前仅提供本地负载均衡服务。

同一个应用部署到多个云平台（如 A 云、B 云）、多个地域（如北京地域、上海地域）或混合架构中，真实提供服务的是多个云平台、多个地域、混合架构中的云主机，前端用户需要通过统一的域名作为入口进行访问，可通过以下两种方式来实现全局负载均衡。

- 通过 DNS 解析的方式将同一个域名分别解析到 A 云和 B 云的接入 IP 中。
- 自建全局负载均衡服务在 A 云和 B 云之间进行转发。

6.7.1　概要信息

设计模式

流量转发及全局负载均衡。

在负载均衡支持的单个地域以外进行跨地域高可用、多云部署、全球部署时，有多个访问入口，需要进行统一接入与流量切分管理。

解决方案

- 通过域名 DNS 解析进行流量转发。
- 通过核心业务层进行流量转发。

使用时机

- 业务部署在多个地域、多个云平台或混合架构，需要进行流量分发时。

- 4.5　混合架构——混合架构连通。
- 4.8　多云部署——多云部署。

6.7.2　通过域名 DNS 解析进行流量转发

用户侧使用域名访问的流量通过 DNS 解析来实现流量切分，出售域名的云服务商均会提供 DNS 解析服务，一般分为免费版本及收费版本。在云服务商中还可以配置第三方的 DNS 解析服务器，将具体解析转到第三方 DNS 解析中完成。

如果仅仅是 DNS 解析，并不会有均衡负载和流量转发的效果，在一条完整的 DNS 解析记录中还包括解析线路配置，根据用户请求所属的 ISP（如中国联通、中国电信、中国移动、中国教育网、海外）来设置 DNS 解析，不同 ISP 的用户在 DNS 解析中返回不同的解析记录值（IP 地址或 CNAME 域名等），以便获得更流畅的访问，配置信息如表 6-5 所示。

表 6-5　配置信息

主机记录	记录类型	解析线路（ISP）	记录值	TTL	权重
www	A	默认	106.75.1.1	10min	50
www	A	默认	106.75.1.2	10min	50

DNS 解析 A 记录支持对同一个主机记录添加多条解析，如将 www.mumuclouddesignpattern.com 解析到 106.75.1.1 和 106.75.1.2 两条记录中。这时访问该域名会按照轮询的方式返回不同的 IP 地址，如图 6-26 所示。针对后端 IP 地址设置不同的权重，按照权重比返回 IP 地址。其优点是已经能实现对 IP 地址的智能解析，并且能取得流量均衡的效果，其缺点是无法根据用户数据、请求数据进行区分。

```
[root@10-9-158-30 ~]# dig mumu.dreamcollege.cn

; <<>> DiG 9.8.2rc1-RedHat-9.8.2-0.68.rc1.el6_10.8 <<>> mumu.dreamcollege.cn
;; global options: +cmd
;; Got answer:
;; ->>HEADER<<- opcode: QUERY, status: NOERROR, id: 33081
;; flags: qr rd ra; QUERY: 1, ANSWER: 1, AUTHORITY: 13, ADDITIONAL: 2

;; QUESTION SECTION:
;mumu.dreamcollege.cn.          IN      A

;; ANSWER SECTION:
mumu.dreamcollege.cn.   600     IN      A       106.75.1.1

;; AUTHORITY SECTION:
.                       347     IN      NS      c.root-servers.net.
.                       347     IN      NS      a.root-servers.net.
.                       347     IN      NS      h.root-servers.net.
.                       347     IN      NS      d.root-servers.net.
.                       347     IN      NS      b.root-servers.net.
.                       347     IN      NS      m.root-servers.net.
.                       347     IN      NS      e.root-servers.net.
.                       347     IN      NS      i.root-servers.net.
.                       347     IN      NS      f.root-servers.net.
.                       347     IN      NS      l.root-servers.net.
.                       347     IN      NS      j.root-servers.net.
.                       347     IN      NS      g.root-servers.net.
.                       347     IN      NS      k.root-servers.net.

;; ADDITIONAL SECTION:
g.root-servers.net.     508     IN      A       192.112.36.4
c.root-servers.net.     404     IN      A       192.33.4.12

;; Query time: 45 msec
;; SERVER: 10.9.255.1#53(10.9.255.1)
;; WHEN: Fri Jul  2 20:53:27 2021
;; MSG SIZE  rcvd: 297
```

图 6-26　通过 dig 命令确认域名解析到不同 IP 中

应用部署到多个地域后，还需要将前端用户请求流量按照策略分发到不同的地域中。一般按照用户所在地理位置（国家、省市）进行切分，如将华东地区的用户分发至上海地域，将华北地区的用户分发至北京地域，通过智能 DNS 解析即可实现。

DNS 解析到流量主入口 IP 地址，同时将流量备入口 IP 地址在 DNS 中进行解析，但不启用，在流量主入口 IP 地址发生故障不可访问时启用流量备入口 IP 地址的 DNS 解析。DNS 解析到流量主入口 IP，该 IP 采用 Anycast IP，同时该 IP 地址会解析到流量备入口的负载均衡中，由 Anycast IP 来切分流量。

6.7.3　通过核心转发层进行流量转发

仅仅通过 DNS 解析来实现全局流量转发是不够的，这样无法根据用户请求智能判断该转发到哪个后端区域，无法结合业务应用和系统数据来切分流量，并且在需要切换后端 IP 地址或调整权重时需要逐级更新 DNS 服务器和 DNS 缓存服务器中的记录，因此除智能 DNS 解析之外，还需要用户层实现流量转发。

1．核心转发层，首先通过智能 DNS 来解析，尽可能将用户按照区域、ISP 来转发流量，在接入相应的地域之后，先到核心转发层，根据用户 ID、用户的业务区域值等字段来做业务侧判断，再根据业务路由规则将用户请求转发到当前地域的业务区或转发到其他地域的业务区。

2．实现跨地域部署的业务可能会遇到一种情况：地域 A 出现外网网络中断、抖动严重等情况，这时地域 A 中的云主机、云数据库等资源及业务的运行不受影响，只是无法通过地域 A 的外网有效对外提供访问，此时可将地域 A 的用户都切分到就近的地域 B 中，地域 B 中的核心转发层会根据业务逻辑判断应该交由地域 A 还是地域 B 来处理用户请求，并通过内网来转发用户请求。

如图 6-27 所示，前端流量入口还是 DNS 解析后的 IP 地址，在公有云中选择一个地域构建核心转发层，负责承接前端请求，并在此根据转发策略分发请求。在地域 A 中的核心转发层接收到流量会匹配转发策略，然后转发流量到地域 A 和地域 B 中。核心转发层会自动监测后端地域 A 和地域 B 中业务层云主机的网络可达性，如果不可达，则不会向该云主机分发流量。这样能够有效避免业务层云主机宕机对业务带来的影响，也避免了 DNS 更新所有记录延迟高的缺点。

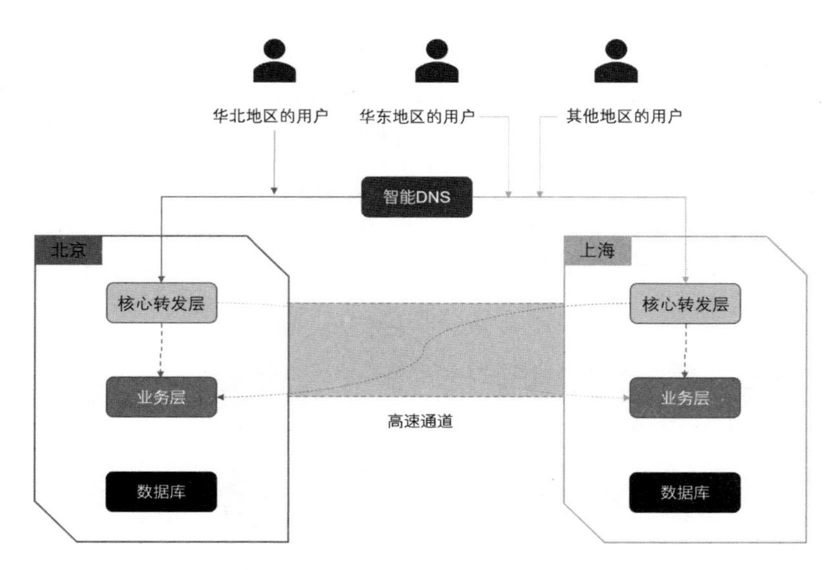

图 6-27　通过智能 DNS 和核心转发层来实现全局负载均衡

最佳实践

最佳实践是前端 DNS 解析结合后端核心转发层，DNS 解析同一个站点到多个不同的 A 记录值，如解析到地域 A 中的 106.75.1.1 和地域 B 中的 106.75.1.2，而这两个 IP 地址均是公有云上负载均衡中绑定的 EIP，则可实现地域内的流量均衡。假设地域 A 中的后端服务节点全部宕机，无法提供服务，而地域 A 中的核心转发层能够工作，则可以将地域 A 中的核心转发层接收到的所有请求通过地域 A 和地域 B 之间的高速通道进行跨地域请求转发，绕开地域 A 中不可用的后端服务节点。当然这仅限于地域 A 中的核心转发层能提供服务、后端服务节点宕机的情况。

在这里还有一个问题，核心转发层部署在公有云地域 A，可通过集群和负载均衡的方式提供地域内的高可用，如果该地域出现网络拥塞或其他故障导致核心转发层无法接收流量，即便后端云主机都正常运行，用户也无法正常进行访问。因此还需要考虑核心转发层跨地域的高可用。

在地域 A 和地域 B 中均创建云主机提供核心转发层的功能，用户直接请求 IP 地址或通过 DNS 解析域名后的流量到达核心转发层，根据转发策略自行判断实际提供服务的后端服务节点 IP 地址（或负载均衡绑定的 EIP）。这样即使某个核心转发层停止服务或其所在的地域出现故障，仍然有其他地域的核心转发层能够提供服务。

说到这里，关键点就是核心转发层的转发策略了，核心转发层需要具备以下功能：配置所有后端服务节点（或负载均衡）的 IP 地址，并能够实时进行探测更新，能够监测后端服务节点的可达性，能够结合业务逻辑对请求进行切分。

配置

```
upstream MyServer {
      server 192.168.1.1:80;
      server 192.168.1.2:80 weight=2;
      server 192.168.1.3:80 backup;
}

server {
            listen              80;
            server_name    mumuclouddesignpattern.com;
            location / {
                  proxy_pass      http://MyServer;
                  index    index.php index.html;
            }
}
```

流量只在核心转发层进行一次转发，转发后的请求在单个地域内完成所有计算、数据处理。如果在该请求中涉及组件调用，数据读写仍是跨地域的，通过公网或高速通道都会带来一定的网络延迟和丢包风险，给整个业务稳定性带来风险。按照 SET 来划分用户数据，所有相应的请求处理也都在同一个地域内完成。

流量到达云平台或本地环境，除了安全防护服务，还会到达负载均衡，在此可以根据域名、请求路径在负载均衡中完成 7 层转发。如果需要根据用户属性再次切分流量，可以在后端云主机或本地服务器中设置转发层。

6.7.4 应用案例

实验目标：

通过 DNS 智能解析对同一个域名的多个 IP 地址进行解析，通过自行维护的核心转发层实现请求的跨平台转移。

实验步骤：

Task 1：智能 DNS 按照区域将同一个域名解析到不同 IP

1．当 MumuLab 部署在多个地域或数据中心时，可能是多个云平台、一个云平台中的多个地域或混合架构中的多个数据中心，均需要统一分配流量。假设 A 地域中的统一入口负载均衡 IP 地址为 106.75.1.1，B 地域（数据中心）的统一入口负载均衡 IP 地址为 107.75.1.1。

2．在控制台中点击域名进入配置界面。

3．对于已经备案完成的域名进行解析，如 mumuclouddesignpatterns.com。

4．添加第一条 DNS 解析，主机记录为“www”，记录类型为“A”，记录值为“106.75.1.1”，点击确认。

5．添加第二条 DNS 解析，主机记录为“www”，记录类型为“A”，和第一条解析相同，记录值为“107.75.1.1”。

6．选择权重配置，开启权重，设置权重为“1:1”。

7．通过 DNS 实现全局负载均衡，将流量平均分发到后端的两个地域（数据中心）中。

配置

```
#            域名                        IP 地址        权重
mumuclouddesignpatterns.com        106.75.x.x     50
mumuclouddesignpatterns.com        107.1.x.x      50
```

8．对于需要按照用户所在地区进行 DNS 解析转发的情况，选择将华北地区的请求转发到 106.75.1.1，将华东及其他地区的请求转发到 107.75.1.1。

Task 2：自行实现核心转发层

9．在两个地域的云主机中均部署路由转发的代码，通过 Nginx 配置实现，即在每台云主机中配置以下 Nginx 代码：

配置

```
location ^~/cdp {
    proxy_pass http://106.75.1.1/cdp;
}
location ^~/lab {
     proxy_pass http://106.75.1.2/lab;
}
```

10．通过浏览器访问入口域名，流量会根据地域分配到对应的 IP 地址上，包括 106.75.1.1 和 106.75.1.2 中，通过核心转发层会匹配请求的 URL，如果是 cdp 设计模式的相关页面，会统一分配到 106.75.1.1/cdp 中，如果是 lab 实验的相关页面，会统一分配到 106.75.1.2/lab 中，实现按照业务逻辑进行请求流量的转发。未匹配到的请求则会在本地进行处理。

第 7 章 性能效率

应对高并发，提升系统的性能效率是一个综合方案，图 7-1 展示了从云主机、数据库、缓存、业务系统、网络及性能测试的维度来综合提升性能效率，具体优化项包括提升服务器配置并选用网络优化、高 I/O 读写的云主机；通过负载均衡将压力分解到不同的云主机中；通过 Redis 缓存来降低对数据库的读写操作；通过消息队列及系统解耦来降低高并发、大流量带来的影响；通过分库分表来降低单个数据库、数据表的读写压力；通过读写分离中间件把对主库的读操作分摊给从库。常见的性能指标有：QPS（Query per Second），即每秒的请求/查询次数；响应时间，即单个请求从发出到响应的时间；并发连接数，即同时在线的连接数。

本章涉及的数据管理架构设计模式如下。

- 计算——提升计算性能。
- 缓存——缓存数据库。
- 缓存——CDN 缓存加速。
- 网络——网络优化。
- 网络——选择最优部署地域。
- 性能测试——应用性能管理 APM。

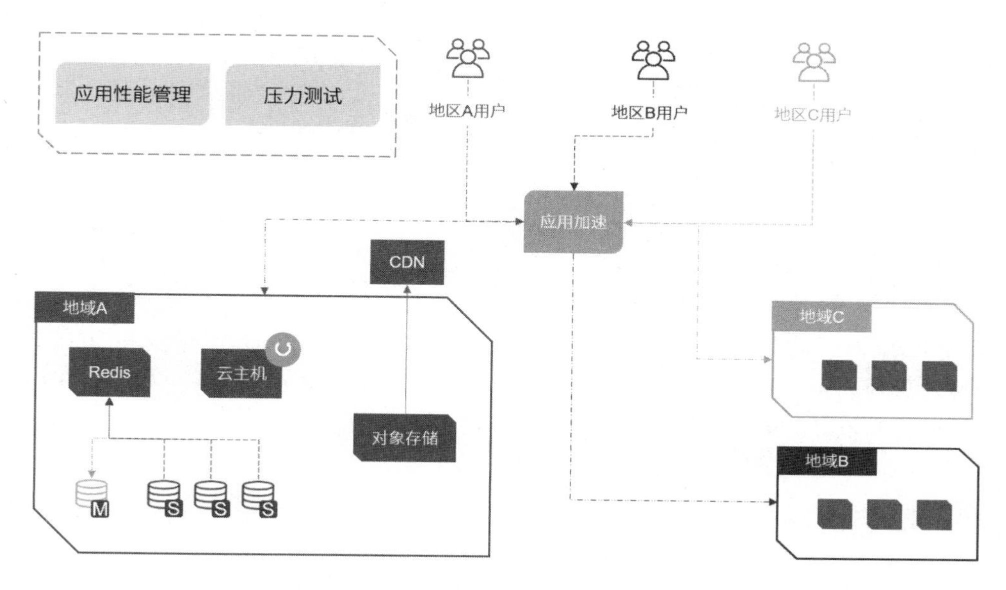

图 7-1　性能效率设计模式全景图

7.1　计算——提升计算性能

进行架构设计时除了考虑可用性、可靠性，还要应对流量的高并发等场景，如电商秒杀场景会造成瞬时大流量，对业务系统是很大的考验。在业务层面可通过登录、输入验证码等方式来延长用户的操作流程，对用户请求进行排队，将秒杀系统与其他系统隔离，避免影响正常流量，通过缓存可提升数据的读写效率，即便这样最终到达云主机中需要处理的业务请求还是超出日常运行水平，因此需要提升云主机的计算性能。

7.1.1　概要信息

设计模式

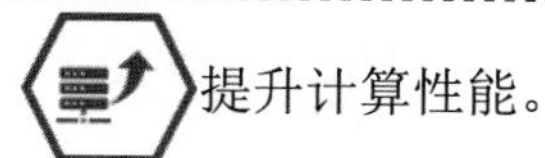

提升计算性能。

解决问题

有高并发的业务流量，原有系统难以有效应对。

解决方案

- 提升计算性能。
- 通过缓存、解耦、横向扩展等多种方式共同应对。

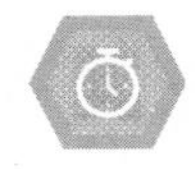

使用时机 经常出现高并发流量时。

关联模式

- 6.2 解耦——通过消息队列解耦组件。
- 6.3 扩展——计算自动伸缩。
- 7.2 缓存——缓存数据库。

7.1.2 纵向升级云主机

纵向升级云主机是指为云主机等资源升级配置，资源配置升级或降级如图 7-2 所示。初始创建资源时选择的 4 核 8GB 的云主机，在需要扩展时可升级为 8 核 16GB、16 核 32GB 或其他可选配置的云主机，或者降级为 1 核 1GB、2 核 4GB 等配置的云主机。云主机支持扩展的配置项包括 CPU、内存及挂载到云主机上的云硬盘。可以通过控制台界面、API 或 CLI 进行升级或降级处理，升级配置时需要支付差额费用，降级配置时也会进行相应的退费。

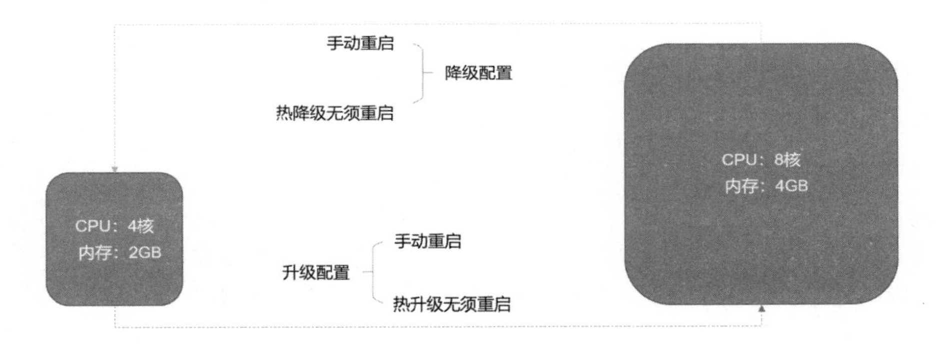

图 7-2 资源配置升级或降级

需要注意的是当云主机配置升级或降级后往往还需要进行重启，如果部署同样业务的云主机只有一台，则重启时会造成业务中断，这时不宜直接重启云主机进行升降级配置，或者在其他场景不方便重启云主机，就可以通过云主机的热升级特性进行处理。图 7-3 展示了云主机的热升级特性，一些云平台对特定机型（并非所有云服务商，也并非所有云主机机型）的云主机操作系统内核进行改进，支持在无须重启的情况下完成配置升级或降级，能够在纵向升级配置后及时生效，以应对高并发流量。前面已提到过，即便对云主机进行纵向扩容，也建议挂载在负载均衡后面，在云主机需要重启、偶尔故障或服务终止时由其他后端节点承载业务。

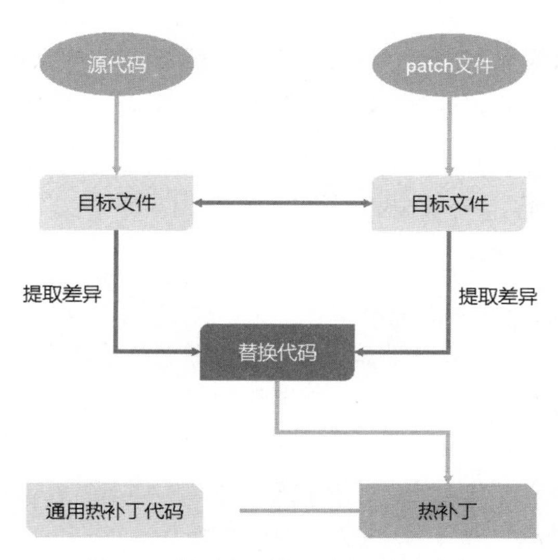

图 7-3　热升级避免云主机升级重启

7.1.3　选用具有增强特性的云主机

云主机有很多增强特性，如高主频型云主机、网络增强特性云主机、计算密集型云主机等，能够满足特定场景下的需求，因此云主机的纵向升级还包括开启特定的云主机增强特性，表 7-1 所示为网络增强特性的支持参数。

表 7-1　网络增强特性的支持参数

类　　型	最大内网带宽	最大吞吐率
不开启	10Gbps	300000 PPS
网络增强 1.0	10Gbps	1000000 PPS
网络增强 2.0	20Gbps	10000000 PPS

在“4.1 公有云——使用云主机快速部署业务”中介绍了云主机实例的产品规格分类，在通用型云主机上根据业务系统的瓶颈对应选择计算优化型、内存优化型、存储和 I/O 优化型、安全优化型或大数据型的云主机实例，从而提升云主机的性能。

云服务商对云主机等产品会持续迭代开发，不定期推出新款云主机。通常情况下，新款云主机会采用最新架构的 CPU 并对云主机的各项性能进行提升，相比老旧机型的云主机，新款云主机会有更强的性能。建议在架构设计时及时进行评估，当架构性能急需提升时可对老旧机型的云主机进行分批替换。

替换老旧机型的云主机前应将所有云主机按照业务类型分类挂载到负载均衡实例中，保证对云主机业务的调用都经过负载均衡。创建所需的最新类型的云主机，并将原有业务部署或迁移至新云主机，在验证服务正常后将新云主机挂载至负载均衡实例中，再将老旧机型的云主机从负载均衡实例中移除并释放。

7.1.4 通过解耦及扩展提升整体性能

除了提升单台云主机的性能，还可以通过解耦、横向扩展等方式来提升应用系统的整体性能。在“6.2 解耦——通过消息队列解耦组件”中介绍过，各个组件之间保持松耦合的关系，这样可以非常方便地仅针对请求量大的服务所在的云主机进行纵向升级、横向扩展，而且组件经过解耦后，在高并发场景下，单个组件系统的服务宕机对其他松耦合的组件的影响较小。

在“6.3 扩展——计算自动伸缩”中介绍了自动伸缩，根据 CPU、内存等监测指标进行自动横向扩展，单台云主机无法承担的业务流量可通过负载均衡由多台云主机来共同承担。自动伸缩还支持按照指定时间进行单次或周期性的横向扩缩容。

7.2 缓存——缓存数据库

在 MySQL 等数据库存取数据是常见的数据存储方案，不过对于高并发等业务场景，在 MySQL 数据库中读写数据难以满足效率要求，需要更高效率的内存数据库来进行缓存，如 Redis。Redis 能够通过缓存 MySQL 等数据库的数据来提升存取效率，Redis 还能实现秒杀、实时计算、共享状态存取等功能。

7.2.1 概要信息

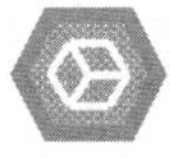 **设计模式**

 缓存数据库。

 **解决问题**

- 系统直接对 MySQL 等关系型数据库进行读写难以满足性能要求，容易成为性能瓶颈。
- 共享状态、热点数据、瞬时性数据读写频繁，需要提升性能。

 **解决方案**

- 通过内存数据库缓存 MySQL 等关系型数据库的数据。
- 缓存共享状态、热点数据、瞬时性数据。

使用时机

- 需要提升数据读取效率时。
- 需要读写共享数据时。

- 5.3 可靠性——非结构化数据可靠存储。
- 7.3 缓存——CDN 缓存加速。

7.2.2 Redis 实例版本及可靠性保障

Redis 是 Key-Value 键值对形式的高性能内存数据库，并且有极高的 I/O 读写性能，非常适合存储需要频繁读写的数据，如需要经常拉取的 JSON 文件可缓存到 Redis 中，加快读取速度，加快用户经常使用的登录状态数据、高并发场景数据的读写缓存，加快电商秒杀场景中多人抢占少量“令牌”进行下单的抢占性数据读写。

根据数据存储架构和可用性，Redis 实例有以下几种类型。

- 单节点架构，适合纯缓存场景使用，单节点出现故障会导致服务中断。
- 双机热备架构，采用主备（Master-Replica）架构，主节点提供日常服务访问，备节点保证高可用，当主节点发生故障时，系统会自动切换至备节点，保证业务平稳运行。
- 分布式集群，采用 Redis 分片+Proxy 架构，Redis 分片基于主备版 Redis 资源池，理论上可以无限扩展 Redis 存储桶，突破 Redis 自身单线程的瓶颈，适用于 Redis 大容量或高性能要求的业务需求。
- 读写分离架构，通过读写分离进一步扩展读操作的性能，适合读写操作比例相差较大的场景。

Redis 有完善的备份机制来保证数据可靠性。主备版 Redis 提供了自动备份和手动备份功能，开启自动备份的实例每天自动备份一份，免费保留近 7 天的备份，手动备份免费保留 3 份；主备版 Redis 支持从备份创建、下载或删除等功能。具体操作可点击实例，进入实例详情页面，点击“备份管理”切换至备份。通过备份策略设置，用户可以根据业务需求设置是否开启自动备份及自动备份的时间。默认情况下，自动备份功能关闭。

7.2.3 Redis 存储共享状态数据

在云平台将业务部署到云主机中，最佳实践是保证业务在云主机中保持无状态，不在云主机本地保存状态数据，如图 7-4 所示。可选择将状态数据保存在 Redis 中，适用于可用区内多台云主机实现高可用、同地域跨可用区部署等场景，应将登录状态、中间状态的数据写入 Redis 而不是保存在云主机、MySQL 数据库中，云主机仅负责从 Redis 中读数据并进行任务计算，MySQL 数据库存储任务计算完成后的结果数据，不保存登录状态及中间状态的数据。

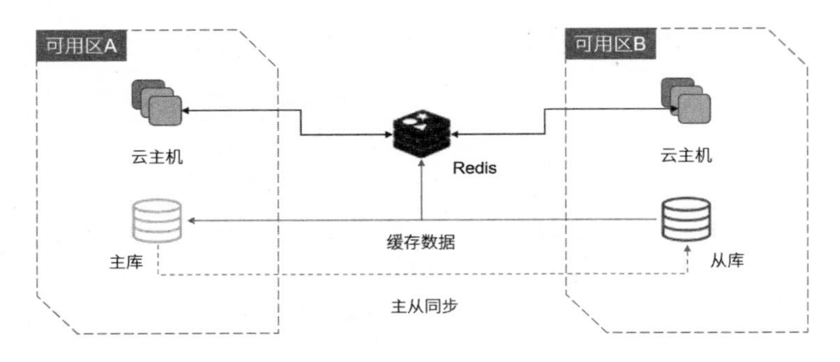

图 7-4　Redis 存储共享状态数据

7.2.4　Redis 缓存热点数据

MySQL 等数据库的读写往往会成为系统瓶颈，数据库可以通过一主多从及读写分离来降低读数据的压力，要进一步提升数据读写能力，可以采用 Redis 等内存数据库。数据库读的方向：MySQL 从库中的数据根据一定算法缓存到 Redis 中，后续都从 Redis 中进行读取。数据库写的方向：先将一些瞬时性数据缓存在 Redis 中，将最终结果从 Redis 中落盘并写入 MySQL 数据库。

图 7-5 所示为 Redis 缓存热点数据，可以充分利用 Redis 支持频繁读写的性能，在计算完成后再将数据写入 MySQL 数据库，同时清空本次 Redis 中的数据。以游戏中的团队对战场景为例，从用户视角看，整个团队每秒可达到近百次操作，同一时刻会有大量团队进行游戏，后端请求及数据包的数量会更多，如果所有数据都从 MySQL 实例中读写，无论在并发上还是在请求效率上都无法满足这类对战游戏的要求。因此适合将游戏团队对战场景中的数据缓存到 Redis 中，并且整个游戏环节中的所有数据在 Redis 中进行读写。单次游戏结束后将数据写入 MySQL 实例中进行保存，可将记录数据回放，从而实现游戏过程的回放。

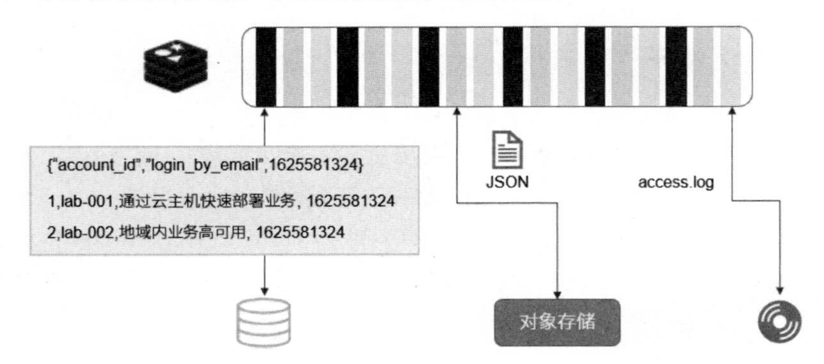

图 7-5　Redis 缓存热点数据

7.2.5　Redis 存储抢占性 ID

对于一些高并发的场景，当需要读写数据时，如果是从 MySQL 等数据库实例中读写数据，会增大 MySQL 数据库的瞬时压力，同时难以达到电商秒杀等场景的高并发时效性。最佳实践是将秒杀的 Token 放到 Redis 中，处于登录状态的用户在 Redis 中抢少量的活动 Token，获取 Token 的用户进入补充订单信息、提交订单、付款等流程，给未获取 Token 的用户返回未抢到秒杀商品的信息。这时所有秒杀的业务压力都在 Redis 中，而高可用版本的 Redis 能够支持超过 10 万 QPS 的高并发，这样可避免给后端 MySQL 数据库及云主机造成过大的压力。Redis 最大连接数与实例容量的关系如图 7-6 所示。

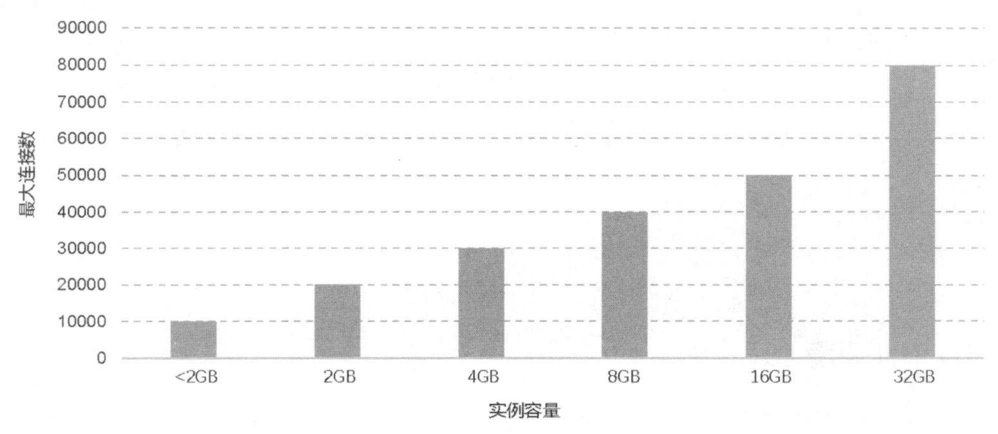

图 7-6　Redis 最大连接数与实例容量的关系

Redis 性能压力测试脚本

```
#!/bin/bash
for clients in {1,2,4,8,16,32,64,128,256,512,800}; do
echo $clients
redis-benchmark   -c $clients -n 5000000 -P 100 -h 10.10.214.139   -d 256 -t get,set -q
done
```

7.3 缓存——CDN 缓存加速

7.3.1 概要信息

设计模式

CDN 缓存加速。

解决问题

业务中有大量的图片、视频等静态文件，并且用户分布范围广泛，为了提升访问体验，需要 CDN 等分发加速方案。

解决方案

- 加速静态文件访问。
- 通过 CDN 实现动态请求加速。

使用时机

- 有大量静态文件、流媒体等对象的存储和访问时。

关联模式

- 5.3 可靠性——非结构化数据可靠存储。
- 6.1 解耦——数据存储访问动静分离。
- 7.4 网络——网络优化。

7.3.2 CDN 原理

无论是托管在对象存储服务中的静态网站，还是业务系统中的某些静态资源，在面向全球用户访问时总会遇到因为物理距离远而访问体验感降低的问题，云服务商在全球提供数百甚至上千的 CDN 节点，通过将源站数据缓存至这些 CDN 节点，可以实现用户从物理距离较近的 CDN 节点获取数据，从而缩短资源访问的物理距离，获得加速效果。CDN 加速原理如图 7-7 所示。

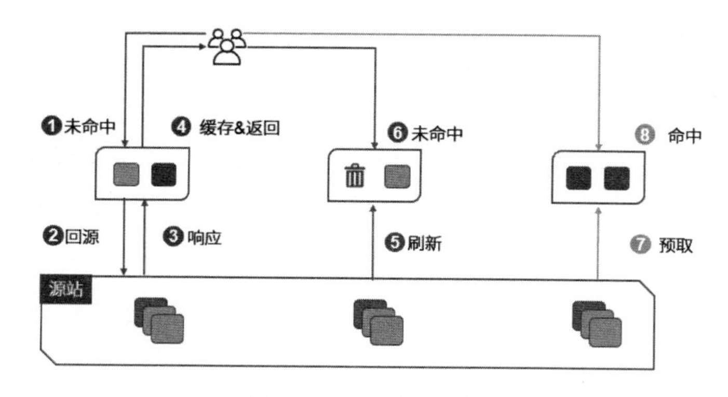

图 7-7　CDN 加速原理

在这里有源站和 CDN 节点的概念，源站是指提供服务的服务器终端或提供资源的数据终端，CDN 节点是云服务商自建或与当地运营商、其他伙伴合作创建的服务器集群资源，用来缓存从源站请求的数据及从用户端上传或推流的请求数据。云服务商一般会提供 500 个以上的 CDN 节点，有的云服务商甚至能提供 1000 个以上的 CDN 节点。

接入 CDN 节点后，用户通过 CDN 域名访问资源，在就近的 CDN 节点上判断缓存服务器中是否有该文件，如果没有文件则会从对象存储中拉取一份进行缓存，并将文件数据反馈给用户端。对于每个 CDN 节点的用户来说，第一位用户访问时并没有起到加速的效果，反而需要一次回源，因此更慢，但后续的访问会节省时间。

文件缓存在 CDN 节点后，如果遇到文件更新或文件错误需要撤回，则需要从对象存储及 CDN 节点中对数据进行更新，包括两种方式：文件刷新、文件预取，文件刷新是指将指定的文件从所有缓存服务器中删除，后续用户访问时在 CDN 节点中不会命中，而是到对象存储中拉取最新文件；文件预取是将指定的文件从对象存储中获取最新数据并预取到所有 CDN 节点中，后续用户访问时在 CDN 节点中一定会命中，提高了第一位用户访问的命中率。

如果文件有不同版本或需要进行更新，可通过对象存储的版本控制和过期时间进行控制。版本控制为同一个名称的文件保存多个版本，每次更新文件都会增加一个版本，在访问文件时可通过指定版本号来获取对应的版本内容。例如，之前已经上传过一个文件 config.json，而在文件内容更新后，客户端需要请求最新的文件，可手动触发更新文件内容，该文件在 CDN 节点中设置了缓存时效（如表 7-2 所示），过了缓存时效会删除该文件，这样也能达到更新文件内容的目的，但时效性不强。

表 7-2　CDN 缓存文件的时效设置

优先级	请求元素	路径模板	缓存时间	是否缓存	遵循源站
1	动态文件	/*.(php/aspx/asp/jsp/do)	0 小时	✗	✓
2	网站首页	/	12 小时	✓	✓
3	目录页	/*/	12 小时	✓	✓
4	网站文件	/*.(shtm|html|htm|js)	24 小时	✓	✓
5	所有文件	/*	12 小时	✓	✓

如图 7-7 所示，步骤 1 至 4 是用户通过 CDN 节点请求文件，每个 CDN 节点的第一次请求都不会命中文件，CDN 节点向源站进行回源来获取文件，并将文件缓存到该 CDN 节点中，后续其他请求再从该 CDN 节点访问时会命中缓存文件。步骤 5 至 6 是在 CDN 节点中刷新文件，刷新操作仅仅是从所有 CDN 节点中将指定文件删除，确保所有请求不会再读取到之前缓存的

文件。对于这个 CDN 节点来说，第一次请求该同名文件时仍然是未命中状态，会再次向源站回源并缓存文件到 CDN 节点中。步骤 7 至 8 是将源站数据预取至 CDN 节点，从源站中重新请求指定的文件或目录并缓存到 CDN 节点中，覆盖之前已有的同名文件，这样第一次到该 CDN 节点请求文件时会直接命中，节省第一次请求的时间。

7.3.3 通过 CDN 减轻源站的访问压力

在用户的角度看，为了获得静态资源、视频流的加速效果，用户可以通过 CDN 节点来访问，无须访问源站，这样可以大大减轻源站的压力。只在 CDN 节点未命中时进行回源，需要从源站获取数据。

CDN 节点作为用户访问业务的边缘网络节点，用户发起动态请求和静态请求时也可以通过 CDN 节点来就近接入，再访问源站，用户请求的数据如果已经缓存到 CDN 节点则直接返回给用户，其他请求内容在获得源站响应后返回给用户。设置缓存策略时要避免 CDN 节点中的数据同时过期或同时失效，使同一时刻有大量请求访问源站，造成源站停服，也就是常说的缓存击穿问题。可参考表 7-2 设置缓存文件的时效。

7.3.4 开启 HTTPS 访问

CDN 通过系统默认分配的加速域名进行访问，默认提供 HTTP 的访问方式，支持开启 HTTPS 访问方式，但需要先上传已经申请的 SSL 证书。可以在云平台中申请创建 SSL 证书，通常 SSL 证书是由云服务商集成的第三方专业服务，包括收费版本和免费版本，详细内容参见“8.3 安全防护——数据安全”，在 CDN 中自定义域名，开启 HTTPS 访问方式，如图 7-8 所示。

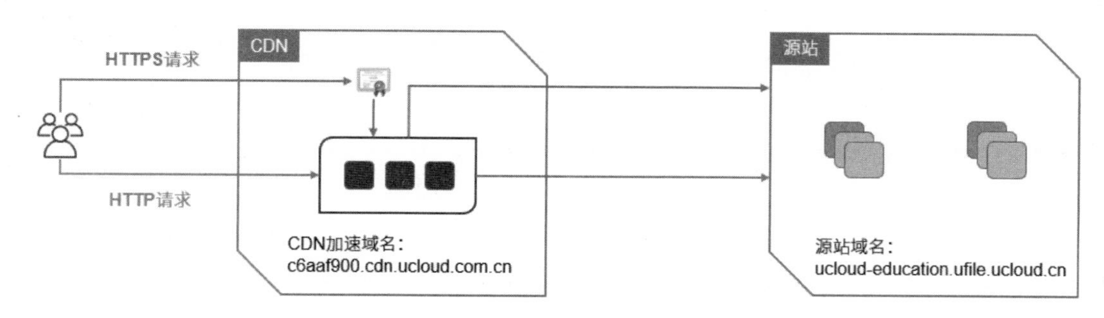

图 7-8 在 CDN 中自定义域名，开启 HTTPS 访问方式

7.3.5　应用案例——MumuLab 通过 CDN 实现加速

实验目标：

使用 CDN 缓存静态文件，并验证文件在 CDN 节点中是否请求命中，通过刷新和预取来更新 CDN 中的文件内容。

实验步骤：

Task 1：通过 CDN 地址访问对象存储源站文件

1．在控制台的对象存储操作界面中，在文件管理界面列表右侧点击“获取地址”。

2．打开浏览器（建议使用火狐浏览器或谷歌浏览器），在浏览器中打开浏览器控制台（通常可使用快捷键 F12 打开）。

3．在弹出的页面中复制 CDN 加速地址，并粘贴到浏览器中进行访问。稍后还会用到 CDN 加速地址，请提前复制备用。

4．查看图片，查看浏览器控制台信息。在浏览器控制台的“网络”中点开“GET login_logo_sm.png”字样，会显示该请求的请求头信息等，可以看到“X-Cache”字段的内容包含“MISS”，表示在 CDN 节点未命中，如图 7-9 所示。这是因为在首次访问文件时，CDN 节点上还没有此文件，可以直接去源站对象存储上请求。

图 7-9　文件未命中 CDN 节点

在首次请求的同时，CDN 会将对象存储上的文件分发到 CDN 节点，以便再次请求时能够在 CDN 节点命中该文件。

5．再次请求该文件，在浏览器中强制刷新页面（在浏览器中使用回车键或使用组合快捷键“Ctrl+F5”）。在浏览器控制台中查看这次请求的请求头的“X-Cache”值，显示为“HIT...”，表示在 CDN 节点命中，如图 7-10 所示。

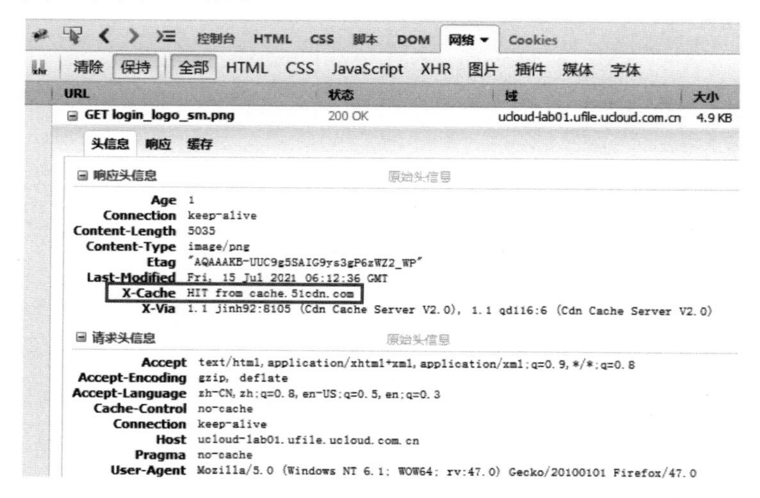

图 7-10　文件命中 CDN 节点

Task 2：内容刷新——刷新目录

6．内容刷新是将 CDN 节点的文件或目录删除，之后系统将根据缓存规则重新拉取源站文件进行加速。

7．在 CDN 列表页面中选择需要查看的 CDN 规则，在详情页面中点击“内容刷新”。

8．在“内容刷新”页面选择“刷新文件”。

9．在对象存储中复制文件的 CDN 路径到“要刷新的文件”中。

10．点击“确定”，系统会删除各个 CDN 节点中该文件的缓存数据，当用户再次请求时，在 CDN 节点中不能命中该文件，可以从源站中获取文件，并刷新文件到 CDN 节点中。

11．再次请求该文件时，会显示“MISS”，即未命中，因为刷新内容后 CDN 节点删除了该文件。

12．再次请求该文件时，会显示“HIT”，即命中，因为在上一次请求时，从源站把文件分发到了各个 CDN 节点中。

Task 3：内容刷新——预取文件

13．预取文件是主动从源站获取文件至二级服务器进行加速。预取文件时将会回源，有可能造成带宽资源耗尽。回源后将文件分发到 CDN 节点，时间会比较长，请耐心等待。

14．在 CDN 列表页面中选择需要查看的 CDN 规则，在详情页面中点击“预取文件”。

15．在“预取文件”页面选择“刷新文件”。

16．在对象存储中复制文件的 CDN 路径到“要刷新的文件”中。

17．请求该文件时，会显示“HIT”，即命中，因为“预取文件”操作会从源站把文件分发到 CDN 节点中。

7.4　网络——网络优化

完成用户业务的部署后还要考虑跨地域之间的网络通信质量问题及最终用户到应用端的网络延迟，整个过程中并非都是云服务商内部网络，还有很多公网传输部分，网络质量状况不一，网络会时不时出现丢包、卡顿现象，且网络缺乏及时的弹性扩展和网络安全防护能力，这些给上层应用的持续性和性能带来了很大挑战。

提示

对网络传输质量的优化采用一种组合的方式，包括应用代理加速、地域之间连通的高速通道、内容分发网络 CDN 等。

7.4.1　概要信息

设计模式

网络优化。

解决问题

部署业务后因为网络环境复杂导致的延迟较高，从而带来用户体验不佳的问题。

解决方案

- 全球应用加速。
- 采用专线或高速通道的方式连通网络，获得更高的网络传输性能。
- 采用 CDN 分发内容并对请求进行加速。

使用时机

- 业务部署涉及多个地域、多个云平台时。
- 架构重构为较高的网络质量要求时。

关联模式

4.5　混合架构——混合架构连通。

7.4.2 网络加速基础环境

当业务部署在全球范围内的多个地域中时，可通过智能 DNS 解析、CDN 加速最后一公里、从 PoP 点到数据中心、多个数据中心之间传输等阶段对网络质量进行优化，对应用请求进行加速，如图 7-11 所示。

1．首先通过 DNS 对用户请求进行智能分配，将用户所在区域和匹配到的 CDN 节点作为分配依据。

2．使用户就近接入 CDN，CDN 透传动态请求、加速静态文件访问，因为 CDN 节点到数据中心的 PoP 点有云服务商提供的经过优化的高质量网络，即便动态请求通过 CDN 节点和 PoP 点的网络进行请求，也比普通互联网的请求效果更好，因此用户只需要接入云平台在全球的 CDN 节点，就可以获得该层的加速。

3．用户请求到 PoP 点之后会根据请求源站进行判断，如果请求源站在当前地域，则会通过云服务商已经连通的专线网络转发至该地域的数据中心；如果请求源站不在当前地域，则通过云服务商提供的全球高速通道将请求转发至源站所在的地域中的 PoP 点，再从源站所在的地域中的 PoP 点转发至当前地域的 PoP 点。

4．全球数据中心之间通过云服务商已经预设的高速通道来进行加速，相比互联网有更好的网络质量，在请求响应之后再沿着反向路径返回给用户。

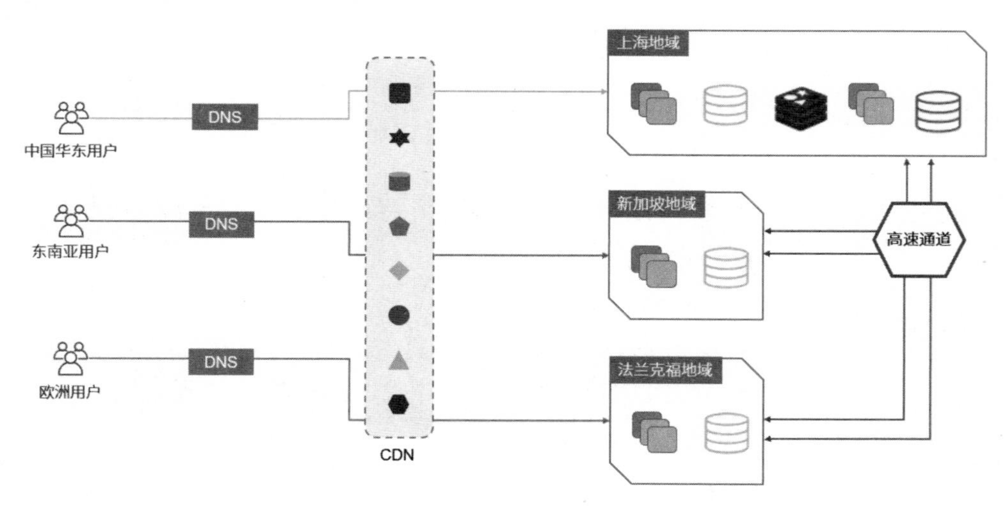

图 7-11　全球网络加速全景图

所有对网络的优化都是基于公网或专线的，一些不可避免的网络延迟仍然存在，如不可能超越物理限制和一些必不可少的转发环节带来的延迟，能优化的是使用户访问的资源尽可能靠近用户，在众多的网络传输链路中选择最优链路，以避免不必要的网络延迟。参考下面的光速传输速度与时间的计算数据，从上海到洛杉矶按照光速来传输数据也需要 33ms 的时间，再加上多个路由器、交换机的转发时间、应用处理响应时间等，真实的远程访问的延迟要比 33ms 长很多。

提示

我们看一下按照光速来计算远距离网络传输的时间，光速为 30 万千米/秒，可以换算成 300 千米/毫秒。从上海到北京大约为 1500 千米，光速传输需要 5 毫秒；从上海到旧金山大约有 9900 千米，光速传输需要 33 毫秒。

网络延迟只能尽可能低，物理距离越远，网络延迟越长。应缩短最终用户到业务服务器的距离，降低访问延迟，尽可能靠近用户部署业务，在此基础上再尽可能优化网络，加速应用访问，靠近用户部署业务，参考“7.5 网络——选择最优部署地域”。

7.4.3　全球应用加速

应用代理加速是面向应用层的全球加速服务，应用加速中有以下核心概念。

- 加速区域：需要加速访问的地域，可选择多个，如东南亚用户可选择新加坡、胡志明市、马尼拉、曼谷等地域。
- 加速 IP：开通应用加速服务后会在加速区域所包含的各个地域中分配一个 IP 地址，用于用户接入云平台在全球范围的网络。
- 业务服务 IP：真正提供服务的后端业务的 IP 地址，可以是负载均衡、云主机或其他自定义的 IP 或域名，链路经过智能调度后会转给业务服务 IP 来处理业务。

图 7-12 介绍了应用代理加速的逻辑，具体实现逻辑如下。

1．配置应用代理加速时应配置需要加速的地域，每个地域均会提供一个加速 IP。

2．全球用户进行统一接入，应用代理加速会通过智能 DNS 解析用户请求到用户的就近地域中，也就是访问该地域的加速 IP，进入云服务商在全球范围的网络。

3．不同地域之间由高速通道连通，选择最优网络链路传输，最后将请求转发到目的地域的业务 IP 中。

4．应用加速网络将代理业务请求，再反向传输响应给用户，实现应用加速。

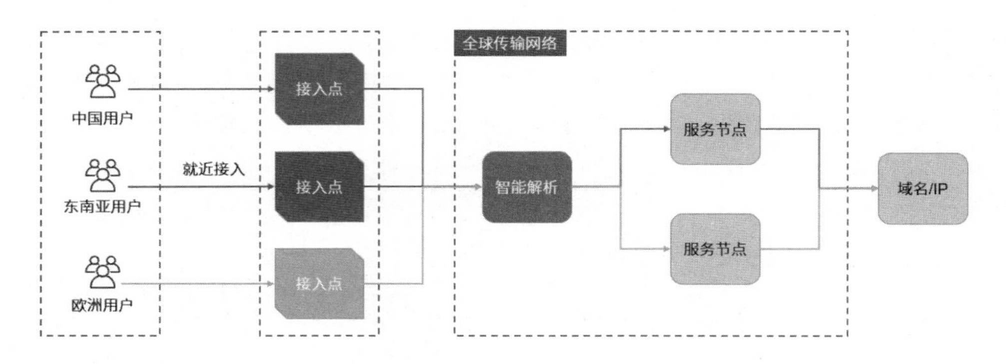

图 7-12　应用代理加速架构图

如图 7-13 所示，应用加速前，所有地区的用户都通过公网访问源站，通信链路会有丢包等链路不稳定的状态，会导致东南亚、欧洲地区的用户出现卡顿、连接失败等状况。与源站距离较远的用户通过应用加速中的智能 DNS 解析就近接入云平台骨干网络，通过自动调度的最优链路避开低质量的网络链路，从而实现应用加速的效果。

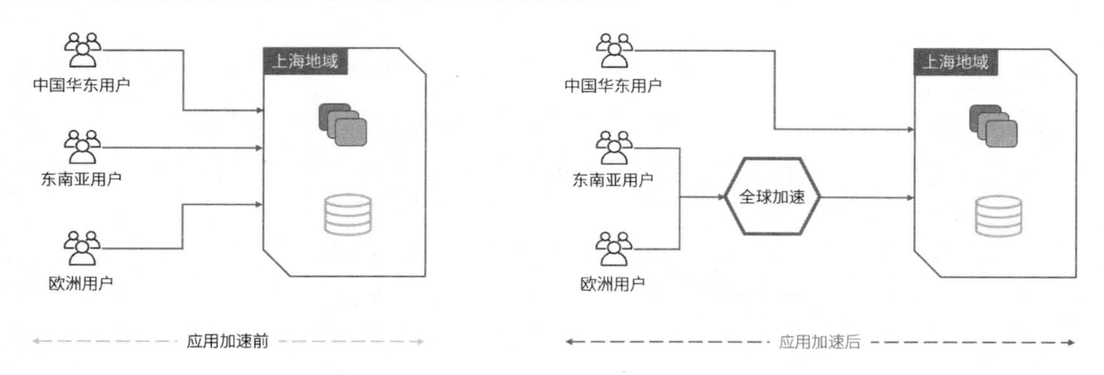

图 7-13　接入应用加速前后的对比图

Anycast EIP 能够实现 IP 地址的漂移，如图 7-14 所示，适合游戏业务、视频直播业务、安全防护等场景。在游戏业务中需要就近请求，通过云平台骨干网络专线通道游戏服务器缩短经过的互联网路径，减少延迟、抖动、丢包等问题。在视频直播业务中需要在跨地域传输的情况下保证视频和语音清晰，通过覆盖多地域的专线网络和接入点及直接为直播用户提供服务提升观看体验。Anycast EIP 能够实现 DDoS 攻击流量清洗服务，Anycast EIP 能够实现业务在多个地域同时发布，用户请求就近选择地域接入，而攻击流量将会被导入多个地域中，再将过滤后的正常请求转发到目标地域。

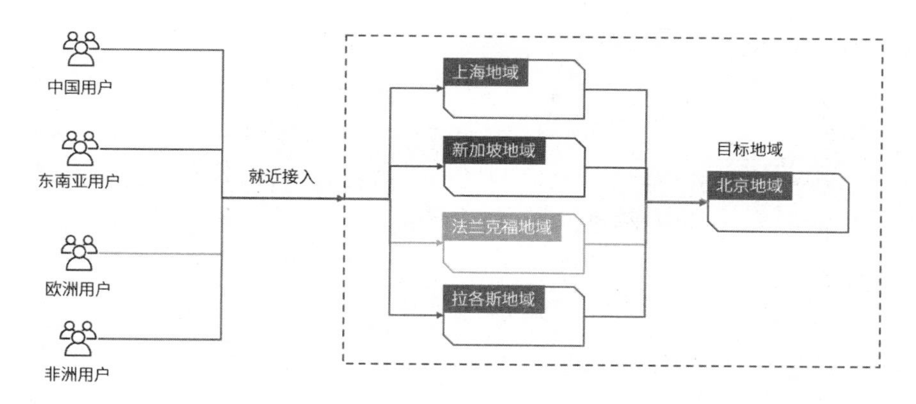

图 7-14　Anycast EIP 实现就近接入和全球 IP 漂移

7.4.4　应用案例——MumuLab 实现应用访问加速

实验目标：

MumuLab 通过全球应用加速来加速应用访问，通过控制台开通配置即可，最后测试验证加速效果。

实验步骤：

1．在云控制台中点击全球加速网络，进入配置界面。

2．在线路管理中点击创建，进入创建线路配置界面。

3．计费方式可选择“预付费”，源站所在地选择“中国内地”，也就是需要加速的应用服务器所在的地区，加速区域选择“中国香港”，即需要加速该地区的用户访问，加速带宽选择“1Mbps”，填写线路名称，如“MumuLab”，点击“立即购买”完成加速线路的创建。

4．返回加速管理界面，点击创建，进入加速应用配置界面。

5．填写加速名称，源站选择“源站域名”并填写需要加速的域名，选择源站所在地为“中国内地”。在加速配置中选择刚才创建的加速线路“MumuLab”，加速类型选择“7 层加速”，并选择“HTTP-HTTP”为加速协议，加速端口和回源端口均填写“80”。点击“立即购买”完成加速应用的配置。

6．通过访问域名验证加速效果。

7.5 网络——选择最优部署地域

为了实现全球用户的就近接入而实现全球部署，大多数业务难以实现在全球所有地域都部署业务，而是在靠近用户集中地区的几个地域进行部署。那么问题就来了，该如何选择需要部署业务的地域？仅仅根据物理距离来判断显然不行。

7.5.1 概要信息

设计模式

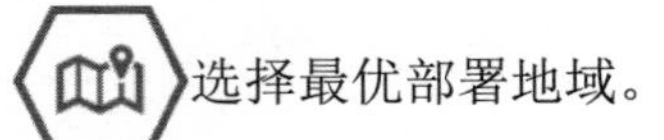
选择最优部署地域。

解决问题

通过监测数据来辅助选择需要部署业务的地域。

解决方案

通过全球移动网络探测目标地域到公有云地域的网络质量，以综合得分为依据选择适合部署业务的最优地域。

使用时机

需要从多个地域中选择一个或多个地域来部署业务时。

关联模式

- 4.7 全球部署——全球部署。
- 7.4 网络——网络优化。

7.5.2 选择最优部署地域

前面说到了实现全球部署的优势及业务挑战，那么该如何选择全球部署的节点呢？尤其是现在很多云服务商在全球有二十多个地域，在全部地域中部署业务显然不现实。回归全球部署的初衷，即覆盖当地用户，实现就近接入，那么用户在哪里就应把业务部署在哪里。在物理位置上看，为了覆盖欧洲用户应该选择法兰克福、伦敦、莫斯科等地域，为了覆盖北美洲用户应该选择华盛顿等地域。这里有个误区，“就近接入”并非指的物理距离，而是指网络状况，所以应该判断网络带宽质量，尤其是对物理距离接近的情况，如为了覆盖越南、印度尼西亚的用户，就有香港、胡志明市、雅加达、曼谷、新加坡等地域可供选择，它们在物理位置上非常接近，因此需要量化指标来帮助选择。

通过全球移动网络能够根据业务需要覆盖的地区来选择最优部署地域。覆盖用户是指业务的最终用户集中所在的地区，探测目的地是指云服务商的地域所在的数据中心。图 7-15 中展示了整个配置和探测流程，在全球移动网络服务中完成配置，会有真实的网络流量包从所选择的覆盖用户向测试数据中心发送请求，请求的延迟、丢包率等数据会保存在云平台对象存储中，汇聚成网络探测的原始数据。

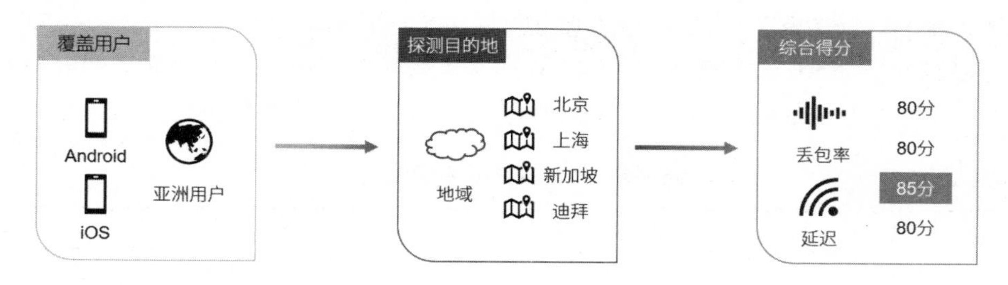

图 7-15　全球移动网络探测

有了测试数据，接下来分析哪些地域的匹配度最高。表 7-3 为全球移动网络探测示例数据及得分（地区粒度）。按照 3 个探测目的地（自定义 IP、上海地域、北京地域）进行探测，根据平均延迟、平均丢包率等来计算综合得分，得分最高的是自定义 IP，从中国大陆收集的自定义 IP 的平均延迟（75.727ms）、平均丢包率（0.000%）相比其他两个地域是最优选择。

表 7-3　全球移动网络探测示例数据及得分（地区粒度）

覆盖区域	探测目的地	数据占比（100%）	平均延迟（ms）	平均丢包率（%）	上报条数（条）	综合得分
中国大陆	自定义 IP	100	75.727	0.000	11	92.855
	上海地域	100	117.500	0.000	6	85.425
	北京地域	100	143.167	0.000	6	82.947

再来看针对城市粒度的数据分析，如表 7-4 所示，在所有收集上来的数据中按照城市进行分类，来确定为了满足不同城市用户的需求该如何选择业务部署的地域。我们以苏州用户的角度来看，如果业务部署在上海地域或北京地域则会有 200ms 以上的平均延迟，即便探测到自定义的 IP 也要有接近 100ms 的平均延迟。从上海用户的角度来看，业务部署在上海地域时的平均延迟只有 33ms，比业务部署在北京地域时有更好的体验。另外，还可以看出无论业务部署在上海地域还是北京地域，上海用户的平均网络延迟都比苏州用户更低。

表 7-4　全球移动网络探测示例数据及得分（城市粒度）

覆盖区域	探测目的地	平均延迟（ms）	平均丢包率（%）	上报条数（条）
中国大陆苏州	自定义 IP	94.571	0.000	7
	上海地域	202.00	0.000	3
	北京地域	232.00	0.000	3
中国大陆上海	自定义 IP	42.750	0.000	4
	上海地域	33.000	0.000	3
	北京地域	54.333	0.000	3

收集全球移动网络探测数据之后还要进行分析，即根据延迟、丢包率来评定综合得分。地域网络质量评分规则如表 7-5 所示，分为加分区域和减分区域，当延迟小于或等于 45ms 时，延迟分值可以获得满分 50 分，当延迟大于 45ms 而小于或等于 90ms 时，根据距离 90ms 的数字差距乘以 0.2 的比例，再加上 40 分的基础分，延迟逐渐增大，得分会相对减少。

表 7-5　地域网络质量评分规则[①]

分　类	延 迟 分 值	丢 包 分 值	延迟（ms）	延迟分值系数	丢包率（%）	丢包分值系数
加分区域	50	50	(0,45]	—	0.0	—
	40	40	(45,90]	0.2	(0.0,0.75]	1.3
	35	35	(90,120]	0.17	(0.75,1.25]	1.0
	30	30	(120,180]	0.08	(1.25,2.25]	0.5
减分区域	30	30	(180,∞)	0.08	(2.25, ∞)	0.5

表 7-6 为延迟得分计算表，表 7-7 为丢包率得分计算表，延迟 d 和丢包率 p 按照区间值计算相应的得分，最后根据两者之和获得综合得分，即 $f(d,p)=f(d)+f(p)$。

表 7-6　延迟得分计算表

延迟 d	得分 $f(d)$
0	0
≤ 45ms	50
45ms < d ≤ 90ms	40 + (90−d) × 0.2
90ms <d ≤120ms	35 + (120−d) × 0.17
90ms <d ≤120ms	30 + (180−d) × 0.08
d > 180ms	30 − (d−180) × 0.08

表 7-7　丢包率得分计算表

丢包率 p	得分 $f(p)$
0	0
0% < p ≤ 0.75%	50
0.75% < p ≤ 0.75%	40 + (0.75−p) × 13
1.25% < p ≤ 0.75%	35 + (1.25−p) × 10
p > 2.25%	30 + (2.25−p) × 5
p > 2.25%	30 − (p−2.25) × 5

① 评测内容、计算公式等源自 UCloud 官方文档。

通过全球移动网络可以使用真实用户设备返回的网络探测数据来判断到指定的 N 个地域或 IP 的网络质量，并可以通过打分进行量化，最终获得进行业务部署的地域。如果推荐了两个及以上的地域，则会按照评分给出建议的流量分配比例。对于南非用户，可能物理距离更远的伦敦或迪拜地域有更好的网络质量，而不是同样位于非洲大陆的拉各斯地域。

根据以上判断来部署在多个地域，如香港地域的得分为 80 分，新加坡地域的得分为 70 分，可选择在业务初期将香港地域作为核心业务区部署业务，同时在新加坡地域小规模部署业务，对用户进行 AB 测试。用户请求按照比例随机分配到香港地域和新加坡地域，计算每个用户的平均访问延迟、平均响应率等指标，通过真实的业务情况进行验证。

如果得出的结论和以上判断符合，则应继续扩大部署，选择香港地域进行部署，如果得出的结论和以上判断不符合，则要排查原因，找到监测产品和全球移动网络获得的结论与真实业务在访问延迟上造成差异的影响因素，评判这些影响因素是否是决定性的，再次进行测试和验证。

7.6 性能测试——应用性能管理 APM

部署应用之后，还需要各个维度的实时监测，包括 Web 页面的可访问性、应用稳定性、云资源是否稳定运行等。随着业务系统逐渐庞大，会出现业务性能低等状况，业务模块拆分得很细，链路在定位时会比较难。需要通过应用性能管理（Application Performance Management，APM），采用探针 Agent 的方式来梳理应用拓扑结构，追踪链路调用关系，有了应用拓扑结构和链路调用关系，就能根据性能数据来分析性能瓶颈。Web 页面的可访问性可通过 APM 监测来实现。

7.6.1 概要信息

设计模式

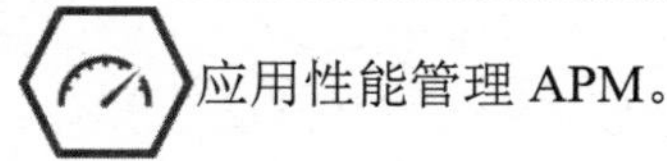

应用性能管理 APM。

解决问题　对应用拓扑架构不了解，没有监测和量化应用性能的方法。

解决方案　通过应用性能管理 APM 弄清楚应用拓扑结构，对应用性能进行监测和量化。

使用时机

- 业务发布上线前。
- 应用遇到性能瓶颈需要跟踪分析时。

- 6.3 扩展——计算自动伸缩。
- 9.2 监控告警——云监控告警。

7.6.2 链路追踪及应用性能分析

如图7-16所示，APM主要提供了分析应用拓扑结构、链路追踪、应用性能分析、可用性监测等功能。实现APM监控的前提是在云主机中安装云服务商提供的监测Agent，每台需要监测的云主机中都需要安装Agent。

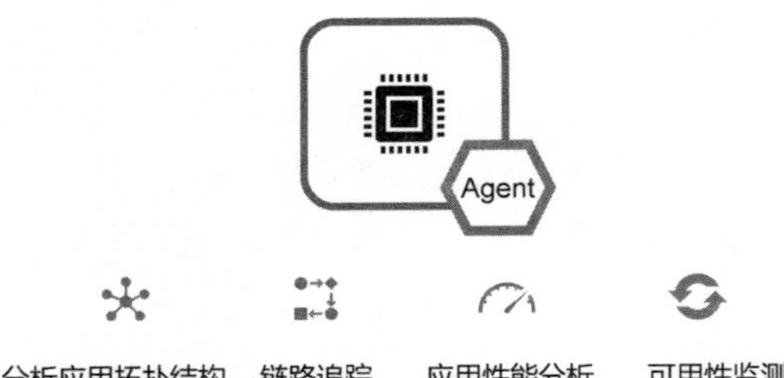

图7-16 在云主机中安装Agent

7.6.3 通过APM分析应用拓扑结构

随着系统组件拆解得越来越细，组件之间的调用关系也越发复杂，不能再准确展现应用系统的组件调用拓扑结构，因此会增加后续重构、迁移的难度。APM能够探寻组件的拓扑结构，分析组件调用链。

APM实际上是将探针Agent植入应用系统中，Agent会自动探测应用拓扑结构，分析各个接口间的调用关系，并对事务进行分析。Agent由云服务商（也可选用第三方生态厂商）提供，由用户授权并自行安装。不同语言开发的应用系统所需要的Agent版本也不同，如Java、C++、.NET、PHP、Go、Node.js等版本需要选择对应的Agent。通过Agent能汇集上下游接口调用信息，穿透重重叠加的系统组件，并且Agent会占用云主机5%左右的CPU和内存，所以一些用户对安装Agent后探测到敏感链路、性能消耗等问题有所顾虑。

APM能够自动发现应用拓扑结构，通过Agent能够自动发现应用RPC框架的链路调用关系，形成应用拓扑结构，并进行可视化展示，如图7-17所示。应用拓扑结构和链路调用关系的梳理同样适用于系统进行迁移或重构前的准备阶段。一些系统经历几年的研发、不同团队修改、多次重构和迭代，在系统迁移时可能难以准确描述系统全貌，可通过APM梳理系统架构，再对不同的应用系统和组件准备不同的迁移方案，分批完成迁移。

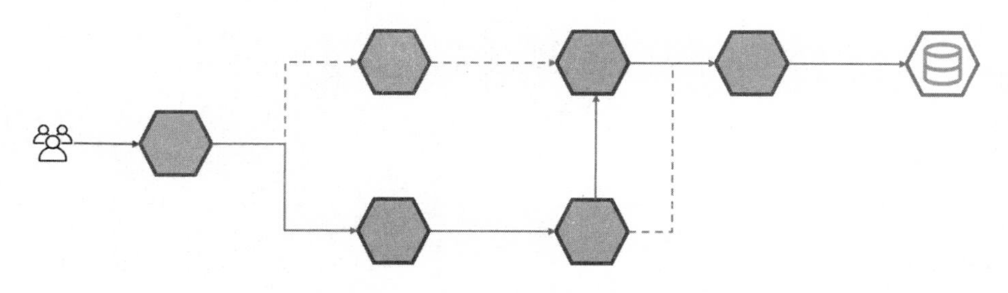

图 7-17　APM 生成的应用拓扑结构图

7.6.4　通过 APM 实现链路追踪

应用系统上线前需要对性能进行测试，APM 就是很好的工具。Agent 能够分析各个组件之间的调用关系、调用方法，监测每个组件的调用性能，从而追踪和分析整个链路。在整个链路中选择单条链路可以查看到详细的服务组件调用情况，并且能够下钻到单条链路中查看方法栈，如图 7-18 所示。

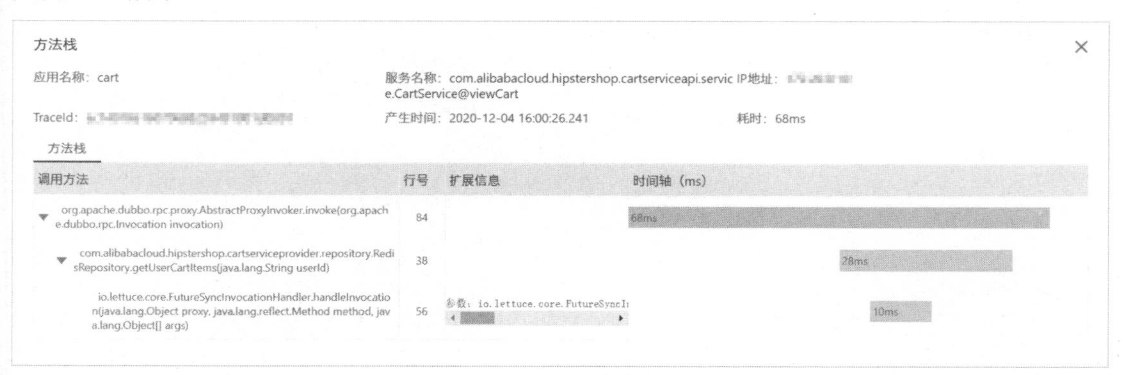

图 7-18　下钻到单条链路中查看方法栈

7.6.5　通过 APM 实现应用性能分析

APM 也提供对 Web 类应用性能的监测和管理，包括 Web 网站和 App 应用。利用 APM 分析应用吞吐量、访问时延、成功率等，在监测指标达到告警条件时及时发送告警通知，以便及时处理。如果是应用性能问题，可增加数据读写缓存，纵向扩展，提升单台云主机的配置并开启网络增强等特性，从整体架构设计上进行优化，分析是否是由代码问题引起的。提前通过 APM 来实时监测应用性能，对应用性能问题进行提前暴露，赶在用户之前发现问题，定位并解决问题。APM 检测指标如图 7-19 所示，APM 应用体验管理如图 7-20 所示。

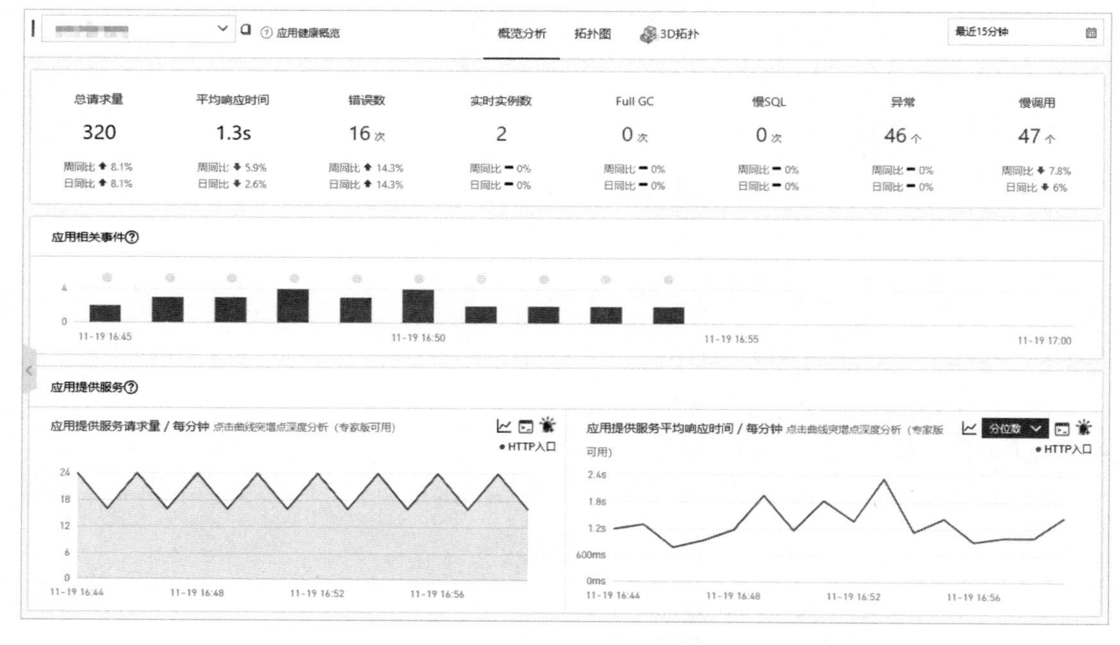

图 7-19　APM 检测指标

图 7-20　APM 应用体验管理

定位性能遇到瓶颈之后，通过压力测试获得业务性能分析报告，梳理出是应用设计问题，还是由云主机等资源不足导致的瓶颈，相应地对应用设计问题进行修复，扩展云主机等资源，对数据库进行读写分离，增加缓存。修复完成后应该再次通过压力测试进行检验，压力测试的指标临界值就是应用的 SLA，根据 SLA 设置限流等操作。

第 8 章 安全合规

业务暴露在互联网中，会受到很多的 DDoS 攻击、cc 攻击、XSS 攻击、SQL 注入等，也经常看到有企业发生“删库跑路”事件，因此除了应对外部的安全攻击，还要防护内部的运维风险，加强工作人员的安全意识培训等。安全风险包括物理、终端、网络、应用、数据等各方面，不同行业、地区对业务的合规要求也非常多，总之一句话，有哪些安全风险就提供哪些安全防护方案。安全合规体系图如图 8-1 所示。

图 8-1　安全合规体系图

本章包含以下内容。

- 权限——权限策略与访问控制。
- 安全防护——终端安全。
- 安全防护——数据安全。
- 安全防护——网络安全。
- 安全防护——应用安全。
- 审计合规——审计。
- 审计合规——合规。

8.1　权限——权限策略与访问控制

说到云安全，常被忽略的就是对账号的统一管理，以及给账号分配合适的权限，而这些又是每次管理云资源时都在使用的。在架构设计之初就应该考虑账号及权限体系，仅为用户分配最小权限。云平台提供身份识别与访问管理（Identity and Access Management，IAM）来管理主账号、子账号、权限、授权等。除此之外，还有对 IP 和端口进行访问权限控制的安全组、VPC 中的 ACL 等。

8.1.1　概要信息

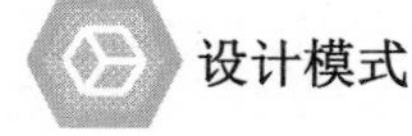

设计模式

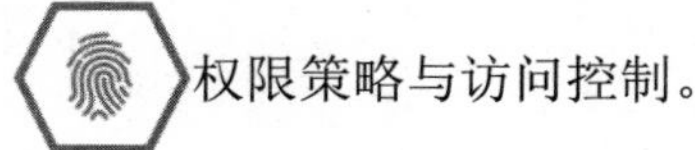

权限策略与访问控制。

解决问题

- 需要为人员分配合适的账号权限，精准管理对资源的授权，有效管理云主机、云数据库等云资源账号。

解决方案

- IAM 权限及授权。
- 安全组及 ACL 访问控制。

使用时机

架构设计之初。

关联模式

- 4.1　公有云——使用云主机快速部署业务。
- 4.8　多云部署——多云部署。
- 8.6　审计合规——审计。

8.1.2 账号及授权

图 8-2 展示了访问云资源的各类主体，包括账号+密码、公钥+私钥、Token 等授权，通过 Web 控制台、移动端 App、API/SDK、CLI 等方式来访问云资源和云服务，具体访问主体如下。

- 主账号：所有账号都有一个主账号的概念，具有子账号、云资源等所有权限，云平台的主账号具有所有云资源的访问权限，以及分配子账号并设置权限的能力，因此不建议直接使用主账号进行日常操作，最佳实践是除了管理子账号等操作，不再使用主账号管理任何资源，即便项目 Master 是主账号管理员，也应该为自己分配一个子账号进行管理使用。
- 子账号：开发人员、测试人员、运维人员、财务人员、审计人员是常见的云账号使用者，不同职能的人员需要分配不同的账号，开发人员需要访问云主机等资源的权限，运维人员需要创建云主机的资源，财务人员需要充值并开发票，审计人员需要查看交易账单，财务及审计人员无须对云资源进行增删改查操作。
- API/SDK：业务程序访问云资源一般通过原生 API 或 SDK 调用管理，此时需要的不是主账号或子账号，而是 Access Key 和 Secret Key（也称为 Private Key）。
- CLI：运维工程师大多采用 CLI 工具管理云资源，使用的也是 Access Key 和 Secret Key。

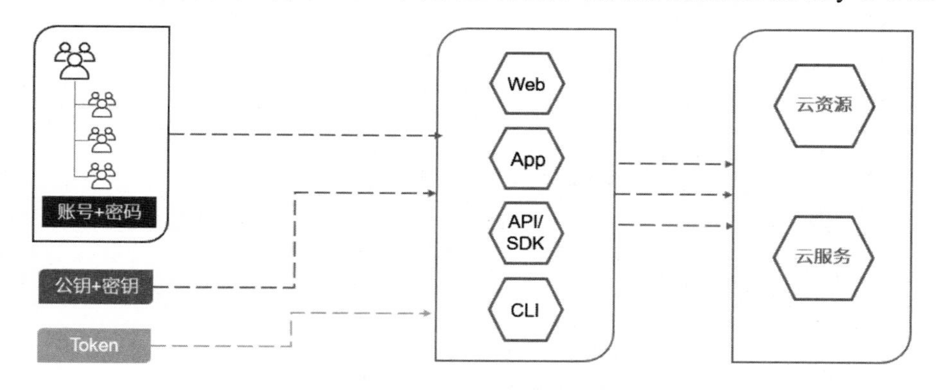

图 8-2　用户通过多种形式访问云资源与云服务

8.1.2.1 账号

- 主账号。

主账号是访问和管理云平台资源和服务的最大主体，需要个人或企业通过邮箱、手机号等信息进行注册。在云平台中注册完账号后需要进行实名认证，对于个人账号验证身份证信息，对于企业账号验证营业执照，未完成认证的账号可以登录 Web 控制台，但是不能充值，不能创建云资源。

- 子账号。

主账号中的成员通过邮箱来邀请子账号，子账号在邮箱中根据注册邮件进行激活，设置该子账号的登录密码。子账号创建完成后并未分配项目和权限，仅能登录，还不能创建和管理资源。

最佳实践

在管理云资源时不要使用主账号，所有人员都应通过子账号进行操作。

- MFA 验证。

登录云平台时仅通过账号和密码进行认证存在一定的安全风险，黑客获取账号后可以尝试撞库登录，或者非法获取密码进行登录。通过多因子认证（Multi-Factor Authentication，MFA）能够在正常登录流程之外增加 MFA 设备的认证，如通过绑定手机上的 Google 身份验证器 App 到云平台账号中，用户在登录时需要填写手机上的 Google 身份验证器中的数字验证码，实现登录的二次认证，保障账号登录安全。其中，数字验证码每 60 秒更新一次，过期无效。开启及绑定 Google 身份验证器的操作如图 8-3 所示。

图 8-3　开启及绑定 Google 身份验证器的操作

- Access Key 和 Secret Key。

Access Key 和 Secret Key（AK&SK）是面向 API、SDK、CLI 使用的认证凭证，相当于账号的"账号"和"密码"，因此需要保管好 API 密钥，仅分发给认证的、必须授权的程序来使用。

一旦 API 密钥泄露或被公开，如果设置"允许访问的 IP"，则会起到一定的保护作用，但也不能保证 API 密钥不被利用。必须将 API 密钥进行重置，通过控制台界面也可以完成，此过程也需要绑定手机的短信验证码验证。另外，建议根据使用频率定期重置 API 密钥，降低 API 密钥泄露的风险。

8.1.2.2 权限与策略

权限是指人员使用账号，通过 API 使用 AK&SK 对云资源执行增删改查等各种操作，能对资源进行某一项操作则说明具有该操作权限。权限通过策略进行展示，表 8-1 展示了 AdministratorAccess、IAMFullAccess 等权限配置。

表 8-1 部分权限配置

权 限	说 明
AdministratorAccess	超级管理员权限
IAMFullAccess	访问控制权限
ReadOnlyAccess	只读权限
UBillFullAccess	财务中心权限
UHostFullAccess	云主机（UHost）管理员权限
UHostCreateOnlyAccess	云主机（UHost）新增权限
UHostDeleteOnlyAccess	云主机（UHost）删除权限
UHostReadOnlyAccess	云主机（UHost）只读权限
UHostUpdateOnlyAccess	云主机（UHost）修改权限

具有账号管理权限的账号可创建自定义策略，并使用系统策略来分配给指定用户，如以下配置文件表示允许（Allow）对本账号中 ID 为“uhost-1234abcd”的云主机（对应为 Resource）执行两个动作（Action），即创建快照、创建镜像。表 8-1 展示了超级管理员权限、访问控制权限、只读权限、财务中心权限和云主机的各种操作权限，更多权限参见云平台官网文档。

配置

```
{
  "Effect": "Allow",
  "Action": [
    "uhost:CreateSnapshot",
    "uhost:GenerateUimage"
  ],
  "Resource": [
```

```
        "ucs:uhost:*:12345:instance/uhost-1234abcd"
    ]
}
```

8.1.2.3　授权

账号/AK&SK 作为主体，权限代表能否对资源进行操作，授权是将账号/AK&SK、权限策略、资源三者进行绑定的动作。授权分为长期授权和临时授权，用户通过绑定权限到资源完成授权，如图 8-4 所示，这种也是长期授权，临时授权是指分配临时 Token。

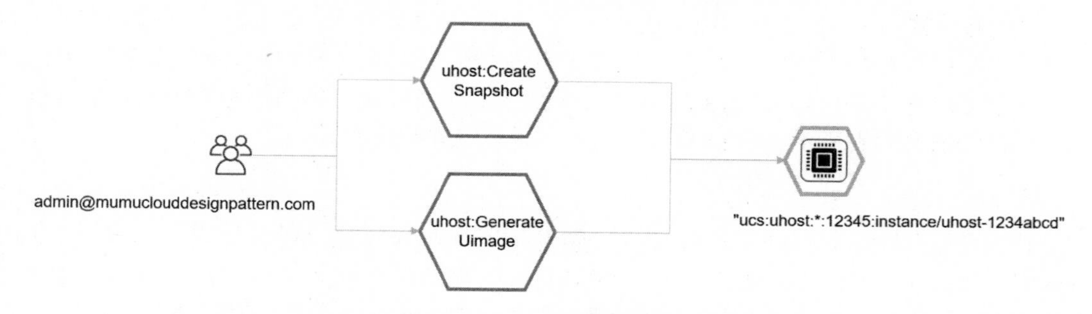

图 8-4　用户通过绑定权限到资源完成授权

- 资源描述符。

为了对各项资源设置操作权限，需要精准定位一项资源，参考互联网上任何一个文件都可以通过 URL 来定位，在云平台上可以通过“资源描述符”来唯一描述一项资源。

资源描述符的格式可以参考：

<cloud-provider>::<region-id>:<product-name>:<instance-id>

- 临时 Token 授权。

如前面所述，访问云资源需要通过使用账号、密码登录控制台，或者基于 AK&SK 通过 API/SDK/CLI 进行访问，无法支持临时访问需求。在现实情况中，会有运维人员需要临时查看测试环境的云数据库等资源，如果将账号或 AK&SK 共享，则其操作会处于不受控的状态。通过创建临时 Token 授权，可以解决这个问题。首先通过控制台或 API 创建 Token，即可获得 TokenID 和 Token，其作用类似于 Ak&SK，只不过 TokenID 和 Token 有令牌有效期，目前 UCloud 支持的令牌更新周期为 5 秒、10 秒、15 秒、20 秒、30 分钟、1 小时、2 小时、6 小时、12 小时、

24 小时。若不设置令牌自动续期，则到令牌有效期时，令牌会自动失效，授权也将结束。

8.1.2.4 资源管理账号

- 云主机账号密码。

创建云主机时需要设置密码，Ubuntu 系统的默认主账号为 ubuntu，其他 Linux 操作系统的默认主账号为 root，Windows 的默认主账号为 Administrator。通过默认主账号登录操作系统，再创建的子账号属于操作系统内部账号，和云平台无关。

- 云主机 PEM 证书。

通过账号密码登录云主机看似比较方便，实则泄露的风险较大，建议使用 PEM 证书的方式登录云主机。在创建云主机的时候可以选择采用账号密码或 PEM 证书来认证，如果选择 PEM 证书则会在创建云主机实例时将 PEM 证书下载保存，仅有一次下载机会。通过 PuTTY 登录云主机时在 SSH 验证配置中选择 PEM 证书进行上传，即可完成认证。

- 云数据库。

在云主机上自建 MySQL 云数据库时的默认主账号为 root，默认没有密码，如果云主机的端口对公网公开，就有可能被扫描到，黑客通过 root 直接登录管理你的数据库就像管理他自己的数据库一样简单，甚至有可能在你的数据库上随心所欲地修改、删除数据。

云平台做了强制要求，云数据库必须设置具有一定复杂度的密码，避免恶意扫描云数据库 IP 后直接无密码登录。云数据库通常不会直接提供外网 IP，因此不会直接暴露到外网中。如果云数据库需要连接外网，可通过 NAT 网关转发。部分云服务商支持开通外网 IP。

8.1.2.5 账号安全意识

最佳实践

不使用主账号管理资源，并为每个账号分配最小权限。

- 演讲者在分享电脑屏幕时，在显示控制台密钥或在代码中进行展示时会泄露 API 密钥，因为会议录制的视频、参会者拍照、在线观众截屏都会把 API 密钥泄露出去。
- 将代码提交至 GitHub，往往在提交至 GitHub 等公共代码平台或共享给其他人员时，会把 API 密钥一并提交或共享，从而带来泄露风险。
- 对于不必要的程序应用，临时授权时不能直接给 API 密钥，或者需要严格界定使用时间，并在临时使用完成后重置 API 密钥，更新所有程序中的 API 密钥。

8.1.3 安全组

安全组用于管理对云主机等资源的网络访问控制，如指定某些 IP 源地址能够访问云主机中的各类端口上的服务或拒绝访问某些端口上的服务等。绑定在云主机上的每个安全组策略包含若干条规则，这些规则由五元组组成，包括协议类型、源地址、源端口、目的地址、目的端口，安全组会按照顺序生效，如提供 Web 服务的云主机只需开放 22、80、443 端口，自建的 FTP 服务、邮件服务等则需要开放相对应的 20、21、25、110、143 等端口，对于自建数据库服务则需要开放 22、3306 端口，且需要设置允许访问的源地址为调用数据库的 IP 地址。访问控制策略及规则如表 8-2 所示。

表 8-2　访问控制策略及规则

协议类型	源地址	源端口	目的地址	目的端口	动作	优先级
TCP	0.0.0.0/0	80	0.0.0.0/0	不限制	接受	高
TCP	1.1.1.1	80	0.0.0.0/0	不限制	拒绝	高
ICMP	0.0.0.0/0	—	0.0.0.0/0	—	拒绝	中
TCP	0.0.0.0/0	3389	0.0.0.0/0	不限制	拒绝	高

安全组会绑定在云主机等资源中，首先按照优先级进行排序，也就是优先级越高的越早进行匹配。如果优先级相同，则按照规则从上到下进行匹配，如果当前规则不匹配则尝试匹配下一条，如果已经匹配则会忽略后续同优先级的规则。如果两条规则只有动作不同，则按照拒绝策略生效，按照接受策略失效。部分云服务商默认绑定到云主机中的安全组对所有源地址和端口的所有协议都是拒绝动作，需要手动开放某些端口。

8.1.4 网络访问控制 ACL

网络访问控制 ACL 是 VPC 内子网级别的安全策略，用于控制进出子网的数据流。可以通过设置出站规则和入站规则对进出子网的流量进行精确控制。ACL 是无状态的，用户如果需要允许某些访问，则需要同时添加相应的入站规则和出站规则。若只添加入站规则，未添加出站规则，则会导致访问异常。

出站 / 入站规则五元组如下。

- 策略：允许或拒绝。
- 来源 IP / 目标 IP：出站 / 入站规则针对的网段。
- 协议类型：支持 TCP、UDP、ICMP 和 GRE 协议类型，可选择 ALL 来指定所有协议类型。
- 目标端口：TCP 和 UDP 协议类型允许填写的端口范围为 1～65535，其他协议类型无须指定端口。

- 应用目标：ACL 规则的生效范围，支持子网内全部资源或指定资源。

更多安全控制

云数据库创建完成后没有公网 IP，默认没有对外暴露，进一步管控了外网的访问。安全锁是云资源高危操作的二次验证服务，开启该服务后，在进行删除资源等危险操作时，需要通过手机短信校验身份，身份验证半小时内有效，之后进行危险操作需要再次验证身份。

8.1.5 应用案例——为 MumuLab 平台设置子账号和对应权限

实验目标：

在云平台中开通主账号并设置子账号，为多个子账号分配不同的权限，练习使用安全组来限制访问 IP 和开放端口。

实验步骤：

Task 1：创建账号并分配权限

1. 在云平台官网找到注册入口，自行根据邮箱、手机号等信息注册账号。

2. 注册账号后在 Web 控制台中进行实名认证，上传身份证照片。

3. 在账号访问控制界面中点击“邀请子用户”，在弹框中填写子账号的邮箱、用户名、昵称，点击“确定”。

4. 在子账号的邮箱中查收账号注册邮件，点击邮件中的激活链接完成子账号的注册。

5. 返回控制台，为刚刚创建好的子账号分配权限。

6. 在新页面中选择需要分配的项目，在系统策略中选择 UHostFullAccess、UDiskFullAccess、UNetFullAccess、UFileFullAccess、UDBFullAccess，点击“确定”，完成添加权限。

7. 按照第 3 步和第 4 步再邀请注册一个子账号，在分配权限时，系统策略选择 UHostReadOnlyAccess、UDiskReadOnlyAccess、UNetReadOnlyAccess、UFileReadOnlyAccess、UDBFullAccess、UDBReadOnlyAccess，点击“确定”。

8. 通过第一个子账号重新登录控制台，尝试创建云主机、查看 EIP 等资源，有操作权限。点击安全、大数据等产品，则提示没有权限进行操作。

9. 将控制台账号切换为第二个子账号，则只能查看已经创建的云主机等资源，不能创建任何资源。

10. 可自行编写自定义策略，分配给子账号并验证是否有操作权限。

Task 2：限制访问 IP 及开放端口

11. 在控制台中点击进入基础网络页面，在外网防火墙页面中点击“创建防火墙”。

12. 在“创建防火墙”页面填写“防火墙名称”为“MUMU-Demo”，并添加一条规则，“TPC 协议，80 端口，源地址为 0.0.0.0/0，动作为拒绝，优先级为中”，点击“确定”。此条规则代表 0.0.0.0/0（所有来源的 IP 地址）访问 TCP 80 端口时均执行“拒绝”访问的动作。

13. 选择之前创建的需要测试的云主机，在详情页面的“网络”中点击“外网防火墙”进行配置。

14. 在弹出框中选择刚创建的“MUMU-Demo”选项，并点击“确定”，完成修改。

15. 通过绑定在云主机上的 EIP 访问 Web 服务，可以正常访问（前提是云主机中已经部署了应用），其原因是防火墙规则中所有限制 IP 地址访问该云主机的 TCP 80 端口（Web 服务）均会被“拒绝”。

16. 调整防火墙规则并查看效果，在搜索引擎中搜索“IP”，即可查看到本机 IP 地址，复制本机 IP 地址。

17. 返回外网防火墙配置界面，在“MUMU-Demo”所在行点击“编辑”。

18. 在弹出页面“规则”中增加一条规则：“TPC 协议，80 端口，源地址为本机 IP 地址（请根据实际情况填写），动作为接受，优先级为高”，并点击“确定”。

19. 通过绑定在云主机上的 EIP 访问 Web 服务，提示无法访问，其原因是防火墙规则中通过本机 IP 地址访问该 Web 服务均会被“接受”，而通过任何其他 IP 地址访问该 Web 服务均会被“拒绝”。

8.2　安全防护——终端安全

8.2.1　概要信息

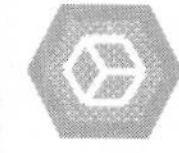
设计模式

终端安全。

解决问题

需要及时发现云主机中的木马文件、漏洞、异常登录等状况并及时修复。

解决方案　　通过主机入侵监测进行检测与防护。

使用时机　　架构设计之初。

关联模式　　其他安全设计模式。

8.2.2　主机入侵检测概述

用户上传的数据中如果包含木马文件，可能会导致云主机中的应用和数据被泄露或删除，云主机被非授权人员在异地频繁非法登录，云主机的安全性遭受到严重威胁。需要主机入侵检测服务来主动监控和发现主机上的安全漏洞、异常登录行为、木马文件，监测、发现并记录黑客入侵、暴力破解服务器账号密码等行为，从而保护云主机的安全。主机入侵检测的逻辑关系如图 8-5 所示。

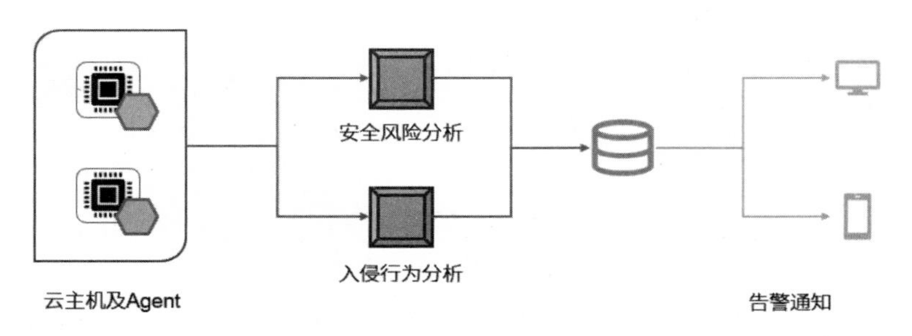

图 8-5　主机入侵检测的逻辑关系

主机入侵监测通过云服务商提供的 Agent 进行监测，如图 8-6 所示，用户先购买防护点，即需要主机入侵检测防护的云主机数量。安装的 Agent 会自动进行基础的安全基线检查、主机安全检查、木马检查、异常登录检查，这些会检测到用户应用、文件数据、登录行为，所以在云主机中需要用户授权并自行安装 Agent，安装完成后，云平台中会同步更新状态。

主机IP	可用区	系统版本	Agent状态	当前Agent版本	操作
10.9.111.206	北京二可用区B	CentOS 8.3 64位	已安装	企业版	查看　切换版本
10.9.158.30	北京二可用区B	CentOS 6.5 64位	未安装	--	查看

图 8-6　在云主机上安装 Agent

在正常防护时可通过添加白名单来排除对一些行为的检测，如添加常用登录 IP，通过该 IP 地址登录云主机均不会产生异常登录的告警；对单个 IP 或 IP 段的主机漏洞不再进行检测和告警。白名单能够协助进行测试、排查问题、解除误报等。

主机入侵检测平台会定期更新恶意代码规则库、Web 漏洞库、Webshell 规则集等，并支持下载，用于满足合规的要求。同时支持下载主机上登录、退出的流水记录，将每周安全检测结果汇总成周报形式，并支持下载。

8.2.3　基础安全检查

检查主机上是否存在非 root 的特权账号等配置缺陷。

8.2.4　主机安全检查

发现主机上存在的漏洞，在采用国家信息安全漏洞库（简称 CNNVD）主机漏洞中进行监测，在 CNNVD 漏洞库中收录了漏洞信息的 ID、漏洞命名、内容描述、分类、分级等，主机入侵监测扫描主机漏洞如图 8-7 所示。

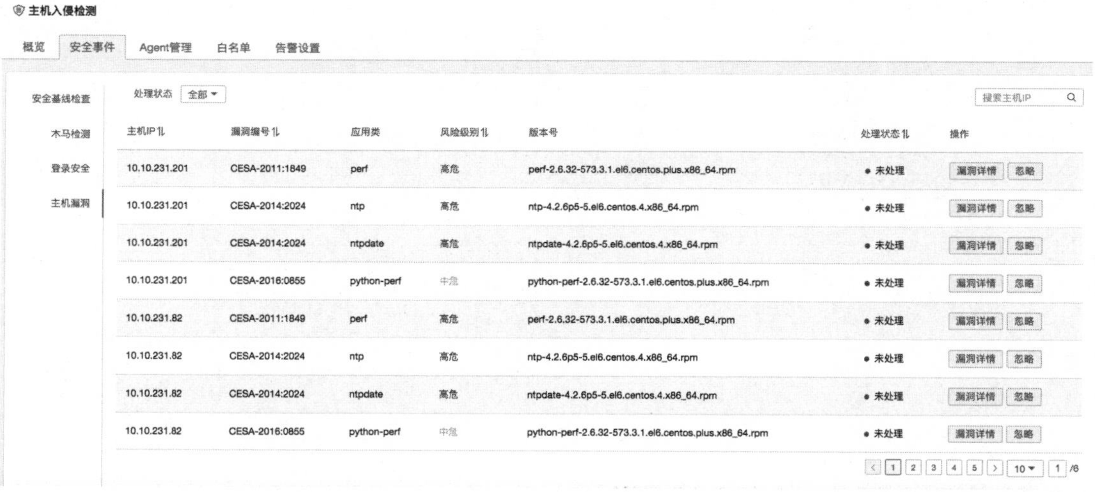

主机入侵检测

概览　安全事件　Agent管理　白名单　告警设置

安全基线检查　木马检测　登录安全　主机漏洞

处理状态　全部　搜索主机IP

主机IP	漏洞编号	应用类	风险级别	版本号	处理状态	操作
10.10.231.201	CESA-2011:1849	perf	高危	perf-2.6.32-573.3.1.el6.centos.plus.x86_64.rpm	• 未处理	漏洞详情 忽略
10.10.231.201	CESA-2014:2024	ntp	高危	ntp-4.2.6p5-5.el6.centos.4.x86_64.rpm	• 未处理	漏洞详情 忽略
10.10.231.201	CESA-2014:2024	ntpdate	高危	ntpdate-4.2.6p5-5.el6.centos.4.x86_64.rpm	• 未处理	漏洞详情 忽略
10.10.231.201	CESA-2016:0855	python-perf	中危	python-perf-2.6.32-573.3.1.el6.centos.plus.x86_64.rpm	• 未处理	漏洞详情 忽略
10.10.231.82	CESA-2011:1849	perf	高危	perf-2.6.32-573.3.1.el6.centos.plus.x86_64.rpm	• 未处理	漏洞详情 忽略
10.10.231.82	CESA-2014:2024	ntp	高危	ntp-4.2.6p5-5.el6.centos.4.x86_64.rpm	• 未处理	漏洞详情 忽略
10.10.231.82	CESA-2014:2024	ntpdate	高危	ntpdate-4.2.6p5-5.el6.centos.4.x86_64.rpm	• 未处理	漏洞详情 忽略
10.10.231.82	CESA-2016:0855	python-perf	中危	python-perf-2.6.32-573.3.1.el6.centos.plus.x86_64.rpm	• 未处理	漏洞详情 忽略

1 2 3 4 5　10　1 /6

图 8-7　主机入侵监测扫描主机漏洞

8.2.5　木马检查

木马是黑客入侵云主机后留下的后门或恶意程序，需要及时发现并删除。主机入侵监测能够通过数据流分析、异常网络流量等监测方式发现 PHP 等网站后门、勒索软件、DDoS 后门、僵尸网络、常见病毒等。木马检测结果如图 8-8 所示。

主机IP	木马路径	时间	风险级别	木马类型	风险描述	处理建议	处理状态	操作
10.7.154.163	/var/www/html/webshell_warning_XoxL3g4ISG.php	2019-12-10 23:02:21	高危	Webshell	黑客后门	删除	• 未处理	详情 检查 ···
10.7.154.163	/var/www/html/webshell_warning_kwLK5tOJma.php	2019-12-10 23:02:18	高危	Webshell	黑客后门	删除	• 未处理	详情 检查 ···
10.7.154.163	/var/www/html/webshell_warning_YvF9MTrC4u.php	2019-12-10 23:02:18	高危	Webshell	黑客后门	删除	• 未处理	详情 检查 ···
10.7.154.163	/var/www/html/webshell_warning_z8lUQD1hwf.php	2019-12-10 23:02:18	高危	Webshell	黑客后门	删除	• 未处理	详情 检查 ···
10.7.154.163	/var/www/html/webshell_warning_xfu8nW0C3t.php	2019-12-10 23:02:12	高危	Webshell	黑客后门	删除	• 未处理	详情 检查 ···
10.7.154.163	/var/www/html/webshell_warning_b6CeRuJ14G.php	2019-12-10 23:02:06	高危	Webshell	黑客后门	删除	• 未处理	详情 检查 ···

图 8-8　木马检测结果

8.2.6　登录安全

如图 8-9 所示，用户登录云平台时会产生登录日志，异地登录监测集群会拉取常用登录地区规则库进行匹配。用户经常发起登录的地区是常用登录地区，除此之外，用户登录云主机时会被认定为异地登录，自动保存异地登录的结果，并在控制台中展示，通过短信等告警方式告知用户。如果黑客根据账号采用撞库的方式对密码进行暴力破解，也会被主机入侵检测进行告警通知。

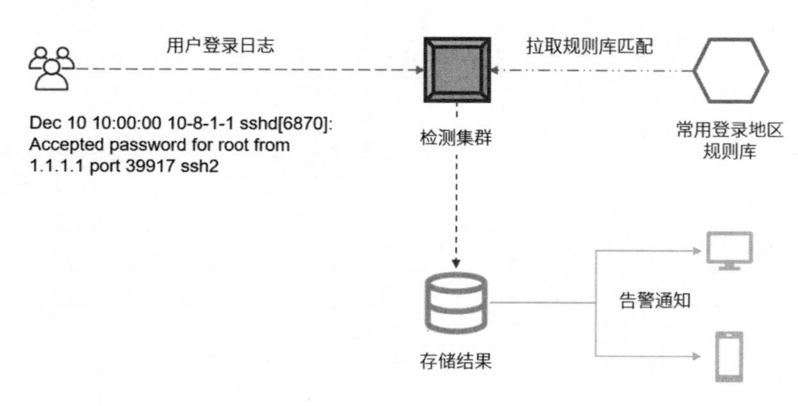

图 8-9　异地登录检测

8.2.7　应用案例——检测主机漏洞和木马文件

实验目标：

通过主机入侵检测来发现主机漏洞和木马文件。

实验步骤：

1．在控制台中点击“主机入侵检测”，进入管理界面。

2．点击“购买防护点”，在新弹出的页面中选择防护点数量为 1，其他参数使用默认值，点击“确定”。

3．购买防护点成功后在需要检测的云主机中安装 Agent，安装命令如下。

CLI 命令

```
wget --timeout 3 -t 2 http://download.uhostsec.service.ucloud.cn:8090/ucloud-secagent-install.sh -O ucloud-secagent-install.sh && chmod +x ucloud-secagent-install.sh && ./ucloud-secagent-install.sh 2fd1580 && rm -f ucloud-secagent-install.sh
```

4．等待几分钟后，在主机入侵检测的 Agent 管理中能够看到云主机已经安装完 Agent，即可实现防护。

5．在云主机命令行中执行以下命令。

CLI 命令

```
yum install redis
systemctl start redis
```

6．在云主机命令行中执行以下命令安装 httpd。

CLI 命令

```
yum install httpd
systemctl start httpd
```

7．上传一个 Webshell 文件[①]，检测木马文件，可自行编写 Webshell 文件，也可以选择使用本实验提供的测试文件。

8．在主机入侵检测管理界面中能够看到已经检测到的主机漏洞、木马文件记录信息。

① 查看本书前言，可获取配套测试文件下载方法。

8.3 安全防护——数据安全

往往将数据安全理解为数据的安全性、数据的可靠性与可用性，实际上这两者是分开的。数据可靠性通过备份等机制来保障；可用性通过容灾、副本、从库等来保障。可以通过非结构化数据可靠存储、采用云数据库存储、云端备份、采用数据库备份等方案来保证数据的可靠性与可用性。

数据的安全性是指保护数据不被攻击入侵，在传输过程中进行安全加密等防护。数据被窃取会导致数据泄露，黑客攻击也可能会注入假数据，导致真实数据被污染，因此还要保证数据不被泄露，即便数据被泄露，也可以通过对数据进行加密和校验防止黑客使用和假数据污染。

8.3.1 概要信息

设计模式

数据安全。

解决问题

- 需要有效应对因数据被攻击入侵等原因导致数据失效，数据被误操作删除或丢失，数据在传输过程中被窃取。

解决方案

- 数据加密。
- 数据脱敏。
- 通过 SSL 证书加密传输数据。

使用时机

架构设计之初。

关联模式

其他安全设计模式。

8.3.2 数据的可靠性及安全性保障方案

在数据的生命周期中整体串联起数据可靠性、可用性、安全性，如表 8-3 所示。数据的可靠存储根据数据类型分为非结构化数据的可靠存储和数据库的可靠存储。对数据进行加密存储，通过混合架构将本地数据备份到云端，实现云端数据在云端的备份，在数据传输过程中通过 SSL 证书进行加密，通过数据脱敏保证数据的安全性，此外还有日志审计和数据库审计，可提供整个数据生命周期的加密和保护机制。

表 8-3　数据可靠性、可用性、安全性保障方案

数据存储（可靠性和可用性）	数据存储（安全性）	备份及恢复	数 据 传 输	审　　计
非结构化数据可靠存储 采用高可用的云数据库	数据加密 KMS	通过混合架构将本地数据备份到云端 云端备份 数据库备份回档机制	数据传输加密 SSL 证书 数据脱敏	日志审计 数据库审计

8.3.3　数据脱敏处理

数据泄露会造成机密信息流出，无法满足监管要求的合规性要求等，因此需要在使用敏感数据时进行加密或脱敏处理。图 8-10 所示为数据脱敏处理，内部环境的数据在加密后在外部环境中使用，脱敏的数据经过还原后在内部环境使用。在脱敏处理过程中也会碰到一些困难，如脱敏算法比较初级，黑客通过社工或撞库方式有可能获取数据。万一数据泄露，对泄露者的追踪也非常重要，便于第一时间进行事后追责。对数据进行脱敏需要有丰富的知识库，知识库中应包含网络安全法、GDPR、PCI 等合规要求的关键词，以便能够准确识别各种敏感数据，满足合规要求。

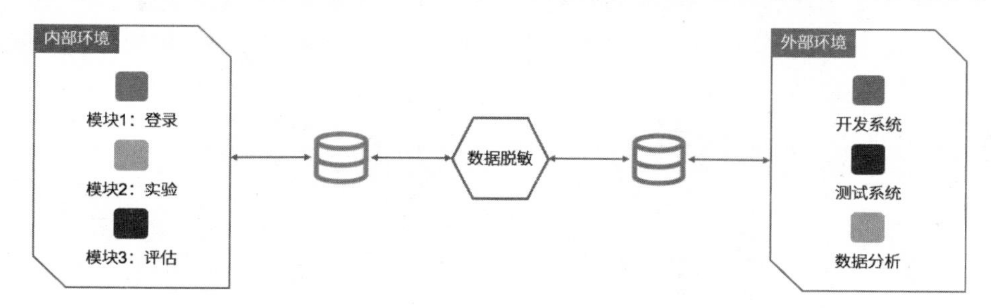

图 8-10　数据脱敏处理

在数据脱敏机制中支持添加和管理水印，即对数据添加标签，以便根据水印精准追踪所有脱敏处理过的数据。

8.3.4　SSL 证书加密传输

云平台提供 SSL 证书服务，方便用户生成证书文件，提供加密网络传输服务。SSL 证书按照认证信息可分为 DV 域名型、OV 企业型、EV 增强型三种类型，其中，DV 域名型仅验证域名所有权，无法证明网站的真实身份，认证速度快；OV 企业型会认证域名所有权，以及企业或组织的身份，可信度更高；EV 增强型具有更强的安全性和可信度，申请流程更复杂。

按照 SSL 证书能够加密防护的域名数量可分为单域名版、多域名版、通配符版，其中，单域名版仅能保护单个域名，如 assessment.mumuclouddesignpattern.com 的三级域名；多域名版可防护

多个域名，除了一次性购买保护的域名数量，额外增加防护域名数量也会增加相应的费用，如支持 www.example.com、blog.example.com、news.example.com 则算作 3 个域名；通配符版是指支持保护统一域名后缀的版本，如*.example.com 代表所有 example.com 的二级域名、三级域名等。

购买 DV 域名型 SSL 证书需要提供证书绑定的域名、申请人的详细信息等，在补全信息之后还需要验证域名所有权，可通过 DNS 验证或文件验证的方式。对于有域名 DNS 解析权限的，可选择 DNS 验证方式，对于有权限将验证文件上传至网站根目录的，则可以选择文件验证方式。如果是对 CDN 域名申请 SSL 证书，实际上是没有 DNS 解析权限的，可将验证文件上传至对应的对象存储的存储桶中，再通过 CDN 域名访问该验证文件即可。域名验证通过之后，SSL 证书也就申请成功了，可以开始使用。

在云平台中将 SSL 证书下载到本地，可将 SSL 证书上传至云主机并配置 Apache、nginx 来提供加密访问，不过 SSL 证书的加解密过程是在云主机中完成的，对服务性能略有影响。可选择将 SSL 证书绑定至负载均衡，负载均衡实例能够提供 SSL 证书卸载功能，负载均衡实例与服务节点云主机之间通过 HTTP 协议传输，将加解密功能从云主机中转移到负载均衡实例中，可以减少云主机中不必要的负载。需要在负载均衡实例中创建新的 VServer 来监听新的服务端口，如默认的 HTTPS 服务的 443 端口，配置过程中需要上传匹配域名的 SSL 证书。在浏览器中访问网站并点击查看证书，如图 8-11 所示。

图 8-11　SSL 证书效果

另外，在 CDN 服务中提供 HTTP 和 HTTPS 两种访问方式，其中，HTTPS 服务也需要用户来上传和绑定 SSL 证书。

8.3.5　应用案例——申请 SSL 证书并提供 HTTPS 服务

实验目标：

在云平台中申请免费的 SSL 证书，并绑定到负载均衡中提供 HTTPS 服务。

实验步骤：

Task 1：购买 SSL 证书

1．在控制台中点击 SSL 证书，进入管理界面。

2．点击“购买证书”，在新页面中选择“证书品牌”为“TrustAsia”，“证书类型”为“DV”，“证书名称”为“TrustAsia 域名型（DV）免费 SSL 证书”，确认“域名个数”“证书有效期”“合计费用”，点击“确定”，完成 SSL 证书的购买流程。

提示

SSL 证书类型为免费类型，且有效期为 1 年，到期前应该重新申请 SSL 证书并更新。

3．在 SSL 证书列表选择刚申请的 SSL 证书，并点击“完善信息”。

4．在新页面中按照提示逐步填写“域名信息”“公司信息”“申请人信息”等。其中，在“域名身份验证”中选择“验证方式”为“文件验证”。只有通过验证后，才能证明域名属于操作者，避免恶意使用其他域名进行申请。

Task 2：验证 SSL 证书

5．完善域名信息后，还需要进行“域名身份验证”，刚刚选择的是“文件验证”方式。在 SSL 证书页面，点击“验证”，在弹出框中将会看到“绑定的域名”“文件名称”“文件内容”等信息。

6．在本地新建一个文件为“fileauth.txt”，复制“文件内容”并粘贴到“fileauth.txt”文件中，保存。请注意不要有任何换行等多余字符。

7．使用 WinSCP 等工具将 fileauth.txt 上传至绑定的域名服务根目录下，即可通过“http://<绑定域名>/fileauth.txt”进行访问。

8．访问后，正常情况即可通过验证，SSL 证书将会颁发完成。

9．在 SSL 证书页面点击“下载”，将申请的 SSL 证书保存至本地，并解压。

Task 3：配置支持 HTTPS 的负载均衡 VServer

10．通过绑定到负载均衡的 EIP 地址访问 Web 服务，并分别使用 HTTP 和 HTTPS 协议进行访问，看能否正常访问并获得一致的页面内容。预期情况应该是通过 HTTP 可以访问 mumulab.html 页面，而通过 HTTPS 不能访问 mumulab.html 页面，未绑定 SSL 证书时的访问结果如表 8-4 所示。

表 8-4　未绑定 SSL 证书时的访问结果

协　　议	默 认 端 口	通过绑定到负载均衡的 EIP 地址访问 Web 服务的链接	预 期 结 果
HTTP	80	http://106.75.1.1/	可以访问
HTTPS	443	https:// 106.75.1.1/	无法访问

11．进入之前创建的负载均衡页面，点击创建新的 VServer。

12．在新的弹出框中配置"VServer 名称"为"VServer-HTTPS"，"协议和端口"选择"HTTPS 协议 443 端口"。

13．点击"上传证书"，配置"证书名称"为"My-SSL"，在刚下载并解压完成的 SSL 证书文件中选择相应的文件进行上传，并点击"确定"完成证书上传。

14．在上一步"添加 VServer"中，其他信息使用默认值，"SSL 证书"选择刚刚上传和配置的"My-SSL"，并点击"确认"，完成新的 VServer 的创建。

15．在"VServer-HTTPS"中添加后端服务节点，操作步骤和之前配置"VServer"后端服务节点相同。

Task 4：验证 HTTPS 的访问效果

16．配置完成后，通过绑定到负载均衡的 EIP 地址访问 Web 服务，并将协议由 HTTP 修改为 HTTPS，如果能正常访问并获得一致的页面内容，则证明成功开启了负载均衡的 HTTPS 协议。

访问地址，如 https://106.75.1.1，绑定 SSL 证书后的访问结果如表 8-5 所示。

表 8-5　绑定 SSL 证书后的访问结果

协　　议	默 认 端 口	通过绑定到负载均衡的 EIP 地址访问 Web 服务的链接	预 期 结 果
HTTP	80	http://106.75.1.1/	可以访问
HTTPS	443	https:// 106.75.1.1/	可以访问

8.4　安全防护——网络安全

DDoS 攻击是常见的网络攻击，黑客通过控制大量计算机来攻击目标服务器，现在黑客通过技术来控制计算机或通过非法途径来购买这些计算机的成本越来越低，但获取的利益是非常高的，这也是业务经常受到 DDoS 攻击的主要原因。尤其是在业务流量高峰期，企业在进行商业活动或新业务上线时经常受到 DDoS 攻击，一旦遭受攻击而不能有效防范就会导致企业业务拥挤，用户无法正常访问，除了经济损失，还会使企业形象受损。

8.4.1　概要信息

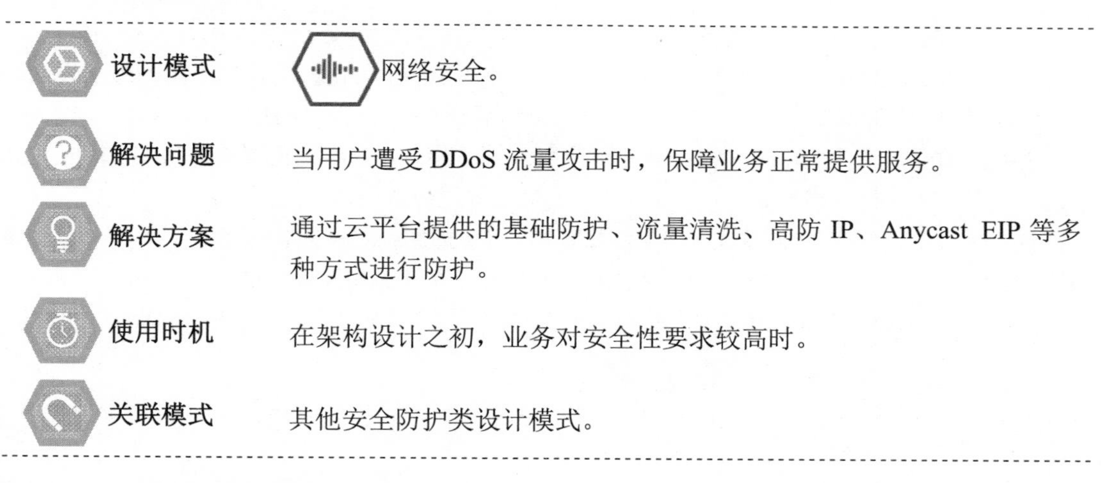

设计模式
网络安全。
解决问题
当用户遭受 DDoS 流量攻击时，保障业务正常提供服务。
解决方案
通过云平台提供的基础防护、流量清洗、高防 IP、Anycast EIP 等多种方式进行防护。
使用时机
在架构设计之初，业务对安全性要求较高时。
关联模式
其他安全防护类设计模式。

8.4.2　DDoS 防护综合方案

DDoS 攻击是指攻击者通过控制大量互联网上的服务器在短时间内向攻击目标进行网络攻击的行为。大量的攻击流量导致被攻击目标的链路阻塞，服务器及防火墙等资源被耗尽，业务端无法有效区分 DDoS 攻击流量和用户流量，如果关闭服务则会影响正常用户的请求，如果对所有流量提供服务又需要快速扩展大量资源，造成资源浪费，并且有限的服务能力也会影响正常用户的请求。DDoS 攻击原理如图 8-12 所示。

在云平台中进行架构设计，通常会在所有流量入口的第一站设置 DDoS 防护，先过滤攻击流量，再拦截网络层和应用层的攻击，之后将流量引入业务系统中。高防服务能够为用户提供 SYN Flood、ACK Flood、UDP Flood、ICMP Flood、连接耗尽攻击、DNS Request Flood、DNS Response Flood、HTTP GET Flood、HTTP POST Flood 等三层至七层的攻击防护服务。

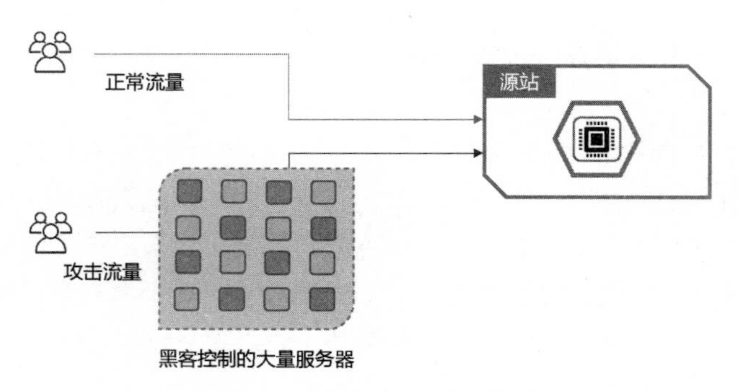

图 8-12　DDoS 攻击原理

针对 DDoS 攻击，云平台提供了多种防护方式，包括云平台提供的免费的基础防护、流量清洗、高防 IP、Anycast EIP 等多种形式。图 8-13 介绍了防护 DDoS 的不同方案的使用场景，当攻击流量小于 2Gbps 时，云平台会默认提供免费的基础防护。当流量超过 2Gbps 而小于 20Gbps 时，需要开通流量清洗，用户只需开通即可使用，如不开通则会导致正常流量和攻击流量均进入云平台安全防护黑洞机制来封堵该 IP。当攻击流量进一步增加时，可选用高防 IP 来进行防护，云平台会提供一个高防 IP 来替代业务 IP，需要用户手动切换，如果攻击流量增大而没有选用高防 IP，云平台也会通过黑洞机制来封堵该 IP。如果部署在海外的业务遭受攻击，建议选用 Anycast EIP 进行防护。DDoS 防护方案对比[①]如表 8-6 所示。

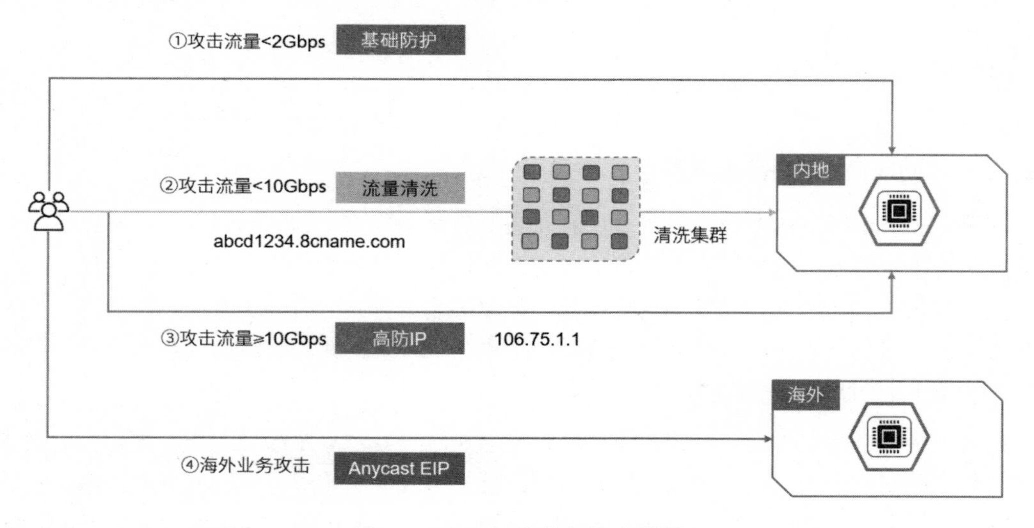

图 8-13　DDoS 防护架构全景图

① 不同云服务商提供防护服务的能力不同，同一个云服务商在不同地域的防护能力也不同。

表 8-6　DDoS 防护方案对比

防护方案	防护能力	是否收费	是否要切换 IP	防护能力
基础防护	一般<2Gbps	免费	不需要	弱
流量清洗	一般＜20Gbps	收费	不需要	中
高防 IP	≥10Gbps	收费	需要	强
Anycast EIP	防护流量不限，防护范围限于海外	收费	需要	强

8.4.3　基础防护

云平台默认提供免费的基础防护服务，因为 DDoS 会影响整个云平台的用户业务，为了保证某个业务遭受的 DDoS 攻击不影响其他用户及云平台网络，所以默认为每个用户提供一定额度的免费流量清洗服务。UCloud 在上海地域免费提供 2Gbps 的基础防护服务，在北京地域免费提供 3Gbps，更多云平台及更多地域的防护能力详见官网文档，超过免费额度则会触发云平台的黑洞机制。

设置黑洞机制的另一个原因就是 DDoS 攻击流量在云平台的上游运营商看来和正常用户访问流量没有差别，并不能进行区分，这时 DDoS 攻击流量会给云平台带来大量网络带宽成本。黑洞机制将超过数据中心阈值的流量丢弃的行为称为 IP 封堵，IP 封堵一般为 24 小时。在业务受到 DDoS 攻击或已经触发黑洞机制封堵 IP 时，需要通过高防 IP 服务来进行防护。云平台提供的基础防护能力有限，当 DDoS 攻击流量增大时，建议优先选择流量清洗服务，当 DDoS 攻击流量继续增大时，建议选择高防 IP 服务。

8.4.4　流量清洗

流量清洗能够防御 TCP 报文攻击、SYN Flood 攻击、ACK Flood 攻击等网络层攻击。流量清洗服务对该用户在当前地域中所有的 IP 进行防护，共享流量上限值，并且无须切换 IP 地址。

DDoS 攻击流量在 2Gbps～30Gbps 时优先选择流量清洗，通过高防数据中心引入正常流量和攻击流量，将攻击流量清洗过滤掉，再将正常流量转发到源站服务器中。流量清洗原理图如图 8-14 所示，具体解析如下。

1．应用端无法区分是否是正常流量。

2．将所有流量接入公有云中，首先到达云平台的路由器中。

3．云平台为所有用户默认开通了清洗功能，路由器会将所有流量先转发到清洗设备中。

4．清洗设备会将所有流量转发到清洗集群，清洗设备会丢弃攻击流量。

5．清洗设备不会处理正常流量，将正常流量转发到云平台路由器接入网关。

6．通过接入网关转发正常流量到互联网。

7．所有正常流量经过云平台高防数据中心的处理到达源站，源站可能位于 IDC 机房、私有环境或公有云中。

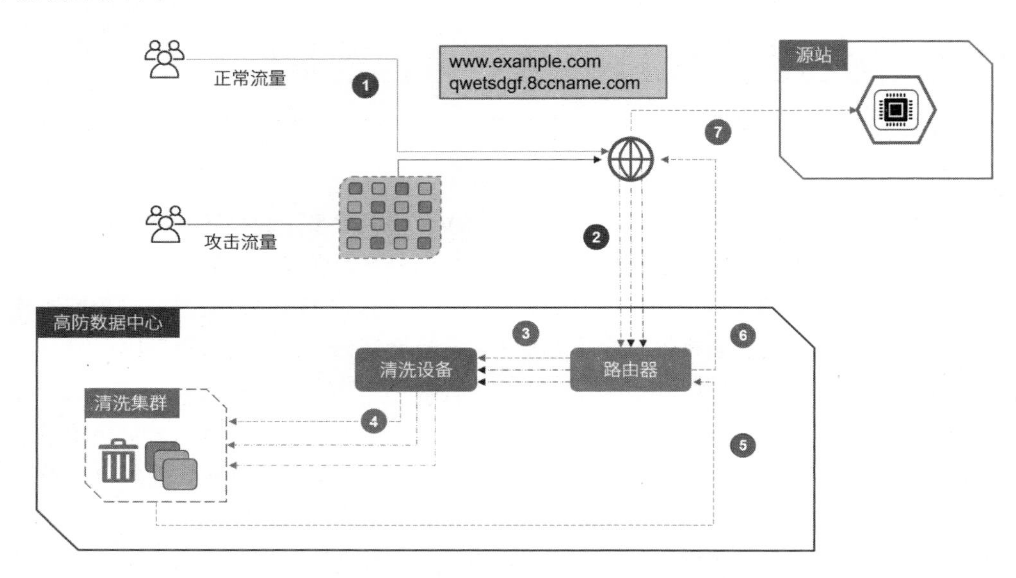

图 8-14　流量清洗原理图

8.4.5　高防 IP

当 DDoS 攻击流量超过 20Gbps 时，就要考虑防护能力更强的高防 IP 了。高防 IP 提供新的 IP 地址将流量引入高防数据中心，并通过综合了 IP 画像、行为模式分析、AI 智能防护等多种因素的综合防护算法来处理攻击流量。高防 IP 的防护类型如表 8-7 所示。

表 8-7　高防 IP 的防护类型

防护类型	描　述
畸形报文攻击	支持对 TearDrop、IpLand、Smurf、Fraggle 等攻击的清洗及对 IP、TCP、UDP 畸形包的过滤
泛洪攻击	针对 Udp Flood、SYN Flood、Icmp Flood、ACK Flood、FIN Flood、RST Flood 等泛洪攻击进行防护
反射放大攻击	对 Dns、Ntp、Ssdp、Memcached、Chargen、Cldap 等反射攻击进行清洗

高防 IP 与源站 IP 的意义对应，用来替换源站 IP 接入的用户流量，起到保护源站 IP 的作用。高防 IP 背后有多个随机分配的回源 IP 与源站服务器进行通信，代替用户向源站进行请求，再将响应内容通过高防 IP 返回给用户。

接入高防 IP 的流程如图 8-15 所示，购买新的高防 IP，云平台自动分配的回源 IP 需要设置放行规则。如果源站业务是网站类业务，则可以通过修改 CNAME 的方式进行切换，云平台的高防 IP 会提供对应的 CNAME 域名，如 qwetsdgf.8ccname.com，之后通过域名 DNS 解析进行设置，如 www.example.com 使用 CNAME 的记录类型解析到 qwetsdgf.8ccname.com，即可完成网站类应用接入高防 IP。如果是非网站类业务，则需要手动或通过脚本自行修改业务入口 IP 地址。

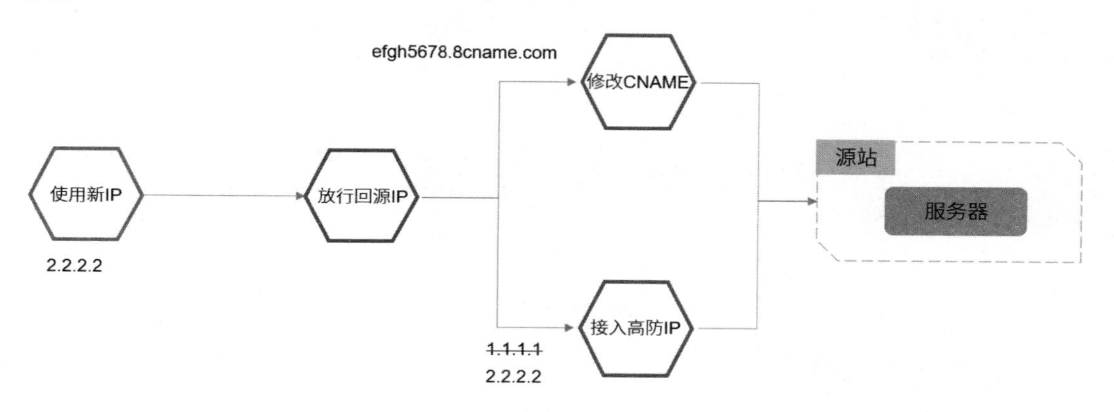

图 8-15　接入高防 IP 的流程

如果攻击流量超过了购买的高防流量，系统会对 IP 地址进行封堵，时间一般为 30 分钟。为了进行持续防护，不影响正常业务，可持续监测攻击流量，在达到已购买的高防流量之前进行升级。例如，用户购买了 5Gbps 的高防流量，应在攻击流量接近 5Gbps 时手动提升防护能力到 10Gbps。

8.4.6　AnyCast EIP

Anycast EIP 在全球多个地域提供 EIP 接口，用户请求可以就近接入云平台网络中。如图 8-16 所示，分布在全球各地的正常流量通过 Anycast EIP 接入，在后端路由层转发所有流量进行清洗，正常流量会通过云平台骨干网络转发到源站所在地域，保证网络质量。

多个地区的黑客对 Anycast EIP 发起攻击，根据黑客所在地区解析到不同的地域中进行流量清洗，每个地域的清洗能力相互独立，不会互相影响，当黑客攻击流量超过当前地域的清洗能力时，会通过黑洞机制锁定该地域的 Anycast EIP，保证其他地域的业务正常服务。

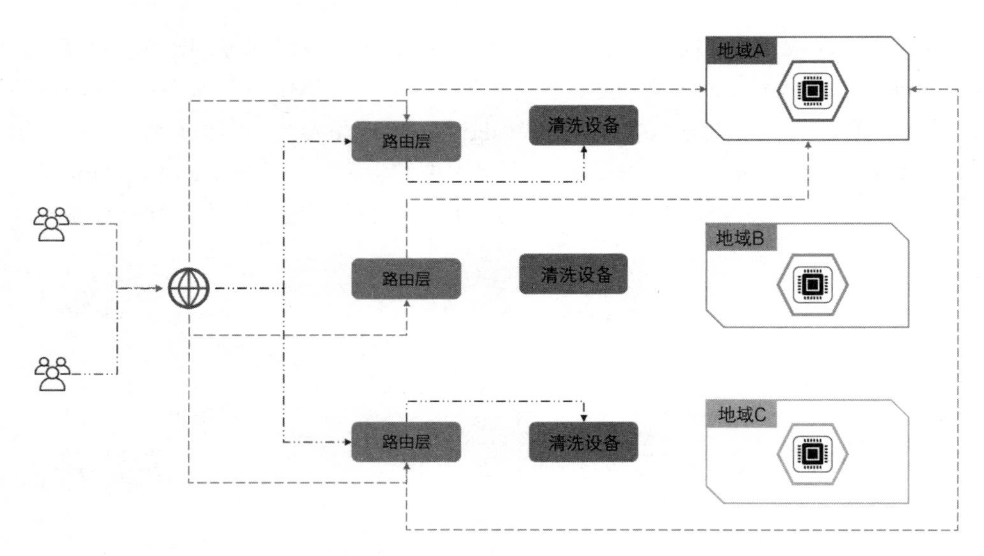

图 8-16　Anycast EIP 实现安全防护

8.4.7　避免云主机被控制

当云主机存在漏洞时可能会被黑客控制，成为发起 DDoS 攻击的宿主机，影响云主机的性能，危害云主机的安全。可参考表 8-8 中的方式对云主机中的应用进行检查，避免云主机被黑客控制，成为发起攻击的宿主机，另外可通过主机入侵检测来加强主机防护。

表 8-8　自建云主机及应用避免成为黑客攻击宿主机

分　类	风 险 项	解 决 办 法
自行安装数据库	是否安装了 PHPMyAdmin，是否已经删除/install 目录	限制 PHPMyAdmin 的访问
	数据库是否设置密码	设置复杂度高的密码
Tomcat	是否存在管理页面/tomcat/，是否使用 admin/admin、tomcat/tomcat、manager/manager 等弱密码	建议删除 Tomcat 管理页面，如需要保留 Tomcat 管理页面，则采用复杂度高的密码
FTP	ftp 是否使用弱密码	可查看/var/log/vsftpd.log 是否有异常登录行为，采用复杂度高的密码
SSH	SSH 是否使用弱密码	通过 last 命令检查是否有异常登录行为，查看/var/log/secure，确认是否有暴力破解行为，暴力破解是否成功
Windows 远程桌面	是否使用弱密码	采用复杂度高的密码
其他开源 CMS 等软件	后台是否使用弱密码	采用复杂度高的密码，定期更新版本

8.5　安全防护——应用安全

Web 应用程序经常受到 SQL 注入攻击、XSS 攻击、cc 攻击、恶意 IP 攻击、网页篡改、机器扫描攻击等，这些攻击会影响应用程序的可用性，损害应用程序的安全性，消耗过多的资源，因此需要面向 Web 应用层的防护方案。

8.5.1　概要信息

设计模式

应用安全。

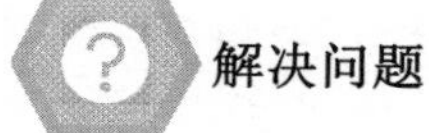

解决问题

Web 应用程序会遇到 SQL 注入、XSS 攻击、cc 攻击、恶意 IP 攻击、网页篡改、机器扫描等攻击，需要进行拦截或防护、实现指定黑名单或白名单 IP 对应用程序的访问控制。

解决方案

通过 Web 应用防火墙实现对 SQL 注入攻击、XSS 攻击、cc 攻击等应用层攻击的防护。

使用时机

在架构设计之初，业务对安全性要求较高时。

关联模式

- 其他安全设计模式。

8.5.2　WAF 部署及接入模式

WAF 是 Web 应用防火墙的简称，支持主流 Web 漏洞检测和拦截、最新高危漏洞防护、虚拟补丁、防 SQL 注入、防 cc 攻击等，支持灵活的自定义防护策略。图 8-17 介绍了云平台中的 WAF 部署方式，使用时无须创建云主机与部署，直接通过 CNAME 域名解析的方式接入 WAF 服务，因此配置和使用起来更加简便，对后端源站所处的云平台和环境也没有限制。

在开始配置域名并接入应用前需要先在云平台中购买 WAF 服务，然后在域名管理中添加域名，需要配置 Web 应用的域名（如 www.mumuclouddesignpattern.com）及源站 IP，配置完成后会生成一个 CNAME 域名，如 abcd1234.uwaf.com。此时需要在域名 DNS 解析配置中将该域名（www.mumuclouddesignpattern.com）按照 CNAME 类型解析到 WAF 分配的域名（abcd1234.uwaf.com）中，即可完成应用的接入。

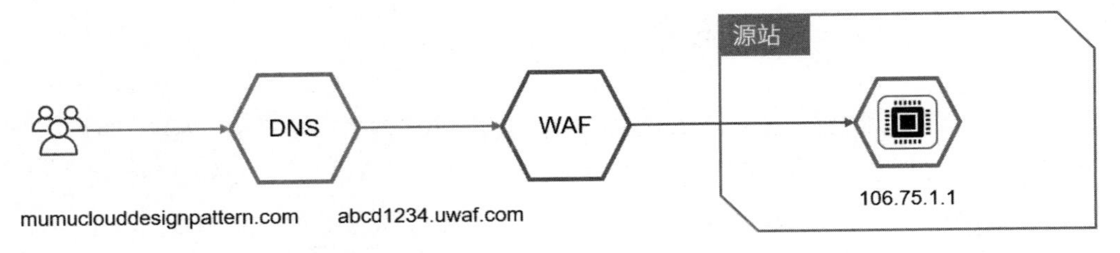

图 8-17　通过 CNAME 域名将应用接入 WAF

可以看到，将流量转发到服务器是通过指定 IP 来实现的，并没有限定服务器的位置，因此可以是任何一个云平台的服务器上的 IP、IDC 或本地服务器上的 IP，只要是公网可以连通访问的 IP 即可。结合之前的“通过混合架构扩展本地能力”设计模式，可以将混合架构中的应用流量全部接入云平台 WAF 中，WAF 会对请求进行拦截（Deny）或对记录（Log）进行过滤，再将流量转发至混合架构的后端服务节点，增强本地环境对 Web 应用层攻击的防护能力。

此种防护方式同样适用于在 A 云中接入 WAF 服务，将防护的 IP 指向 B 云中的服务器，通过多云部署安全策略和服务来增强对业务系统的安全防护能力。

WAF 能够有效地应对应用层攻击，不过黑客在对业务进行 DDoS 攻击时，WAF 无法对众多 DDoS 攻击进行拦截，会造成 WAF 防护失效，此时可在 WAF 之前部署 DDoS 防护，先拦截 DDoS 网络层攻击，再将网络层无法检测的攻击流量和过滤后的正常流量转发到 WAF 中进行检测，如图 8-18 所示。

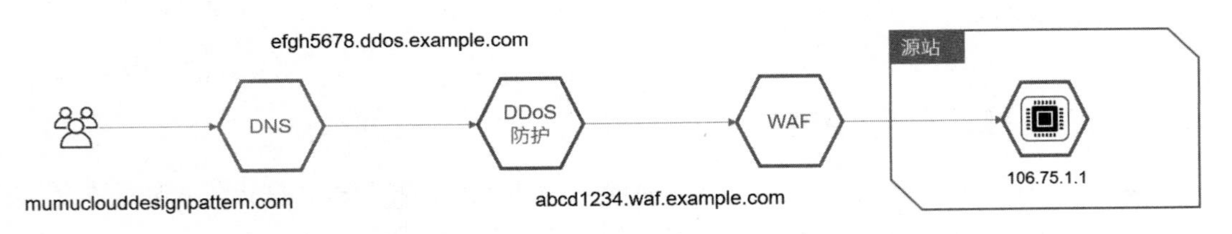

图 8-18　WAF 部署在 DDoS 防护之后

8.5.3　WAF 中的攻击日志处理及误报处理

WAF 对于各类应用层攻击有两种防护模式，拦截模式会对检测出有攻击的请求进行直接拦截，这种方式可能会出现一些误判，特别是在业务系统刚增加 WAF 防护时；告警模式在检测出有攻击的请求时不会进行拦截，只进行告警记录，需要增加人工判断。WAF 防护统计如图 8-19 所示。

最近攻击时间	IP内容	请求路径	地域	攻击类型	攻击次数	工作模式	匹配动作	风险等级
2019-05-06 15:18:15	来源IP:120.132.10.68 目的IP:106.75.222.89	/	中国苏州	恶意扫瞄	1	拦截	拦截	高风险
2019-05-06 15:17:53	来源IP:120.132.10.69 目的IP:106.75.222.89	/	中国苏州	恶意扫瞄	1	拦截	拦截	高风险
2019-05-06 15:17:15	来源IP:120.132.10.68 目的IP:106.75.222.89	/	中国苏州	恶意扫瞄	1	拦截	拦截	高风险

图 8-19　WAF 防护统计

在业务系统刚增加 WAF 时，为了减少误判，可先开启告警模式，无论是攻击流量还是正常流量，WAF 都不会对其进行拦截，通过告警记录由人工判断哪些是严重的攻击问题，哪些是误判告警。对于误判告警可手动添加恢复，并设置后续不再将其作为风险项进行拦截。待系统运行稳定、WAF 误判减少之后再开启拦截模式，此时再手动检测是否有误报情况并手动排除。

8.5.4　WAF 报表及告警

WAF 提供几乎实时的防护日志及统计报表，掌握当前应用请求数、攻击数、攻击 IP、攻击类型等信息。图 8-20 展示了需要重点关注的攻击数据统计信息，提供按时间维度的攻击数量统计，可以通过对比得到当前遭受攻击的趋势；还包括遭受攻击的类型及严重程度的分类数据，高风险的攻击相比中低风险的攻击更应该受到重视；按照攻击类型分类可以自行判断其紧急程度，有的应用更关注信息泄露，有的应用更关注越权访问，根据这些统计信息可以下钻查看该类别的所有攻击记录的详细信息。

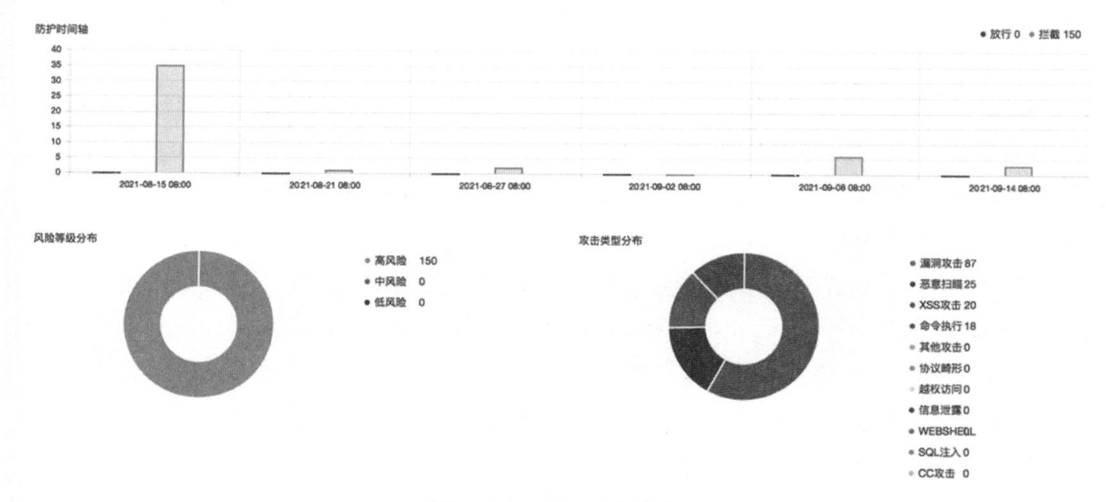

图 8-20　WAF 安全报表

WAF 安全报表统计用户全部域名，将在固定时间周期内的安全攻击报告发送到用户的邮箱。攻击告警统计用户全部域名，将在固定时间触发一定的攻击次数后向用户发送告警。源站状态监控（如果源站对 WAF 的探测 IP 进行处理，可能会造成误判告警）统计用户全部域名，按分钟级检测用户源站的连通性。图 8-21 所示为 WAF 全局告警设置。

- 安全报告：统计用户全部域名，将在固定时间周期内的安全攻击报告发送到用户的邮箱。
- 攻击告警通告：统计用户全部域名，将在固定时间触发一定的攻击次数后向用户发送告警。
- 源站状态监控：（如果源站对 WAF 的探测 IP 进行处理，可能会造成误告警）统计用户全部域名，按分钟级检测用户源站的连通性。

事件类型	事件描述	时效	通知对象	通知方式	开启状态
UWAF-安全报告	统计用户全部域名，在固定时间周期内的安全攻击报告	按小时	默认组	短信通知 邮件通知	
UWAF-攻击告警通告	统计用户全部域名，在1分钟之内，触发超过500次的危险攻击行为，向用户发送告警	实时	WAF	短信通知 邮件通知	
UWAF-源站状态监控	统计用户全部域名，定期检测用户源站连通性	实时	WAF	短信通知 邮件通知	

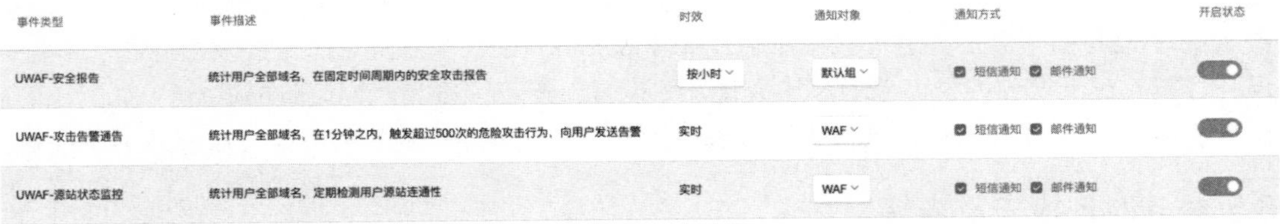

图 8-21　WAF 全局告警设置

8.5.5　应用案例——通过混合架构扩展安全防护能力

实验目标：

配置应用防火墙 WAF，添加需要防护的域名，并模拟 SQL 注入攻击查看 WAF 防护动态信息。

实验步骤：

Task 1：开启并配置 WAF

1．在控制台中点击“Web 应用防火墙 WAF”，进入管理界面。

2．点击“开始使用”，本实验中选择“版本类型”为“高级版”，购买时长选择“按月”“购至月末”，并点击“购买”。

3．点击“添加域名”，在弹出的页面填写“域名”为业务使用的域名，此处请填写自行部署的业务域名，如“www.mumuclouddesignpattern.com”，“源站 IP”填写业务域名对应的服务器 IP，此处填写“106.75.1.1”，点击“确定”。

4．在“域名管理”页面可以查看到刚配置完成的域名规则，能查看到 WAF 分配的域名，如“0fa0d96a.uewaf.com”。

5．在域名管理中添加 DNS 解析，解析类型为“CNAME”，主机为 WAF 分配的

“0fa0d96a.uewaf.com”。

7．在浏览器中再次访问业务域名，并在访问 URL 上拼接“?’ or’ 1=1’”字符。

例如：www.mumuclouddesignpattern.com?’ or’ 1=1’。

Task 2：触发 SQL 注入攻击

8．在控制台界面中可以查看到攻击信息和分析图表。

9．在“攻击详情”中可以看到 SQL 注入攻击产生的记录。

10．使用规则进行防护，为了拦截攻击和异常访问，需要将工作模式调整为“启用防护规则”，并在确认框中点击“确定”。

Task 3：通过规则进行防护

11．点击“添加防护规则”，填写“规则名称”为“Rule-Mumu-0001”，“匹配动作”确认为“拦截”，“匹配条件”配置为“来源 IP”“不包含”“1.1.1.1”，并点击“确定”。

12．上述规则的作用是，如果访问域名的 IP 地址不是 1.1.1.1，则进行拦截。在实际场景中根据经常攻击的 IP 地址进行配置，在本实验中为了查看触发效果，配置了一条肯定会发生的规则。

13．查看配置规则，不同规则之间可以通过右侧的“箭头”上下调整顺序，从而调整规则的生效顺序。

15．在浏览器中再次访问域名，可以看到访问已被拦截。

16．访问域名显示 WAF 提供的提示页面，拦截了本次攻击，防护了真实的域名。

17．在“攻击详情”中可以查看到最新的攻击记录。

18．黑白名单位于各类规则生效的最前面，即位于黑名单的 IP 地址或 IP 地址段将会直接被拦截；位于白名单的 IP 地址或 IP 地址段将会被直接放行。

Task 4：配置黑白名单

19．在“攻击统计”中找到“攻击 IP”，复制 IP 地址备用。

20．在白名单中点击“添加”，将刚复制的 IP 地址粘贴到“IP 内容”中。

21．在浏览器中再次访问域名，之前被拦截的访问现在变成可正常访问，即白名单已经生效并发挥放行作用。

22．当使用 IP 地址或 IP 地址段配置黑名单时，需要先将其在白名单中删除后才能配置到黑名单中。

23．通过 Web 应用防火墙 WAF 对业务网站进行基本的安全防护。

8.6 审计合规——审计

通过堡垒机、数据库审计支持运维管理人员访问云资源、操作数据库，通过日志审计来分析和定位异常操作，便于定位事故责任人、排查故障原因、满足合规要求。

8.6.1 概要信息

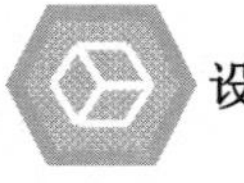
设计模式 审计。

解决问题 没有审计对操作日志和数据库进行操作，不便于排查故障原因、不能满足合规要求。

解决方案

- 堡垒机。
- 数据库审计。
- 日志审计。

使用时机 架构设计之初。

关联模式

- 8.7 审计合规——合规。

8.6.2 堡垒机

运维团队在管理云平台资源时会遇到一系列难题，如运维团队人员众多、管理设备数量多，这时就带来了账号和密码登录使用的问题，因此需要安全、有效地共享设备账号与密码的方案。另外，运维人员通过 PuTTY、WinSCP、RDP 等多种工具连接设备，难以进行控制和监管操作行为，一旦出现运维事故，难以在第一时间定位操作人员、操作痕迹，对于多人登录账号管理资源时造成的运维事故，也难以区分责任、排查问题源头。

堡垒机俗称跳板机，任何人员在访问云主机等资源之前应先登录堡垒机，再通过堡垒机连接需要访问的资源。通过堡垒机能够分配子账号，为子账号绑定不同部门，以组的形式来管理账号。另外能够为每个子账号分配操作权限，并可以设置为运维人员、审计人员、管理员等多种角色。通过子账号、分配最小权限等方式来管理运维人员，确保所有人登录和操作云主机时都由堡垒机的账号进行关联。

堡垒机会对所有操作进行记录，包括命令行操作、文件传输、远程登录等，操作记录能以视频的形式进行回放，能够在出现运维事故时对引起故障的操作进行回放，精准定位操作人员和操作内容。所有人员对云资源的操作都经过堡垒机，也能时刻提醒操作人员严格按照流程来操作，从意识和制度上来减少运维事故发生。

图 8-22 介绍了用户通过堡垒机接入并管理云资源的过程。

1．管理员创建堡垒机实例，之后创建子账号，分配相应的权限，运维人员可以执行命令，审计人员仅能进行查看，用户每次登录时均需要进行权限核查。

2．用户通过堡垒机连接到后端的云主机等资源中，支持使用 PuTTY、SecureCRT 等工具执行 SSH 命令，支持 WinSCP 或 FileZilla 进行文件传输管理，支持 Windows 远程桌面、MacFreeRDP 远程桌面等连接。

3．堡垒机管理的资源不限于单个云平台，通过 A 云平台的堡垒机也可以管理和审计 B 云平台中的资源。

4．用户通过堡垒机对云资源进行操作，再将操作结果通过堡垒机返回给用户。

5．所有操作均通过堡垒机保存记录，并生成回放视频，用于进行行为审计。

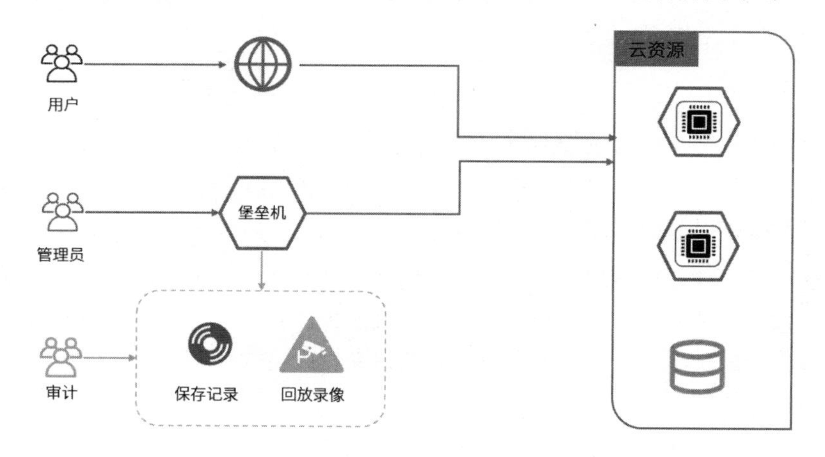

图 8-22　通过堡垒机接入并管理云资源

堡垒机记录的操作记录保存在云硬盘中，用户需要在创建堡垒机实例时配置需要的云硬盘容量。具体需要使用多少容量的云硬盘需要根据用户业务场景、使用频率来计算，通常情况下可以这样计算：单个会话平均流量并发数×每天工作时长×3600/1000/1000=每天的审计视频的大小（单位为 GB），假设单个会话平均流量并发数取 8KB/S，每天工作时长取 4 小时，则一天需占用约 0.12GB 的云硬盘空间。

云硬盘存满数据之后，堡垒机会覆盖最早记录的日志。为避免自动删除导致部分重要数据丢失，堡垒机支持有权限的用户手动删除数据来释放存储桶，也可以将数据备份到 syslog 或 FTP 服务器等来持久化保存数据。

8.6.3 数据库审计

数据库审计是对审计日志、数据库事务日志进行审计，以便跟踪和监管数据库的操作行为。数据库审计会记录数据库的各类操作到独立的平台中，以便日后进行审查监管，在数据库出现运维事件时进行操作根因定位、划清责任、定位操作人员等。

创建数据库审计实例后还需要进行规则配置，通过浏览器访问数据库审计实例的 IP 地址来登录系统。为了保护系统登录安全，可以配置对登录失败情况的限制，如在固定时间内限制用户最多能登录 N 次，超过 N 次后还未登录成功，则支持锁定 M 分钟，避免通过撞库等恶意手段来登录系统。

数据库审计将记录保存到云硬盘中，容量计算可以按照数据库的 SQL 语句数量来计算，每月产生 1 万条 SQL 语句，最高需要 150GB 的云硬盘存储容量。当数据量占满云硬盘时会覆盖最早写入的记录。和堡垒机类似，数据库审计也支持有权限的用户手动清理记录、转存数据到 FTP 等服务器中。

8.6.4 日志审计

对操作日志的审计是将指定范围的操作日志转存到对象存储中，以便审查。在日志追踪配置中选择需要跟踪的操作日志范围，配置需要存储的对象存储的存储桶，在所有转存的操作日志增加设置的前缀，以便根据前缀来进行检索。

对象存储服务支持开启访问日志，即对存储桶中的文件进行访问的记录可以保存在指定的存储桶（可以是和访问文件不同的存储桶）中。因此操作日志通过日志跟踪转存到对象存储，从该存储桶进行访问等操作也会作为对象存储的访问日志被存储起来。图 8-23 所示为操作日志追踪及转存储审计。

图 8-23　操作日志追踪及转存储审计

8.7　审计合规——合规

2019 年 12 月 1 日开始实施了等保 2.0，也就是按照《GB/T 22239-2019 信息安全技术 网络安全等级保护基本要求》从法律法规、标准要求、安全体系、实施防护等环节对企业业务进行防护和测评。对于运行在中国内地服务器上的网站均需要进行备案，金融行业也有《金融行业云计算技术应用规范技术架构》等一系列标准与制度要求。在欧洲有 GDPR 通用数据保护条例，面向欧盟提供服务的企业业务应接受其合规监管。

8.7.1　概要信息

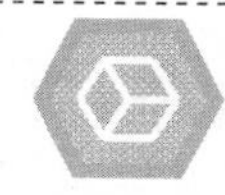

设计模式

合规。

解决问题

业务没有经过等保测评没有安全保障，网站没有备案不能正常解析运行，在海外的业务没有按照相关合规要求进行整改和检测。

解决方案

通过云平台实现业务整改并通过等保测评对网站进行备案。

使用时机

- 在中国内地的云主机上提供网站等 Web 服务时。
- 符合等保测评要求的企业要定期对企业业务进行等保测评。
- 业务面向海外提供服务并需要满足当地的合规要求时。

关联模式

- 4.1　公有云——使用云主机快速部署业务。
- 8.6　审计合规——审计。

8.7.2　等级保护

8.7.2.1　等保测评具体要求

《国家安全法》是我国面向规范网络空间安全管理的基础性法律，网络运营者应当按照网络安全等级保护制度的要求履行一系列安全保护义务，保障网络免受干扰、破坏或未经授权的访问，防止网络数据泄露，或者被窃取、篡改。我们作为网络运营者需要自行评估业务系统遭受破坏后的影响范围，对等保进行定级后进行整改并获得资质。

等级保护对象的安全保护等级分为五级。

- 第一级，等级保护对象受到破坏后，会对公民、法人和其他组织的合法权益产生损害，但不损害国家安全、社会秩序和公共利益。

- 第二级，等级保护对象受到破坏后，会对公民、法人和其他组织的合法权益产生严重损害，或者对社会秩序和公共利益造成损害，但不损害国家安全。
- 第三级，等级保护对象受到破坏后，会对公民、法人和其他组织的合法权益产生特别严重的损害，或者对社会秩序和公共利益造成严重损害，或者对国家安全造成损害。
- 第四级，等级保护对象受到破坏后，会对社会秩序和公共利益造成特别严重的损害，或者对国家安全造成严重损害。
- 第五级，等级保护对象受到破坏后，会对国家安全造成特别严重的损害。

8.7.2.2 等保测评流程

如图 8-24 所示，等保测评流程包括以下 5 个步骤。

1. 系统定级，用户需要确定系统达到的级别，目前等保 2.0 中一共有 5 个级别，系统通常需要达到二级或三级。如果定级为二级或三级，用户可自行确定或向云服务商咨询确定；如果定级超过三级，则需要专家进行评审，定级完成后出具定级报告。

2. 系统备案，准备定级报告，到公安机关办理备案。

3. 建设整改，根据第一步系统定级中要达到的等保级别的具体要求自行检查系统，对于不满足的地方通过云平台安全产品与服务、软硬件设备进行建设整改。

4. 等级测评，直接负责测评的是公安部认可和授权的第三方等级测评机构，测评符合标准的则会获得等级测评证书，测评后不符合标准的则需要继续整改。

5. 监督检查，用户自行巡检系统来检查是否有新状况发生，也需要检查随着时间变化安全系统不再符合等保测评要求的情况等，以便及早发现并整改，用户向公安提交测评报告并接受公安机关的定期检查。

图 8-24 等保测评流程

8.7.2.3 通过云平台辅助测评

对系统进行定级相对容易，检查系统是否满足等保的具体要求，则需要根据要求项进行逐一对比。为了减少用户对比和检测的时间，云平台通常提供辅助测评工具，该工具并非为用户提供等保测评资质，而是根据用户设定的需要达到的等保级别进行逐一检查。在云平台中对系统进行扫描、自检，并根据检测出的不符合项推荐整改办法，能够提前发现问题、解决问题，便于在系统做好充分准备后再提交给符合国家要求的测评机构进行测评。云平台提供的等保预检功能示意图如图 8-25 所示。

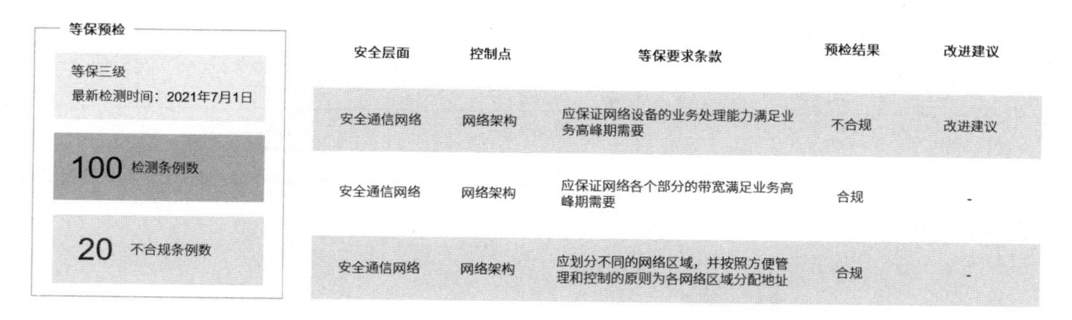

图 8-25　云平台提供的等保预检功能示意图

8.7.2.4　通过云平台进行整改

等保二级、三级基础、三级增强的具体安全要求及防护产品如表 8-9 所示，包括安全通信网络、安全区域边界、安全计算环境和安全管理中心。大部分业务只需要完成等保二级或三级基础认证即可。

表 8-9　等保二级、三级基础、三级增强的具体安全要求及防护产品

防护类别	等保要求	防护产品	二级	三级基础	三级增强
安全通信网络	网络边界隔离，网络区域划分	安全组+VPC	✓	✓	✓
	通信线路、关键网络冗余	负载均衡		✓	✓
安全区域边界	应在关键网络节点处检测、防止或限制网络攻击行为	DDoS 防护			✓
	应提供通信传输、边界防护、入侵防范等安全机制	WAF	✓	✓	✓
安全计算环境	应保证数据传输的完整性、保密性	SSL 证书	✓	✓	✓
	应能检测到对重要节点进行入侵的行为，并在发生严重入侵事件时提供告警	主机入侵监测	✓	✓	✓
	应对用户进行身份鉴别、访问控制、安全审计	IAM+堡垒机		✓	✓
	应对数据库进行安全审计，对审计进程进行保护	数据库审计		✓	✓
	应能发现可能存在的已知漏洞	漏洞扫描系统			✓
	应提供重要数据的数据备份与恢复功能	数据方舟			✓

续表

防护类别	等保要求	防护产品	二级	三级基础	三级增强
安全管理中心	应能对发生的各类安全事件进行识别、报警和分析	态势感知		✓	✓
	应对设备的运行状况进行集中监测	资源监控		✓	✓

对于云平台上部署的业务，需要满足等保二级或三级认证的要求，云平台也提供了推荐的解决方案。图8-26所示为满足等保三级的安全架构图，从终端、数据、网络、应用、审计等多个层次进行防护。

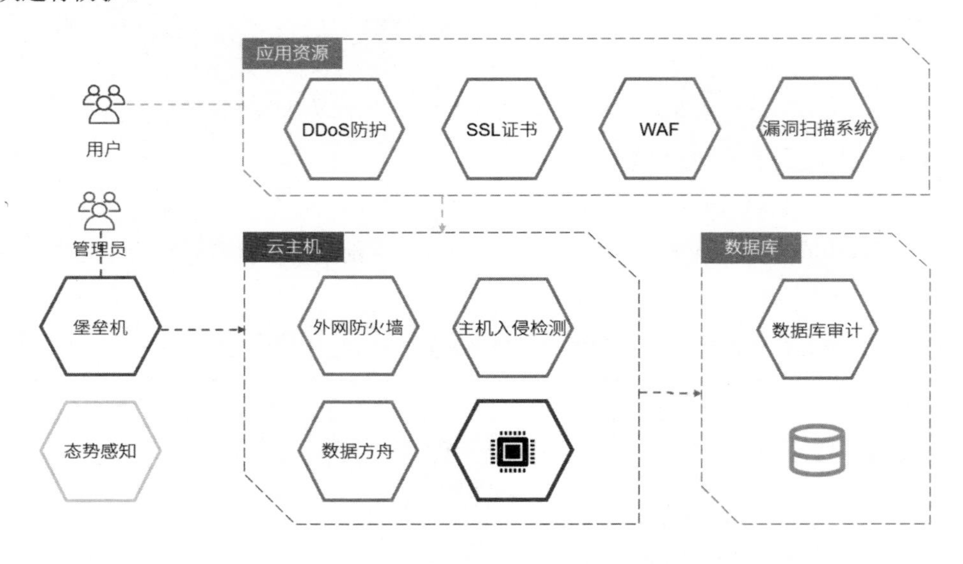

图8-26　满足等保三级的安全架构图

8.7.3　域名备案

根据工信部《互联网信息服务管理办法》（国务院292号令）和工信部令第33号《非经营性互联网信息服务备案管理办法》规定，非经营性互联网信息服务提供者从事非经营性互联网信息服务时，应当遵守国家有关规定并接受有关部门依法实施的监督管理，应当通过信息产业部备案管理系统如实填报《非经营性互联网信息服务备案登记表》，也就是常说的网站备案。未备案的域名将不能进行解析和访问，一般情况下，云平台会进行通知提醒。图8-27所示为备案流程图，具体如下。

1. 主流云服务商均提供免费的备案系统和代理备案服务，在云平台备案系统中根据提示填写备案主体的类型，如个人、企业、单位、社会团体等，填写备案主体所属的省市、个人或单位名称、证件号码等信息，云平台会进行预审核，帮助备案人员核验备案资料。

2. 云平台预审核通过后进入短信核验阶段，各地备案管局会给备案时提供的手机号发送短信，根据短信提示进行操作，验证该手机号是否真实匹配备案人员。

3. 通过验证后进入各地管局审核阶段，会在 20 个工作日左右通知备案是否成功，如未成功，可在继续修改后进行备案。

4. 备案完成后，需要将备案编号放置在其网站开通时主页底部的中央位置，并在备案编号下方按要求链接信息产业部备案管理系统网址，如备案编号为“沪 ICP 备 2021xxxx”，需要放置到官网首页底部，并可链接跳转到 https://beian.miit.gov.cn/。

5. 备案之后也可以通过“变更备案”来修改之前备案的信息，通过“变更接入”修改接入信息的 IP 地址、接入方式、服务器放置地，通过“取消接入”和“重新备案”来实现不同云服务商之间的备案切换，如果不再运营网站，则需要取消备案，可通过“注销主体”或“注销网站”完成操作。

图 8-27　备案流程图

注册购买域名时需要填写注册个人或企业信息，用于关联该域名所属主体。如果不解析、不使用域名，则无须进行网站备案，如果是在海外购买的域名且解析至海外 IP 上，也无须进行内地的备案。同一个 IP 地址最多可以备案 5 个域名。

对于不同备案主体、网站应用行业、省市有不同的要求，备案主体分为个人和企业，个人仅能备案个人用途的网站，不能用于展示具有企业性质的页面。对于部分行业进行备案还需要前置审批，拟从事金融、新闻、出版、药品、医疗器械、文化、广播电影电视节目等服务，根据法律、行政法规及国家有关规定，经有关主管部门审核同意的，在履行备案手续时，还应向其住所所在省通信管局提交相关主管部门审核同意的文件。对于涉及支付经营类的应用另需支付类备案。

8.7.4 应用案例——实现域名备案

实验目标：

实现域名备案。

实验步骤：

1．进入云控制台的备案界面，点击“开始备案”。

2．在新页面中选择主办单位的性质，个人网站选择“个人”，其他类型则相应地选择不同类型的企业、团体、组织；填写主办单位所在省市、具体地址，选择主办单位证件类型并填写证件号码，如果是个人则填写个人身份证号码，其他企业、团体、组织填写其他相应编号；填写需要备案的域名；点击“立即验证”。

3．验证成功后会进入正式备案流程，在核对信息页面检查信息是否正确，如正确则点击“继续”。

4．在新页面中再次确认备案主体信息、备案主体负责人信息，点击“确定”并在确认信息后跳转页面。

5．接下来填写网站接入信息，接入方式包括“云接入”和“主机托管”，选择“云接入”即可；服务器放置地选择云主机所在的地域对应的省市，IP 地址填写域名需要解析到的云主机所绑定的 EIP。在网站信息中填写网站名称，如“MumuLab”；需要上传网站域名证书，在注册域名后可以查看到域名证书；填写或选择网站首页地址、网站服务类型、应用服务类型等选项。填写网站负责人信息，包括姓名、证件类型、证件号码、手机号码、应急联络电话、电子邮箱地址、备注信息等，点击“确定”并在确认信息后跳转页面。

6．在上传资料页面中上传主办单位证件、主办单位暂住证/居住证扫描件和其他资料；上传主体负责人证件；上传网站的其他资料；点击“下一步”。

7．再次确认所有信息，点击“提交备案”。

8．等待云平台审核。

9．备案管局会自动发送短信验证码到主体负责人或网站负责人手机中验证身份，通过验证后进入管局审核阶段。

10．管局审核后会以短信形式通知备案结果。

11．备案成功后可通过手机和邮箱获取网站备案号，需要在网站底部显示备案号并且需要链接到工信部网站（https://beian.miit.gov.cn/），以便公众查询核对。

9

第 9 章 持续运营

持续运营设计模式如图 9-1 所示，其中包括云平台提供服务的标准，也就是云服务等级协议 SLA。可以通过云监控来掌握云资源的运行状态，并实现多种方式的告警通知。通过收集费用信息对成本进行优化处理。本章还介绍了冷热数据分层存储、数据开放及隐私计算，充分使用数据价值，体现数据价值。持续运营是指周而复始地进行评估、巡检、演练，保证业务跟随变化而更新。

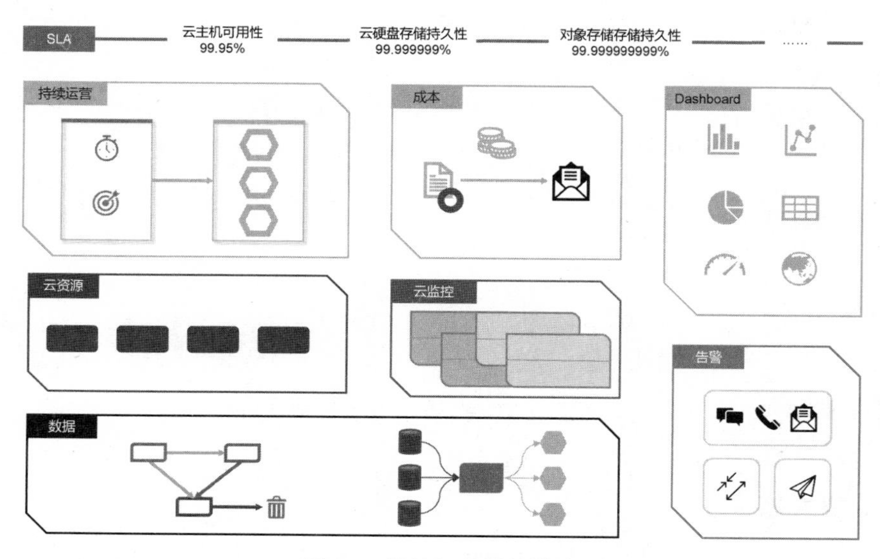

图 9-1　持续运营设计模式

本章内容如下。

- 服务标准——云服务等级协议 SLA。
- 监控告警——云监控告警。
- 成本——成本优化。
- 数据——冷热数据分层存储。
- 数据——数据开放及隐私计算。
- 运营——持续运营。

9.1 服务标准——云服务等级协议 SLA

云端产品和服务能力的评定标准为 SLA（Service Level Agreement），即云服务等级协议，通俗来说是 *N* 个 9，这在高可用架构设计中也提到了。如常见的云主机 SLA 标明的服务的可用性为 99.95%，对象存储数据的可靠性为 99.999999999%（11 个 9）。SLA 体现了云服务商提供的产品和服务的可用性及可靠性，另外也可作为云服务商企业技术能力的象征，因为缺少证明和监管，部分云服务商的产品和服务的 SLA 数据还有待考证。

9.1.1 概要信息

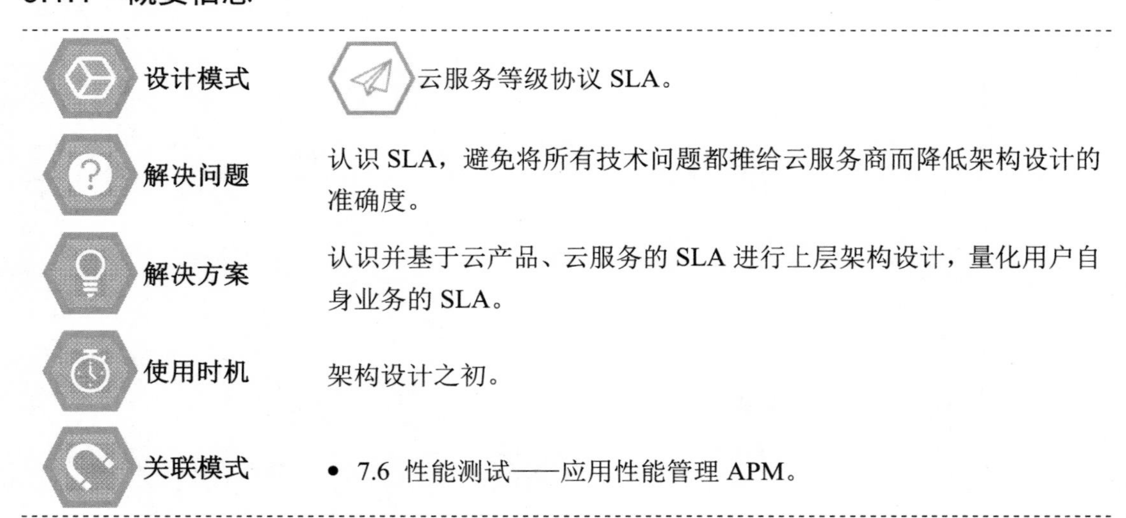

设计模式	云服务等级协议 SLA。
解决问题	认识 SLA，避免将所有技术问题都推给云服务商而降低架构设计的准确度。
解决方案	认识并基于云产品、云服务的 SLA 进行上层架构设计，量化用户自身业务的 SLA。
使用时机	架构设计之初。
关联模式	• 7.6 性能测试——应用性能管理 APM。

9.1.2 解决方案

实现高可用，我们可以参照墨菲定律来进行架构设计，在任何层面上避免单点，实现冗余，如避免使用单台云主机部署业务，避免使用单块硬盘存储数据；在此之上要避免可用区级别的故障，如第一章介绍可用区是由若干个物理数据中心组成的逻辑概念，电力、空调制冷、出口光缆等都有可能造成一个可用区出现故障；同一个地域的不同可用区位于同城且相距几十公里，如果出现地震等自然灾害也可能会导致地域级别的故障，即便概率非常小，但像金融、电商这样对可用性要求极高的业务领域不会把业务可靠性寄托于不发生严重自然灾害。除此之外，还可以考虑云服务商的问题，可能是发生大面积故障，也可能是商业绑定、企业运转等问题带来的风险。避免单点故障的办法就是实现冗余，冗余就会占用额外的资源，带来额外的成本。所以在高可用和成本之间就需要各个企业换算成适合自己的性价比公式进行权衡。

9.1.3　云服务 SLA

SLA 是云服务商对产品服务能力的保障，在云服务商的角度，会尽力去遵守 SLA 的承诺。云服务商及其产品团队一个很重要的目标就是围绕这些 SLA 来进行产品设计和运维保障。

基本上每个产品与服务的 SLA 中都有这几部分：数据可销毁性、数据可迁移性、数据保密性、数据知情权、业务可审查性、故障恢复能力。这几个模块可以作为 SLA 的标准组成部分，没有太多可变化的地方。除此之外，还有云平台的免责声明，如在产品维护、迁移割接时对用户提前发布预告，预告可以包括将要进行的操作、预计产生的影响等内容，这些情况将不计入 SLA 的保障范围，另外还有用户自行操作错误导致的事故、不可抗力因素导致的服务故障等，也不计入 SLA 的保障范围。

在不同产品中，核心 SLA 条款基本上是服务可用性、数据可靠性等指标，表 9-1 所示为部分产品的 SLA，SLA 的计算方式和注意点如下。

- 合同期内用户每月的云服务可用时间的概率，即每月实际可用时间 / 每月（实际可用时间＋不可用时间）。
- 不可用时间的定义为从用户无法使用云服务起至云服务恢复正常水平结束，以自然月为统计周期，不满一个月按一个月计，以分钟为单位。可用性为 99.95％指单个用户每月的云服务业务可用时间应至少为 30 天×24 小时×60 分钟×99.95%= 43178.4 分钟，即每月最多存在 30 天×24 小时×60 分钟×100%−43178.4=21.6 分钟的不可用时间。
- 云服务业务不可用的统计单元为单个 EIP，云服务业务不可用时间达到 1 分钟以上算作一次不可用，计入不可用时间，若不可用时间低于 1 分钟则不计入不可用时间。我们通过表 9-1 来看一下几个核心产品的 SLA。
- 合同期内数据保持存储状态不丢失的概率。持久性为 99.9999％意指合同期内用户每月 1000000 字节的数据在合同期内不丢失的概率为 99.9999%，即每月只有 1 字节的数据丢失的可能性。

表 9-1　部分产品的 SLA

产品和服务	可用性 SLA	存储持久性 SLA
云主机	99.95%	99.9999%
EIP	99.95%	—
云数据库	99.95%	99.9999%
CDN	99.9%	—
Redis	99.99%	—
云硬盘（普通）	99.95%	99.99999%
云硬盘（SSD 和 RSSD）	99.95%	99.999999%

9.1.4　基于 SLA 进行架构设计

按照年度来计算产品和服务的 SLA 对于每个月都需要快速调整的服务没有实际意义，因此需要衡量月度 SLA。云平台产品和服务的 SLA 需要提供可以证明或检测的方法进行“自证明”，还需要第三方权威机构进行监管和评测，避免一年 12 个月都在走 SLA 未达标的赔偿流程。

即便所有的云产品和服务都达到了 SLA，也并非 100%可用，如云主机可用性 SLA 为 99.95%，那么还有 0.05%不能服务的概率，所以还要在进行上层应用架构设计时通盘考虑。

我们了解清楚云资源和服务的 SLA，在设计架构时就有据可依，如在可用性 SLA 为 99.95%的云主机上构建 99.99%的应用，可以采用多台云主机构建负载均衡，通过冗余的方式实现高可用。对于高可靠的对象存储，在设计架构时也要考虑对象存储不可用、数据可能会丢失的情况，我们可以在应用系统中通过消息队列将系统组件与对象存储解耦，即便对象存储不可用时，业务系统也能进行友好的提示和处理，通过跨地域实现数据备份或实现多云数据备份等方式来弥补单个对象存储服务中断的意外情况。

除了实现资源层面的冗余，还应考虑到可用区级别的故障、地域级别的故障、云平台服务受影响等情况，这些可参考“4.8 多云部署——多云部署”“5.1 可用性——地域内业务高可用”“5.2 可用性——跨地域业务部署”，尽可能实现各个层面的冗余。

云主机的 SLA 一般为 99.95%，出现故障的概率为 0.05%，也就是每月最多会有 21.6 分钟的时间不可用。如果采用两台云主机提供应用服务，则在应用服务层面可用性就会提升为 $1-0.05\%\times0.05\% = 99.9975\%$，因为两台服务器同时宕机的概率降低到了 0.0025%。如果我们采用三台或更多台云主机提供服务，则可用性会进一步提高。抛开业务负载等问题，我们可以计算出多台云主机提供服务的整体服务可用性，如表 9-2 所示。

表 9-2　通过多台云主机来提升整体服务可用性

云主机实例数量	可　用　性	不 可 用 性
1	99.95%	0.05%
2	1−0.05%×0.05% = 99.9975%	0.0025%
3	1−0.05%×0.05%×0.05%=99.999875%	0.000125%

经过计算和对比可以看出，业务部署在 2 台云主机上可以达到 99.99%的可用性 SLA，业务部署在 3 台云主机上可以达到 99.999%的可用性 SLA。在实际情况下，还要考虑有一台云主机宕机的情况，另外 2 台云主机能否承担原有业务负载，如原来 3 台云主机的 CPU 都为 80%，当其中 1 台云主机宕机时，另外 2 台云主机可能无法承担所有业务负载。

9.1.5　SLA 未达标的处理机制

在云服务商文档和协议中可以查找到产品和服务对应的详细 SLA 说明，提供什么样的 SLA，未达到 SLA 时有什么样的赔偿措施。如 UCloud 云主机 UHost 的 SLA 说明其服务可用性为 99.95%。未达到时将会按照百倍时间进行赔偿，如服务可用性不达标时间为 30 分钟，则赔付 3000 分钟的云主机服务时长。

当 SLA 未达标时，一定要了解清楚赔偿的是受影响的资源，而非你购买的所有资源，以及不同厂商赔偿的代金券的使用范围等使用限制。另外有云服务商会按照未达到的 SLA 的不同程度进行赔付，如表 9-3 所示。

表 9-3　云服务商提供的根据不同 SLA 进行赔付（减免费用）的标准

月度正常时间比例	费用减免比例
[99.0% , 99.9%)	10%
[99.0% , 95.0%)	25%
[0 , 95.0%)	100%

9.1.6　从用户角度看自身业务的 SLA

云服务商对产品和服务提供 SLA 对于用户自身业务也有借鉴意义，在进行业务架构设计时也需要提供 SLA。

- 业务可用性：在一个月内有多少可用时间，或者故障率低于某个阈值。
- 数据可靠性：在一个月内允许丢失的数据为多少，以及数据访问失败的时长是多少。

除业务可用性和数据可靠性外，用户业务、API、组件的 SLA 也可以用可用性和可靠性来量化。除此之外，还应该在更多维度上衡量，如网络流量、API 请求可用性、QoS，以及根据服务响应时间、故障处理时间来设计服务能力。可通过压力测试来获取业务 API 能抗下多少并发，在极限值以内设置阈值作为业务 SLA，避免过高的阈值将 API 压垮。

最佳实践

不要绝对相信云产品和云服务的 SLA 数字，在业务层设计架构时应该处处实现冗余，以应对云产品和云服务没有达到 SLA 的情况，且不要寄希望于 SLA 的赔偿计划（因为我们需要的是业务稳定、数据可靠，而非赔偿一部分费用）。

9.2 监控告警——云监控告警

进行业务架构设计时需要考虑对所有云资源的监控与告警，没有监控就无法感知资源状态、业务运行状况，没有告警就无法及时响应处理。云主机可能会宕机、云硬盘可能会损坏、应用系统可能会遭受网络攻击，没有合理的监控告警，就如蒙眼行路。除了对云资源进行监控，还要对系统平台产生的事件、用户应用数据、用户自行采集收集的数据等进行监控。本节仅介绍云平台提供的标准监控告警能力。

9.2.1 概要信息

设计模式

云监控告警。

解决问题

没有监控就无法感知资源状态、业务运行状况，没有告警就无法及时响应处理。

解决方案

- 资源监控。
- 网络监控。
- 事件监控。
- 告警通知。

使用时机

架构设计之初。

关联模式

- 6.3 扩展——计算自动伸缩。
- 9.6 运营——持续运营。

9.2.2　监控告警概述

云平台提供监控、告警、Dashboard 等功能，如图 9-2 所示。云资源的监控包括云主机、云硬盘、云数据库、网络等资源，云监控收集云资源中的各类数据（具体监控项见云服务商官方文档，并且云平台承诺不会查看和收集用户未授权的数据），在产品详情页面及云平台 Dashboard 中进行展示。除了对云资源按照固定监控项进行监控，用户还可以通过 API、CLI 等方式自行收集数据，并按照云平台约定的消息格式推送给云平台，实现自定义监控，自定义监控的数据同样可以整合到 Dashboard 中。

除了对云资源的监控、告警，云平台还提供了多种资源监控项的告警模板，如云主机 CPU 超过 80%、弹性 IP 出口带宽连续三次检测超过 10Mbps。选用云平台提供的告警模板或自定义监控模板对云资源监控数据进行匹配，对符合告警条件的进行告警通知，告警通知包括个人电话、短信、邮件等方式，也包括触发自动伸缩、推送事件，之后再触发一系列扩缩容或函数处理等。

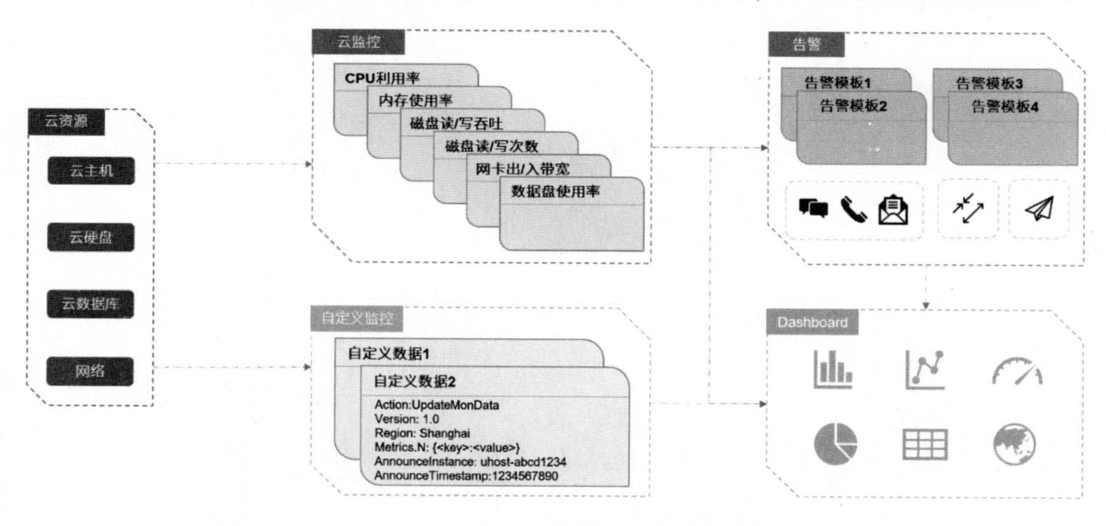

图 9-2　云监控告警全景图

9.2.3　资源监控

基本上每个云产品都提供监控功能，监控内容非常丰富，云主机的监控指标如表 9-4 所示。其他产品的监控还有 EIP 的出口带宽、云数据库的磁盘使用率、CDN 的流量等。只有掌握这些数据才能及时对一些资源故障情况及时发现、及时响应处理。如果底层的资源出现故障，会对上层架构设计的健壮性产生挑战，为了避免对业务和架构设计产生影响，需要及时监控资源、发现异常情况。监控会以图表的形式进行展示，EIP 监控截图如图 9-3 所示。

表 9-4　云主机的监控指标

监控指标	说　明
CPUUsage CPU 利用率	机器运行期间实时占用的 CPU 百分比
CpuLoadavg CPU 一分钟平均负载	1 分钟内正在使用和等待使用 CPU 的平均任务数（Windows 机器无此指标）
Cpuloadavg5m CPU 五分钟平均负载	5 分钟内正在使用和等待使用 CPU 的平均任务数（Windows 机器无此指标）
Cpuloadavg15m CPU 十五分钟平均负载	15 分钟内正在使用和等待使用 CPU 的平均任务数（Windows 机器无此指标）
BaseCpuUsage 基础 CPU 使用率	基础 CPU 使用率通过宿主机采集上报，无须安装监控组件即可查看数据

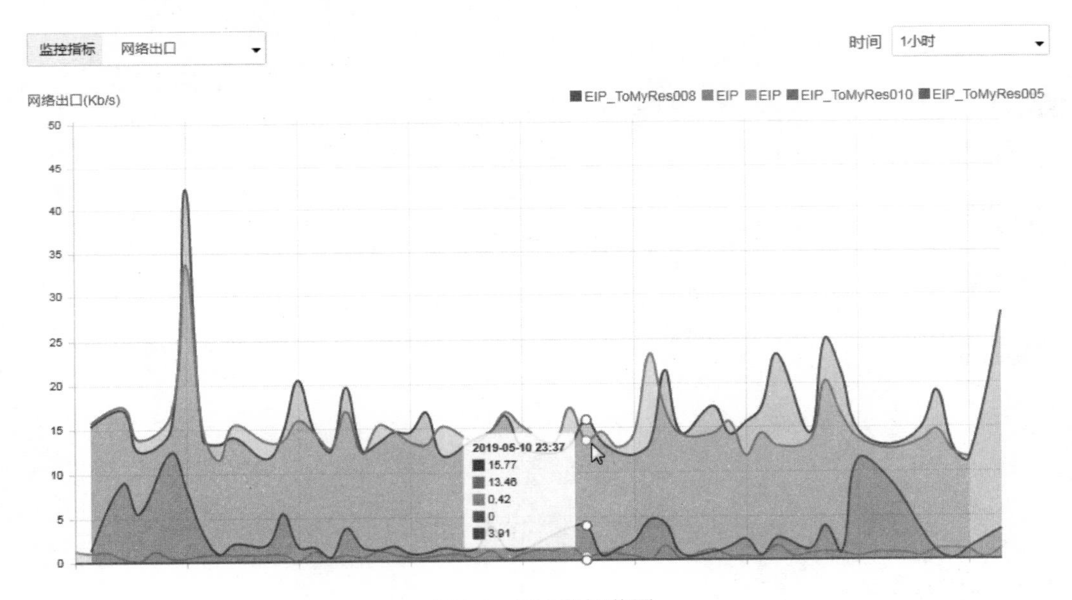

图 9-3　EIP 监控截图

9.2.4　事件监控

事件监控是对云平台或资源产生的一些通知或操作类事件的监控，事件监控是指对这些事件进行收集和告警，事件监控如图 9-4 所示，事件监控包括以下几种类型。

- 操作类事件：进行云资源操作时会产生一些操作类的事件，如创建云主机、云硬盘挂载成功、EIP 绑定到云主机等。

- 系统自动触发类事件：网络带宽达到购买上限、迁移失败。
- 云平台类事件：云平台故障、网络抖动、服务计费变更通知、新品功能即将下线、产品 API 版本升级等。

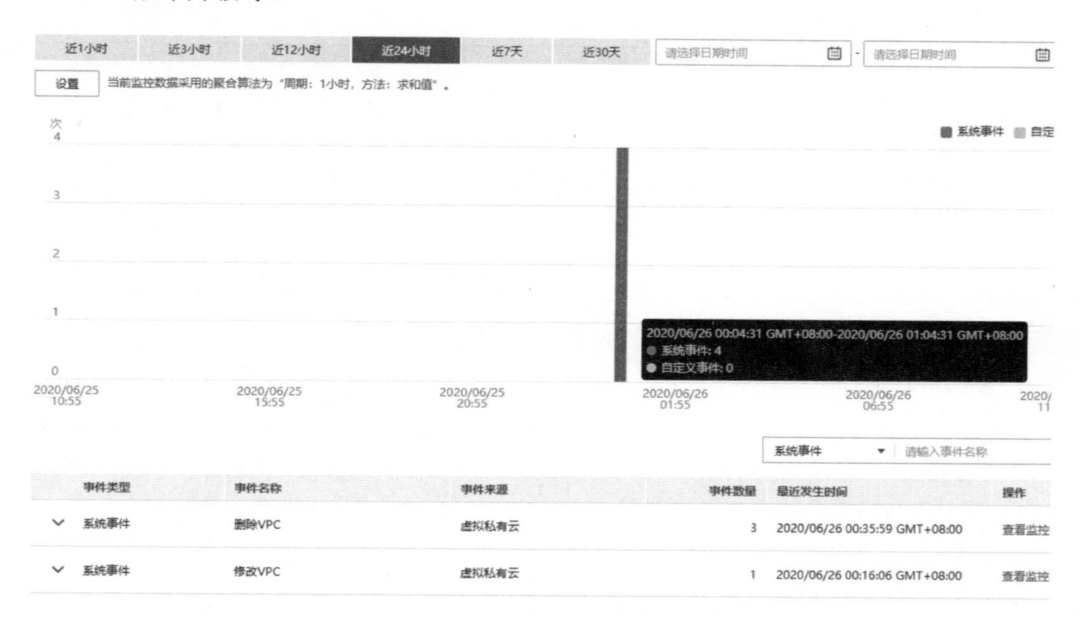

图 9-4　事件监控

9.2.5　自定义监控

云平台监控数据仅仅收集授权采集和上传的数据，对于用户业务数据、非授权的数据等，云平台无权收集和使用，用户可通过自定义监控上传需要统一监控和统一展示的数据，这也是对云平台提供的监控的补充。自定义监控支持用户通过 CLI、API 的方式来上传数据到云平台中。云平台还支持自定义 Dashboard，自行选择需要展示的云监控、自定义监控数据，通过折线图、饼图、条形图、仪表盘、热力图、数字、表格等形式将收集到的自定义监控数据展现出来。自定义监控数据格式如表 9-5 所示，通过 API 上传示例的请求如下。

代码

```
POST https://{云监控的终端节点}/V1.0/{project_id}/metric-data
```

表 9-5　自定义监控数据格式

参数名称	是否必选	描　　述
Action	是	API 请求动作
Version	是	监控数据版本
Region	是	云平台地域
Metrics.N	是	一组指标和数据。每组指标和数据由 Key-Value 形式组成，Key 为监控指标名称，Value 为监控指标数值
AnnounceInstance	否	用于上报实例 ID 或 IP，最大长度为 128 字节
AnnounceTimestamp	否	自行指定上报的时间戳，如 1572438660，不填写时默认上报当前时间

9.2.6　告警通知

监控服务负责按照各类监控模板来检测和发现云资源指标的异常数据，并通过告警消息、回调函数等方式进行告警通知和响应，云资源事件告警如图 9-5 所示。先了解一下几个核心概念。

- 告警策略。

触发告警的条件集合，要限定在不同的云资源的监控指标中，如云主机的 CPU 的监控条件。云主机的监控指标“CPU 利用率”在“统计粒度 1 分钟”“>”“80%”“持续 5 个数据点”的条件（if）下，将会每 5 分钟产生一次告警。

- 告警通知组。

告警通知人的邮件、短信、电话等方式的组合，如为系统定义普通告警通知组、紧急告警通知组、运维团队通知组、运维总监通知组、回调函数自动处理通知组等。

- 告警通知模板。

告警通知方式的集合，最基础的告警方式有邮件、短信、回调函数，不同云服务商还支持电话告警、钉钉、微信接收告警信息等。

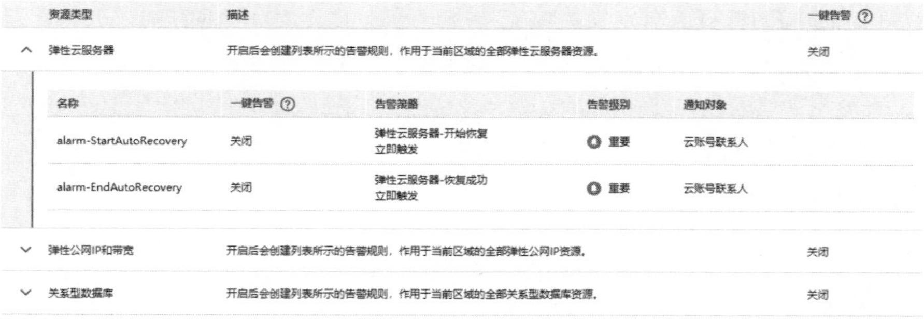

图 9-5　云资源事件告警

最佳实践

不同事件类型和紧急程度选择不同的告警组和告警方式，如根据事件的严重程度可分为紧急、严重、中度、低度、通知等级别，不同级别的告警选择不同的接收人、不同的告警方式。

云平台通过回调函数进行告警，可以触发程序实现自动运维，如重启云主机、增加网络带宽、触发数据备份等。回调函数可以是用户在云主机中运行的程序，也可以通过 Serverless 函数计算的方式进行运维操作。云平台通过回调函数进行告警的消息格式参见以下内容，用户自行接收消息并进行处理。

通过回调函数进行告警的系统消息：

```
{
    SessionID: "xxxxxxxxxxxxxxxxxxxxxxxx",
    Region: " cn-north-03",
    ResourceType: "uhost",
    ResourceId: "uhost-xxxx",
    MetricName: "MemUsage",
    AlarmTime: AT,
    RecoveryTime : RT
}
```

注意：告警时间 AlarmTime 不为零且为正常时间戳则为告警消息，恢复时间 RecoveryTime 不为零且为正常时间戳则为事件恢复正常的消息，这两者不会同时为零。

9.2.7 应用案例——监控 MumuLab 所在的云主机

实验目标：

以云主机的监控为例来探究云平台对资源的监控和告警通知。

实验步骤：

Task 1：创建通知组

1. 在控制台中选择“云资源监控”，进入监控配置页面。

2．在左侧子菜单中点击“通知人管理”，先配置告警的通知人和通知组。

3．在通知人管理界面，点击“创建通知人”按钮。

4．在新的页面中填写您的信息，包括姓名、手机号、手机验证码、邮箱、邮箱验证码，填写完成后点击“确定”。

5．点击“管理通知组”进入通知组管理界面，点击“创建通知组”按钮。在新弹出的页面中填写“通知组名称”为“通知组 1”，确认“告警通知方式”包含“短信”和“邮件”，点击“确定”。

6．在通知组管理界面中选中“通知组 1”，在右侧“可选的通知人”列表中选中刚添加的通知人，完成通知组的配置，即“通知组 1”已经包含刚添加的通知人。

Task 2：创建告警模板

7．本实验中以云主机监控为例，在“告警模板”点击“创建模板”。

8．在“创建告警模板”弹框中将“CPU 使用率（%）”所在的规则修改为“>60%”，另外将三条规则的“通知对象”逐一修改为“通知组 1”，点击“保存”。

Task 3：监控云主机

9．返回“告警监控”列表，选择云主机所在行，在右侧点击“告警设置”。

10．在新弹出的页面中点击“设置”，在“告警管理”页面中选择刚创建的告警模板“MUMU-Monitor”，点击“确定”。

11．云平台会以“CPU 使用率大于 60”的告警模板来监控所绑定的云主机，在云主机中安装工具 stress 来模拟系统负载升高。

脚本

```
# 在云主机命令行中安装 stress
yum install stress stress-ng -y
# 通过以下命令来模拟系统负载升高
stress --cpu 2 --timeout 60
```

Task 4：告警响应

12．当 CPU 使用率超过 60%时，刚才配置的通知人的手机和邮箱将会收到告警信息。

13．在“告警记录”中将会看到触发的告警记录。

14．在“资源监控”页面选中需要取消监控和告警的云主机所在行，点击“告警管理”，点击“设置”，在新弹出的“告警管理”页面选择“无告警”，点击“确定”。

15．至此已经完成对云主机最基础的监控和告警的配置与使用。

9.3　成本——成本优化

不同类型的企业和业务团队对成本优化的急迫程度不同，但没有企业会认为成本不重要。中小型业务使用的资源相对较少，花费的成本也相对较少，往往会忽略对成本的优化。如果在中小企业或初创团队，在资金紧张或现金流较少的情况下，往往需要让每一分钱都起到足够的作用；同时，按照年付来购买资源可能会占用企业的现有资金，不利于其他业务的发展。大型系统占用了大量资源，这时去优化成本，哪怕节省 5%的成本也是一笔不小的费用，对于大型系统来说，进行成本优化的效果更明显。

9.3.1　概要信息

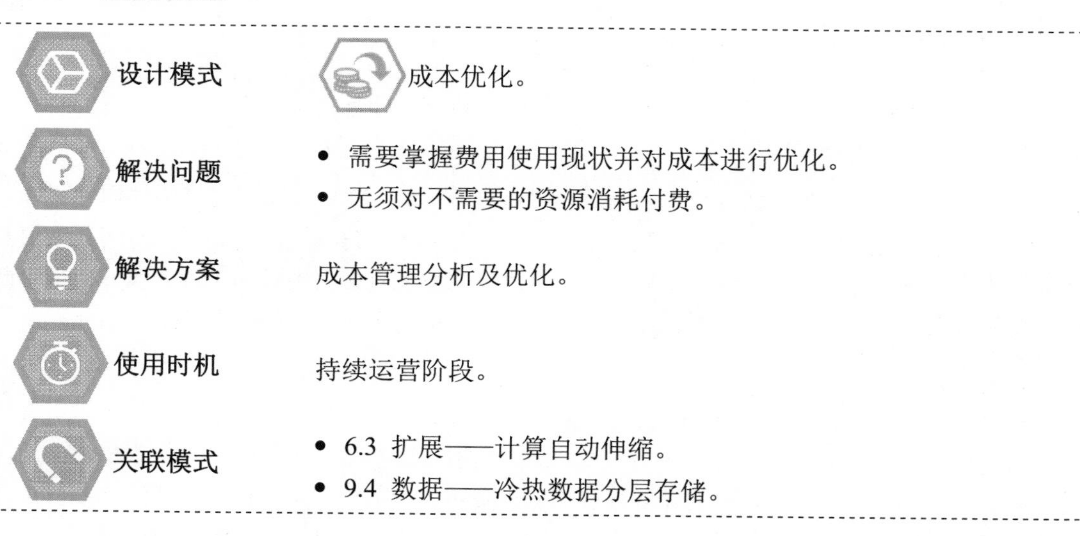

设计模式
成本优化。
解决问题
• 需要掌握费用使用现状并对成本进行优化。
• 无须对不需要的资源消耗付费。
解决方案
成本管理分析及优化。
使用时机
持续运营阶段。
关联模式
• 6.3 扩展——计算自动伸缩。
• 9.4 数据——冷热数据分层存储。

9.3.2　费用预算

无论什么类型的业务，都只需为占用的资源进行付费，无须为不必要的资源和服务承担费用。细究，我们还要考虑业务系统占用的资源是否有优化空间，是否有浪费的、闲置的资源可以释放，进一步优化成本。进行季度或全年度费用预算时还要预留费用空间，包括日常的技术专家支持费用、培训费用等，以及可能遇到的项目迁移、突发网络攻击防护等非常规费用。费用预算项如图 9-6 所示。

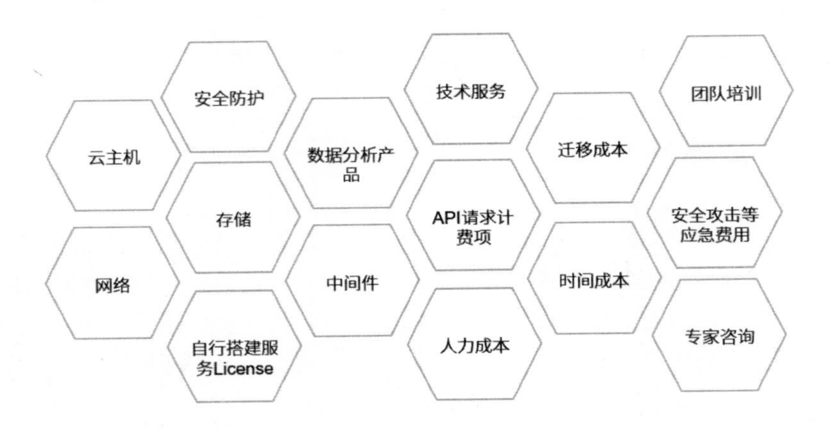

图 9-6 费用预算项

成本优化的目标

只为使用的资源付费，尽可能仅为满足业务需求的资源付费。

在部署业务之前，先对需要使用的资源和费用进行预测。在云端可以通过弹性伸缩资源来支持业务的扩张，这样就无须预测资源使用量，但是在成本的角度上，需要拉长时间线来预测业务整体所需成本。在使用和业务支持能力上，可以将业务直接丢到云端，根据业务流量来调配需要的云主机、网络等资源；而在成本预算上，需要提前了解资源的使用情况，因此需要预估资源使用量。

常用 TCO（Total Cost of Ownership）来进行费用预算。一方面根据接下来要使用的所有资源费用进行累加，并根据最近一周、一个月的预计费用持续增加比例（如 10%）来增加费用，另一方面也可以对每周、每个月的业务高峰期资源费用、业务低谷期资源费用及波动规律进行监控和预测。当业务运行一段时间之后，可以根据历史消费波动对后续消费进行预测。

图 9-7 所示为手动、自动预估费用预算及实际使用分析图，在对后续费用进行规划预算时可参考。第一种方式是按照比例固定每月增加 X 元；第二种方式是按照固定比例 Y%持续增加费用预算；第三种方式是按照 Z%的增速持续增加费用预算。

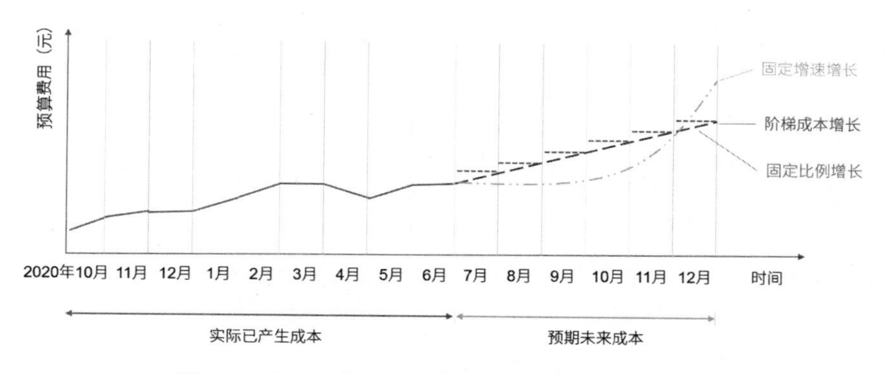

图 9-7　手动、自动预估费用预算及实际使用分析图

9.3.3　费用监控统计

在云平台上创建资源、使用服务，就会产生订单、消耗费用，我们需要对云平台上的资源消耗的费用了如指掌，需要有途径可以查询，并且需要按照一定的维度进行统计。如图 9-8 所示，在单个云平台的单个账号中可以通过收支明细、订单、账单、消费日志来收集信息。

- 收支明细，以费用发生时间为主要因素进行显示，即哪项资源在什么时间发生了扣费或退费。
- 订单，以资源为主要因素进行显示，即每项资源或服务的创建、升降级、删除等操作产生的费用等信息，对于后付费类型的资源也会进行标识。
- 账单，以与云平台发生的交易为主要因素进行显示。

流水号	交易时间	交易类型▼	交易状态▼	账户	收支	账户余额	操作
20200307000408248554839	2020-03-07 23:00:30	扣费	● 成功	赠送账户	¥-0.10	¥318.33	查看订单
20200307000408248204832	2020-03-07 23:00:30	扣费	● 成功	赠送账户	¥-0.02	¥318.43	查看订单
20200307000408220361557	2020-03-07 23:00:02	扣费	● 成功	赠送账户	¥-0.10	¥318.45	查看订单
20200307000408219999549	2020-03-07 23:00:01	扣费	● 成功	赠送账户	¥-0.10	¥318.55	查看订单
20200307000108219622637	2020-03-07 23:00:01	扣费	● 成功	赠送账户	¥-0.05	¥318.65	查看订单
20200307000206614550272	2020-03-07 22:33:16	扣费	● 成功	赠送账户	¥-0.60	¥318.70	查看订单
20200307000404643652960	2020-03-07 22:00:25	扣费	● 成功	赠送账户	¥-0.02	¥319.30	查看订单
20200307000104643313036	2020-03-07 22:00:25	扣费	● 成功	赠送账户	¥-0.10	¥319.32	查看订单

图 9-8　收支明细和订单中会列出来所有资源扣费、退费的记录

在收支明细中统计单项计费超过 10 元或 100 元的订单可以迅速定位“高消费”的资源，并

人工检查是否是购买的包月资源、是否符合预期预算，如果不符合则根据资源 ID 可以在控制台查找到资源，并且根据日志可以定位到该项费用对应的操作人员，再询问原因或及时调整费用消耗不合理的资源。

按照时间、产品、项目来统计费用可以从整体上把握费用消耗情况，通过对比费用预算更容易发现费用消耗差别较大的地方，可以快速查找并确认原因。

- 按照时间统计消费趋势，统计每个月的资源费用数据，并和每个月的业务收益进行比较，进而分析出月度的业务收益/资源费用比例，即单位资源支撑的业务收益。

公式

单位资源支撑的业务收益 = 业务收益 / 资源费用

- 按照产品维度统计费用消耗占比。
- 按照项目维度统计费用消耗占比，生产环境、测试环境、开发环境会采用不同的项目，按照项目维度进行统计可以看出不同环境下的资源使用情况。
- 另外，可以按照标签统计费用，创建云主机、EIP、云数据库等资源时会习惯性地打标签（Tag），如测试资源、弹性伸缩的资源、搭建第三方组件的云主机等，在统计费用时即可按照标签统计费用。

跨云平台或跨账号的费用统计会更复杂一些。云平台只展示单个账号的消费记录和费用统计，跨账号获取消费记录和消费日志需要其他账号授权。可通过将消费日志导出，在费用统一分析平台中导入多个账号的消费日志，再进行统一分析。

不同的云服务商的费用统计和查询接口不同，产品名称字段不同，这些都会为跨云平台的费用整合带来阻碍。需要先对字段进行修正对接，再进行消费日志导入和管理分析，如图 9-9 所示。

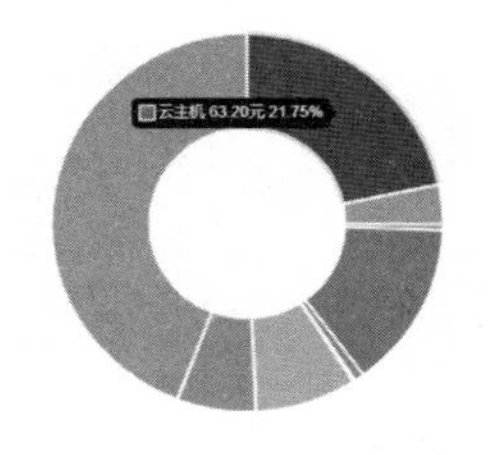

产品	消费占比（%）	消费总额（元）
云主机	21.75%	63.20
普通云硬盘	0.01%	0.04
云数据库	3.32%	9.64
云分发	0.47%	1.36
弹性IP	14.33%	41.65

按产品维度统计

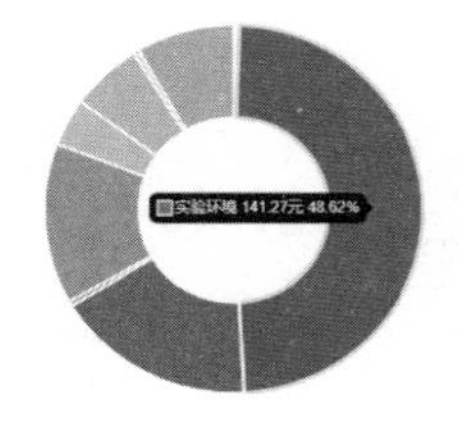

项目	消费占比（%）	消费总额（元）
测试环境	2.2%	63
POC	2.6%	75
生产环境	48.62%	1422.7
实验环境	7%	200
研发环境	17.17%	49.89

按项目维度统计

图 9-9　按产品维度和项目维度统计分析费用

9.3.4 费用告警

成本分析报表可以设置定期发送，如每天 0 点发送，如图 9-10 所示。并且可以添加水印，以提升安全性。

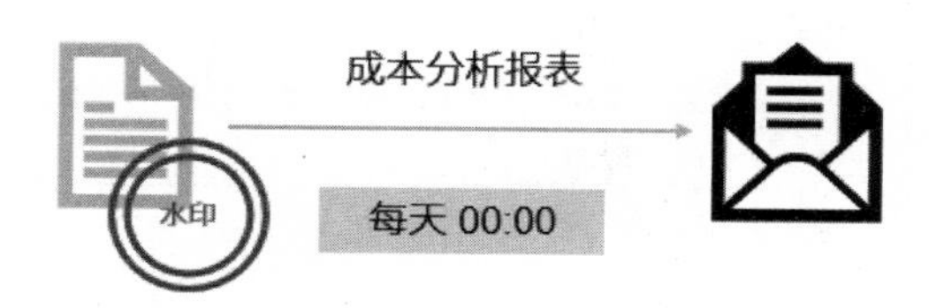

图 9-10 定期发送设置

创建资源时误操作选用了高配资源或业务受到网络攻击导致高额成本等都有可能造成经济上的损失，通过开启费用告警，即可及时掌握费用消耗情况，可以有效避免承担不必要的费用。

不过“红线金额”需要设置一个合理的数字，设置余额告警如图 9-11 所示，假设账户总金额为 10 万元，把余额告警设置为 9 万元适合用在项目上线初期，避免因为对云平台的不熟悉而消耗过多费用，假设在项目初期余额只有 1 万元时才收到告警，再去处理已经为时过晚，会造成不必要的损失；把余额告警设置为 5 万元适合正常运行的项目；把余额告警设置为 1 万元适合提醒及时充值，避免因为余额不足而导致资源被删除或业务中断。告警方式一般包括短信、邮件等。

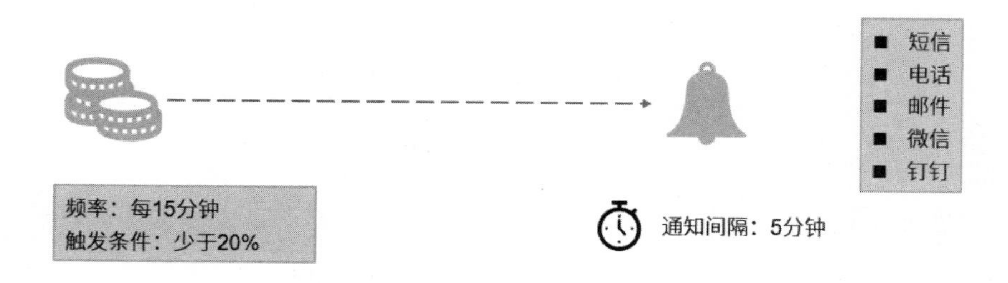

图 9-11 设置余额告警

9.3.5 成本控制与优化

通过自动伸缩及调整，资源消耗需要与日常应用成正比，在项目迁移等对接阶段会产生非日常应用的费用。在资源与服务中可参考表 9-6 进行成本控制及优化。

表 9-6　成本控制及优化建议

资　源	优 化 建 议
云主机	采用包年、包月方式
网络传输	能内网通信就内网通信； 通过共享带宽、NAT 网关来避免所有云主机都绑定独立的 EIP 并计费； 通过带宽包临时增加带宽
对象存储	回源地址费用免费； 上传流量免费
WAF	WAF 后面的 IP 流量是否可节省
负载均衡	后端云主机实例不需要 IP，可通过负载均衡的 IP 地址或 VPC 中的 NAT 网关来联网

另外，通过对业务的压力测试掌握性能极限，评估需要的资源水平线，发现系统的瓶颈和潜在故障，预估资源使用量，减少不必要的资源消耗，降低成本，另外发现并修复故障也能消除后续故障隐患显现时采用补救措施的费用。还可以通过 Advisor 来发现闲置资源，并根据账单优化建议进行改进，如图 9-12 所示。

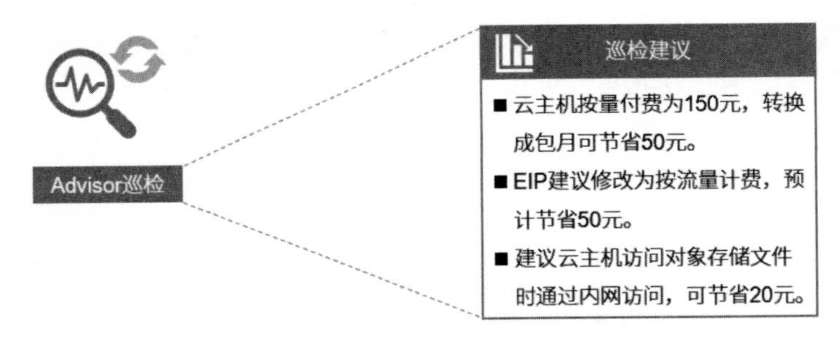

图 9-12　通过 Advisor 优化成本

9.3.6　欠费处理

我们不希望资源欠费，但正如墨菲定律所说，哪怕只有很小的概率也一定会发生，因为各种原因，总有欠费的情况。一旦发生欠费，我们需要做的是尽快完成充值，并尽快找回资源、恢复业务。欠费之后，云平台将不能再创建新的资源，完成充值后才能继续创建新的资源。欠费后一些自动续费或手动续费的资源无法续费成功，提前付费的资源将停止服务，后付费的资源还会继续提供服务，不过一些特性也会受到限制。资源会在控制台保存 7 天，7 天之后若未完成续费将会移到回收站，再过 7 天将会被彻底清除。

提示

欠费后，部分厂商会多次进行提醒，包括短信、电话、邮件等方式；部分厂商会提供可信额度；部分厂商会在欠费后的一定时间内暂停使用资源，但这段时间内不会继续扣费；部分厂商会在一段时间后暂停使用资源，且这段时间内还会继续扣费。

9.3.7 更多考虑

- 成本及高可用，两者不可兼得，不过这两个也并非针锋相对的正反面。为了实现业务高可用很可能会增加一些成本，不过这也是为了降低业务中断的风险。成本和高可用之间该如何抉择？
- 在公司内部，运维负责人不会是财务负责人，运维团队在做预算时，肯定是在保证业务稳定、安全的前提下制定的，因此一味压低预算可能会对运维管理、业务运行造成影响。在保证业务正常运行和预算之间也有一些互相博弈的空间。
- 关于成本和费用，有很多细节，如发票、充值的费用能否退费，资源删除能否退费，代金券是否有限制范围，代金券能否开发票，云平台支付的币种、账号余额能否提现等。
- 云平台支持按小时付费，以及包月、包年付费，有时一次性支付 3 年或 5 年的费用还有一定的折扣，要选择恰当的付费方式需要综合考虑企业周转资金及节省费用等多种因素。
- 在项目成本预算方案中考虑有效的时间成本和人力成本。

9.3.8 应用案例——对 MumuLab 平台所需的云资源费用进行分析

实验目标：

设置费用告警，收集、分析费用成本并预测后续费用。

实验步骤：

Task 1：费用余额告警设置

1．在云控制台中进入财务中心概览页面，点击“余额告警”。

2．在弹框中选择开启告警提示，填写红线金额，如果仅是为了实验效果，可选择接近当前账号余额的一个阈值，这样会尽快收到告警通知；通知方式从“短信”和“邮件”中选择一个即可，点击“确定”完成余额告警设置。

Task 2：收集并分析费用记录

3．点击费用明细可以查看到所有费用记录，包括流水号、交易时间、交易类型、交易状态、账户、收支费用、账户余额等信息。

4．点击订单管理可以查看到所有产品订单的信息，主要有订单开始时间和结束时间、资源ID、产品类型、计费方式、金额等消息。

5．在消费分析中可以按照时间维度来查看费用统计信息，还可以按照产品维度、项目维度来查看消费信息。

6．在续费管理中可以查看到最近一周或一个月内需要续费的资源，可以查看到资源所属地域、配置信息、计费方式、当前价格、到期时间、是否开启自动续费、资源是否已经过期等状态，选择即将过期的资源进行续费。

9.4 数据——冷热数据分层存储

云平台中存储了大量数据，这些数据按照使用频率、创建时间、数据价值等多种维度可以划分为热数据、温数据、冷数据。对不同数据进行分离，因时制宜，制定不同存储方案，可以节省存储成本，将热数据定期转化，可以进一步降低存储成本。在混合架构云端备份场景中，用户既需要频繁访问本地环境中的热数据，又需要将冷数据上传至云平台并实现归档。

9.4.1 概要信息

设计模式

冷热数据分层存储。

解决问题

对数据持续管理不够，没有按照冷热度进行存储与管理，忽略数据存储的效率与成本。

解决方案

- 数据冷热度分层。
- 数据存储类型自动转换。

使用时机

- 有大量数据需要存储时。
- 需要降低数据存储成本时。

关联模式

- 9.3 成本——成本优化。

9.4.2　数据冷热度分层维度

将热数据分离开来，保证热数据的读写性能，冷数据相对来说访问量少，从而减少在 IT 方面因为数据量增加带来的投入。图 9-13 展示了数据冷热度和数据生命周期，数据按照使用频率可以分为热数据、温数据、冷数据，而热数据的规模相对较小，冷数据的规模比较庞大，因此对待不同使用频率的数据需要不同的存储方式。对于热数据，需要考虑存取效率；对于温数据，需要考虑及时可靠；对于冷数据，需要考虑存储成本。如果不对数据读写频率进行区分，就难以支撑系统的高性能、成本优化。可以通过数据全生命周期管理解决方案来掌握数据存储及应用的不同阶段，以便对数据进行更合理、更优性价比的存储，并采用更便捷的数据使用方式等。

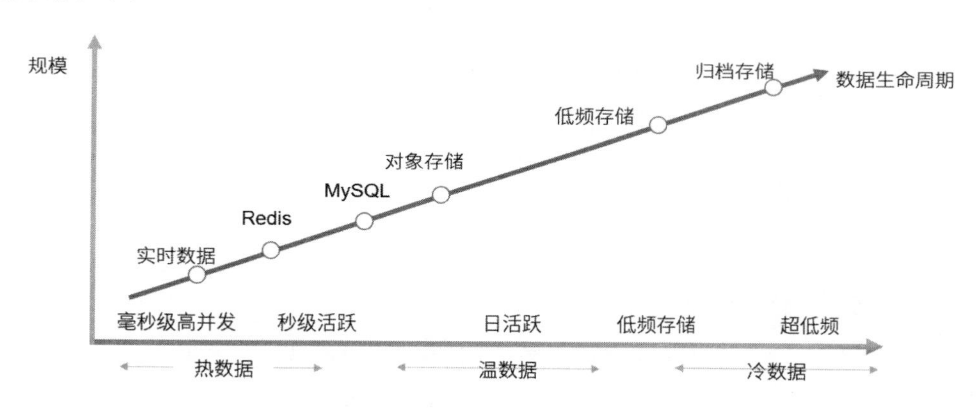

图 9-13　数据冷热度及数据生命周期

数据的冷热度可以按照创建时间、使用频率、对业务系统的重要性三个维度进行分层，这里主要讨论按照时间维度来划分数据的冷热度，对于按照使用频率、对业务系统的重要性划分数据的冷热度，要结合具体业务来处理，此处不再详细介绍。

- 按照创建时间区分：刚创建的数据为热数据、创建时间长且使用频度不高的数据为冷数据。一般来说，最近创建的数据的读写频率会更高，而创建时间越长的数据的读写频率越低。
- 按照数据的使用频率区分：使用频率高的数据为热数据，使用频率一般的数据为温数据，使用频率低的数据为冷数据。
- 按照数据对业务系统的重要性来区分，如果该组数据是业务分析中的关键数据，则它是热数据，对业务分析没有太多价值的数据是冷数据，如备份的操作日志，时间越久远，价值越低。

9.4.3 数据冷热度的定义

- 热数据的定义。

热数据的使用频率较高，通过缓存的形式让数据靠近计算或最终用户，如计算中需要频繁存取的数据适合存在 Redis 或 Memcached 数据库中，通过存储在内存中获得更高的性能；最终用户访问的数据适合通过边缘节点来缓存，以达到加速效果。

在这里，标准的对象存储服务存储的是温数据，相对而言，热数据是基于对象存储的热点数据，对于 Web 应用采用 CDN 进行缓存加速，对于程序系统需要使用 Redis 进行缓存加速。

- 冷数据的定义。

云服务商提供适合冷数据存储的归档服务，相对于传统的存储在磁带等介质中，云端归档服务屏蔽了底层技术差异，用户可以通过与普通的对象存储相同的操作调取方式进行数据归档、解冻等操作。

对于存储在对象存储中的文件，支持转换存储类型，通过更改存储类型为“归档存储”或通过 API 即可完成转换。对于数据库数据或云硬盘中的数据，可以创建存储桶并将数据库文件、日志文件等上传到归档存储服务中。

9.4.4 转换数据存储类型

热数据、温数据、冷数据在对象存储中有对应的文件存储类型，即标准存储、低频存储、归档存储。存储热数据的标准存储的成本相对最高，存储冷数据的归档存储的成本相对更低，所以为了节省成本，当热数据经过一段时间后被认定为温数据，温数据经过一段时间后被认定为冷数据时，需要及时变更数据存储类型。在对象存储中支持按照策略自动转变数据存储类型，如图 9-14 所示。通过数据生命周期转换功能能够在很大程度上降低数据存储的成本，如表 9-7 所示。

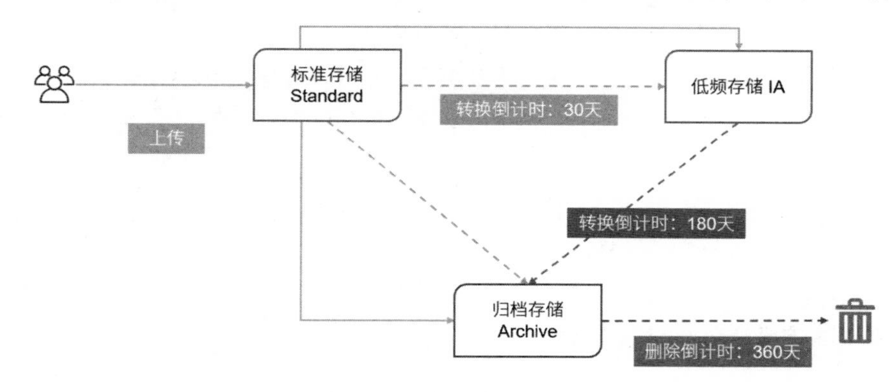

图 9-14 数据类型转换

云平台仅提供了从标准存储到低频存储，再到归档存储的自动转换存储类型，反向转换存储类型需要手动操作或通过 API、CLI 来操作。在读取归档存储的数据前需要先进行解冻操作，才能访问。

以上操作仅针对对象存储中的存储类型转换，Redis、MySQL 等数据则没有数据类型转换的设置，如果要进行备份或归档，可选择数据库提供的原生备份功能，或者手动备份或归档至对象存储。

9.4.5　应用案例——对 MumuLab 对象数据设置自动降级存储

实验背景及目标：

MumuLab 中的视频文件、图片存放在对象存储的私有空间，通过调用 API 进行上传，通过 API 来生成私有空间的文件链接并在页面中进行访问。对象存储中的用户上传缩略图等数据，设置周期管理，这些缩略图在经过一段时间后自动转换为归档存储，再经过设定的时间周期后进行删除。

实验步骤：

1．在云控制台中点击“对象存储”进入对象存储管理界面。

2．在生命周期管理中点击“添加规则”。

3．在新弹出的页面中配置规则，填写规则名称为“thumbnail”，填写规则范围为“/mumulab/thumbnail”，设置 30 天后转为低频存储，60 天后转为归档存储，90 天后删除文件，如表 9-7 所示。

4．对于已经是归档存储类型的文件，尝试直接通过文件链接访问，会提示文件未解冻。

5．对文件进行解冻后即可正常访问。

表 9-7　数据生命周期策略配置

顺　序	存 储 类 型	保 存 时 间	下一步动作
1	CDN 缓存失效	24 小时	缓存失效，访问回源
2	标准存储	30 天	低频存储
3	低频存储	60 天	归档存储
4	归档存储	90 天	删除
5	删除	—	—

9.5 数据——数据开放及隐私计算

随着信息时代的发展，数据作为生产要素起到越来越重要的作用，而只有数据流通才能产生足够的价值。如何保护跨部门的数据流通的安全、有效、合规成为急需解决的问题。工业和信息化部、中国人民银行分别发布了相关的产业政策，要求推动数据开放及隐私计算的方案研究、产业落地。在相应政策的支持下，政府和产业制定了数据开放及隐私计算的技术标准，进一步统一术语、技术、安全要求等。

隐私保护计算（Privacy-Preserving Computation）常见的底层计算架构有联邦计算、安全多方计算、可信执行环境 TEE 等。云服务商提供了基于云平台的计算和算法沙箱环境，并串联原始数据存储、数据传输、计算结果保存、计算结果输出等上下游形成隐私保护计算服务。保证数据的拥有权与使用权分离，保证数据安全可靠，保障交易记录不被篡改。

9.5.1 概要信息

 **设计模式** 数据开放及隐私计算。

 **解决问题**

- 数据存在数据孤岛的问题，需要进行隐私计算，实现交叉分析或数据开放等。

 **解决方案**

数据隐私计算。

 **使用时机**

- 数据存在于多个部门或机构中，形成了数据孤岛现状时。
- 大量数据需要经过融合分析、有权限的对外开放时。

 **关联模式**

- 9.6 运营——持续运营。

9.5.2 核心概念

云平台的隐私计算平台通过沙箱机制将数据提供方、算法提供方、数据使用方、监管方统一到一个平台上，任何一方都可以是多租户。一方面实现数据交叉分析，体现数据价值，另一方面在政务数据开放方面起到关键作用。

要了解隐私计算的整个计算过程，首先需要掌握整个模型中的几个角色。

- 数据提供方，可以是企业部门、政府部门、组织机构等，需要合理合法拥有数据并且被授权使用，向平台开放数据字典与样例数据，履行数据合约。

- 算法提供方，一般是第三方技术公司或技术部门，提供算法来对数据进行分析，根据云平台接口，算法需要打包为 Docker 镜像。
- 数据使用方，使用数据的部门或个人，数据使用方仅可获取计算结果，合法合规地使用计算结果，对原始数据、算法不可见。
- 监管方，是公司机构之外的第四方，以“裁判”视角来监管整个存储、传输、计算过程，并可通过记录的日志进行检索和审计。

9.5.3　计算原理

图 9-15 展示了数据安全屋的数据提供方、算法提供方、数据使用方、监管方、平台方，以及数据交叉分析申请、授权、计算、存储结果、验证结果、使用结果的完整过程。

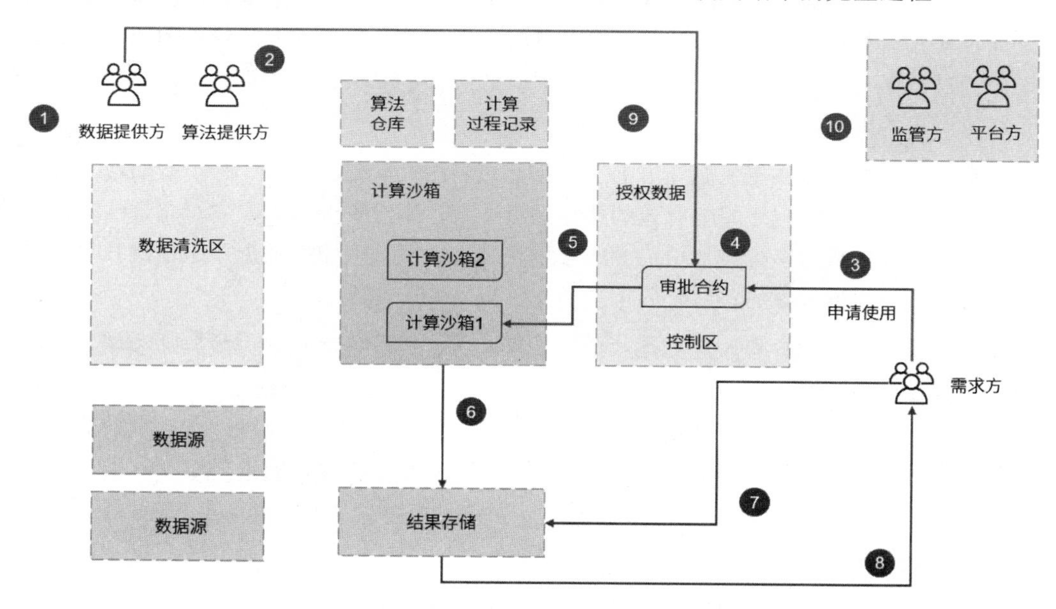

图 9-15　数据安全屋隐私数据的计算原理与流程

1．数据提供方提供和维护数据。

2．算法提供方上传算法到算法仓库并进行维护。

3．数据使用方提出申请使用的需求。

4．数据提供方授权数据，形成审批合约。

5．根据合约在计算沙箱中拉取数据，加载算法到沙箱中进行计算。

6. 将计算结果存储起来。

7. 由数据使用方对计算结果发起审核。

8. 算法提供方对计算结果审核完成，将计算结果返回给用户或执行响应处理。

9. 在处理和计算过程中对操作日志进行记录。

10. 监管方负责监管整个计算过程，平台方负责维护平台安全，使平台稳定运行。

9.5.4 应用场景

数据安全屋隐私数据分析的应用场景众多，主要分为以下三类，即同一组织的不同子部门、多个组织之间、政务数据开放。

同一组织的不同子部门之间的数据交叉分析。不同部门独立运营业务、存储和使用数据，相互之间存在利益和竞争关系，各部门重视自身权责，因为数据管理混乱等原因容易造成数据泄露，可通过数据安全屋对接多个子部门的数据，通过特定算法进行计算，将计算结果共享给每一个获得授权的组织。

多个组织之间的数据共享，如业务上下游企业之间的数据交叉分析。跨组织的数据有互补的优势，但是缺乏互信，缺乏安全有效的数据共享方案，通过安全屋提供安全有效的数据计算沙箱，通过记录操作日志保证操作可追溯，数据使用方不能获取原始数据，这也提升了数据安全性和组织间参与数据共享的意愿。

政务数据积累丰富、具有一定的行业覆盖性等优势，但其劣势是缺少数据跨领域可复用场景的探索、缺少对数据开放接口的统一管理等问题。通过数据安全屋接入多个部门、多个企业的数据源，仅在安全稳定的计算沙箱中进行计算，可以保证计算的安全性，加强对数据清洗和计算的统一管理。包括数据使用方在内的任何人或组织只能根据授权获取有限的计算结果，也避免了原始数据泄露的风险。

更多讨论

如何检验隐私计算产品的安全性和效率？多个云平台都提供安全隐私计算服务，可具体产品的能力如何并没有得到第三方的监测和验证，整体隐私计算也都在项目中摸索前进。另外，一旦出现问题，责任界定问题还需要通过合同和人工介入的方式来解决。

9.6　运营——持续运营

变化一直存在，企业发展方向、业务系统架构也必须跟着时代发展不断进行调整。例如，建设一座大桥，会有一个“预计使用期限”的概念。而在做系统架构设计方案时不可能保持几十年不变化，尤其是在云计算时代，业务跟着用户的喜好、习惯时刻变化，系统需求也在变化，我们需要及时监测系统架构变化并进行重构与持续运营。

整个项目生命周期分为最初上线、业务变化期、稳定期、迁移扩容、长期持续运行等多个阶段，使最初设计的架构适合不同的发展阶段具有很大的挑战，需要架构师及运维运营团队一起周期性监测、评估、优化、改进架构设计，尽可能从人工处理转变为系统自动化的处理机制，做到“系统自愈”。“系统自愈”是指一个健壮的系统在发生未知风险和需求时能够通过高可用设计、容灾、弹性扩展等进行应对，而无须或仅需要少量人工参与。无论在传统架构中还是在云平台中，都需要让架构灵活调整，需要对架构进行持续运营，保证“系统自愈”。

核心观点

系统架构需要有可持续“进化”的能力，通过良好的设计应对未知风险和需求。

9.6.1　概要信息

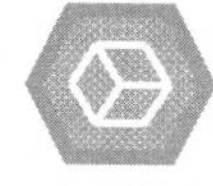
设计模式

持续运营。

解决问题

- 需要避免在架构设计时漏掉一些检查项，需要有方案应对业务需求、架构设计、线上业务实际运行效果不一致等状况。
- 需要提供日常运营方案并对架构和团队持续改进。

解决方案

- 持续评估架构的适用性、成熟度、健壮性。
- 通过 Advisor 持续监测资源运行状况及系统状况。
- 演练、培训、复盘持续运营。

使用时机

- 架构设计完成前。

关联模式

- 8.7　审计合规——合规。

9.6.2 时机

根据架构设计流程，先分析需求，再进行架构设计，评估架构的成熟度，最后进行交付实施和持续运营。持续运营包括两个时机：一些非周期性的事件（如图 9-16 中的事件）和周期性的策略（如图 9-16 中的定期）。非周期性的事件将会在第 11 章中进行展开介绍，主要包括业务流量增加、成本优化要求、遭受安全攻击、遇到运维事故等，在这些时刻，无须等待周期性的评估与巡检，根据主动需求、紧急事件触发立即评估、立即巡检。周期性的策略是指每个月收集业务需求的更新，每个季度评估架构是否足以覆盖需求及技术是否需要更新，每天巡检资源运行状况，每周分析消耗费用及预期费用等。

图 9-16 所示为定期和事件作为时机触发三项持续运营动作，包括评估、巡检、团队复盘与提升。

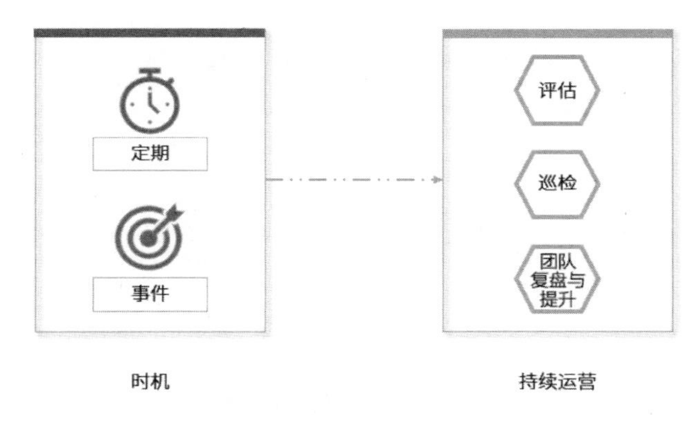

图 9-16　定期和事件作为时机触发三项持续运营动作

9.6.3 评估

在业务上线前进行架构设计时需要将架构框架作为 Checklist 进行自检，架构框架包含 5 大支柱：业务持续性、弹性可扩展、可靠数据存储及良好的管理、安全、运营，其中每个支柱又有若干项问题，可以通过这些问题来评估系统是否有坏味道。

评估模型参见“第 11 章 评估与重构”，包括适用性评估、成熟度评估、健壮性评估。通过适用性评估来检测当前业务系统是否适合部署在云平台、云平台的特点和优势是否匹配，成熟度评估检测当前架构是否满足 6 大架构设计目标、是否是一个经过良好设计的架构，健壮性评估检测系统应对风险和意外状况的能力。在触发非周期性事件、周期性动作时对架构进行三项评估，如果评估结果中有需要改进的项目则对架构进行重构，确保架构和运行环境得到持续更新，满足变化的业务需求。

9.6.4 巡检

根据项目迭代方式设定审核的里程碑，或者根据月度、季度、年度来设定审核周期。到审核时间点时，自动触发对各项资源指标、服务监控的巡检，并通过巡检与整改来保持整个架构持续更新的机制。Advisor 检测示例如表 9-8 所示。

表 9-8 Advisor 检测示例

评估项	风险等级	评估结果	告警条件	优化建议
负载均衡	高	0 个负载均衡实例证书即将到期或已经到期，0 个实例被忽略	高风险：证书已经到期和证书 7 天内到期。中风险：证书 31 天内到期	登录负载均衡控制台，在“证书管理”页面更新证书内容

- 成本优化及管理。

对于成本优化及管理，在实施过程中会对架构中涉及的云端资源进行调整，但一般不会对整体架构产生影响。此时应重点检查资源运行状况及开放访问接口等。

- 运营报告。

对不同子系统会按照不同的里程碑和周期进行检查，之后要出具运营报告，报告应该包括系统运营状况评级或评分、云主机及云数据库等产品的负载、网络流量、安全威胁及风险等内容，还需要在运营报告中给出风险提示及处理建议。

除了业务量、用户数据持续变化，大多数系统还有可预见的变动，如临时流量高峰期或低谷期；也有不可预见的变化，如受到安全攻击等。对于可预见的变化，需要调整架构，需要重新梳理业务状况能否满足 5 大支柱的要求。在遇到不可预见的变化时，先解决当前的问题，之后对项目进行复盘时需重新评估系统是否满足 5 大支柱的要求，保持架构适应业务的临时变化。

在成熟度评估后可得出相应评分和评级，以及进一步提升需要的改进措施，为了保证应用系统能够持续覆盖业务需求的变化，就需要定期进行巡检和评估，根据改进措施进行调整。定期汇总业务需求的变化，以及需要实现的可用性、可靠性、性能、安全、成本等目标的变化，再次对系统进行适用性评估、成熟度评估。当然，在系统遭遇流量激增、云主机故障、安全攻击等事件或严重级别的告警时，需要及时应对，并进行复盘、巡检和评估，无须等待固定的巡检和评估周期。

9.6.5 团队复盘与提升

系统设计开发上线后，一些团队会积极采用新技术来更新业务架构，往往涉及开发、测试、运维等多个部门，这时也需要重新审查业务架构。采用新技术只是解决问题的途径，还要分析业务需求和需要解决的问题，如将运行在服务器上的业务模块重构为运行在容器上，可能是为了节省成本、方便管理；采用云平台的消息队列替换自行在云主机上搭建的消息队列，可能是为了减轻运维压力。

- 演练。

除了按照里程碑进行架构检测，必不可少的还有系统备份、容灾、高可用、弹性扩展、安全等方面的演练，在架构设计时已经进行了良好的设计，如果没有演练，就不能确保在需要切换到容灾系统、系统自动扩展时能够正常运行。需将定期演练纳入架构持续运营中。

- 培训提升/团队提升。

除了对系统进行检查，还需要对项目组人员组织培训，使项目组人员系统地更新知识储备、掌握业界最新技术，在遇到需求变化时也要制定相应的培训，使项目组人员学习应对安全攻击、节假日业务大流量、故障处理等经验和可借鉴的思路。

第三篇

应用与评估

10

第 10 章 行业场景案例

千变万化的业务系统和可复用的解决方案一如图 10-1 所示。

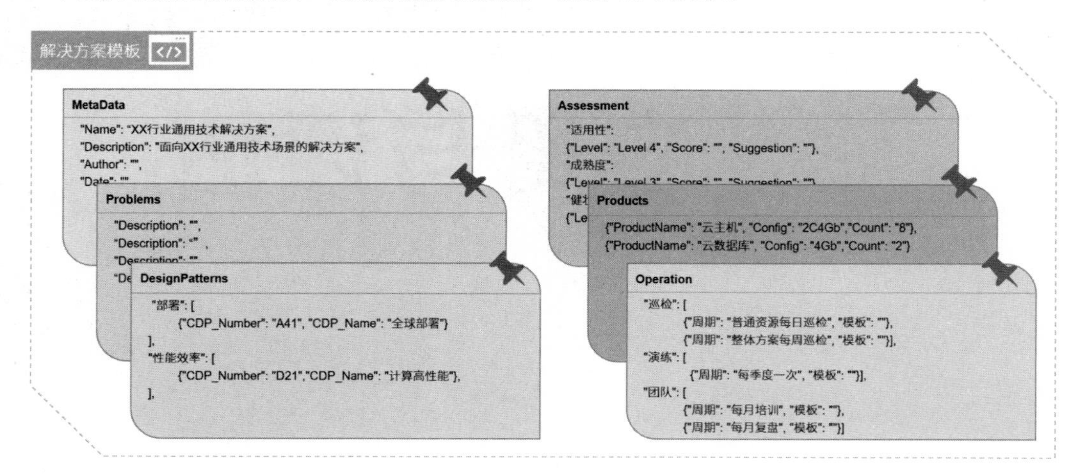

图 10-1　千变万化的业务系统和可复用的解决方案

本章内容如下。

- 引言。
- 新零售行业的架构设计。
- 游戏行业的架构设计。
- 传统行业的架构设计。

10.1　引言

架构设计模式适用于各行各业中的应用场景。

使用云平台不是为了用而用，其目标是解决现实中的业务问题。前面我们已经掌握了 41 种架构设计模式，也通过 MumuLab 平台进行了实践。云计算解决的并非单个行业的应用，云计算“新瓶装旧酒”，但装的是技术并且提供的是通用的技术与能力，因此适合各行各业使用。提出云端架构设计模式的起因是整理众多解决方案与应用案例，运行在云平台中的各行各业的应用场景千差万别，但基础能力和基础模式是通用的。所以在本章我们将会介绍几个典型行业是如何在云平台中进行部署并提供服务的。在这里选取的仅是典型行业中的部分应用场景，并非对所有行业的所有需求进行详细设计。

- 新零售业务是比较典型的，对云平台的使用模式也是非常广泛的，选用新零售行业作为典型互联网行业的应用进行介绍。
- 游戏行业，包含与新零售行业类似的流量波峰波谷、流量高并发等场景，在这里把侧重点放在游戏全球服、网络优化、高并发等场景。
- 传统行业，金融、制造等传统行业对云计算的需求不同，又有一些行业政策和合规要求，本书着重介绍数据备份至云端、在云端构建安全合规的业务环境、私有化部署及迁移等。

10.2　新零售行业的架构设计

10.2.1　项目背景

某新零售企业包括 100 家商铺、1000 类产品，提供消费者在线浏览店铺和商品、用户登录、购物车、下单、支付、快递查询、在线客服、管理后台等功能模块。目前所有业务均运行在公有云平台上。

该平台面向国内二线城市，每年参与“618”“双 11”等活动，并且分析出 18:00—23:00 是每天的高峰期，相对于其他工作日，周五至周日的流量要高 50%以上。在架构上要求进行两地三中心部署、支撑地域级别高可用、异地数据备份。

新零售业务平台中涵盖的业务场景和技术场景非常丰富，能够覆盖各行业场景中的绝大部分，如果再融入 VR 试衣、线下门店管理、智能客服系统等会使得此处分析的云端业务架构更加烦琐。

10.2.2 需求及痛点

我们将思路回到云架构设计，新零售业务有以下需求。

- 业务架构的多地域部署及高可用，能够保证全年 99.999%的业务持续性。
- 在遇到大流量、安全攻击等突发事件时，能够进行资源弹性扩展、安全防护。
- 对业务平台及云资源实现全方位的监控和告警。
- 对新零售平台的商品数据、用户数据、订单及包裹数据提供高可靠的存储备份。

根据以上项目背景及介绍，可以梳理出如下需求。

- 面对每天及每周的业务波动设计高可靠、节省成本的方案。
- 能够让架构应对“618”及“双 11”这样的业务高峰期。
- 数据实现异地备份及容灾，并能进行灾难恢复。
- 面对新零售平台从小到大的发展变化，预留一些接口。

针对以上需求，采用 Well-Architected Tool 工具解析出对应的解决方案。

解决方案编排模板示例[①]

```
{
    “MetaData”:{
    “Name”:“新零售解决方案”,
    “Description”:“面向新零售核心云技术场景的解决方案。”
},
“DesignPatterns”:{
    “部署”:{
        {“CDP_Name”: “A31”,“CDP_Name”:“混合架构部署” },
        {“CDP_Name”: “A31”, “CDM_Name”:“多地域部署并实现地域级别的高可用”},
        “CDP_Name”:“网络连通”
    },
    “业务持续性”:{
```

① 完整的基于设计模式解决方案编排模板参见附录 C。

```
        }
    }
```

10.2.3　解决方案

针对以上需求，可选取多个云架构设计模式来构建技术解决方案。

1．业务选取多个地域进行部署。

2．弹性伸缩/突发业务流量支持：每天/每周有流量波峰波谷，根据弹性伸缩进行扩展。“618”及“双 11”提前进行压力测试、高可用演练、备份容灾演练。

3．数据备份，将数据在云端同一个可用区内进行备份，实现数据跨地域备份，在多个云平台之间互相备份数据。

4．在“618”及“双 11”活动当天零点，流量激增，难以通过自动伸缩扩展资源，系统下单、支付、登录等接口都必须经过严格的压力测试。

5．扩展接口，如全球化、多云、弹性伸缩、Serverless 架构、数据分析等扩展接口。

10.2.4　跨地域业务部署

为了具备应对地域级别故障的能力，需要选择多个地域部署业务。首先按照业务系统中最小功能模块部署在相同的地域中，用户的整个操作闭环流程都在同一个地域中处理完成。在单个地域中选择两个或两个以上的可用区部署，因为可用区之间的网络延迟较低，所以尽可能将相同的功能模块在不同可用区之间分散部署，来应对单个可用区级别的故障。

多个地域之间通过高速通道连通，即可实现地域之间多个 VPC 的内网通信，在部分组件跨地域调用及后续的数据备份时能够降低网络延迟。

10.2.5　数据备份

为云数据库设置多个从库并且分散在单个地域的不同可用区，同时要将数据库异步同步到其他地域中进行温备份，以便在当前地域数据库不可访问或数据丢失时能够从温备份的地域中恢复数据。对于当前地域中的云主机、块存储也应该定期备份到另外的地域中，可通过部分云服务商提供的自动备份容灾工具实现，也可通过编写脚本同步云主机镜像和数据。对象存储的数据也需要开通异地备份机制。

10.2.6 自动伸缩

为了应对每天的业务高峰期和促销时的业务高峰期，需要为平台的云主机数量进行自动调节，首先根据每天的业务高峰期时间设置每天 18:00 之前的时间，如在 17:00 提前扩容 20 台云主机，在 23:00 高峰期后释放 20 台云主机来节省成本。另外根据现有云主机的平均 CPU 负载来自动扩容满足当前压力的云主机数量，并在非业务高峰期释放资源。

10.2.7 所需的产品

新零售业务架构中涉及的产品如表 10-1 所示。

表 10-1 新零售业务架构中涉及的产品

资源/服务	作　用
云主机	部署游戏服务器、资源下载等
云硬盘	存储块数据
EIP	连通外网
云数据库	存储游戏中的账号数据、游戏数据、支付数据等
Redis	缓存云数据库数据 对战临时数据 用户登录状态数据
对象存储	游戏中的图片、游戏包、用户图片
云分发 CDN	实现内容分发
自动伸缩	根据业务负载自动调整云主机数量
云数据库备份	实现数据库层备份
数据备份	数据方舟等

10.3 游戏行业的架构设计

10.3.1 项目背景

B 公司是国内一家以对战游戏为核心业务的企业，有 200 多名员工，超过半数是研发人员。B 公司每个季度会重点推出一款游戏，本次即将发布的对战类游戏主要面向中国、东南亚、欧洲、北美洲的游戏玩家，对网络质量和访问体验的要求较高。架构设计目标是基于公有云实现游戏短周期和快节奏研发、部署、上线运营，并防护外部安全风险与安全攻击。游戏业务整体架构图如图 10-2 所示。

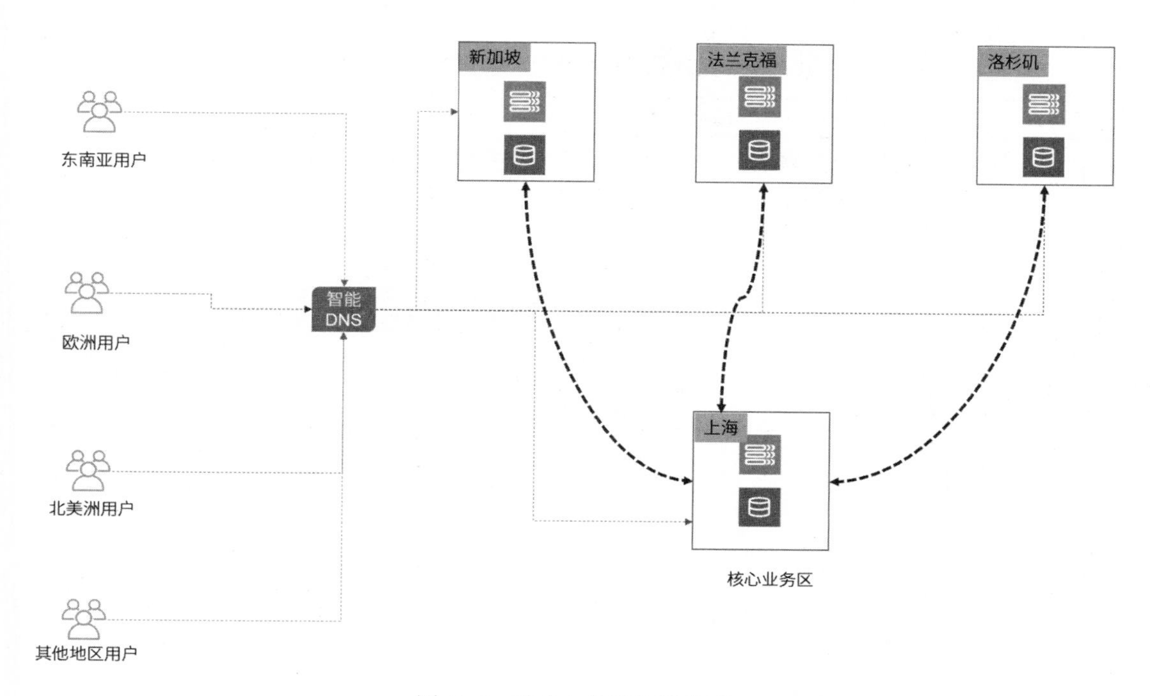

图 10-2　游戏业务整体架构图

10.3.2　需求及痛点

1. 本次新发布的游戏的玩家分布较广泛，不同地区的玩家有 30%的概率会进入同一个游戏对战房间，需要尽可能为同一个游戏对战房间的玩家提供接近的游戏体验和网络延迟。

2. 根据之前的项目经验，在游戏新上线时容易受到黑客的 DDoS、cc、XSS 攻击等，需要进行有效的防护，并尽可能节省成本。

3. 游戏新上线时也会带来玩家扎堆下载、创建游戏对战房间等操作，需要扛住压力。

4. 新款游戏发布后需要根据游戏下载人次、对战数量、玩家比赛过程数据等进行分析，需要重点保存好所有访问数据、日志数据等，并提供多种维度的分析。

10.3.3　解决方案

针对以上业务需求和架构设计目标，选取表 10-2 中的设计模式来构建解决方案。

表 10-2　游戏业务架构设计使用到的设计模式

目　　标	使用设计模式	作　　用
全球部署	选择合适的数据中心 全球部署	通过网络探测在一个地区内评估对比地域并提供最佳选择 实现核心业务区和普通业务区的分离部署
网络优化	网络优化	通过高速通道实现内网加速 通过全球应用加速实现应用接入加速 通过 CDN 打通“最后一公里”
提升性能	高并发	采用高性能、网络增强型云主机 通过 Redis 缓存数据，实现对战数据等热点数据的临时存储
DDoS 安全防护	DDoS 安全防护	通过 DDoS 清洗、DDoS 高防 IP、Anycast EIP 进行防护

10.3.4　全球部署

标题	业务实现全球部署。
解决问题	用户集中在全球多个地区，仅将业务部署在一个地域中难以对大部分用户实现低延迟、良好体验的覆盖。
解决方案	• 用户就近接入。 • 业务实现跨地域迁移。 • 数据库部署机制。

在业务部署阶段，假定游戏玩家的集中地点在东南亚、美国、欧洲，需要靠近游戏玩家进行部署，因此要在这三个地域中选择。UCloud 在东南亚有新加坡、胡志明市、曼谷、马尼拉、雅加达地域，具体选择哪个或哪几个可参考“7.5 网络——选择最优部署地域”设计模式，通过网络延迟换算的整体得分来选择，由此可选择新加坡地域。

为了满足全球用户的访问延迟，需要在用户集中的国内、东南亚、欧洲、北美洲地区来选择地域部署业务。参考“7.5 网络——选择最优部署地域”设计模式在东南亚选择新加坡、胡志明市、马尼拉、雅加达、曼谷进行评测，根据评测结果选择在新加坡地域部署业务，对于欧洲、北美洲地区则根据评测结果选择法兰克福、洛杉矶来部署业务。

在国内选择上海地域部署业务，对于没有覆盖的亚洲其他地区、非洲、大洋洲、南美洲用户，也会将业务转发到上海地域中，虽然网络延迟高，但总要有“托底”的默认地域。

业务类型要求“实时”对战，玩家都在东南亚的同一个地区时则由新加坡地域部署的业务提供服务，新加坡地域提供的是“非核心业务区”，法兰克福、洛杉矶地域也是“非核心业务区”。

上海地域覆盖更多的用户群体，选择上海地域作为“核心业务区”。核心业务区有完整的业务系统和主数据库，非核心业务区会从核心业务区拉取完整的业务系统，同步主数据库的数据，在非核心业务区形成业务闭环，非核心业务区的数据也会写在本地数据库中，然后实现增量数据异步同步到核心业务区的主数据库中。

如果有多个玩家来自不同的地区，如同一个游戏房间中有国内、东南亚、欧洲的玩家，按照上面的策略还没有一个地域能够为这些玩家提供低延迟的服务，则在应用程序中创建 Global Zone，根据这些游戏玩家所在的地区进行智能化判断，可能选择香港地域来部署业务，供这个游戏房间的玩家进行对战，首先将业务和数据推送到香港地域进行部署，形成业务闭环，在玩家对战时将数据写入香港地域，对战完成后将数据异步同步到上海地域的核心业务区中。在本例中，按照评测数据，由香港地域提供游戏服务对于所有玩家是最好的选择。

业务部署参考“4.7 全球部署——全球部署”设计模式，核心数据和服务区在中国，其他三个地区仅作为业务区。

10.3.5　网络优化

全球用户通过全球应用加速和智能 DNS 解析，会按照用户源 IP 来匹配 Geo IP 数据库，用户请求根据 IP 地址会被分配到对应的地域中，如果匹配失败或没有分配到非核心业务区，则会分配到默认的核心业务区中。

- 采用全球网络优化，实现用户玩家到终端服务器的网络加速。
- 通过高速通道实现全球范围内多个地域的内网通信，内部组件通信、数据同步、数据备份、新版本游戏包发布等可实现内网传输。
- 通过全球应用加速和 CDN 实现应用就近接入，游戏包、图片等文件经过缓存能够实现快速加载。
- 如果涉及多个公有云，则需在多个公有云的地域之间通过专线、SD-WAN 或 VPN 打通。

10.3.6　应对高并发

游戏中经常出现因游戏玩家集中访问而带来的高并发场景，需要在架构中的各层增加缓存，并且高并发的业务部署的服务器应选用高性能服务器。实时对战的游戏中会有大量数据包传输，使用通用型云主机会形成网络瓶颈，需要采用网络增强型云主机。

存储关系型数据的云数据库通过 Redis 缓存数据，如用户账号数据、积分、历史排名等信息。

游戏实时对战数据直接在 Redis 中进行读写，玩家进入对战房间时先从对象存储和 CDN 中拉取游戏包，从 Redis 中拉取对战房间等信息。对战时的交互数据也直接存储到 Redis 中，即时排名、得分通过 Redis 来拉取数据，从而降低玩家的体验延迟。每局对战结束后，将操作日志数据作为对战实录存储到 MySQL 中，将对战结果、参与玩家等信息也写入 MySQL 中。后续进行游戏对战回放时从 MySQL 中拉取数据。

业务对战数据写在 Redis 中，包括实时对战数据、实时排名信息等。游戏对战服务器需要相对高配置的云主机，并且要具有网络优化特性。

游戏场景会经常带来高并发的情况，首先要预估高并发的流量有多少，再通过压力测试来检测业务系统能否扛得住预期的流量，压力测试过程中可能会出现系统软件级别的 Bug、资源扩展不及时、部分业务链路成为瓶颈等状况，找到问题并准确定位，距离解决问题也就不远了。为了保护业务系统，可通过应用高可用系统来设置限流策略，而限流的阈值是通过压力测试综合衡量得出的。

10.3.7 DDoS 安全防护

对于一款新游戏来说，生命周期一般在 3 个月左右，个别的游戏能超过半年，能超过 1 年的都是爆款游戏了。游戏新上线时很容易遭到一些恶意攻击，尤其是出海的游戏，海外网络攻击更加猖獗。常见的有 DDoS 攻击，通过非常低的价格可以“购买”或控制大量个人电脑、服务器，形成攻击源，对新上线的游戏发起攻击。“不给钱就攻击”，DDoS 攻击大部分是为了敲诈，但游戏服务商并没有太好的解决办法。

游戏业务新上线时，应在业务架构中增加 DDoS 高防防护，参考“8.4 安全防护——网络安全”中的防护策略。通过云平台提供的多重防护方案来应对。首先，如果攻击流量比较小，云平台可以提供免费的 2～5Gbps 的防护流量（不同云服务商在不同地域的免费防护流量不同），用户无须操作；其次，如果攻击流量超过免费防护流量的范围，但小于 10Gbps，此时通过 DDoS 清洗服务来防护，用户只需选择防护的地域和 IP 地址，购买 DDoS 清洗服务即可；最后，如果攻击流量超出 10Gbps，可购买 DDoS 高防 IP，替换原有对外服务的 IP，会有一个切换 IP 的动作。对于在海外遭到的 DDoS 攻击，云服务商提供的 Anycast EIP 可以将攻击流量牵引到多个高防数据中心来“消耗”攻击流量，而将正常流量转发到后端服务节点中。当用户的业务遭受网络攻击时，云服务商会通过邮件等方式进行告警，在告警内容中会说明遭受的网络攻击的流量大小，用户可以据此选择合适的防护方案，再增加 WAF 来拦截或记录应用层的各种攻击。

10.3.8 所需的产品配置

游戏业务架构中涉及的产品如表 10-3 所示。

表 10-3　游戏业务架构中涉及的产品

资源/服务	作　用
云主机	部署游戏服务器、资源下载等
云硬盘	存储块数据
EIP	连通外网
云数据库	存储游戏中账号数据、游戏数据、支付数据等
Redis	缓存云数据库数据 对战临时数据 用户登录状态数据
对象存储	游戏中的图片、游戏包、用户图片
云分发 CDN	实现内容分发
全球应用加速	对网站应用进行加速
DDoS 高防	实现 DDoS 防护
WAF	防护应用层的攻击
专业售后支持	遇到问题时由云服务商及时响应并提供服务

10.4　传统行业的架构设计

10.4.1　项目背景

C 大学是一所著名的高校，拥有 1 万名在校生，涵盖计算机、通信、数学等专业。C 大学内部有教师办公系统、学生信息管理系统等平台，之前都是部署在自行购买的物理服务器集群中，现在需要搬校区，考虑到物理服务器也要更新换代等综合原因，需要重新设计一套私有云平台来承载这些内部系统的运行。

很多教师也有自己的个人教学网站、学生在线学习平台、在线选课平台、实验实训平台等，这些系统可以部署在私有云中，也可以部署在公有云平台，只要能提供稳定的服务即可。

10.4.2　需求及痛点

1．根据学校的要求，内部办公系统采用私有化的部署方式，学校搬迁的过程中将重新建设私有云平台。

2．学校内部系统需要从之前的物理集群中迁移到新建设的私有云平台中。

3．外部系统访问流量有波峰波谷，并且实验实训平台中的资源都是临时性的，需要既能满足实验资源的需求，又能节省成本。

10.4.3 解决方案

传统行业提供的私有化部署、混合架构部署、迁移上云三个方案之间为并列关系，私有化部署适合重新构建私有环境，混合架构部署适合已有本地环境但需要扩展的情况，迁移上云适合无须保留本地环境的情况。长期来看，最初选择私有化部署，构建私有环境，在本地环境难以扩容时可通过混合架构将部分业务部署到云端，也会存在将部分本地业务迁移至云端来提升服务能力的情况。

C 大学的内部平台部署在私有云平台中，私有化部署演变空间较小，原来已经租用 IDC 或自建数据中心的用户可通过构建混合架构来扩展计算能力、备份存储能力、安全防护能力。高校应用部署涉及的设计模式如表 10-4 所示。

表 10-4 高校应用部署涉及的设计模式

目　标	使用设计模式
私有化部署	私有化部署
混合架构部署	混合架构部署 扩展计算能力 云端备份 扩展安全防护能力
迁移上云	从私有云迁移到公有云
数据隐私及数据开放	数据隐私及数据开放

10.4.4 私有化部署

提示

对于政企、金融、大型传统企业等，因为有更多的法规政策及监管要求，私有化部署是常见的解决方案。在 IT 支出中，这类项目又占有很大一部分比重，无论是传统 IT 架构的供应商还是云服务商，或者一些 PaaS、SaaS 服务提供商，都不会对这类项目的需求和订单视而不见。基于这种考虑，无论是“私有云”还是“私有化部署”，也无论是不是云计算，反正这些公有云服务商会积极提供满足项目需求的解决方案，并促使项目落地交付。另外还有一个例子，就是云主机的计费方式，按说通过临时的云主机提供计算能力，应该按需支付费用，而很多云服务商结合实际情况，也参考其他商品买 1 年打八折或买 3 年打五折等方式来提供包年、包月购买云主机的选择，非常多的用户会买账，也会觉着这种接地气的方式非常实用，用户都接受了，云服务商还有啥不接受的，再说没有哪条自然规律规定云主机要如何收费，所有定义和规则都是人规定的，也就能由人来修改和重新定义。这时再回头想想，部署方式的名字也没有那么重要了。

采用公有云操作系统进行私有化部署需要先收集以下信息，以便来定制交付方式和需要的服务节点。

- 上线时间。
- 初期计划提供的虚拟机的数量。
- 需要用到的服务模块。
- 服务器型号及架构。
- 是否有扩展计划。
- 是否要连通公有云构建混合架构。
- 后续运维由用户完成还是由云服务商完成。

10.4.5　混合架构

当本地已经实现了私有化部署，或者业务运行在本地环境（自建数据中心、租用 IDC、办公室服务器集群），本地环境资源扩展不便，业务负载达到饱和，需要将额外的流量扩展到云端，将部分数据备份至云平台时，可以采用混合架构部署。

内部系统部署在本地环境中，教师网站、在线选课平台部署在公有云上，两者之间会有部分数据需要互通，在线选课平台的学生信息、课程信息都来自内部系统，选课之后的结果也需要保存到内部系统中进行归档记录，因此还需要将两者打通为混合架构，涉及混合架构的系统对网络延迟的要求不高，因此可以选用低成本的公网 VPN 方式来连通。

本地环境的历史数据可归档至云平台中。将本地环境的内部平台产生的数据按照数据时间分类存储，如 1 年（也是 1 个学年）内的数据正常存储，1 年以上至 4 年以内的数据在本地进行归档，4 年以上的数据在本地环境中进行加密，然后在本地环境的云主机中安装备份 Agent 来统一收集需要备份的数据，逐步传输到公有云的对象存储中，并且要选择归档存储来降低成本。在本地环境中如果需要 4 年前的数据，先根据索引获取公有云对象存储中的加密文件，传输到本地环境进行解密后再使用。

学校官网在招生报考期间的访问量较大，原来部署在私有环境中的资源有限，难以支撑过大的访问流量。将业务部署到公有云云主机中，云主机可便捷地进行扩展来应对较大的访问流量，而后端动态数据还是连接到私有环境中。这样就通过混合架构扩展了本地环境的计算能力。

10.4.6　迁移到私有化部署平台

对于构建完私有化部署平台的项目，需要将现有业务从 IDC 迁移到该私有化部署平台中。

按照“迁移上云”设计模式中提到的迁移 6R 理论，先梳理系统涉及的资源和应用，不同应用选择不同的迁移方式，如表 10-5 所示。

表 10-5　涉及的资源的迁移方式

资源/应用	迁 移 方 式
云主机	云主机迁移
云硬盘	系统盘通过云主机迁移 数据盘通过离线硬盘方式迁移
静态数据	静态数据迁移
Oracle 数据库	替换为 MySQL 数据库，或在物理云主机上安装 Oracle 数据库
MySQL 数据库	MySQL 数据库同步迁移
WAF	使用云端 WAF 接入所有流量，再将过滤后的流量转发至本地环境

- 迁移之后进行系统验证，保证所有应用都能正常访问，数据校验正常。
- 确认迁移后的应用可以正常使用，发布迁移割接公告，割接时间选择周六凌晨 2—4 点的业务低谷期。
- 在迁移任务割接后将本地环境的资源释放，仅采用云平台的资源支撑业务。

10.4.7　所需的产品

传统业务架构中涉及的产品如表 10-6 所示。

表 10-6　传统业务架构中涉及的产品

资源/服务	作　　用
私有化部署	初始化私有化环境，包括硬件、软件、交付服务和运维服务
VPN	连接私有化环境和云端环境
数据备份	将本地应用和数据备份到云端
云端安全-WAF	通过云端 WAF 对本地环境进行 Web 应用安全防护
云端安全-DDoS 防护	通过云端 DDoS 防护对本地环境进行 DDoS 攻击防护
迁移	在需要迁移时将业务和数据迁移至云端
合规	网站备案、等保测评等

11

第 11 章 评估与重构

架构设计完成后并非一成不变，业务需求会发生变化，也会有安全攻击事件、业务流量超出设计阈值等情况，这时需要对架构进行重新评估，如果架构已经不能满足当前需求，则需要对架构进行重构。对于发生的这些变化，我们称之为对架构进行评估的时机。对架构进行定期“体检”，即周期性评估，也应融入评估的时机中。图 11-1 所示为时机与评估模型，包含适用性评估、成熟度评估、健壮性评估。

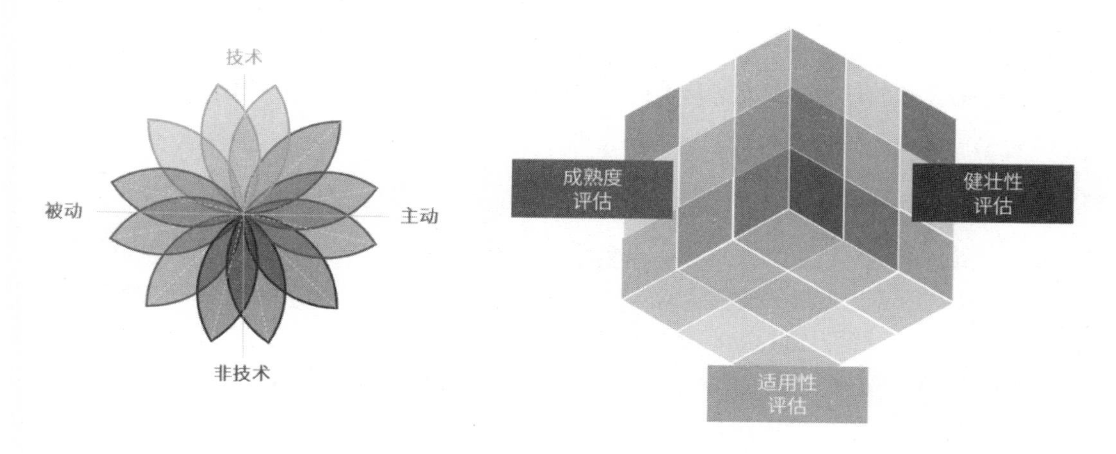

图 11-1　时机与评估模型

本章内容如下。

- 评估与重构的时机。
- 适用性评估。
- 成熟度评估。
- 健壮性评估。

11.1 评估与重构的时机

11.1.1 为什么要评估与重构

架构设计完成后进行部署实施，在运行一段时间后需要重新审视架构是否符合当初的设计预期，并且可能会遇到真实流量高峰期、高并发访问、网络攻击等对系统造成挑战和损坏的情况。需要对系统进行定期评估巡检，评估是否需要重构，以保持架构设计满足变化的需求、系统持续更新、遵循架构设计原则和最佳实践。

- 架构评估：需要定期检查架构是否匹配需求，是否符合架构设计原则，这个过程称为架构评估。架构评估包括适用性评估、成熟度评估、健壮性评估，完成评估之后可以得到评估报告。
- 重构：对架构进行优化、更新、改进的过程称为云端架构的重构，重构可以摒弃架构设计的坏味道。
- 架构修正之后再重复进行架构评估，通过将破坏性的问题、场景注入架构中来检验架构是否有足够的能力来应对破坏性的状况，如部分云主机宕机、消息队列拥塞、网络延迟抖动等状况。

11.1.2 评估框架

为了更清晰地掌握架构的设计质量，对架构进行评估与重构，需要对架构设计进行量化。无论是基于传统服务器集群的业务架构，还是基于云平台的业务架构，对架构设计进行量化都是比较困难的事情。我们可以相对轻松地获得云主机使用数量、存储资源空间大小、网络流量、安全攻击事件，甚至对因为遭受安全攻击造成的损失也可以进行量化。那么如何评判架构优劣？该选择哪些维度？

我们总结了融合三个维度的架构评估魔方模型，包括适用性评估、成熟度评估、健壮性评估，如图 11-2 所示。这三种评估分别有评估的目标、等级模型、评分工具、评估问题、改进建议等。其中，成熟度分为 5 个等级，分别是 Level 0、Level 1、Level 2、Leve 3、Level 4，架构评估魔方模型会展示三种评估结果。

- 适用性评估，用来评估业务需求是否适合采用云平台进行部署，是否能通过云平台的优势来解决业务痛点，应该采用哪种部署模式，适合在需求分析阶段进行评估。
- 成熟度评估，用来检测是否遵循 6 大原则和最佳实践进行了良好的架构设计，完成评估后将得出架构成熟度评分、等级及改进建议，适合在架构设计完成后立即进行评估，由“11.1 评估与重构的时机”中的时机触发评估。
- 健壮性评估，用来检测系统架构应对异常风险的能力，检验架构能否应对一些资源故障、云平台故障等意外状况和技术挑战，适合在架构设计完成后立即进行评估，由“11.1 评估与重构的时机”中的时机触发评估。

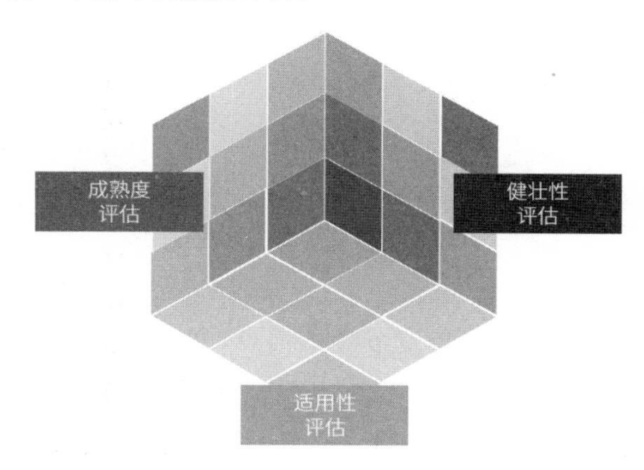

图 11-2　架构评估魔方模型

MumuLab 平台中提供了适用性评估、成熟度评估、健壮性评估的界面工具，注册用户均可使用，架构评估支持对一个项目或多个项目进行多次评估，通过建立里程碑（MileStone）来表示一类综合评估，如根据不同项目或项目的不同阶段来分别创建里程碑。在每个里程碑中可以创建多次评估，也会保留多次评估记录，方便进行对比，复盘架构是否有所改进。

图 11-3 展示了两个里程碑，分别是“里程碑 202106”和“里程碑 202107”，按照月度对架构进行周期性评估，点击“创建里程碑”可进行新建。以第一个里程碑为例，进行一次适用性评估、两次成熟度评估、两次健壮性评估，所有评估均会保留记录，可点击评估记录查看详细结果，点击评估名称可创建新的评估任务。

在检测行业对检验样本检测时，可能会出现两种结果，即符合标准和不符合标准。当然也可能会出现检测结果在符合标准与不符合标准的阈值范围内的情况，这时就要考虑检测实验过程中的不确定性因素，包括人为因素、容器标度观测不准确等，再通过一系列复杂共识计算来得出对不确定性因素的评估。那么在云计算架构设计中也是类似的，100 位架构师为不同行业、不同需求的项目设计解决方案，通过适用性、成熟度、健壮性评估可以获得量化的结果，这跟人为因素、沟通需求是否彻底、反馈是否准确等也有很大关系，也是在架构设计中的不确定因素。因此我们在构建评估和量化模型时也应将不确定因素纳入考虑范围。

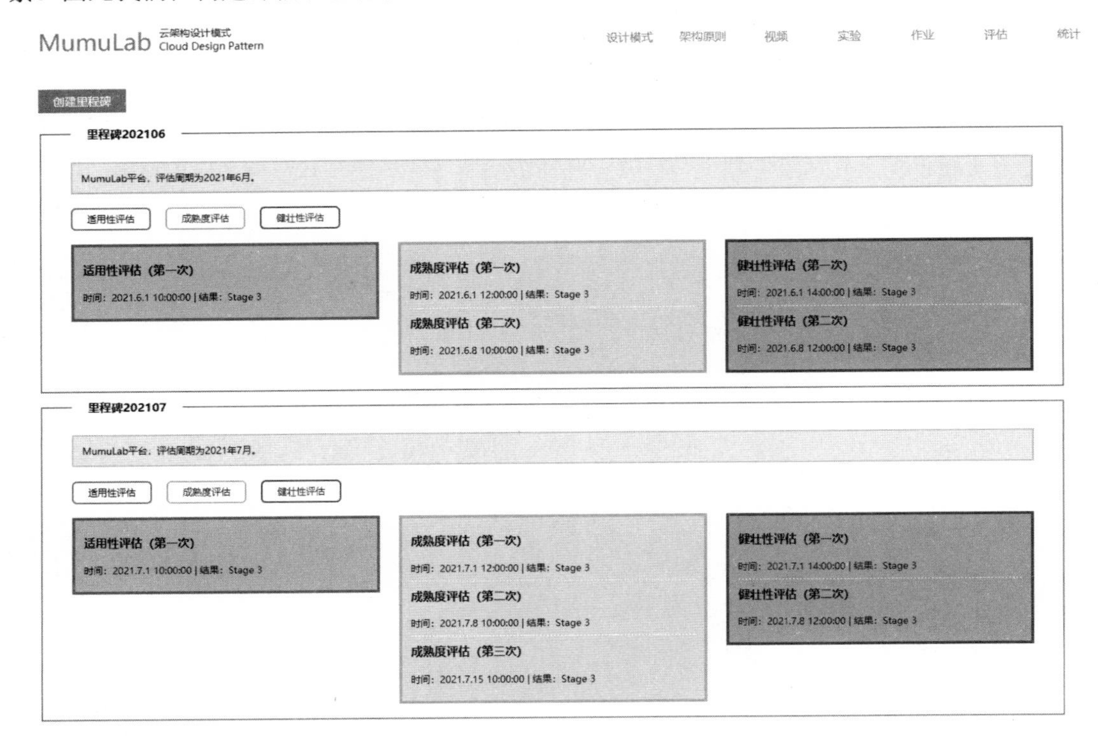

图 11-3 按照项目里程碑进行多次评估

11.1.3 时机

最佳实践

主动追随业务需求变化，被动应对需求变化。

架构并非一成不变，需要时刻与变化的业务状况保持贴合。在哪些情况下会触发对架构进行更新和优化呢？我们整理了以下时机，遇到事件时采用相应的设计模式对架构进行评估与重构，如图 11-4 所示。

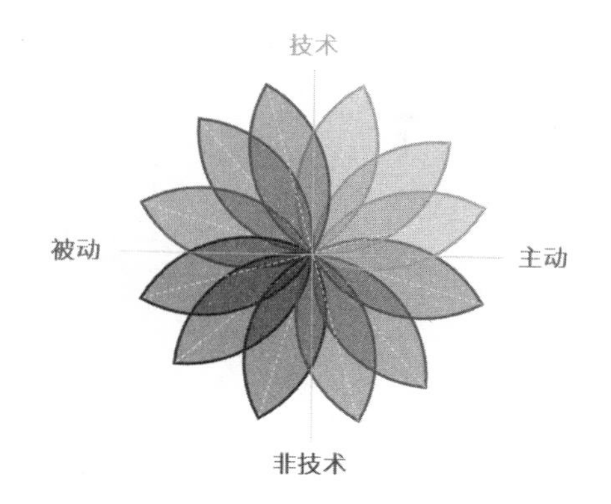

图 11-4　被动与主动、技术与非技术的时机

重构的时机只是触发进行架构评估和重构的动机，并非详细的技术问题与技术解决方案。匹配到重构时机之后，应定位架构中存在的问题，根据这些问题匹配设计模式和最佳实践。

- 被动与技术：完成系统架构设计后运行一段时间，一些设计的坏味道就会涌现出来，线上生产环境也会带来架构运行的反馈，如系统不能不具备数据中心级别的容灾，遭到网络攻击后部分数据损坏、业务性能不足以支撑业务高峰期等。这些作为被动的技术问题，需要对架构进行评估和重构。
- 还有一些非技术层面的时机，如 3 个月之后新业务发布带来大流量、CTO 或团队决策需要将业务改为容器化部署、CFO 要求进一步优化成本等，这些也是重新审视架构良好运行的时机。

成熟的做法是团队定期对架构进行评估，周期性审视系统架构是否匹配当前的业务需求和运行目标。重构时机如表 11-1 所示。

表 11-1　重构时机

分　类	被　动	主　动
技术	业务没有达到 SLA。 • 资源故障：包括云主机等计算资源故障、网络故障、存储故障、地域或可用区级别的故障、云平台停服等，良好设计的架构能够有效抵抗这类资源故障，良好设计的架构能够自动调度服务、保持业务持续，至少要对事件进行监控和告警。 • 客户发现业务故障。 • 监控事件及告警。 • 由人员导致的故障，如操作失误导致的故障、删库跑路等事件。 遭受安全攻击并对业务造成影响	主动提升优化。 • 成本优化。 • 性能提升。 • 合规性要求。 可预期的业务流量高峰期有新业务上限、促销、“秒杀”等活动

续表

分　类	被　动	主　动
非技术	非 IT 类政策调整。 • 公司政策转变，需要使用公有云部署、私有化部署或多云部署等策略。 • CTO 或 CIO 等决定将业务从云主机切换到容器平台中	定期评估及重构。 • 系统部署的需求。 • 评估后有需要改进的项目。 • 评估后发现架构中含有坏味道

11.2 适用性评估

云计算架构的适用性评估是评估基于云平台部署业务时是否能够有效利用云计算的弹性扩展、海量资源、快速部署、前期成本低等优势。评估结果会展示该业务部署是否适合选用云平台，如果通过传统的 IT 架构足以满足所有业务需求，则与采用云平台部署没有太高的适配性。

通过适用性评估，业务团队能够清晰地掌握通过云平台部署能够享受哪些便利、可能会存在哪些风险，也能够发现通过传统 IT 架构所不能解决的技术问题。

11.2.1 模型概述

适用性评估级别分为 5 级，如图 11-5 所示，分别是 Level 0、Level 1、Level 2、Level 3、Level 4。Level 0 表示云平台的适用性最低，业务中的技术需求不能通过云平台进行解决；Level 4 表示云平台的适用性最高，也就是业务中的技术需求与云平台能够解决的问题非常匹配。适用性评估级别定义标准如表 11-2 所示。

图 11-5　适用性评估级别

表 11-2　适用性评估级别定义标准

级别	Level 0	Level 1	Level 2	Level 3	Level 4
定义	不适合	少量匹配	匹配，延后采用	匹配，立即采用	非常适合
分数范围	[0,20)	[20,40)	[40,60)	[60,85)	[85,100]
说明	需求与云平台优势不匹配	仅部分需求适合采用少量产品解决	需求与云平台优势比较匹配，但不适合立即展开运用	需求比较适合采用云平台解决，建议立即采用	非常适合采用云平台解决问题，能够较好地帮助业务实现降本增效

11.2.2　评估工具与评分模型

在 MumuLab 平台中集成了网页版的适用性评估工具，适用性评估问题如表 11-3 所示，并且可对问题进行打分，适用性评估图如图 11-6 所示。首先根据每个问题进行匹配，分数越高，匹配程度越高，如果不符合，则选择 0 分，如果非常符合，则选择 20 分，如果部分符合，则输入相应的分数。选择完成后点击提交评估，则会得到评估得分、相应级别、对适用性的现状描述和改进建议。

表 11-3　适用性评估问题

序　号	评 估 问 题	评估得分（0～20 分）
1	需要快速部署业务	
2	需要快速扩缩容能力	
3	需要托管应用或托管服务器	
4	需要私有化的云计算环境，仅对单一用户或指定用户开放服务	
5	需要有符合合规要求的备份、容灾环境	
6	需要依托较强的全球部署能力面向全球用户部署业务	
7	需要避免只采用单个云平台	
8	有大量 CDN、对象存储、边缘节点等需求，使用单一产品及服务	
9	需要减轻运维管理事务	
10	需要运维管理平台中有较多二次开发或自行运维的工作，需要平台有开放接口的能力和良好的可自主管理的接口	
11	通过平台提供的监控、自动化运维减少自行维护的成本和精力	
12	有一站式监控告警运维平台	
13	有一站式安全防护平台	
14	需要资源和服务按需计费及较低的前期成本	

适用性评估不限制用户选择的匹配项数量，有的用户只选择少数几项，有的用户评估时发现业务大部分都匹配则会选择多项。其实业务需求有三项匹配已经比较适合使用云计算部署业务了，如果计算得分过低，则不利于得出评估结果，如避免在满分 100 分的情况下只需要 30 分以上即采用云端部署。所以应对选项的计算得分进行逐渐衰减计算，首先用户要选择多个匹配项，再对每个匹配项从 0 到 20 分之间的范围内进行评分。

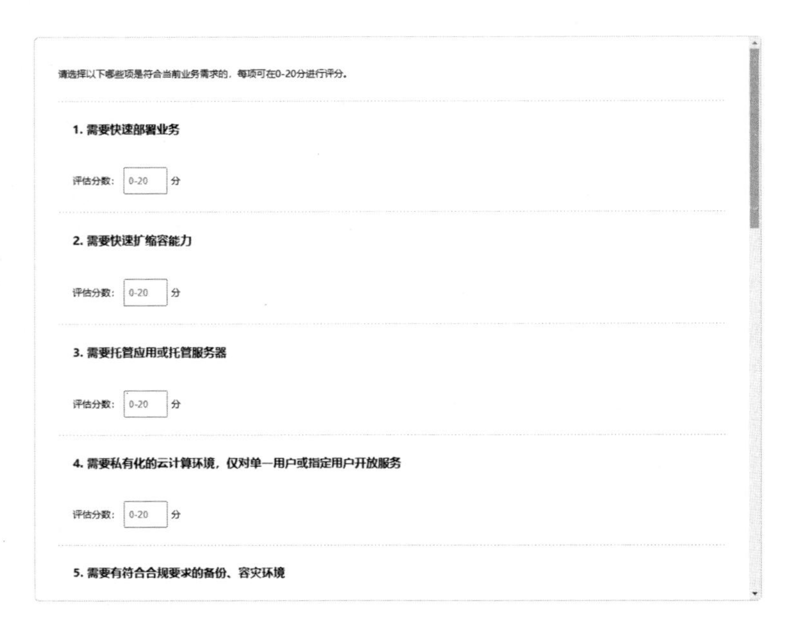

图 11-6　适用性评估图

计算

- 首先得到 N 个分数，如 $X_0,X_1,\cdots,X_{N-2},X_{N-1}$。
- 其次对所有匹配项的得分按照从大到小的顺序进行排序，得到：$Y_0,Y_1,\cdots,Y_{N-2},Y_{N-1}$。
- 再对选项进行衰减相加，$\text{TOTAL} = Y_0\times0.83^0+Y_1\times0.83^{1+}+Y_2\times0.83^2+\ldots\ldots Y_{N-1}\times0.83^{N-1}$。其中，0.83 是常数，通过计算，在共有 10 个匹配项时，通过每次 0.83 倍的衰减，满分近似为 100 分。

通过衰减，就算只有少数几个匹配项，也能获得 50～70 的分值。即便获得更多的匹配项，边缘分值也可能很低，所以多一个匹配项并不会对整体得分产生太大的影响。适用性评估评分模型如图 11-7 所示。

适用性评估过程通过回答问题得出评分和结论，实际上我们在与用户面对面沟通收集需求时也是类似的过程，即通过询问问题来对用户的需求做判断。当然，收集用户需求和需求分析阶段会更加复杂，在适用性评估阶段只提炼适用性相关需求，重点关注用户需求是否适合采用云平台来解决，是否能享受到云平台的优势。

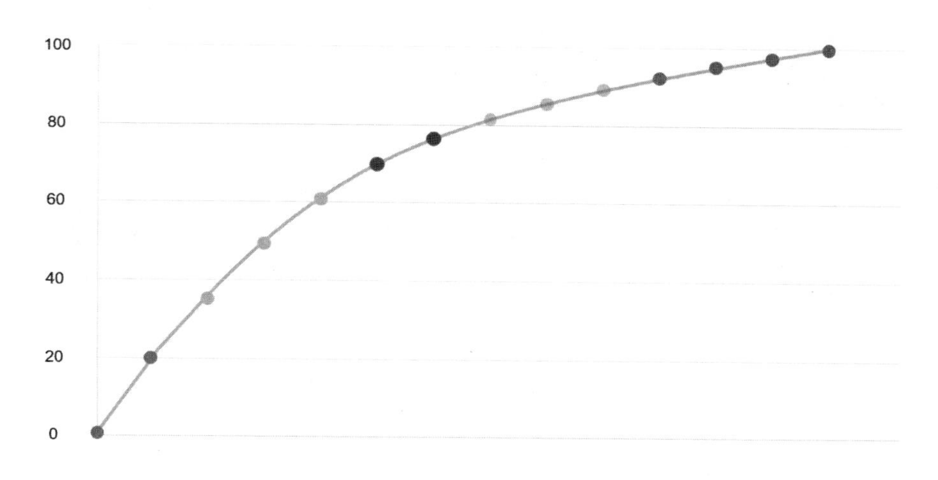

图 11-7　适用性评估评分模型

在回答评估问题之后会得到评估得分。根据对评估问题进行选择，可评估出适合的部署模型。如果需要快速部署业务、快速扩缩容能力、按需计费或较低的前期成本等，推荐使用公有云云主机及其他云资源的部署模式；如果有托管应用、托管服务器，需要减少运维，推荐使用公有云的托管应用、托管服务器进行部署；如果在 IDC 或本地已经有服务器，则根据是否需要保留这些服务器来选择混合架构或迁移上云采用公有云部署；如果需要重点考虑面向全球用户提供服务，则推荐全球部署；如果有规定或合规要求，避免将业务和数据部署至单个云平台中，则采用多云部署的模式。

11.2.3　评估问题

适用性评估问题如表 11-3 所示，选择符合当前业务需求的选项，并按照匹配程度从 0～20 分中进行打分，总分计算公式见上一节。其中，业务需求能匹配三项，就非常适合选用云计算来解决问题了。

11.3　成熟度评估

11.3.1　模型概述

成熟度评估主要评估业务架构设计是否完善，是否能够匹配业务需求。成熟度评估会以架构设计 6 大原则为依据来评测架构是否遵循最佳实践、摒弃坏味道。

成熟度评估级别分为 5 级，分别是 Level 0、Level 1、Level 2、Level 3、Level 4，如图 11-8

所示。其中，Level 0是成熟度的最低级别，表示当前架构存在较严重的设计问题，没有遵循或很少遵循架构设计原则；Level 4是成熟度的最高级别，表示架构良好地遵循架构设计原则，架构采用了合理部署、业务持续、弹性扩展、性能效率、安全合规、持续运营；中间的级别表示架构部分符合架构设计原则。成熟度评估级别定义标准如表11-4所示。

图11-8　成熟度评估级别

表11-4　成熟度评估级别定义标准

	Level 0	Level 1	Level 2	Level 3	Level 4
整体	零级	最小环境	基础使用	稳定	成熟
合理部署	单个产品或少量产品	在单个可用区内采用了多个产品部署	在单个地域内采用多个可用区部署或采用私有化部署	采用多个地域，或多个云平台，或混合架构	按照业务需求选择最合适的一种或多种部署方式，并能及时根据需求更新
业务持续	仅依靠云平台的能力，没有进行额外的架构设计	在可用区内实现了基础的业务冗余和数据备份	地域内实现业务高可用、数据高可靠存储	实现跨地域的业务部署及数据冷备	实现跨地域的应用级别热备或多活
弹性扩展	没有实现解耦、无可扩展性	通过负载均衡实现扩展	实现自动伸缩	通过监控指标自动响应扩缩容	通过资源编排、运维编排等进行自动扩缩容
性能效率	没有感知，无法干预	能够了解业务性能状况，但缺少改进措施	通过Redis实现数据缓存，实现基础的网络优化	通过组件解耦最大化使用资源性能，实时监测性能状况，定期进行压力测试	自动化响应和应对高并发、大流量等场景，能够及时发现并消除系统架构中的性能瓶颈
安全合规	仅有云资源的防护能力，没有额外设置安全策略	实现最基础的账号权限控制，避免无密码或使用弱密码等	实现基础的网络安全、应用安全	满足高等级的业务合规	持续运营巡检，及时发现并解决安全事件
持续运营	被动通知，无法感知资源故障与服务终止	能够监控资源	合理监控并有效告警，实现自动化响应	实现巡检，提供准备好的风险应对解决方案，并自动响应处理	定期评估、演练，有完善的演练方案和自动化响应能力

11.3.2　评估工具与评分模型

MumuLab 提供了成熟度评估工具，如图 11-9 所示，左侧是成熟度评估的标准，右侧是成熟度评估问题，用户可根据描述在多个选项中选择一个或多个，如果该问题不适用于当前架构可选择“不适用”的选项。评估完成后将会获得整体评分、级别、现状和改进建议。

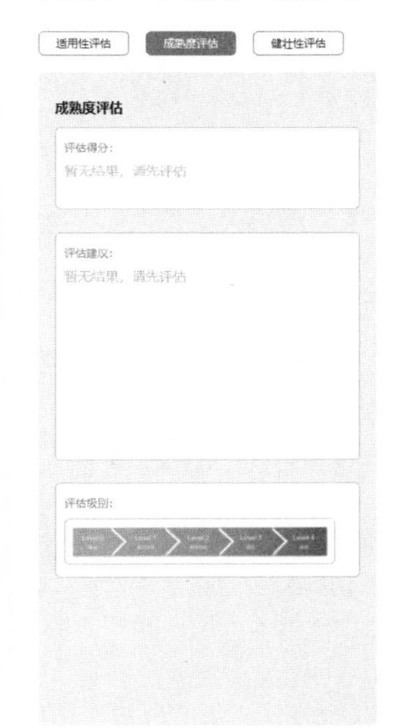

图 11-9　成熟度评估工具

可通过里程碑来管理多次评估，查看评估历史记录，也支持多次重复评估。

成熟度评估的计算分数模型和适用度评估的不同，将会根据评估问题计算得分。用户通过评估工具来回答成熟度评估的问题，在多个选项中选择多个当前业务架构设计的真实情况，评估完成后将会获得整体评分、级别、现状和改进建议，下面按照评估问题、评估子项（6 大架构设计原则）、综合评估三个维度来具体介绍。

- 评估问题。

如表 11-5 所示，每个问题有多个选项，多个选项有级别分类，如选项 A 属于 Level 2、选项 B 属于 Level 3，应根据选项确定每个问题的得分。

- 评估子项。

按照每个架构设计原则进行分类的问题汇总得分和级别，得出该子项的评分，如表 11-5 所示，每一行为一个子项。

- 综合评估。

所有问题的综合得分为整体得分。评估结果中还包括现状和改进建议，实际上是每个子项的现状和改进建议的简单相加，最后输出整体评估结果的结论性语句。成熟度评估级别如图 11-10 所示。

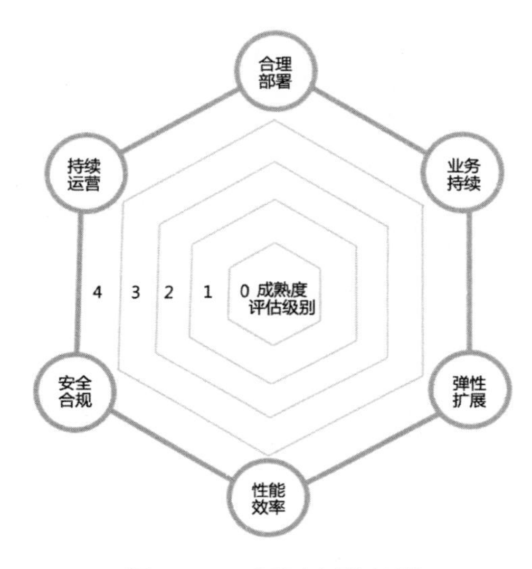

图 11-10　成熟度评估级别

11.3.3　评估问题

按照表 11-5 中的问题进行评分，这些评估问题都参照了架构设计的 6 大原则，成熟的、良好设计的解决方案应该遵循这些设计原则。

表 11-5　成熟度评估问题及评估结果

支柱	模块	评　估　项	评估结果（自行选择一至多项）
合理部署	部署适用性（部署方式）	A．公有云云主机或 Serverless 形式 B．公有云托管应用 C．公有云托管服务器 D．私有云部署 E．混合架构，在采用公有云的同时采用了私有化部署、IDC 托管、混合架构等 F．不适用	

续表

支柱	模块	评 估 项	评估结果 （自行选择一至多项）
合理部署	部署适用性 （部署区域）	A．仅部署在一台或几台云主机中，没有考虑跨可用区 B．部署在同一个地域的两个或两个以上可用区中 C．在同一个国家部署在两个或两个以上的地域 D．采用的两个或两个以上的地域涉及多个国家 E．采用多个公有云云平台 F．不适用	
业务持续	高可用	A．采用负载均衡管理多个云主机来避免云主机单点 B．同一个业务采用了多个地域来部署，并且保持数据同步 C．单个地域内的云主机保持无状态 D．任何一个组件至少运行在 2 台云主机中 E．不适用	
	高可靠	A．外网可访问的静态文件采用对象存储 B．对象存储设置了跨地域复制 C．采用公共空间 D．采用私有空间 E．采用低频存储或归档存储 F．设置自动转换数据类型 G．不适用	
	高可靠	A．在云数据库可以满足需求的情况下采用自建数据库 B．采用云数据库存储关系型数据、文档型数据 C．为云数据库配置细粒度的自动备份 D．云数据库采用读写分离 E．云数据库采用一主多从架构 F．云数据库设置跨地域的数据备份或同步 G．不适用	
	容灾	A．云主机对部分业务实现同城容灾 B．云主机对所有业务实现同城容灾 C．对容灾进行过演练或计划马上进行演练 D．所有业务均没有容灾 E．所有业务实现高可用 F．不适用	
	备份	A．混合架构中没有实现备份到公有云 B．公有云中对云硬盘进行快照或者通过数据方舟实现 CDP 备份 C．云数据库设置自动备份机制 D．云数据库设置手动备份机制 E．不适用	

续表

支柱	模块	评估项	评估结果 （自行选择一至多项）
弹性扩展	计算资源	A．部署同类型业务的云主机通过负载均衡进行绑定 B．一组同类型的云主机绑定到自动伸缩组中 C．将状态数据保存在云主机本地 D．通过运维编排来处理，对负载均衡后端节点采用纵向升级云主机、云硬盘配置 E．通过运维编排来处理，对负载均衡后端节点优先采用横向扩展云主机、云硬盘配置 F．需要手动操作云主机进行扩展 G．不适用	
	解耦	A．系统组件之间没有解耦，通过紧耦合的方式进行部署 B．解耦后的每类系统组件运行在单台云主机中 C．通过消息队列对事件和组件调用进行解耦 D．采用 API Gateway 进行解耦 E．不适用	
	组件解耦	A．将动态请求和静态请求分离开 B．将所有请求都通过动态请求处理后再调用静态资源展示 C．系统组件通过消息队列或 API 网关进行解耦 D．组件并没有对消息实现重试操作 E．不适用	
	数据库	A．在云主机中自行搭建数据库，保持单机版运行 B．在云主机中自行搭建数据库，设置主从扩展 C．采用高可用版本的云数据库 D．对云数据库设置读写分离 E．数据库采用从库来处理读请求，降低主库的负载 F．不适用	
	扩展	A．云主机仅采用纵向扩展，没有横向扩展 B．采用横向扩展提升整体性能、减少单点故障 C．根据 CPU 等资源监控指标进行自动伸缩 D．设置时间周期，进行自动伸缩 E．不适用	

续表

支柱	模块	评　估　项	评估结果（自行选择一至多项）
性能效率	计算性能	A．对所有系统组件采用相同规格的云主机资源 B．对高并发、I/O 读写要求高的应用选择增强型云主机资源 C．对云主机等计算资源进行监测，当性能不足时纵向升级云主机配置，或者横向扩展，增加云主机的数量 D．将云主机绑定到负载均衡中，以便减少云主机升级、扩展时对业务的影响 E．不适用	
	Redis 缓存	A．采用 Redis 缓存关系型数据库的数据 B．采用 Redis 读写高频率访问的数据 C．采用 Redis 存储共享状态的数据 D．不适用	
	CDN 缓存	A．采用 CDN 缓存加速静态数据 B．采用 CDN 缓存加速动态请求 C．根据文件类型设置 CDN 缓存时效 D．不适用	
	网络性能	A．没有进行网络优化，用户所有资源访问唯一的业务源站 B．业务系统通过 CDN 加速静态文件访问和动态请求 C．采用多地域部署时通过高速通道进行连通，并且监测高速通道网络的使用情况 D．当最终用户和业务源站相距较远时，通过应用加速提升访问质量 E．不适用	
	性能监测	A．通过 APM 监测 Web 应用、App 应用是否能正常请求 B．对 Web 应用、App 应用采用应用性能管理 APM，及时发现应用系统的性能瓶颈 C．能够清晰地掌握系统组件的调用逻辑关系，并能够快速、准确地定位到性能瓶颈和不适用的情况 D．不适用	
	压力测试	A．对业务系统进行压力测试，掌握业务系统及各个组件的服务能力极限值 B．通过压力测试获得系统组件 SLA 并设置服务限流机制 C．业务系统已经设置了自动伸缩，没有进行压力测试，相信能够在访问压力增加的情况下通过自动伸缩来扩展资源并应对访问压力 D．不适用	

续表

支柱	模块	评估项	评估结果（自行选择一至多项）
安全合规	安全及主账号与子账号	A．按照团队成员划分子账号 B．已经给子账号分配了合适的权限 C．团队通过主账号来访问 D．子账号访问控制已开启 E．不适用	
	账号与授权	A．用户通过账号和密码登录 B．用户通过 Key 登录 C．对公钥和密钥进行管理 D．对 API 公钥和密钥设置黑白名单 E．不适用	
	终端安全	A．对云主机进行入侵检测需要安装 Agent，为了避免 Agent 带来的额外系统压力，默认不安装 Agent B．因安装 Agent 过于复杂和费用等原因没有安装入侵检测 Agent C．对云主机安装 Agent 并进行检测 D．不适用	
	数据安全	A．对 Web 应用申请 SSL 证书并全部统一为 HTTPS 访问 B．对重要数据进行加密存储 C．对敏感数据进行脱敏处理 D．不适用	
	网络安全	A. 所有 DDoS 防护均依靠云平台提供的基础 DDoS 清洗能力进行防护 B．初步按照云平台提供的 DDoS 清洗能力进行防护，当攻击流量增大时采用付费 DDoS 清洗服务，当攻击流量再增大时，采用 DDoS 高防 IP 进行防护 C．对于海外 DDoS 攻击，采用 Anycast EIP 进行防护 D．当 DDoS 攻击流量超过云平台默认的防护值时对业务 IP 进行封禁，业务系统偶尔中断服务也在可接受范围内 E．不适用	
	应用安全	A．对 cc 攻击、XSS 攻击、SQL 注入攻击等 Web 应用攻击没有采用防护措施 B．对 cc 攻击、XSS 攻击、SQL 注入攻击等 Web 应用攻击采用 WAF 进行防护 C. 业务系统部署 WAF，稳定运行后，采用 WAF 防护 Web 应用攻击，仅采用告警模式而没有采用拦截模式 D．不适用	

续表

支柱	模块	评　估　项	评估结果（自行选择一至多项）
安全合规	审计与合规	A. 对业务进行评估并按照等保要求获得测评认证 B. 对网站进行备案 C. 当涉及海外用户，或者业务和数据部署在海外时，应充分按照海外当地的法律法规来部署业务、存储和传输数据 D. 特定行业的业务应严格按照行业规定进行业务部署、存储和传输数据、实现容灾备份等 E. 不适用	
持续运营	SLA	A. 掌握云资源和服务的 SLA B. 进行架构设计时已充分考虑了云资源和服务的 SLA，并实现冗余 C. 对用户自己业务的 SLA 进行量化 D. 根据量化的 SLA 设置服务阈值，避免出现超过 SLA 的异常情况，从而对整体业务造成危害 E. 不适用	
	云监控告警	A. 对云资源和服务至少进行最基础的监控和告警 B. 对所有级别的监控告警都通知所有人员 C. 对所有监控告警按照严重等级分别通知不同的人员 D. 对业务监控根据不同的触发条件采取自动响应措施 E. 不适用	
	成本优化	A. 能够周期性收集费用成本并进行分析 B. 能够通过自动伸缩、对象存储尽量选择内网传输、冷热数据分层存储等方式来节省成本 C. 设置合理的费用余额告警 D. 当账号余额不足导致资源不能及时续费时优先选择业务降级，保障数据可靠性 E. 不适用	
	数据	A. 没有对数据按照冷热度进行分层存储 B. 对数据按照冷热度进行分层存储，并自动转换存储类型 C. 不适用	
	运营	A. 有完善的团队维护系统运营 B. 能够定期巡检资源并及时处理 C. 能够定期对架构进行适用性评估、成熟度评估、健壮性评估，并对架构进行重构 D. 能够定期按照预演方案进行演练并复盘改进 E. 不适用	

11.4 健壮性评估

11.4.1 模型概述

混沌工程理念是指提前注入故障，如开源的 Chaos Blade 工具能够对系统注入 CPU 负载升高、内存占满、网络增加延迟等故障来模拟整个系统是否能顺利按照预期进行扩展。应该将混沌工程理念纳入云架构设计中，在架构设计过程中注入故障场景、演练场景来验证架构的健壮性。就像将一只可以“为所欲为”的“猴子”加入应用系统或解决方案架构，这只“猴子”可以做任何事情，如破坏云主机资源、破坏数据库、破坏 Reids、可用区网络中断、迁移过程中网速极慢、海外部署时可能出现的不合规风险等，或者经过折腾导致业务流量激增、删库跑路等事件。

基于混沌工程理念的破坏性机制，我们对任何组件、资源、服务、平台都不能完全信任，即“零信任”，我们认为任何事件在任何时间都可能发生，都要纳入架构设计与健壮性评估的范围。在架构设计完成之前，将设计模式使用的时机及场景注入解决方案架构中，测试整个应用系统能否按照预案和预期来执行扩缩容、故障转移、流量切换等，进行评估检验后才能完成整个设计过程。借鉴混沌工程理念的健壮性评估是对架构应对破坏性场景的能力的评估。

如图 11-11 所示，健壮性评估同样分为 5 个级别，为 Leve 0（无健壮性）、Leve 1、Leve 2、Leve 3、Leve 4，健壮性评估级别定义标准如表 11-6 所示。其中，Leve 0 无健壮性是指没有在架构健壮性上进行设计，仅依靠云平台自身的机制，被动响应事件。Leve 4 是指对架构健壮性做了充足的准备，包括应对各类云资源、云平台异常带来的影响，也对架构、线上环境、团队进行了充分的演练和管理。

图 11-11　健壮性评估级别

表 11-6　健壮性评估级别定义标准

评 估 维 度	Leve 0 无健壮性	Leve 1 基础级	Leve 2 稳定级	Leve 3 成熟级	Leve 4 卓越级
云资源	没有针对云资源故障进行额外设计	通过负载均衡等实现简单冗余	能够应对可用区级别的故障	能够有效应对地域级别的故障	云资源未达到 SLA 时，架构经过良好设计而使用户无感知
云平台（业务）	直接导致业务中断和数据丢失	影响部分业务	异地有备份，不能立即使用	异地有备份，但是需要恢复	实现业务多地域多活

续表

评 估 维 度	Leve 0 无健壮性	Leve 1 基础级	Leve 2 稳定级	Leve 3 成熟级	Leve 4 卓越级
演练	没有演练	可应对单个资源的异常、数据丢失等情况	实现可用区级别的演练，能够应对单个可用区中的业务和数据损失的风险（通过其他可用区进行业务和数据恢复）	实现地域级别的演练，能够应对单个地域业务故障和数据损失的风险	能够在多云、混合架构或多个地域中进行灵活切换
团队	被动	有专职或兼职维护人员	有专职维护团队进行自主管理	良好的团队管理	—

11.4.2　评估工具与评分模型

评估时根据有限的问题进行回答并计算得分，可在 MumuLab 中进行评估，如图 11-12 所示。健壮性评估就是评估应对风险和挑战的能力，需要对每一个评估问题进行检测（如果和当前架构设计不匹配，可选择不适用）。从满分 100 分中扣减不满足的分数项，获得评估得分、级别、现状和改进建议。

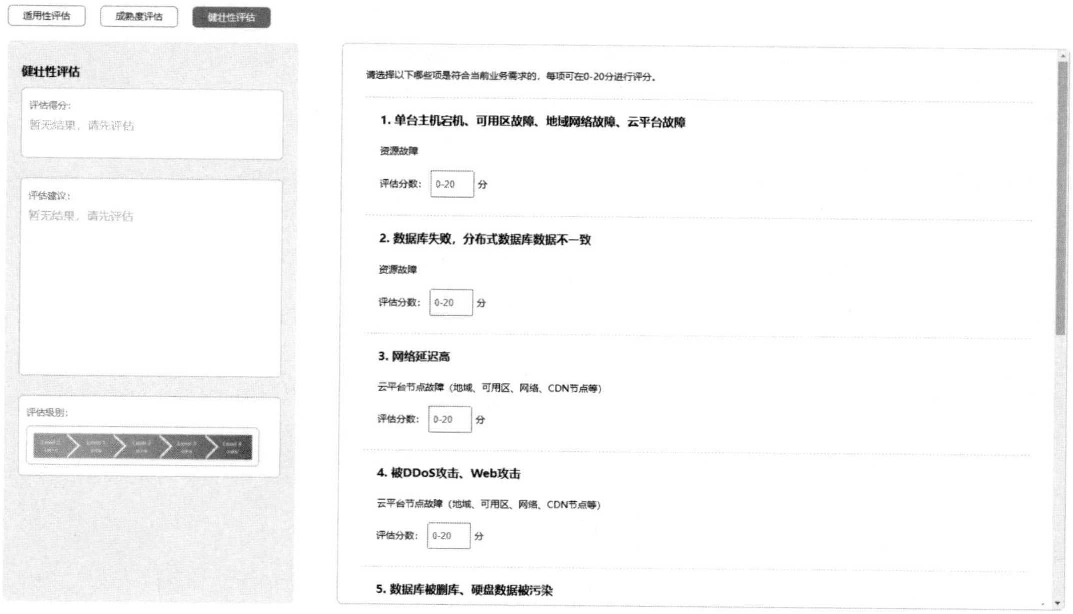

图 11-12　健壮性评估

回答评估问题可以获得健壮性评估得分、级别、现状和改进建议。应对云资源级别故障时需要避免单台云主机宕机等单个云资源故障；应对云平台节点故障时需要采用多个可用区、多个地域、多个云平台；良好的业务架构还能够在遭受 DDoS 攻击、流量激增等外部事件时进行很好的应对，避免对业务产生影响；应该进行有计划的业务场景演练，采用团队应急响应机制等。

11.4.3 评估问题

混沌评估需要考虑的指标项有云平台节点（如可用区、地域网络、云平台）故障、云资源故障、外部事件、演练场景（备份失败、备份丢失等）、团队等。健壮性评估问题如表 11-7 所示。

表 11-7 健壮性评估问题

分 类	评 估 项
云平台节点故障	可用区故障 地域网络故障 云平台故障
资源故障	云主机宕机 负载均衡服务异常 Redis 缓存时效 CDN 无效，导致数据回源 网络严重抖动 数据库失败，分布式数据库的数据不一致 数据库被删库，硬盘数据被污染 对象存储故障 消息队列故障，发生消息丢失等情况
外部事件	DDoS 攻击 Web 攻击 流量激增 临时合规检查
演练场景	备份失败 备份丢失 云主机容灾失效 全局负载均衡，切换 DNS 的时间太长
团队	团队没有收到告警 告警误报 资源压力过大 团队误删除数据盘 费用不足，导致资源无法续费

12

第 12 章 总结与展望

如果只是将云计算限定为集中式的数据中心计算和集中式的存储，那就太狭隘了，用户的服务器和存储集中到了云服务商的数据中心，那我们可以称围绕服务器和存储的各类服务为云端的周边产品，为什么它们不跟随服务器和存储一起提供服务呢？

如图 12-1 所示，用户业务中的服务器、存储及周边产品都通过云端进行购买，业务中还会用到数据库、中间件、视频处理等功能，还不如把业务中能用到的功能在云平台一站式购买和维护管理，除此之外，还会把原有的 DevOps、代码托管、办公流程协同、CRM、财务软件等引入云平台。围绕云平台有由多层技术合作伙伴、行业合作伙伴、服务合作伙伴等组成的云生态，靠近云平台的合作伙伴的产品与服务正在逐渐融入云平台中。云计算将会围绕生态、细粒度计算资源的广度、深度等方向综合发展。

本章包括以下内容。

- 云的变化与趋势。
- 经验的提炼与能力的复用。
- 构建自己的浪潮之巅。

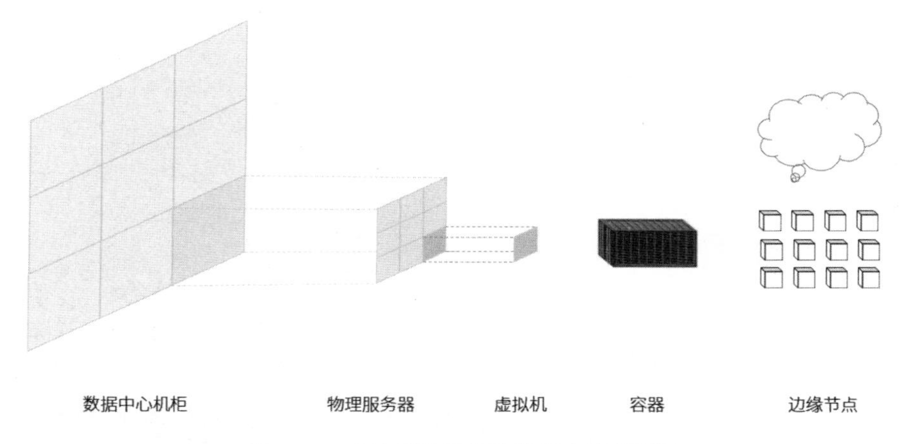

图 12-1　云计算提供的计算能力粒度更细

12.1　云的变化与趋势

12.1.1　边缘化

云计算的发展经过了几个阶段，最初提供文件存储和共享、云端计算能力的共享，云平台逐步横向扩展了云产品的丰富度，包括中间件、消息通信、企业应用、开发流水线、视频处理、游戏托管等。云平台面向用户提供 IaaS、PaaS、SaaS 等应用，底层纳管的资源不仅仅是集中的公有云数据中心，还拓展到了用户私有化部署的平台，拓展到了靠近用户的边缘计算节点，拓展到了数据采集和处理的物联网接入网关。云平台正朝着边缘化发展，也将继续沿着这个趋势前进。

除了公有云服务，云服务商将云计算操作系统打包，提供给需要私有化部署的用户。用户业务的 IT 架构现状复杂，非常多的用户已经在本地环境部署业务，又采用公有云组成了混合架构，从这个角度上来说，云计算逐步纳管了更多的资源。云计算的边缘已经从公有云的数据中心延展到基本上所有的 IT 资源类型。

将业务和推送的数据部署在离最终用户更近的地方，智能摄像头、各类传感器设备在采集数据后并非将所有原始数据上传到云端，而是就在这些设备中就近存储和分析，再将处理后的数据传输到云端，减少了数据传输量，也减轻了所有数据都到云端集中分析的压力。边缘节点不再只是单纯地采集数据，而是集成了计算和临时存储能力，将计算能力下沉。

最终实现云、端、边的融合，公有云、私有平台、混合架构、边缘计算、物联网等渗透发展，让以计算存储网络为核心能力的云计算无处不在。

12.1.2　精细化

最初，大部分用户采用物理云主机或虚拟化的云主机来进行任务计算，发现当使用的云主机数量达到一定量级之后，云主机的负载利用率不再提高，而减少云主机数量又担心对业务可用性造成影响。通过容器化及无服务器（Serverless）的形式计算任务，能够兼容各类型的云平台和计算资源，忽略底层计算平台的差异性，因此越来越多的应用采用 Serverless、微服务、云原生的方式进行部署。

Serverless 计算任务时能够根据任务复杂度自动调度计算资源，使用的计算资源的粒度要比云主机更小。计算资源的粒度越小，计费单元也越小，资源使用率就会提升。进行 Serverless 计算时用户无须关注底层使用的资源来自哪里，是否会宕机等状况，从私有化平台切换到公有云，或者从多个公有云平台之间进行迁移时，对 Serverless 应用的影响不大，因为应用与底层资源之间是松耦合关系。

通过 Serverless、微服务、云原生的方式能够统一调度使用的资源，任务复杂度高就调度较多的资源，任务简单就调用较少的资源。云平台提供的服务不再仅是“粗犷”的整个机柜、整台物理服务器、整台虚拟云主机，而是更加精细化的 Serverless 服务。

12.1.3　集成能力

云平台经过 15 年的发展，提供的产品和服务已经有了很大的变化，云平台的周边生态也随之发生了变化。云平台在 IaaS 层提供三大核心能力：计算、存储、网络，云计算发展的最初阶段也是围绕这三大能力扩展产品与服务的。单纯的 PaaS 厂商一般是由传统的软件或产品提供商转变而来的，缺点是 PaaS 厂商没有底层 IaaS 资源和能力，通过 IDC 来自研相当于重新做 IaaS 的业务，难度太大，PaaS 厂商选择了融入 IaaS 云平台的生态市场，与 IaaS 产品和服务进行整合，提供融合适配的解决方案。

以前，云计算提供了非常方便的基础云端服务器和云端存储能力，并逐步扩展到更加完善的云硬盘、云数据库、云端 Redis 等服务，以及云端监控和安全服务。进一步发展后，增加了消息队列等中间件、大数据、人工智能、物联网、视频处理等服务。现在，发展成集成迁移、完善的备份容灾、一站式高可用演练平台、性能监测、一站式运维等服务，此外，还有集成云端开发，包括持续部署及代码托管、Cloud IDE 等服务。

IaaS 云平台有自己的优势，就是有大量的资源及云计算操作系统，在此之上构建生态市场相对容易很多。IaaS 云平台一方面提供生态市场的方式将更多厂商的产品与服务进行展示，供 IaaS 用户一并选择；另一方面，对于 IaaS 解决方案交付实施时常见的组件，如 MySQL、Redis、消息队列、云桌面、迁移服务、容灾备份，云服务商选择了自研或 OEM 成熟的第三方合作伙伴的产品。通过集成云周边的能力，云产品和云服务的数量逐步增加。部分云服务商已经在集成 SaaS 能力，紧密围绕在云周边的生态都将被云平台逐步吸取。这也是对 PaaS、SaaS 厂商的挑战，需要积极面向云平台进行转型，与 IaaS 云平台进行合作共赢。（注意：任何企业之间的合作应建立在平等、信任、双方互惠的角度上，以合作为途径来窃取技术与知识产权是绝不可取的。）

现在，云服务商不单单提供产品与服务，也在面向行业赛道逐步突破，有人提到，“云服务商”正在“革集成商的命”，这不是危言耸听，集成商能对接的项目，具有集成资质的云服务商自然也不会放弃。在拿到项目后，集成商和云服务商都是进行分包，整合方案与技术，既然发展路径和中间用到的厂商、产品、服务都一样，最底层的 IaaS 资源采用云平台比采用传统 IT 架构还有更多优势，那么云平台也就有足够的动力去集成了。

云服务商不仅仅集成互联网行业方案、传统私有化部署的项目，还包括智慧园区、智慧校园、智慧景区、智慧医疗、智慧交通、智慧城市等行业，现在云服务商也在向传统 IT 架构难以解决的技术场景发起冲锋，使得云计算无处不在、无处不往。

12.2 经验的提炼与能力的复用

云计算形态的产生和发展结合了大数据、人工智能等技术，在各场景中落地应用，实现降本增效。技术的发展为人们提供了更加便利的生活，将原本需要人力计算和处理的任务交由云平台处理。但是在设计解决方案时，大部分情况还是依靠人工去设计，而解决方案的好坏取决于主要负责工程师个人和团队的经验、能力，这显然不利于解放人力、复用经验能力、提升效率。

难以统计基于云平台落地交付了多少项目、涉及多少行业，大部分项目都是通用技术能力的复用，这些可复用的经验只能在解决方案架构师之间沟通与传递，路径相对单一，且思考角度不同，质量参差不齐。架构师在经历的项目多了之后，也会遇到各式各样的个性化问题和最佳实践，这些都是非常宝贵的经验，也都遇到了能力复用、经验传递的痛点。

通过设计模式的思想，将自己所在技术方向中的经验进行提炼总结，形成各种设计模式，在设计新的方案时，任何技术人员都可以选用设计模式构建解决方案，打破了必须通过人来传递的限制。设计模式并非一个个模板，而是一种方法，一种提炼可复用方案、应用可复用方案的方法，如总结提炼 DevOps 云端开发设计模式、物联网设计模式等。

更进一步，通过自动化平台将设计模式自动匹配到需求与场景中，可实现自动化构建解决方案。这样用户就形成了自己的经验模型，当然并非所有人提炼的经验模型都是正确的、准确的、可复用的，还需要通过应用进行验证。之后便能使用，在内部进行业务方案设计、项目研发时，推出一套合适的、可执行的设计模式，目标就是通过把一些流程标准化、把已经有的“轮子”描述清楚，以便能够快速引用，形成更加完善的解决方案体系。还应该考虑的就是在这套解决方案设计模式的推动过程中会碰到哪些问题，如其他团队认为没有落地可行性、对项目没有推进作用、执行时磕磕绊绊、学习成本高，这时就需要重新审视并打磨这套体系。如果能通过设计模式体系来量化架构设计、项目研发，则会成为整个方案体系中的亮点。

通过培训、沙龙活动交流等方式可以传递经验，这是非常重要的方式，而将经验提炼为设计模式、构建良好的自动化处理平台无疑能够加速经验的传递。

很多书中都会或多或少地介绍点“没有银弹”，实际上这句话基本上对于任何行业都是适用的，也是正确的，所以人们才会乐此不疲地使用它。我们也想说，对于云计算业务的架构设计没有万能的方法，也没有完全适用的模型和框架，关键在于结合业务场景的交付实践，满足当前业务需求。

12.3　构建自己的浪潮之巅

看过《浪潮之巅》，感叹和崇拜那个百舸争流的年代，多少企业与团队的浮浮沉沉，多少英雄人物的功成名就，都在述说着这个时代的一个个故事。正是这些企业、团队、个人不断推动科技进展的步伐，创造技术变革，深刻改变了我们的生活、学习、工作方式。

认真想想，我们也处于浪潮之巅，也在通过技术与创新站在时代的最前沿，我们也在谱写着属于自己的点滴故事。在这个技术与机遇稍纵即逝的时代，能够参与信息化、数字化浪潮中已经很是自豪，笔者在此呼吁大家能够不负韶华，把握属于自己的时间、属于自己的年华，努力再努力，梦想终将实现！

附录 A

云架构设计模式列表[1]

A11 使用云主机快速部署业务

虚拟机是公有云最常规的计算产品，在使用单个虚拟机时和传统架构下服务器的使用方式的区别不大，虚拟机是公有云部署的第一选择。

A12 托管应用

托管应用适用于不关心底层架构、只关心应用服务的场景，需要快速实现应用的高可靠、高可用部署。

① 设计模式概要信息汇总表请在 MumuLab 网站中获取。

A13 托管服务器

本地环境有物理服务且计划不再自行维护时，或者需要独占的物理机柜，但用户不打算自己维护时，可将服务器托管到云平台。

A21 私有化部署

将公有云能力进行私有化部署，以便满足合规、监管、特殊需求等场景，交付时可能包括数据中心、服务器集群、云计算操作系统等。

A31 混合架构连通

连通本地环境及公有云环境，对本地资源利旧、实现合规要求，也能扩展本地环境的计算、存储、安全防护能力。

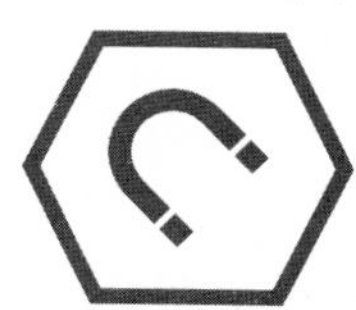

A32 云管理平台

通过云管理平台（Cloud Management Platform，CMP）实现统一资源纳管、统一运维管理、统一分析运营、统一访问门户，以屏蔽底层异构架构、实现异构架构全方位的监控告警、在不同资源平台中调度任务。

A41 全球部署

实现业务全球部署并非为了设计而设计，而是跟随用户，当用户遍布全球或集中在海外某个地区时，为了降低用户访问业务的延迟，建议在用户集中地实现业务就近部署。

A51 多云部署

采用多个云平台部署业务或存储数据，以便在多个云平台中各取所长，提升业务持续性，避免绑定单个云平台。

B11 地域内业务高可用

为了提升业务在地域级别的可用性和数据可靠性而采取 2 个或 2 个以上的地域进行业务部署，并且能够实现数据异步同步和流量分担。

B12 跨地域业务部署

业务在单个地域内部署之后，已经能够满足大多数企业对业务高可用的要求，对于需要进行异地高可用、避免地域或城市级别灾难的应用还需要考虑多地域部署，在多地域间进一步提升业务可用性、数据可靠性。

B21 非结构化数据可靠存储

业务系统中有大量的静态图片、静态页面，读取请求往往成为系统瓶颈，可以通过对象存储服务实现海量静态文件的可靠存储和读取高可用，以应对时时刻刻都在快速增加的文件。

B22 采用高可用的云数据库

自行搭建数据库服务需要自己考虑底层集群的状态，自行维护数据库实例安全、可用，运维成本高，直接选用云平台提供的高可靠、高可用的云数据库服务可以减少底层运维，面向服务上云。

B31 业务容灾

通过实现业务容灾、进行容灾演练避免出现整个可用区或地域级别的资源或业务故障。

B32 云端备份

对于已经在云端部署的业务和云端存储的数据，首先要考虑的是当前单个可用区内的备份，单个可用区内的备份也是跨可用区、跨地域，甚至跨云的基础。在单个可用区内尽可能采用云平台的机制保证在单个可用区内的数据和业务是有备份的，实现可用区内的业务持续性和数据可靠性。

B33 数据库备份回档机制

在云端采用云数据库能够保证可用性，进一步提升云数据库实例和数据的可靠性，还要对数据库采用多重备份机制，云平台提供手动备份和自动备份的接口备份数据，并且支持将备份文件进行二次转存。备份的数据库可随时恢复或拉起新的实例投入使用。

C11 数据存储访问动静分离

将静态文件的读取和写入请求剥离，将原来由存储阵列及服务器进行存储、读写的方式交由高可靠设计、分布式存储的对象存储服务来提供支撑。

C12 通过消息队列解耦组件

为了避免业务逻辑链过长，任何一个环节出现故障、超时、错误都会影响整个业务逻辑的准确性，可以把业务逻辑链转换成多个功能职责单一的任务，不同任务之间可以相互调用并互相隔离，从而实现系统组件上的解耦。

C21 计算自动伸缩

云端业务应该是面向服务的，目的也是保证业务的持续性，尽量减少人工参与的过程。底层资源不应根据个人经验进行扩展，也不能根据告警信息进行手动扩展，而应该根据资源运行状况的监控或周期性策略进行自动化的资源扩展或缩容。

C22 数据库层扩展

计算资源的扩展相对容易些，成为系统瓶颈的往往是数据库。数据库难以灵活扩展主要是因为不能同时满足读写一致性、时效性等，也就是常见的 CAP 理论。需要尽可能实现数据库实例配置纵向升级、读写分离、多个从库节点线性扩展、数据库分库分表等。

C23 通过混合架构扩展本地能力

通过混合架构将本地环境的应用或数据备份到公有云端，在本地环境故障或停止服务时将业务流量牵引到公有云端，提升业务和数据的可靠性。通过混合架构来扩展本地环境的安全防护能力，即通过云平台的安全服务来对本地环境中的业务、资源、数据提供安全攻击拦截、安全风险识别服务。

C31 业务及数据迁移

为了实现业务和数据的备份、容灾或实现异地高可用，需要将业务和数据迁移。无论是从本地数据中心迁移上云，还是从某个云平台迁移至第三方云平台，都需要迁移方案。

C41 流量转发及全局负载均衡

有多个地域部署或多个云平台部署时需要统一流量入口，通过全局 DNS 或选取一个云平台的地域作为核心业务区，进行流量转发。

D11 提升计算性能

通过纵向升级云主机配置，以及采用高主频型云主机、网络增强型云主机、计算密集型云主机等来提升云主机的计算性能。

D21 缓存数据库

对于高并发等业务场景，在 MySQL 数据库中读写数据难以满足效率要求，需要更高效的内存数据库来进行缓存，如 Redis。除了提升存取效率，Redis 还能实现“秒杀”、实时计算、共享状态存取等功能。

D22 CDN 缓存加速

无论是托管在对象存储服务中的静态网站，还是业务系统中的某些静态资源，在面向全球用户的访问时，总会遇到因为物理距离远而导致访问体验感降低的问题，云服务商在全球提供数百甚至上千的 CDN 节点，通过将源站数据缓存至这些 CDN 节点，可以使用户从物理距离较近的 CDN 节点获取数据，从而减少访问资源的物理距离，获得加速效果。

D31 网络优化

全球跨地域网络环境复杂，导致延迟高、丢包率高，需要在全球范围内通过应用级别、网络级别的产品提供整体加速方案。

D32 选择最优部署地域

通过监控数据进行统计分析来决策如何在全球范围内选择合适的地域，替代仅按照物理距离或按照经验的方式来选择。

D41 应用性能管理 APM

通过应用性能管理（Application Performance Management，APM），用探针 Agent 的方式来梳理应用拓扑结构、追踪链路调用关系，有了应用拓扑结构和链路调用关系，就能根据性能数据来分析性能瓶颈。

E11 权限策略与访问控制

架构设计之初就应该考虑账号及权限体系，仅为用户分配最低权限。云平台提供身份识别与访问管理（Identity and Access Management，IAM）来管理主账号、子账号、权限、授权等。

E21 终端安全

使用主机入侵检测服务来主动监控和发现主机上的安全漏洞、异常登录行为、木马文件，发现并记录黑客入侵、暴力破解服务器账号密码等行为，从而保护云主机的安全。

E22 数据安全

通过混合架构将本地数据备份到云端实现云端数据在云端的备份。数据传输过程中通过 SSL 证书进行加密，通过数据脱敏保证数据安全，此外还有日志审计、数据库审计，提供整个数据生命周期的加密和保护机制。

E23 网络安全

通过云平台提供的免费基础防护、流量清洗、高防 IP、Anycast EIP 等多种方式有效防护 DDoS 攻击。

E24 应用安全

本地环境的安全防护能力有限，通过公有云 WAF 将所有流量引入并进行过滤，将过滤后的流量转发到本地环境，扩展本地的安全防护能力。

E31 审计

通过堡垒机、数据库审计来支持运维管理人员访问云资源、操作数据库，通过日志审计来分析和定位异常操作，便于定位事故责任人、排查故障原因、满足合规要求。

E32 合规

在中国内地的云主机上提供网站等 Web 服务时需要实现备案，企业业务要定期进行等保测评，当业务面向海外提供服务时，也需要满足当地的合规要求。

F11 云服务等级协议 SLA

认识并基于云产品、云服务的 SLA 进行上层架构设计，量化用户自身业务的 SLA。

F21 云监控告警

对云主机、云硬盘、云数据库、网络等云资源进行监控，将用户自定义的监控数据统一汇总至云监控中，通过 Dashboard 进行展示，或通过邮件、短信、电话、钉钉、微信等方式进行告警通知，并通过回调函数进行自动化响应。

F31 成本优化

对于任何类型的企业和团队，或者任何类型的业务，都只需为占用的资源进行付费，无须为不必要的资源和服务承担费用。细究，我们还要考虑业务系统占用的资源是否有优化的空间，是否有浪费的、闲置的资源可以释放，从而进一步优化成本。

F41 冷热数据分层存储

数据有冷热之分，在存储、备份、计算时有不同的性能及价格要求，需要根据数据的冷热度和数据价值进行全生命周期的管理。

F42 数据开放及隐私计算

云服务商提供了基于云平台的计算和算法沙箱环境，并串联原始数据存储、数据传输、计算结果保存、计算结果输出等上下游形成隐私保护计算服务，保证数据的拥有权与使用权分离，保证数据安全可靠，保障交易记录不被篡改，打破数据孤岛，实现数据交叉分析和数据开放。

F51 持续运营

业务部署或迁移完成仅是业务上云的第一步，还需要持续监测业务的运行状况，提供每天、每周或每月的业务持续巡检，并进行持续改进和优化。

附录 B 云服务名称对应表

在不同的云服务商中，云产品的名称也不相同，本书难以把所有云服务商对产品的命名都列出来，因此本书抽取了一些共用的产品名称进行介绍，通过表 B-1 可以对照了解几家主流云服务商的产品名称。

表 B-1　云产品名称对照表

本书使用名称	UCloud	阿里云	华为云	腾讯云
云主机	云主机 UHost	ECS	弹性云服务器 ECS	云服务器
轻量级应用服务器	—	轻量应用服务器	—	轻量应用服务器
物理云主机	物理云主机 UPHost	弹性裸金属服务器（神龙）	裸金属服务器 BMS	黑石物理服务器 1.0
对象存储	对象存储 US3	OSS	对象存储服务 OBS	对象存储
云数据库	云数据库 UDB-MySQL	RDS	云数据库 RDS	云数据库 MySQL
云硬盘	云硬盘 UDisk	块存储 EBS	云硬盘 EVS	云硬盘
EIP	EIP	弹性公网 IP	弹性公网 IP EIP	弹性公网 IP
消息队列	RMQ 消息队列 URocketMQ Kafka 消息队列 UKafka	消息队列 RocketMQ 版 消息队列 RabbitMQ 版 消息队列 Kafka 版	分布式消息队列 RabbitMQ 分布式消息服务 RabbitMQ 分布式消息服务 Kafka	消息队列 CMQ 消息队列 TDMQ 消息队列 CKafka

续表

本书使用名称	UCloud	阿里云	华为云	腾讯云
负载均衡	负载均衡 ULB	负载均衡	负载均衡	负载均衡
自动伸缩	自动伸缩 UAS	弹性伸缩	弹性伸缩 AS	弹性伸缩
Redis	云内存存储 UMem-Redis	云数据库 Redis	云数据库 GaussDB NoSQL	云数据库 Redis
Web 应用防火墙 WAF	Web 应用防火墙 UWAF	Web 应用防火墙	Web 应用防火墙 WAF	Web 应用防火墙
DDoS 高防	DDoS 高防	DDoS 防护	DDoS 防护 ADS	DDoS 高防包
SSL 证书	USSL 证书	SSL 证书服务	云证书管理服务 CCM	SSL 证书
堡垒机	堡垒机	堡垒机	云堡垒机 CBH	堡垒机
全球应用加速	PathX	全球加速	全球加速 WSA	全球应用加速
IPsec VPN	IPsec VPN	VPN 网关	虚拟专用网络 VPN	VPN 连接
专线接入	专线接入 UConnect	云企业网	云专线 DC	专线接入
高速通道	高速通道 UDPN	高速通道	云连接 CC	对等连接
Anycast EIP	Anycast EIP	任播弹性公网 IP	—	Anycast 公网加速
云分发 CDN	云分发 UCDN	CDN	内容分发网络 CDN	内容分发网络
数据库迁移	数据库迁移 UDTS	数据库和应用迁移服务 ADAM	数据库和应用迁移 UGO	数据传输服务
托管服务器	托管云	—	—	—
私有化部署	私有云 UCloudStack 专有云 UPrivateCloud	企业版专有云 敏捷版专有云	华为云 Stack	腾讯云 TStack

附录 C

基于设计模式的解决方案编排模板

```
{
    "MetaData":{
        "Name": "XX 行业通用技术解决方案",
        "Description": "面向 XX 行业通用技术场景的解决方案",
        "Author": "",
        "Date": "2021-11-30"
    },
    "Problems":[
        {"Description": "需求 1 描述"},
        {"Description": "需求 2 描述"}
    ],
    "DesignPatterns": {
        "合理部署": [
            {"CDP_Number": "A41", "CDP_Name": "全球部署"}
        ],
        "业务持续": [
            {"CDP_Number": "B31", "CDP_Name": "业务容灾"}
        ],
        "性能效率": [
            {"CDP_Number": "D21","CDP_Name": "计算高性能"},
```

```
            {"CDP_Number": "D22","CDP_Name": "缓存数据库"},
            {"CDP_Number": "D31","CDP_Name": "网络优化"},
            {"CDP_Number": "D32","CDP_Name": "选择合适的数据中心"}
        ],
        "安全合规": [
            {"CDP_Number": "E41","CDP_Name": "网络安全"}
        ]
    },
    "Assessment": {
        "适用性": {
            "Level": "Level 2", "Score": "-", "Suggestion": ""
        },
        "成熟度": {
            "Level": "Level 3", "Score": "-", "Suggestion": ""
        },
        "健壮性": {
            "Level": "Level 2", "Score": "-", "Suggestion": ""
        }
    },
    "Products": [
        {"ProductName": "云主机", "Config": "2C4GB","Count": "8"},
        {"ProductName": "云数据库", "Config": "4GB","Count": "2"}
    ],
    "Operation": {
        "巡检": [
            {"周期": "普通资源每日巡检", "模板": ""},
            {"周期": "整体方案每周巡检", "模板": ""}
        ],
        "演练": [
            {"周期": "每月一次", "模板": ""},
            {"周期": "每季度一次", "模板": ""}
        ],
        "团队": [
            {"周期": "每月培训", "模板": ""},
            {"周期": "每月复盘", "模板": ""}
        ]
    }
}
```

附录 D Advisor 巡检问题

Advisor 巡检问题如表 D-1 所示。

表 D-1 Advisor 巡检问题

分　类	子 分 类	巡 检 项
可用性及容灾	EIP	EIP 地址是否采用自建 BGP 网段
	EIP	EIP 网络不通，是否存在所在集群容灾切换失败问题
	EIP	是否绑定不同运营商的 EIP，以备故障时容灾
	负载均衡	负载均衡是否受到外网波动导致无法访问
	负载均衡	多个负载均衡实例，尤其是同业务，是否落点在同一个负载均衡集群中
	VIP	内网 VIP 地址是否存在跨 VPC 访问不通的情况
	NAT 网关	客户的 NAT 网关的 conntrack 的五元组端口连接数是否偏高
	VPN	客户 IT 架构是否存在 VPN 线路（专线接入/IPsec VPN/SD-WAN）
	VPN	用户端 VPN 线路是否为双线路（包括物理专线或 IPsec VPN）
	API	客户 API 日报/月报显示 API 成功率是否有异常波动
	API	用户业务主机调用第三方业务 API 接口是否因为解析到跨地域节点导致延迟
	Redis	Redis 是否存在凌晨时段的 I/O 波动问题
	云数据库	云数据库的搜索引擎是否采用了非 Innodb 引擎
	云数据库	自建数据库或云数据是否采用高可用架构
	云数据库	云数据库业务场景是否采用了缓存架构/连接池技术架构

续表

分　类	子 分 类	巡　检　项
可用性及容灾	混合	用户自建/托管第三方 IDC 是否因为大网抖动导致公有云/托管区之间调用延迟不稳定
	云主机	云主机部署业务是否考虑了高可用架构及解决方案
	云主机	云主机部署业务是否没有合理使用主机特性及选型
	容灾	是否考虑机房级别严重故障下的容灾建设
	宿主机	是否存在老化严重或多次宕机过的宿主机
	宿主机	在现有故障率的基础上，建议通过应用层面的高可用来规避该风险。如业务集群高可用架构，主备架构实现高可用
	托管	托管类客户是否采用了高可用架构设置，是否存在单点风险
	托管	托管机柜是否存在超电记录
	数据中心	用户所在机房的交换机/服务器等是否存在单电源，是否会引发单点故障
弹性性能	EIP	带宽是否能满足客户业务峰值的需要
	EIP	EIP 申请批量过多导致配额受限，是否会导致扩容受阻
	EIP	EIP 是否存在突发流量占满带宽，导致访问超时等问题
	存储备份	是否考虑对存储备份数据建立分级备份管理机制
	负载均衡	负载均衡单个实例带宽是否超过 4Gbps
	负载均衡	单个负载均衡实例是否超出性能瓶颈
	资源	是否已经建立 IT 资源的弹性伸缩策略
	NAT 网关	NAT 网关现有性能是否接近性能瓶颈
	Redis	Redis 前端是否采用连接池技术
	Redis	Redis 是否存在分布式版本容量小于 32GB 的场景
	云数据库	云数据库是否针对表进行了索引设置
	云数据库	在使用数据库的场景中，是否存在频繁使用“SELECT FOR UPDATE”语句的操作习惯
	云数据库	在使用数据库的场景中，是否存在频繁使用“SELECT *”的操作习惯
	综合	用户业务是否属于 I/O 密集型业务
	是否多云	用户业务架构是否存在跨公有云、物理云的形式，各自的网关是否存在网络性能瓶颈
	CDN	是否采用 CDN 等加速缓存产品加速系统访问速度
	云主机	同等硬件规格的主机的性能是否一致
	本地硬盘	主机是否使用了本地硬盘？是否根据业务合理选择硬盘的使用方式
隔离拆分	专线接入	是否有专线接入
	Redis	Redis 是否存在多应用共用单实例场景
	综合	业务系统与产品系统、产品智能与数据库系统是否混杂使用
	综合	是否拥有产品灰度测试区，还是发布也在线上环境进行

续表

分　类	子 分 类	巡 检 项
隔离拆分	综合	灰度测试区和线上区域是否存在共用底层资源的情况
	分布式系统	业务分布式系统是否采用异步方式设计
	读写分离	针对读写压力比较大的场景，是否开启了读写分离功能
	云数据库	用户云数据库使用场景是否要求性能独享独占
	云数据库	用户业务是否存在直连云数据库实例 IP 的场景
	CDN	CDN 加速网站是否做到动静拆分、多域名隔离接入
	云数据库	用户同一数据库是否承载多交互业务数据
	云数据库	用户同一数据库同一表单数据过大，是否会导致运行缓慢
	云主机	是否存在核心的或同业务的云主机位于同一台宿主机的情况
	云主机	是否对云主机的 CPU、磁盘 I/O、包量等指标有特殊要求
监控完善	EIP	核心业务 EIP 是否部署了网络质量监测
	监控告警	同一个业务集群是否做好了性能基线监控
	监控告警	是否已建立针对基础资源/系统指标/业务指标等不同层级的监控告警系统
	负载均衡	负载均衡就带宽/连接数等是否设置了云监控与告警？告警值是否合理
	负载均衡	负载均衡所在集群是否存在性能瓶颈
	对象存储	使用对象存储是否会出现由负载变高等问题引起的上传下载延迟问题
	对象存储	使用对象存储上传下载文件的速度是否太慢
	Redis	Redis 是否采用短链接方式
	Redis	Redis 是否设置了告警
	日志存储分析	是否将所有业务系统底层资源纳入统一日志存储分析平台
	Redis	Redis 的 QPS 是否存在性能瓶颈问题
	Redis	Redis 是否存在慢查询问题
	监控告警	是否通过云监控实现云数据库的监控和告警
	云数据库	云数据库是否存在从库频繁延迟的情况
	云数据库	云数据库的磁盘使用率是否超限，是否存在空间不足的风险
	云数据库	云数据库业务场景中是否存在批量任务
	云数据库	云数据库业务场景中是否存在长任务（大事务）
	云数据库	云数据库实例使用的 CPU 核数是否经常维持在较高水平
	监控告警	是否已经安装监控 Agent
	硬件	RAID 卡是否存在故障风险
	硬件	RAID 卡的软件驱动版本是否过老
	硬件	硬盘是否存在硬件故障
	硬件	物理云主机的 RAID 固件版本是否过低

续表

分　类	子 分 类	巡 检 项
监控完善	监控告警	用户 GPU 主机是否安装了 Agent，是否对温度设置了告警
	硬件	云主机所在宿主机器 RAID 卡出现故障重启
安全覆盖	EIP	EIP 网络和端口不通，是否存在安全封堵 IP 的可能
	VPN	是否采用云主机自建 VPN
	数据中心	机房核心入口设备是否存在断链风险
	数据中心	用户所在机房的其他用户 IP 被 DDoS 攻击，是否影响用户业务
	密码	是否修改了默认的备份用户密码
	云数据库	用户在线使用云数据库是否存在版本过低等问题
	云数据库	用户业务场景是否存在要求数据强一致性同步的场景，如金融行业等
	物理云主机	物理云主机是否超过维保服务期限
	密码	用户所用架构中的登录密码是否过于简单
	防火墙	用户所用架构中涉及的产品是否没有进行防火墙策略等安全加固
	镜像	用户所用架构中的主机资源是否采用了镜像快照功能
	数据方舟	用户所用架构中的主机资源是否开启了数据方舟功能
	SSL 证书	用户所用架构中的业务是否采用了 HTTPS 访问方式，是否部署了 SSL 证书加密
	防火墙	用户所用架构中的云产品是否关联防火墙
	备份回滚	核心业务系统是否制定了完善的定期备份、回滚应急策略
	审计	用户所用架构中是否使用了入口审计产品
	主机安全	用户所用架构中是否使用了主机安全防护产品
	DDoS	用户所用架构中是否经常遭受 DDoS 攻击
	密码	用户所用架构中的登录密码是否集中管控，还是所有资源都采用同一套密码
	计费	用户账户余额是否充足？是否足够在下一个续费周期内满足续费需求
	托管	托管类客户是否采用了入口的 IPS 等安全设备
	托管	托管类资源是否定期进行硬件巡检
	托管	托管业务的网关是否放在了 PE 设备上
	托管	托管机柜放置的服务器数量过多，是否会导致机柜电量过载
	CDN	CDN 产品是否开通海外 HTTPS 加速？用户是长期使用还是短期测试
	CDN	CDN 产品用户业务是否存在类似 cc 攻击的单位时间频繁访问等场景
	CDN	业务场景对安全方面是否有特殊需求？如黑白名单/访问限频等